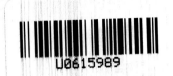

普通高等教育规划教材

地基处理技术与基坑工程

主　编　潘洪科　祝彦知

副主编　张　明

参　编　梁学战　殷晓三　赵　毅

主　审　肖昭然

机械工业出版社

本书依据国家最新颁布的有关地基基础勘察、设计、施工以及地基处理技术等相关规范，系统介绍了工程建设中较为成熟和应用广泛的地基处理技术、基坑工程开挖支护和地下水处理等工程的设计与计算。本书共10章，包括绪论、换土垫层法、强夯法与强夯置换法、预压法、化学加固法、土工合成材料与加筋法、复合地基处理技术、特殊土地基处理技术、基坑工程、地基基础检测。

本书系统性强、重点突出、难易适当，既重视基础理论的阐述，又反映了我国当前的工程实践。此外，本书是为培养“双证通融”（“学历学位证”与国家“注册执业资格证”）的高素质应用型人才而编写的，在编写过程中注重与国家相关技术规程规范的结合与应用，同时本书精选并解析了较多的国家注册土木工程师（岩土）考试的案例与真题。

本书可作为高等学校土木工程及相关专业本科生、研究生教材，也可供从事土木工程研究及施工的技术人员参考，也适用于准备参加国家注册土木工程师、结构工程师或建造师资格考试的考生。本书各章后附有习题以供自测。

图书在版编目（CIP）数据

地基处理技术与基坑工程/潘洪科，祝彦知主编. —北京：机械工业出版社，2015.10（2025.6 重印）

普通高等教育规划教材

ISBN 978-7-111-51216-5

Ⅰ.①地… Ⅱ.①潘… ②祝… Ⅲ.①地基处理-高等学校-教材②基坑工程-高等学校-教材 Ⅳ.①TU472②TU46

中国版本图书馆 CIP 数据核字（2015）第 189366 号

机械工业出版社（北京市百万庄大街 22 号 邮政编码 100037）
策划编辑：林 辉 责任编辑：林 辉 版式设计：赵颖喆
责任校对：刘怡丹 封面设计：马精明 责任印制：刘 媛
北京富资园科技发展有限公司印刷
2025 年 6 月第 1 版第 3 次印刷
184mm×260mm · 18 印张 · 441 千字
标准书号：ISBN 978-7-111-51216-5
定价：56.00 元

电话服务	网络服务
客服电话：010-88361066	机 工 官 网：www.cmpbook.com
010-88379833	机 工 官 博：weibo.com/cmp1952
010-68326294	金 书 网：www.golden-book.com
封底无防伪标均为盗版	机工教育服务网：www.cmpedu.com

前　言

根据2002年高等学校土木工程专业指导委员会编制的《高等学校土木工程专业本科教育培养目标和培养方案及课程教学大纲》的要求，土力学和基础工程设置为两门专业基础课程。“基础工程”作为土木工程专业必修的专业基础课程，主要介绍常见地基基础的设计理论和计算方法以及工程中应用较广的地基处理技术。但在实际教学中由于受到专业课程繁多和学分的限制，我国很多高校土木工程专业一般仍将“基础工程”与“地基处理”作为两门课程分开进行讲授，而且部分高校将“地基处理”课程列为选修课。基坑工程作为与“基础工程”和“地基处理”两门课程紧密相连的内容，可看作后两者的基本理论与技术方法在具体工程中的综合应用。现有土木工程相关专业大学教材中一般将基坑工程的内容单列一章放在《基础工程》教材中讲解，将其放在《地基处理》教材中讲授的很少。但考虑到“基础工程”课程本身内容较多，而且基坑工程中的开挖与支护及降排水过程涉及较多地基处理方面的知识与技术，因此我们决定编写本书，将基坑工程与各种地基处理技术的知识结合起来讲授。

本书在编写过程中，既重视基础理论及知识的阐述，又注重引入本学科的新进展、新技术和新工艺，力求将知识的系统性与技术的新成就相结合。另外，本书部分章节融入了作者的最新研究成果，同时精选和讲解了较多的历年注册土木（岩土）工程师考试的真题，相信该书的出版将在一定程度上推动我国基坑工程与地基处理理论及技术的发展。

本书各章编写分工为：第1章由中原工学院祝彦知编写；第2章、第3章、第4章、第6章、第10章由湖北文理学院潘洪科编写；第5章由中原工学院殷晓三编写；第7章由中原工学院赵毅编写；第8章由河南工程学院张明编写；第9章由湖北文理学院梁学战编写，全书由潘洪科统稿。

本书在编写过程中参考了许多专家、学者在教学、科研、设计和施工中积累的资料，中原工学院张玉国博士给予了较大支持，在此一并表示感谢。

本书由河南工业大学肖昭然教授主审，感谢肖教授在百忙中对本书的大纲和书稿做了认真仔细的审阅，并提出了较多宝贵意见和建议。

限于编者水平和时间仓促，书中难免有疏漏和不妥之处，敬请读者指正。

编　者

目　录

第1章 绪 论

1.1 地基、基础及基坑工程的概念

任何建筑物都是建造在一定的地层（岩层或土层）之上的，其全部荷载是由下面的地层来承担。受建筑物影响的那部分地层称为地基；建筑物与地基接触的部分称为基础。基础是将建筑物承受的各种荷载传递到地基上的实体结构。

地基是地层的一部分，分为天然地基和人工地基。对于那些未经处理就可以满足设计要求的地基，称为天然地基；对于那些较软弱、需要经过人工加固处理后才能满足设计要求的地基，称为人工地基。当地基由两层或两层以上土层组成时，通常把直接与基础接触的土层称为持力层，其他各层称为下卧层。

地基与基础是紧密相联的，是建筑物的根本，属于地下隐蔽工程。它的勘察、设计和施工质量的好坏直接关系着建筑物的安全和正常使用。地基与基础设计不周或施工不善，轻则造成墙体开裂、房屋倾斜，重则引起地基滑移、建筑物倒塌，如图1-1～图1-4所示。据统计，世界各国建筑工程事故中，以地基基础引起的事故位居首位。

图1-1 建筑物倾斜

图1-2 墙体开裂

基坑工程是一项综合性很强的系统工程，它是在基础施工及地基处理中，为了保证施工的顺利进行、主体地下结构的安全和周围环境不受损害，从而采取的结构支护、降水和土方开挖与回填，包括勘察、设计、施工、监测和检测等过程。大型建筑物施工时，一般都需要先进行基坑的开挖以便后续基础及地下结构施工，有的甚至需要开挖复杂的大型深基坑工程。

基坑土方开挖的施工工艺一般有两种：放坡开挖（无支护开挖）和在支护体系保护下开挖（有支护开挖）。前者既简单又经济，但需具备放坡开挖的条件，即基坑不太深而且基

图 1-3　地基滑移引起的房屋变形

图 1-4　砂土液化致房屋倒塌

坑平面之外有足够的空间供放坡用。因此，在空旷地区或周围环境允许放坡而又能保证边坡稳定条件下应优先选用。有支护开挖适用于不具备放坡条件的基坑开挖以及复杂条件下的深大基坑的开挖。基坑工程支护方式根据提供支挡力的作用方式可分为被动式支挡结构和主动式支挡结构。被动式支挡结构主要有排桩、地下连续墙及逆作拱墙结构等几种形式。主动式支挡结构主要包括水泥土墙和土钉墙等支护方式。按支护结构的形式特点及受力性能又可分为悬臂式支护结构、单（多）支点混合结构、重力式挡土结构几类。其中，悬臂式支护结构包括木桩、钢筋混凝土桩、钢板桩和地下连续墙等形式；对悬臂结构加以支撑则形成混合支护结构；重力式挡土结构是通过对基坑周边土体进行加固得到的，主要包括：水泥搅拌桩加固法、高压旋喷加固法、注浆加固法、网状树根桩加固法、插筋补强法（土钉墙）等方式。

基坑工程（包括与其相连的地基、基础）和上部结构是建筑物的两个重要组成部分，虽然各自功能不同，但彼此联系，相互制约。“万丈高楼平地起”，要保证建筑物的安全性，首先必须确保地基基础及基坑工程的安全与稳定，因此在基坑开挖、地基处理及基础施工期间须进行必要的监测与质检。

1.2　地基处理概述

当软弱土（指淤泥、淤泥质土、冲填土、杂填土或其他高压缩性土层等）用作建筑物的地基时，由于这类土具有高压缩性与低强度的工程特点，故不能满足地基承载力和变形的基本要求。因此，这类土层必须经过处理才能用作建筑物的地基。

地基处理是指通过物理、化学或生物等处理方法，改善天然地基土的工程性质，提高地基承载力，改善变形特性或渗透性质，达到满足建筑物上部结构对地基稳定和变形的要求。地基处理的方法很多，本书将主要介绍目前工程建设中应用较多的换填法、强夯法与强夯置换法、预压法、复合地基处理技术、化学加固法、加筋法以及特殊土地基处理技术等。

1.2.1 软弱地基的种类及性质

1. 淤泥和淤泥质土

淤泥和淤泥质土，工程上统称为软土，是在静水或缓慢的流水环境中沉积，并经生物化学作用形成。当天然含水量大于液限、天然孔隙比大于或等于1.5时的黏性土，称为淤泥；当天然孔隙比小于1.5但大于或等于1.0时称为淤泥质土。淤泥和淤泥质土广泛分布于我国东南沿海地区及内陆江河湖泊附近，具有压缩性高、抗剪强度低、渗透性小、结构性及流变性明显等工程特性。因此，变形是软土地基的一个主要问题，表现为建筑物的沉降量大而不均匀、沉降速率大以及沉降稳定历时较长等特点。

2. 杂填土和冲填土

由人类活动而堆填成的土称之为人工填土，根据其物质组成和堆填方式，人工填土可分为素填土、杂填土和冲填土三类。素填土是由碎石、砂或粉土、黏性土等一种或几种材料组成的填土，其中不含杂质或含杂质很少。杂填土是由含大量建筑垃圾、工业废料或生活垃圾等杂物组成的填土，按其组成物质的成分和特征分为建筑垃圾土、工业废料土及生活垃圾土。冲填土是由水力冲填泥砂形成的填土。杂填土和冲填土中的部分饱和黏性土，其性质与淤泥质土相似，也归于软土的范畴中。人工填土的物质成分较杂且均匀性较差，多数情况下，在同一建筑场地的不同位置，其承载力和压缩性往往有较大的差异，如若作为地基持力层，一般须经人工处理。

1.2.2 地基处理方法分类及适用范围

近年来，大量的土木工程实践推动了软弱地基处理技术的迅速发展，地基处理的方式越来越多，考虑的问题逐渐深入，旧办法不断改进，新方法不断涌现。地基处理的方法是十分丰富的，JGJ 79—2002《建筑地基处理技术规范》（以下简称《地基处理规范》）给出了13种地基处理方法。这些方法都有各自的特点和作用机理，在不同的土类中产生不同的加固效果并存在局限性，没有哪一种方法是万能并普遍适用的。所以，在地基处理的设计与施工时，必须坚持因地制宜的原则。根据地基处理方法的基本原理，常用的软弱地基处理方法见表1-1。

表1-1 软弱地基处理方法分类

分类	处理方法	原理及作用	适用范围
强夯及强夯置换	重锤夯实、机械压实、振动压实、强夯等	利用压实原理，通过机械碾压夯击，把表层地基土压实；强夯则是利用强大的夯击能，在地基中产生强烈的冲击波和动应力，迫使土动力固结密实	适用于碎石土、砂土、粉土、低饱和度黏性土，杂填土等。对饱和黏性土应慎重采用
换土垫层	机械碾压法、重锤夯实法、平板振动法	以砂石、素土、灰土或矿渣等强度较高的材料，置换地基表层软弱土，提高持力层的承载力，扩散应力，减少沉降	适用于处理地基表层软弱土、人工填土、黏性土、砂土等和暗沟、暗塘等软弱地基

（续）

分类	处理方法	原理及作用	适用范围
预压法	天然地基预压、砂井及塑料排水带预压、真空预压、降水预压等	在地基中增设竖向排水体，加速地基的固结和强度增长，提高地基的稳定性；加速沉降发展，使基础沉降提前完成	适用于处理饱和软弱黏土层。对于渗透性极低的泥炭土，必须慎重对待
复合地基处理技术	灰土桩挤密及挤密桩、碎（砂）石桩、石灰桩、水泥粉煤灰碎石桩法等	采用一定的技术措施，通过振动或挤密，使土体的孔隙减少，强度提高；必要时在振动挤密的过程中回填砂、砾石、灰土、素土等，使之与地基土形成复合地基，从而提高地基的承载力，减少沉降	适用于处理松砂、粉土、杂填土及湿陷性黄土等
化学加固法	深层搅拌法、高压喷射注浆、灌浆法等	采用专门的机械设备，在部分软弱地基中掺入水泥、石灰或砂浆等形成增强体，与未处理部分土组成复合地基	适用于软弱地基、黏性土、粉土、黄土等
加筋	加筋土、锚固、树根桩、植被等	在土体中埋置土工合成材料、金属板条等形成加筋土垫层，提高地基承载力，改善变形特性；锚杆一端固定于地基土或岩石中，另一端与构筑物连接，可以减少或承受水平向作用力；在地基中设置如树根状的微型灌注桩，可以提高地基或边坡的稳定性；采用生态植被利用其根系的力学效应和茎叶的水文效应进行护坡	适用于软弱地基、填土及陡坡填土等
其他	冻结、烧结、托换技术、纠偏技术及特殊土地基处理	通过特殊措施处理软弱地基	根据实际情况确定

表 1-1 中的很多地基处理方法具有多重加固处理的功能，例如砂石桩具有挤密、置换、排水和加筋等多重功能；而灰土桩则具有挤密和置换等功能。不同的地基处理方法之间相互渗透、交叉，功能也在不断地扩大，上述分类方法并非严格统一的。

1.3 本课程的特点及学习要求

1.3.1 课程特点

本课程包括地基处理技术与基坑工程两部分知识，具有内容丰富、系统性强、重点突出、难度适当的特点，既重视基础理论的阐述，又反映了我国当前的工程实践。

我国地域辽阔，由于自然地理环境的不同，分布着各种各样的土类。某些土类（如湿陷性黄土、软黏土、膨胀土、冻土等）作为地基具有其特殊性，而必须针对此采取一定的工程措施。因此，地基处理问题具有明显的区域性特征。由于地质条件的复杂性和建筑功能与类型的多样性，地基与基础工程几乎找不到完全相同的实例。故进行地基处理或基坑工程设计，除了需要丰富的理论知识，还需要有较多的工程实践，并通过勘查取得可靠的资料。因此学习本课程的应注意理论联系实际，并将所学理论知识与工程实践相结合，从而提高认识和处理问题的能力。由于本课程涉及的相关学科较多，故学习本课程前，应掌握一定的基础知识。课程的知识更新周期较短，随着科技的发展，必将涌现大量新的施工方案、设计理论方法和地基处理新技术，因此课程讲授也应与时俱进并不断更新。

1.3.2 学习要求

基础（基坑）工程及地基处理技术涵盖内容较多，涉及面较广，需要工程地质学、土力学和材料力学、结构力学、建筑材料等相关先修知识，这一点从本书精选的历年国家注册土木（岩土）工程师的考试题中可见一斑。本书在涉及其他学科内容时仅引述其结论，要求理解其意义及应用条件，而不应把注意力放在公式的推导上。读者在学习过程中，不仅要掌握和灵活运用上述知识和技能，还要注重理论联系实际，增强分析和解决工程实际问题的能力。

1. 掌握基本理论和方法

学会运用土力学等基本原理和概念，结合结构设计方法和施工技术，提高分析问题和解决问题的能力。学习中主要注重对基本理论知识点的理解和掌握。

2. 采用综合的思维方式来学习

要注意到本学科和其他学科的联系，特别是结构设计、抗震设计等。这些学科中有许多概念、方法在地基基础与基坑设计时将会用到。

3. 理论与实践密切联系

教学环节要按理论教学与实践教学分开进行，必要时可组织现场教学，参观施工现场。只有通过将理论与实践紧密结合，才能逐步提高认识，掌握地基基础与基坑工程的设计与施工技术。

第2章　换土垫层法

2.1　换土垫层法的概念与设计

换土垫层法指将基础底面以下一定范围内的软弱土层挖去，然后用质地坚硬、强度较高、性能稳定并具有抗侵蚀性的砂、石、土、粉煤灰、干渣等材料分层充填，并同时采用人工或机械方法分层压、夯、振动，使之达到要求的密实度，成为良好的人工地基。干渣分为分级干渣、混合干渣和原状干渣；粉煤灰分为湿排灰和调湿灰。对于厚度较小的淤泥质土层，也可采用抛石挤淤法。地基浅层性能良好的垫层，与下卧层形成双层地基。垫层可有效地扩散基底压力。经过换土垫层法处理的人工地基，可提高持力层的承载力，减少沉降量。当垫层下面有软弱土层时，也可以加速土层的排水固结，提高强度。换土垫层法常用机械碾压、平板振动或重锤夯实的方法进行施工。

实践证明：在荷载较小的情况下，换土垫层可以有效地处理建筑物地基问题，例如：一般的三或四层房屋、路堤、油罐和水闸等的地基。

2.1.1　换土垫层法的作用及适用范围

1. 换土垫层法的作用

（1）提高地基承载力　浅基础的地基承载力与持力层的抗剪强度有关。一般来说，地基中的剪切破坏是从基础底面开始的，并随着应力的增大逐渐向纵深发展。如果以抗剪强度较高的砂或其他材料代替软弱土，可提高地基的承载力，避免地基破坏。

（2）加速软弱土层的排水固结　建筑物的不透水基础直接与软弱土层相接触时，在荷载的作用下，软弱土层地基中的水被迫绕基础两侧排出，因而使基底下的软弱土不易固结，形成较大的孔隙水压力，还可能导致由于地基强度降低而产生塑性破坏的危险。砂垫层和砂石垫层等垫层材料透水性大，软弱土层受压后，垫层可作为良好的排水面，可以使基础下面的孔隙水压力迅速消散，加速垫层下软弱土层的固结和提高其强度，避免地基土塑性破坏。

（3）减少沉降量　一般地基浅层部分的沉降量在总沉降量中所占的比例是比较大的。以条形基础为例，在相当于基础宽度的深度范围内沉降量约占总沉降量的50%左右，同时由侧向变形而引起的沉降，理论上也是浅层部分占的比例较大。如以密实砂等材料代替上部软弱土层，就可以减少这部分的沉降量。由于砂垫层或其他垫层对应力的扩散作用，使作用在下卧层土上的压力较小，这样也会相应减少下卧层土的沉降量。

（4）消除湿陷性黄土的湿陷性　用素土或灰土置换基础底面一定范围内的湿陷性黄土，可消除地基土因遇水湿陷而造成的不均匀变形。但是砂和砂石垫层不宜用于处理湿陷性黄土地基，因为它们良好的透水性反而容易引起下卧黄土的湿陷。

（5）消除膨胀土的胀缩作用　在膨胀土地基上可选用砂、碎石、块石、煤渣、二灰或灰土等材料作为垫层以消除胀缩作用，但垫层厚度应依据变形计算确定，一般不少于0.3m，且垫层宽度应大于基础宽度，而基础的两侧宜用与垫层相同的材料回填。

（6）防止冻胀　因为粗颗粒的垫层材料孔隙大，不易产生毛细管现象，因此可以防止寒冷地区土中结冰所造成的冻胀。工程实践中，应保证砂垫层的底面满足当地冻结深度的要求。

应该指出，垫层仅对软土地基作表层处理，由于地基强度的提高、变形性质的改善和应力场应变场的改变等都是在浅层，故所能承受的建筑物荷载不宜太大。若设计建筑物的荷载较大，则需和其他方法联合处理。

2. 换土垫层法的适用范围

换土垫层法适合处理淤泥、淤泥质土、湿陷性黄土、素填土、杂填土及暗沟、暗塘等的各种浅层的软弱土地基，常用于多层或低层建筑的条形基础、独立基础，以及地坪、料场和道路工程。

2.1.2　换土垫层材料的选择

（1）砂石　垫层材料宜选用碎石、卵石、角砾、原砾、砾砂、粗砂、中砂或石屑，应级配良好（粒径小于 2mm 的部分不应超过总重的 45%），不含植物残体，垃圾等杂质。当使用粉细砂或石粉（粒径小于 0.075mm 的部分不应超过总重的 9%）时，应掺入不少于总重 30% 的碎石或卵石且最大粒径不宜大于 50mm。对湿陷性黄土地基，不得选用砂石等渗水材料。

（2）粉质黏土　土料中有机质含量不得超过 5%，也不得含有冻土或膨胀土。当含有碎石时，其粒径不宜大于 50mm。用于对湿陷性黄土地基或膨胀土地基的粉质黏土垫层，土料中不得夹有砖、瓦和石块。

（3）灰土　体积配合比宜为 2∶8 或 3∶7。土料宜用粉质黏土，不得使用块状黏土和砂质粉土，不得含有松软杂质，并应经过筛选，其颗粒不得大于 15mm。石灰宜用新鲜的消石灰，其粒径不得大于 5mm。

（4）粉煤灰　粉煤灰可用于道路、堆场和小型建筑、构筑物等的换填垫层。粉煤灰垫层上宜覆土 300～500mm。粉煤灰垫层中采用掺加剂时，应通过试验确定其性能及适用条件。作为建筑物垫层的粉煤灰应符合有关放射性安全标准的要求。粉煤灰垫层中的金属构件、管网宜采取适当防腐措施。大量填筑粉煤灰时应考虑对地下水和土壤的环境影响。

（5）矿渣　垫层使用的矿渣是指高炉重矿渣，可分为分级矿渣、混合矿渣及原状矿渣。矿渣垫层主要用于堆场、道路和地坪，也可用于小型建筑、构筑物地基。选用矿渣的松散重度不小于 $11kN/m^3$，有机质及含泥总量不超过 5%。设计、施工前必须对选用的矿渣进行试验，在确认其性能稳定并符合安全规定后方可使用。作为建筑物垫层的矿渣应符合对放射性安全标准的要求。易受酸、碱影响的基础或地下管网不得采用矿渣垫层。大量填筑矿渣时，应考虑其对地下水和土壤的环境影响。

（6）其他工业废渣　在有可靠试验结果或成功工程经验时，对质地坚硬、性能稳定、无腐蚀性和放射性危害的工业废渣等均可用于填筑换填垫层。被选用工业废渣的粒径、级配和施工工艺等应通过试验确定。

（7）土工合成材料　由分层铺设的土工合成材料与地基构成加筋垫层。所用土工合成材料的品种和性能及填料的土类应根据工程特性和地基土条件，按照 GB 50290—1998《土工合成材料应用技术规范》的要求，通过设计并进行现场试验后确定。

作为加筋的土工合成材料应采用抗拉强度较高、受力时伸长率不大于5%、耐久性好、抗腐蚀的土工格栅、土工格室、土工垫或土工织物等；垫层填料宜采用碎石、角砾、砾砂、粗砂、中砂或粉质黏土等。若工程要求垫层具有排水功能时，垫层材料应具有良好的透水性。

在软黏土地基上使用加筋垫层时，应保证建筑稳定并满足允许变形的要求。

2.1.3 砂垫层的设计

垫层设计应根据建筑体型、结构特点、荷载性质和地质条件，并结合机械设备与当地材料来源等综合分析，选取恰当的垫层材料和施工方法。设计既要满足建筑物对地基变形、承载力与稳定性的要求，又要符合技术经济的合理性。因此，设计的主要指标是垫层厚度和宽度，既要求有足够的厚度以置换可能被剪切破坏的软弱土层，又要有足够的宽度以防止垫层向两侧挤动。换土垫层按前述所选择的回填材料可分为砂垫层、碎石垫层、素土垫层、灰土垫层等。由于垫层材料的不同，应力分布也会有所差异，但其极限承载力比较接近，建筑物沉降特点也基本相似。

下面仅以砂垫层为例讨论换土垫层的设计，其他材料的垫层都可近似地按砂垫层的计算方法进行设计。

1. 砂垫层厚度的确定

垫层厚度应根据需置换软弱土的深度或下卧土层的承载力确定，并符合下式要求

$$p_z + p_{cz} \leqslant f_a \tag{2-1}$$

式中 p_z——相应于荷载效应标准组合时，垫层底面处的附加压力值（kPa）；

p_{cz}——垫层底面处土的自重压力值（kPa）；

f_a——垫层底面处经深度修正后的地基承载力特征值（kPa）。

垫层底面处的附加压力值 p_z可按图 2-1 所示应力扩散图形进行简化计算，即

对于条形基础

$$p_z = \frac{b(p_k - p_c)}{b + 2z\tan\theta} \tag{2-2}$$

对于矩形基础

$$p_z = \frac{bl(p_k - p_c)}{(b + 2z\tan\theta)(l + 2z\tan\theta)} \tag{2-3}$$

式中 b——矩形基础或条形基础底面的宽度（m）；

l——矩形基础底面的长度（m）；

z——基础底面下垫层的厚度（m）；

p_k——相应于荷载效应标准组合时，基础底面处的平均压力值（kPa）；

p_c——基础底面处土的自重压力值（kPa）；

θ——垫层的压力扩散角，（°），宜通过试验确定，当无试验资料时，可按表 2-1 采用。

计算时，一般可根据垫层的承载力确定出基础宽度，再根据下卧土层的承载力确定出垫层的厚度。可先假设一个垫层的厚度，然后按式（2-1）进行验算。如不符合要求，则改变厚度，重新验算，直至满足要求为止。一般砂垫层的厚度为 1～2m，小于 0.5m 的垫层效果

不显著；垫层也不宜过厚，一般不大于 3m，否则施工较困难，经济上也不合理。

表 2-1　压力扩散角 θ　（单位：°）

换填材料 \ z/b	中砂、粗砂、砾砂、圆砾、角砾石屑、卵石、碎石、矿渣	粉质黏土、粉煤灰	灰土
0.25	20	6	30
≥0.50	30	23	

注：当 $z/b<0.25$ 时，除灰土仍取 $\theta=30°$外，其余材料均取 $\theta=0°$，必要时，宜由试验确定；当 $0.25<z/b<0.5$ 时，θ 值可内插求得。

2. 砂垫层宽度的确定

砂垫层的宽度一方面要满足基础底面应力扩散的要求，另一方面应防止垫层向两边挤动。目前还缺乏可靠的理论方法，在实践中常按照当地某些经验数据（考虑垫层两侧土的性质）或按经验方法确定。常用的经验方法是扩散角法，一般可根据当地经验确定或按下式计算

$$b' \geqslant b + 2z\tan\theta \tag{2-4}$$

式中　b'——垫层底面宽度（m）；

θ——垫层的压力扩散角（°），可按表 2-1 选用；当 $z/b<0.25$ 时，仍按 $z/b=0.25$ 取值。

砂垫层设计示意图如图 2-1 所示。

垫层顶面每边宜比基础底面大 0.3m，或从垫层底面两侧向上按当地开挖基坑经验的要求放坡，整片垫层的宽度可根据施工的要求适当加宽。

底宽确定以后，然后根据开挖基坑所要求的坡度延伸至地面，即得砂垫层的设计断面。垫层的承载力宜通过现场试验确定，当无资料时，可选用表 2-2 中的数值，并应验算下卧层的承载力。

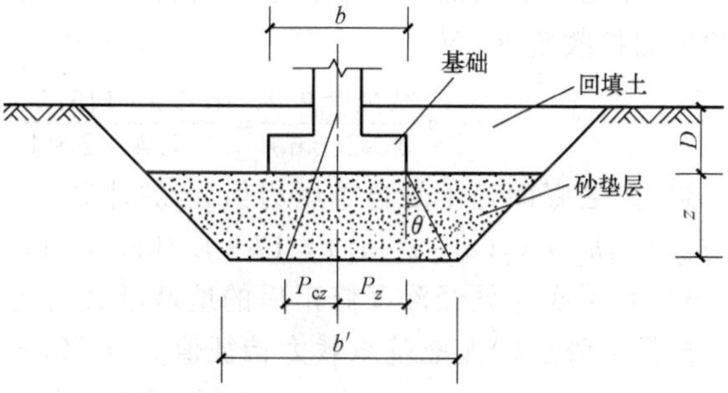

图 2-1　砂垫层设计示意图

表 2-2　各种垫层的承载力

施工方法	换填材料类别	压实系数 λ_c	承载力标准值 f_k/kPa
碾压或振密	碎石、卵石	0.94 ~ 0.97	200 ~ 300
	砂夹石（其中碎石、卵石占总重的 30% ~50%）		200 ~ 250
	土夹石（其中碎石、卵石占总重的 30% ~50%）		150 ~ 200
	中砂、粗砂、砾砂		150 ~ 200
	黏性土和粉土		130 ~ 180
	灰土	0.93 ~ 0.95	200 ~ 250
	粉煤灰	0.90 ~ 0.95	120 ~ 150
	石屑	0.94 ~ 0.97	150 ~ 200
重锤夯实	土或灰土	0.93 ~ 0.95	150 ~ 200

注：1. 压实系数小的垫层，承载力标准值低，反之取高值。

2. 承载力标准值重锤夯实土取低值，灰土取高值。

3. 压实系数 λ_c 为土的控制干密度与最大干密度的比值；土的最大干密度通过击实试验确定，碎石或者卵石的最大干密度可取 20 ~ 25。

对于重要的或垫层下存在软弱下卧层的建筑，还应进行基础沉降的验算，要求最终沉降量小于建筑物的允许沉降值。

垫层地基的沉降分两部分，一是垫层自身的沉降，二是软弱下卧层的沉降。由于垫层材料模量远大于下卧层模量，故验算时可不考虑垫层的沉降，仅按常规的沉降公式计算下卧层引起的基础沉降。

垫层下卧层的沉降可按 GB 50007—2011《建筑地基基础设计规范》的有关规定计算，以保证垫层的加固效果及建筑物的安全使用。

【例 2-1】 某住宅楼采用钢筋混凝土结构的条形基础，宽 1.4m，埋深 0.8m，基础的平均重度为 $26kN/m^3$，作用于基础顶面的竖向荷载为 128kN/m。地基土情况：表层为粉质黏土，重度 $\gamma_1 = 17kN/m^3$，厚度 $h_1 = 1.2m$；第二层为淤泥质土，$\gamma_2 = 17.5kN/m^3$，$h_2 = 10m$，地基承载力特征值 $f_{ak} = 50kPa$。地下水位深 1.2m。试设计该宿舍楼的砂垫层。

【解】 假设砂垫层的厚度为 1m，并要求分层碾压夯实，干密度不小于 $1.5t/m^3$。

（1）垫层厚度的验算

1）基础底面处的平均压力值 p_k 的计算

$$p_k = \frac{F_k + G_k}{b} = \frac{130 + 26 \times 1.4 \times 0.8}{1.4}kPa = 113.7kPa$$

2）垫层底面处的附加压力值 p_z 的计算。由于 $z/b = 1/1.4 = 0.71 \geqslant 0.5$，通过查表 2-1 垫层的压力扩散角 $\theta = 30°$

$$p_z = \frac{b(p_k - p_c)}{b + 2z\tan\theta} = \frac{1.4 \times (113.7 - 17 \times 0.8)}{1.4 + 2 \times 1 \times \tan30°}kPa = 54.9kPa$$

3）垫层底面处土的自重压力值 p_{cz} 的计算

$$p_{cz} = \gamma_1 h_1 + \gamma_2(d + z - h_1) = 17 \times 1.2kPa + (17.5 - 10) \times (0.8 + 1 - 1.2)kPa = 24.9kPa$$

4）垫层底面处经深度修正后的地基承载力特征值 f_{az} 的计算

根据下卧层淤泥地基承载力特征值 $f_{ak} = 50kPa$，再经深度修正后得地基承载力特征值为

$$f_{az} = f_{ak} + \eta_b\gamma(b - 3) + \eta_d\gamma_m(d - 0.5) = 59.5kPa$$

5）验算垫层下卧层的强度，根据式（2-1）得

$$p_z + p_{cz} = 54.9kPa + 24.9kPa = 79.8kPa > f_{az} = 59.5kPa$$

这说明垫层的厚度不够，再假设垫层厚度为 1.9m，重新计算可得

$$p_z = 28.9kPa$$

$$p_{cz} = 31.7kPa$$

$$f_a = 75.8kPa$$

$$p_z + p_{cz} = 60.6kPa < f_a$$

这说明垫层的厚度满足要求。

（2）确定垫层底面的宽度

$$b' = b + 2z\tan\theta = 1.4m + 2 \times 1.9 \times \tan30°m = 3.6m$$

（3）绘制砂垫层剖面图，如图 2-2 所示。

2.2　换土垫层法的施工

换土垫层的施工可按换填材料的不同分类，也可按采用的机械压实方法进行分类。压实

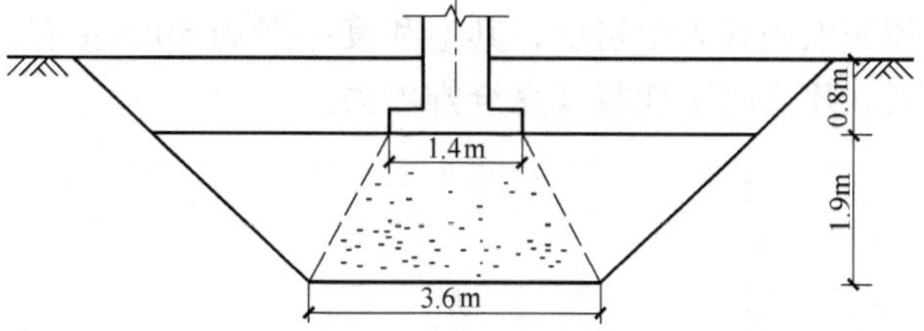

图 2-2　砂垫层剖面图

是指通过夯锤或机械，夯击或碾压填土或疏松土层，使其孔隙体积减小、密实度提高。压实能提高土的抗剪强度、降低土的压缩性、减弱土的透水性，使经过处理的表层软弱土成为能承担较大荷载的地基持力层。目前国内常用的机械压实方法主要有机械碾压、振动击实、重锤夯实等。这些方法所使用的机械或设备的能力较小，因而碾压或夯实的影响范围较小，一般用于道路、堆场的地基处理，有时也可适用于轻型建筑。机械压实法可以减少建筑材料的耗用量，施工简便、成本低、工期短，但必须预先正确查明地基土的工程性质，以防出现工程事故。

当需要处理的地基软弱土位于表层，厚度不大或上部荷载较小时，采用机械压实法可取得较好的技术经济效果。

2.2.1　土的压实原理

大量工程实践和试验研究表明，对过湿的土进行夯实或碾压时会出现软弹现象（俗称“橡皮土”），土的密实度并不会因此增大；对很干的土进行夯实或碾压时，显然也不能把土充分压实。只有在适当含水量范围内，土的压实效果才能达到最佳。

在一定压实机械能量作用下，土最易于被压实，并能达到最大密实度时的含水量，称为最优含水量 w_{opt}，相应的干密度则称为最大干密度 ρ_{dmax}。

各类土的矿物成分与粒径级配不同，其最大干密度与最优含水量也不相同；可在试验室内进行击实试验测得。试验时将同一种土配制成若干份不同含水量的试样，用同样的压实能量分别对每一试样进行击实，然后测定各试样击实后的干密度与含水量，从而绘制干密度和含水量的关系曲线（见图 2-3），称为压实曲线。从图中可以看出，当含水量较低时，随着含水量的增加，土的干密度也逐渐增大，表明压实效果逐步提高；当含水量超过最优含水量后，干密度则随着含水量的增加而逐渐减小，即压实效果变差。这说明土的压实效果是随着含水量的变化而变化的，并在压实曲线上出现一个干密度峰值，该峰值的含水量就是最优含水量。

当黏性土含水量较小时，土粒间引力较大，在一定的外部压实作用下，如不能有效克服引力而使土粒相对移动，压实效果就比较差。当含水量适当增大时，结合水膜逐渐增厚，土粒之间的黏结力减弱，在相同的压实作用下土粒易于移动，压实效果较好。但当含水量增大到一定程度后，孔隙中就出现了自由水，击实时过多的水分不易立即排出，从而阻止了土粒间的相互靠拢，所以压实效果又趋下降，这就是土的压实原理。

试验统计表明：最优含水量 w_{opt} 与土的塑限 w_p 有关，大致为 $w_{opt}=w_p+2$。土中黏土矿物含量越多，则最优含水量越大。

对于同类土，随着压实能量的变化，最大干密度和最优含水量也随之变化。当压实能量较小时，土压实后的最大干密度较小，对应的最优含水量则较大，如图 2-4 中的曲线 3。反之，干密度较大，对应的最优含水量则较小，如图中曲线 1、2。因此，当压实程度不足时，可以改用较大的压实能量补充，以达到所需的密实度。图中还给出了理论饱和曲线，实际压实曲线只能位于理论曲线的左下方，而不可能与其相交。这是由于黏性土在最优含水量时，土体压实到最大干密度，其饱和度一般为 80% 左右。此时，孔隙中的气体越来越难和大气相通，压实时不能将其完全排出去。

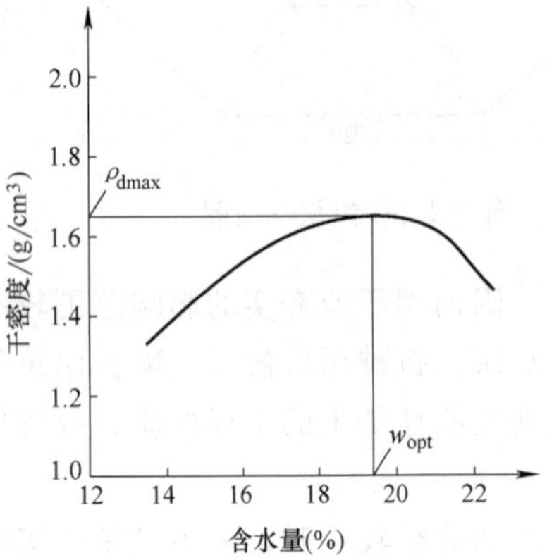

图 2-3 干密度和含水量关系曲线

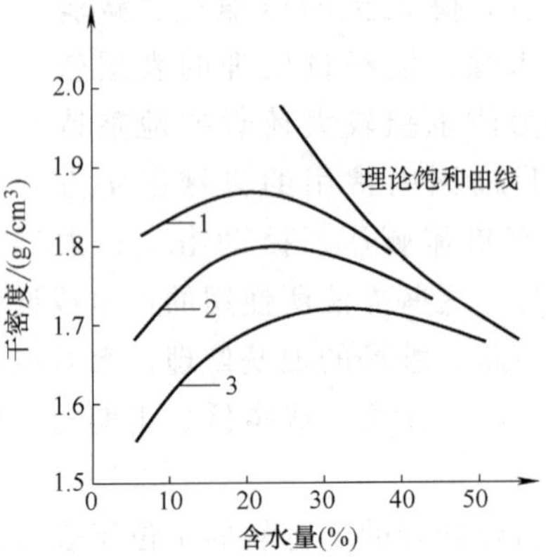

图 2-4 击实能量对压实效果的影响

砂土的击实性能与黏性土不同，由于砂土的粒径大、孔隙大且结合水的影响微小，一般比黏性土容易压实。

2.2.2 机械碾压法

机械碾压法是一种采用各种压实机械来压实地基土的方法，这些压实机械包括平碾、羊足碾、压路机、推土机等。机械碾压法常用于地下水位以上，基坑底面积宽大、开挖土方量较大的工程。

碾压的效果主要取决于被压实土的含水量和压实机械的压实能量。工程实践中，获得填土最大干密度的关键在于施工时控制每层的铺设厚度和最优含水量，其最大干密度和最优含水量宜采用击实试验确定。所有施工参数（如施工机械、铺填厚度、碾压遍数与填筑含水量等）都必须由工地试验确定。在施工现场相应的压实功能下，由于现场条件终究与室内试验不同，因而对现场应以压实系数与施工含水量进行控制。不具备试验条件的场合，也可以按照表 2-3 中的参数对施工质量进行预控。其中对黏性土的碾压，通常用 80 ~ 100kN 的平碾或 120kN 的羊足碾，每层铺土厚度约为 200 ~ 300mm，碾压 8 ~ 12 遍。碾压后填土地基的质量常以压实系数和现场含水量控制，压实系数是控制的干密度与最大干密度的比值，在主要受力层范围内一般大于 0.96。

碾压后地基土的承载力主要取决于土的性质、施工机具和碾压能量，一般通过试验确定。

表 2-3 垫层的每层铺填厚度及压实遍数

施工设备	每层铺填厚度/mm	每层压实遍数
平碾(8 ~ 12t)	200 ~ 300	6 ~ 8
羊足碾(5 ~ 16t)	200 ~ 350	8 ~ 16
蛙式打夯机(200kg)	200 ~ 350	3 ~ 4

（续）

施工设备	每层铺填厚度/mm	每层压实遍数
振动碾（8～15t）	200～350	6～8
振动压实机（2t，振动力为 98kN）	200～350	10
插入式振动器	200～350	反复振捣
平板振动器	200～350	6～8

2.2.3　振动压实法

振动压实法是使用振动压实机来处理无黏性土或黏粒含量少、透水性较好的松散杂填土地基的一种方法。振动压实的效果与填土成分、振动时间等因素有关，一般振动时间越长，效果越好，但振动时间超过某一值后，振动引起的下沉基本稳定，再继续振动就不能起到进步压实的作用。为此，需要施工前进行试振，得出稳定下沉量和时间的关系。振动压实法主要用于处理砂土、炉渣、碎石等无黏性土为主的填土。

振动压实机是这种方法的主要机具，自重为 20kN，振动力为 50～100kN，频率为 1160～1180r/min，振幅为 3.5mm。对主要由炉渣、碎砖、瓦块组成的建筑垃圾，振动时间约在 1min 以上；对含炉灰等细粒填土，振动时间约为 3～5min，有效振实深度为 1.2～1.5m。一般杂填土经过振实后，地基承载力基本值可以达到 100～120kPa。如地下水位太高，则将影响振实的效果。另外应注意振动对周围建筑物的影响，振源与建筑物的距离应大于 3m。

此外，还有一种综合上述振动和碾压两种作用同时工作的高效能压实机械，称为振动碾，它可有效提高功效，节省动力。这种方法适宜于振实填料为爆破石渣、碎石类土、杂填土和粉土等非黏性土。

2.2.4　重锤夯实法

重锤夯实法是一种常用的简单、经济的浅层地基处理方法。它利用起重机械将重锤提到一定高度，然后使其自由落下，重复夯打地基，使地基表面形成一层较均匀密实的硬壳层，从而提高了地基强度。这种方法适用于处理地下水位 0.8m 高度以上稍湿的黏性土、砂土、饱和度不大于 60 的湿陷性黄土、杂填土以及分层填土地基的加固处理。但在有效夯实深度内存在软黏土层时不宜采用，因为饱和土在瞬间冲击力作用下，水不易排出，很难夯实。

重锤夯实法的主要设备为起重机械、夯锤、钢丝绳和吊钩等。当直接用钢丝绳悬吊夯锤时，起重机的起重能力一般应大于锤重的 3 倍。采用脱钩夯锤时，起重能力应大于夯锤重力的 1.5 倍，夯锤如图 2-5 所示。

重锤夯实的效果及影响深度与锤重、锤底直径、落距、夯击的遍数、土质条件和含水量等因素有关，这些参数一般需要通过现场试夯来确定。根据国内一些地区的经验，夯锤宜采用圆台形，锤重宜大于 2t，锤底的直径一般为 0.7～1.5m，锤底面单位静压力宜为 15～20kPa，夯锤落距宜大于 4m。夯击遍数一般取 6～10 遍，夯实后杂填土地基的承载力基本值一般可以达到 100～150kPa，夯实的影响深度大致相当于重锤锤底直径。夯实过程中，土的含水量对于能否取得较好的夯实效果至关重要，因此，在施工时，尽量使土在最优含水量条件下夯实。如果夯实土的含水量发生变化，应及时调节夯实功的大小，使夯实功适应土的实际含水量。一般情况下，增大夯实功或增加夯击的遍数可以提高夯实的效果；但是当土夯实到达某一密实度时，再增大夯实功和夯击遍数，土的密实度反而会降低。

重锤夯实法加固后的地基应经静载试验确定其承载力，必要时还应对软弱下卧层承载力及地基沉降进行验算。

重锤法施工要点：施工前应试夯，确定有关技术参数，如夯锤的质量、底面直径及落距；最后下沉量及相应的夯击遍数和总下沉量；夯实前槽、坑底面的标高应高出设计标高；夯实时地基土的含水量应控制在最优含水量范围内；大面积夯时应按顺序夯实；基底标高不同时应先深后浅；冬期施工时，若土已冻结时，应将冻土层挖去或通过烧热法将土层融解；结束后，应及时将夯松的表土清除或将浮土在接近 1m 的落距夯实至设计标高。

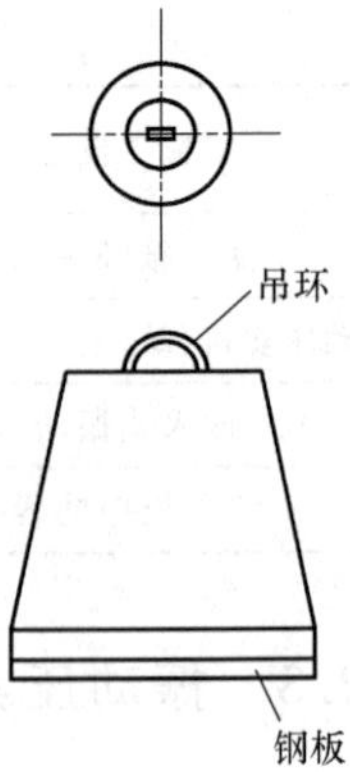

图 2-5 夯锤

2.2.5 质量检验

垫层的质量检验是保证工程建设安全的必要手段，一般包括分层施工质量检查和工程质量验收。垫层的施工质量检查必须分层进行，应在每层的压实系数符合设计要求后铺填上层土。换填结束后，可按工程的要求进行垫层的工程质量验收。当有成熟试验表明通过分层施工质量检查能满足工程要求时，也可不进行工程质量的整体验收。

垫层施工应严格控制垫层材料的颗粒成分和质量。砂石料宜选用颗粒级配良好、质地坚硬的中砂、粗砂、砾砂、圆砾、卵石和碎石等，料中不得含有植物残体、垃圾等杂质。用粉细砂作垫层料时，应掺入 25% ~30% 的碎石或卵石，最大粒径不宜大于 50mm。用于排水固结垫层的砂石料，含泥量不宜超过 3%。垫层材料应保证达到设计要求的密实度，填料应分层铺筑（每层须铺厚为 200 ~300mm），逐层碾压和夯实，碾压时需控制一定的含水量。常用的密实方法有振动法和碾压法等。开挖基坑铺设垫层时，还需注意避免扰动软弱土层的结构，基坑开挖后应及时回填，不应暴露过久或浸水，并防止践踏坑底。当采用碎石垫层时，应在坑底先行铺设一层砂垫底，以免碎石挤入土中。

砂、碎石垫层的质量检验应随施工分层进行，对粉质黏土、灰土、粉煤灰和砂石垫层的分层施工质量检验可用环刀法、贯入仪、静力触探、轻型动力触探或标准贯入试验检验。对砂石、矿渣垫层可用重型动力触探检验。不论采用何种方法检验，均应通过现场试验以设计压实系数所对应的贯入度为合格标准。压实系数也可采用环刀法、灌砂法、灌水法或其他方法检验。

采用环刀法检验垫层的施工质量时，取样点应位于每层厚度的 2/3 深度处。检验点数量，对大基坑每 50 ~100m^2 不应少于 1 个检验点，对基槽每 10 ~20m 不应少于 1 个点，每个独立柱基不应少于 1 个点。通过环刀取样法，测定的垫层干密度应大于等于设计干密度。采用贯入仪或动力触探检验垫层的施工质量时，先应将砂垫层表面 30mm 左右厚的砂层刮去，每分层检验点的间距应小于 4m。钢筋贯入法使用的钢筋直径为 20mm、长度为 1.25m 的平头钢筋，将其距离砂垫层表面 70cm 时自由下落。通过贯入测定法，测定的垫层贯入深度应小于等于根据垫层干密度确定的贯入深度。采用静力触探试验应根据现场静力触探试验的比贯入阻力曲线资料，确定垫层的承载力及其密室状态。工程竣工质量验收的检测应有静载荷试验方法，即根据垫层静载荷试验资料，确定垫层的承载力和变形模量。

对于中小型工程，不需做全部检测试验和检测项目；对于大型或重点工程项目，应进行全面的检查验收。

历年注册土木工程师（岩土）考试真题精选

1. 采用换土垫层法处理湿陷性黄土时，可以采用下列哪些垫层？（2006 年）

（A）砂石垫层　　（B）素土垫层

（C）矿渣垫层　　（D）灰土垫层

【答案】：BD

2. 在进行灰土垫层检测时，普遍发现其压实系数大于 1，下列哪些选项可能是造成这种结果的原因？（2008 年）

（A）灰土垫层的含水量偏大

（B）灰土垫层的含灰量偏小

（C）灰土的最大干密度试验结果偏小

（D）灰土垫层中石灰的石渣含量偏大

【答案】：BCD

3. 某黄土场地灰土垫层施工过程中，分层检测灰土压实系数，下列关于环刀取样位置的说法中正确的是________？（2009 年）

（A）每层表面以下的 1/3 厚度处

（B）每层表面以下的 1/2 厚度处

（C）每层表面以下的 2/3 厚度处

（D）每层的层底处

【答案】：C

4. 作为换土垫层法的土垫层的压实标准，压实系数 λ_c 的定义为下列哪一选项？（2010 年）

（A）土的最大干密度与天然干密度之比

（B）土的控制干密度与最大干密度之比

（C）土的天然干密度与最小干密度之比

（D）土的最小干密度与控制干密度之比

【答案】：B

5. 经换土垫层处理后的地基承载力验算时，下列哪些说法是正确的？（2010 年）

（A）对地基承载力进行修正时，宽度修正系数取 0

（B）对地基承载力进行修正时，深度修正系数对压实粉土取 1.5，对压密砂土取 2.0

（C）有下卧软土层时，应验算下卧层的地基承载力

（D）处理后地基承载力不超过处理前地基承载力的 1.5 倍

【答案】：A C

6. 某建筑地基处理采用 3∶7 灰土垫层换填，该 3∶7 灰土击实试验结果如下：

湿密度/(g/cm^3)	1.59	1.76	1.85	1.79	1.63
含水率(%)	17.0	19.0	21.0	23.0	25.0

采用环刀法对刚施工完毕的第一层灰土进行施工质量检验，测得试样的湿密度为 $1.78g/cm^3$，含水率为 19.3%，其压实系数最接近下列哪个选项？（2010 年）

（A）0.94　（B）0.95

（C）0.97　（D）0.99

【答案】：A

习　题

一、单选题

1. 在换土垫层法施工中，为获得最佳夯压效果，宜采用垫层材料的________作为施工控制含水率。

（A）最低含水率　（B）最优含水率　（C）临界含水率　（D）饱和含水率

2. 换土垫层法适用于__________。

（A）所有的土层　（B）全部软弱土　（C）部分软弱土　（D）膨胀土

3. 在采用粉质黏土的换土垫层法中，在验算垫层底面的宽度时，当 $z/b<0.25$，其扩散角 θ 采用________。

（A）$\theta=20°$　（B）$\theta=28°$　（C）$\theta=6°$　（D）$\theta=0°$

4. 采用换土垫层法处理软弱地基时，确定垫层宽度时应考虑的一个重要因素是____________。

（A）满足应力扩散从而满足下卧层承载力要求　（B）对沉降要求的是否严格

（C）垫层侧面土的强度，防止垫层侧向挤出　（D）振动碾的压实能力

5. 在用换填法处理地基时，垫层厚度确定的依据是____________。

（A）垫层土的承载力　（B）垫层底面处土的自重压力

（C）下卧土层的承载力　（D）垫层底面处土的附加压力

6. 当选用灰土作为垫层材料进行换填法施工时，灰土的体积配合比宜选为__________。

（A）4∶6　（B）5∶5　（C）8∶2　（D）3∶7

7. 换土垫层后的建筑物地基沉降由________构成。

（A）垫层自身的变形量

（B）建筑物自身的变形量和下卧土层的变形量两部分

（C）垫层自身的变形量和下卧土层的变形量

（D）建筑物自身的变形量和垫层自身的变形量

8. 在换填法施工时，一般情况下，垫层的分层铺填厚度应取为________。

（A）100～150mm　（B）200～300mm　（C）300～400mm　（D）350～500mm

9. 在换填法中，________不适宜作为垫层材料。

（A）素土　（B）工业废渣　（C）杂填土　（D）灰土

10. 土的最大干密度宜通过______确定。

（A）环刀取样实验　（B）触探试验　（C）击实试验　（D）压缩试验

二、思考题

1. 试述垫层的适用范围及作用？

2. 如何确定砂垫层的厚度和底面积？

3. 砂垫层的质量检验方法有哪些？

4. 砂垫层设计的主要内容是什么？

5. 三种垫层施工压实方法各有什么不同？

三、计算题

1. 一办公楼设计砖混结构条形基础，作用在基础顶面中心荷载 $N=250kN/m$。地基表层为杂填土，$\gamma_1=$

18.2kN/m^3，层厚 h_1 = 1.00m；第②层为淤泥质粉质黏土，γ_2 = 17.6kN/m^3。w = 42.5%，层厚 8.40m，地下水位深 3.5m。设计条形基础与砂垫层。

2. 某五层砖混结构的住宅建筑，墙下为条形基础，宽 1.2m，埋深 1m，上部建筑物作用于基础上的荷载为 150kN/m，基础的平均重度为 20kN/m^3，地基土表层为粉质黏土，厚 1m，重度为 17.8kN/m^3；第二层为淤泥质黏土，厚 15m，重度为 17.5kN/m^3，含水量 w = 55%，第二层为密实的砂砾石。地下水距地表为 1m。因地基土较软，不能承受上部建筑物的荷载，试设计砂垫层厚度和宽度。

3. 某四层混合结构住宅，基础埋深、宽度及地基土条件如图 2-6 所示，淤泥质土厚度为 10mm，上部结构传来的荷载 F = 120kN/m。试设计砂垫层。

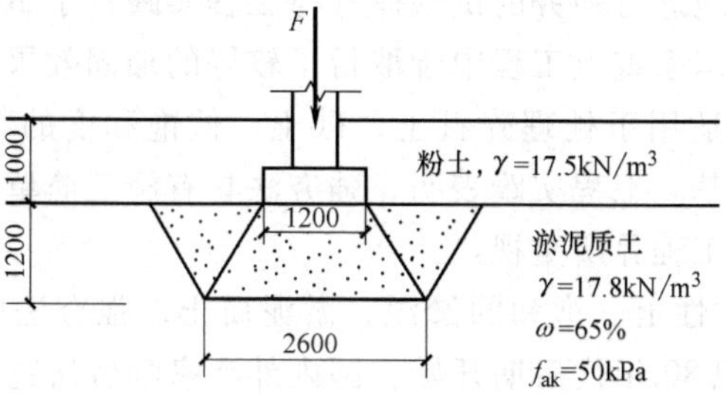

图 2-6　计算题 3 图

第 3 章　强夯法与强夯置换法

法国人梅纳于 1969 年首创强夯法加固处理地基，最初只用于处理碎石土、砂土类地基，随后逐步发展推广应用于黏性土地基。由于该法具有设备简单、费用低廉以及加固效果显著等优点，强夯法于 20 世纪 70 年代风行于世界各国。我国于 1978 年开始，先后在天津新港、河北廊坊、河北秦皇岛等地进行强夯的试验研究与工程实践，于 20 世纪 90 年代在山西化肥厂及三门峡火力发电厂等国家重点工程中皆取得了较好的加固效果。随后，强夯法迅速在全国各地推广应用。强夯法适用于处理碎石土、砂土、低饱和度的粉土与黏性土、湿陷性黄土、素填土和杂填土等地基。工程实践表明，强夯法具有施工简单、加固效果好、使用经济等优点，因而被世界各国工程界所重视。

对于软-流塑状态的黏性土、饱和的淤泥、淤泥质土，强夯法的处理效果并不理想，有时还适得其反。从 20 世纪 80 年代后期开始，国内外专家学者研究在强夯形成的深坑内填入块石、碎石或其他粗颗粒材料，采用不断夯击和不断填料的方法形成一个柱形的置换体，这种技术称为强夯置换法。它同样具有加固效果显著、施工工期短和施工费用低等优点。强夯置换法是一种实用性技术，因此，它在短时间内便得到了较为广泛的应用。从手段类同的角度看，强夯置换也可视为强夯法的一种补充。强夯法不适宜处理的高饱和度的黏性土或饱和的淤泥、淤泥质土地基，这些地基采用强夯置换法往往可以获得满意的效果。工程实践中，强夯置换法用于处理含水量过高的黏性土填土和厚度不大的淤泥、淤泥质土地基，并有大量的成功经验。

本章主要介绍强夯法与强夯置换法的加固机理、施工要点以及效果检验等。

3.1　强夯法的加固机理

强夯法又称动力固结法或动力压实法，是通过 10 ~ 40t 的重锤和 10 ~ 40m 的落距，反复夯实地基，给地基以冲击和振动能量，将地基土夯实，从而提高地基的承载力，降低其压缩性，达到改善地基性能的一种处理方法，如图 3-1 所示。与重锤夯实法不同，它是通过强大的夯实力在地基中产生应力与振动，从地面夯击点发出纵波和横波传到土层深处，使地基浅层和深处产生不同程度的加固。

强夯法的显著特点是夯击能量大，因此影响深度也大，并具有施工简单、施工速度快、费用低、适用范围广、加固效果好等优点。它不仅可以提高地基土的强度、降低土的压缩性、改善砂土的抗液化条件、消除湿陷性黄土的湿陷性等，还可以提高土层的均匀程度，减少可能出现的不均匀沉降。

强夯法适用于处理碎石土、砂土、低饱和度的粉土与黏性土、湿陷性黄土、素填土和杂填土等地基。目前，应用强夯法处理的工程范围很广，有各类工业与民用建筑、仓库、油罐、机场跑道、铁路和公路路基及码头堆场等。总之，强夯法在某种程度上比其他处理方法应用更广泛、更有效和经济。强夯法对于各类土都取得了十分良好的技术经济效果，已成为

a)

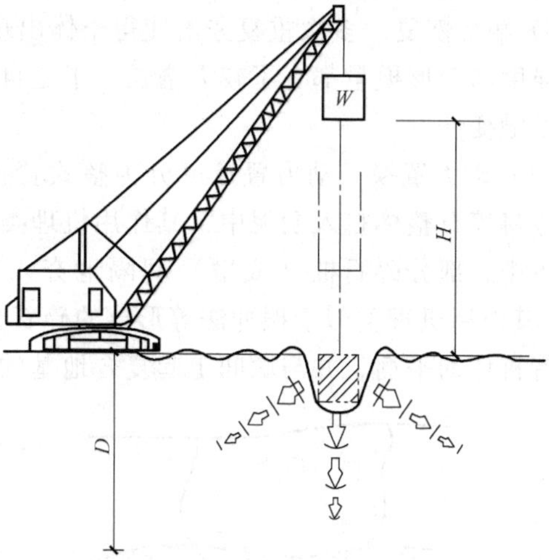

b)

图 3-1　强夯法施工设备

我国常用的地基处理方法之一。但对饱和软土，须找到排水的途径。因此，强夯法加袋装砂井（或塑料排水带）可用于综合处理加固软黏土地基。

强夯法虽然是在重锤夯实法的基础上发展起来的一种地基处理方法，但其加固机理要比一般重锤夯实法复杂。目前，强夯法加固地基归纳起来有动力挤密、动力固结与动力置换三种机理。

（1）动力挤密　采用强夯法加固多孔隙、粗颗粒、非饱和土是基于动力挤密的机理，即用冲击型动力荷载，使土体中的孔隙减小，土体变得密实，从而提高地基土强度。非饱和土的夯实过程，就是颗粒破碎或使颗粒瞬间产生剧烈相对运动，从而使孔隙中的气体迅速排出或压缩，其夯实变形主要是由于土颗粒的相对位移引起。非饱和土在中等夯击能量 1000 ~ 2000kN · m 的作用下，主要是产生冲切变形，在加固深度范围内气相体积大大减少，最大可减少 60%。工程经验表明，在冲击动能作用下，地面会立即产生沉降，一般夯击一遍后，其夯坑深度可达 0.6 ~ 1.0m，夯坑底部形成一层超压密硬壳层，承载力可比夯前提高 2 ~ 3 倍。

（2）动力固结　在饱和的细粒土中，土体在巨大夯击能量作用下产生孔隙水压力使土体结构破坏，土颗粒间出现裂隙，形成排水通道，渗透性改变。随着孔隙水压力的消散，土开始密实，抗剪强度、变形模量增大。一般认为，加固过程可以分为加载、卸载与动力固结三个阶段。动力固结理论可概述为：

1）饱和土的压缩性。该项是指强夯时由于气体体积压缩导致孔隙水压力增大，随后孔隙水逐渐排出，孔隙水压力也随之减小。这样每夯击一遍，液相气体和气相气体都有所减少。

2）局部液化。在重复夯击作用下，由于气体受到压缩，孔隙水压力上升到与覆盖压力（液化压力）相等时，土体即产生液化。

3）渗透性变化。在很大夯击能作用下，当所出现的超孔隙水压力大于颗粒间的侧向压力时，致使土颗粒间出现裂隙，形成排水通道。此时，土的渗透系数骤增，孔隙水得以顺利排出。当孔隙水压力消散到小于颗粒间的侧向压力时，裂隙一般就自行闭合了，此时土中水又恢复原来的状态。

4）触变恢复。多次重复夯击使得土体出现液化及渗透裂隙，随后孔隙水压力逐渐消散，土的强度和变形模量都有了较大增长。于是自由水又被土颗粒所吸附变成吸附水，使土体又具有了触变性。

（3）动力置换　动力置换可分为整式置换和桩式置换，如图 3-2 所示。整式置换是采用强夯将碎石整体挤入淤泥中，其作用机理类似于换土垫层。桩式置换是通过强夯将碎石填筑土体中，部分碎石桩（或墩）间隔地夯入软土中，形成桩式（或墩式）的碎石墩（或桩），其作用机理类似于振冲法等形成的碎石桩，它主要是靠碎石内摩擦角和墩间土的侧限来维持桩体的平衡，并与墩间土起复合地基的作用。

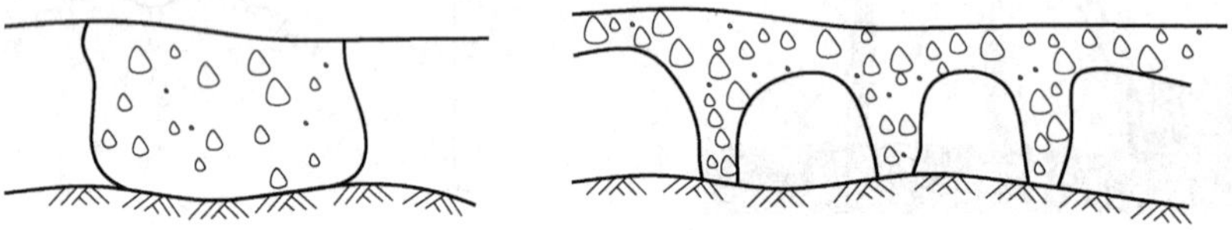

a)　　b)

图 3-2　置换类型

a）整式置换　b）桩式置换

3.2　强夯法的设计要点

为了使强夯达到预期的加固效果，需要根据地基土的种类及建筑物对地基加固深度的要求，确定夯锤质量、落距、夯击次数和遍数、时间间隔、夯击点间距和排列等，最后检验夯击的效果。

3.2.1　有效加固深度

强夯法的有效加固深度是选择地基处理方法的重要依据，也是反映处理效果的重要参数。其影响因素很多，有锤重、锤底面积和落距，还有地基土性质、土层分布、地下水位以及其他有关设计参数等。工程实践中，有效加固深度可用如下经验公式估算

$$H=\alpha\sqrt{M\cdot h} \tag{3-1}$$

式中　H——强夯的有效加固深度（m）；

M——夯锤质量（t）；

h——落距（m）；

α——修正系数，视地基土性质而定，软土取 0.5，砂土取 0.7，黄土取 0.34～0.5。

在设计中，有效加固深度还可根据现场试夯或当地经验确定。在缺少试验资料或经验时，也可根据表 3-1 预估。

表 3-1　强夯法有效加固深度经验值　（单位：m）

单击夯击能 /kN·m	碎石土、砂土等粗颗粒土	粉土、黏性土、湿陷性黄土等细颗粒土
1000	5.0～3.0	4.0～5.0
2000	6.0～7.0	5.0～6.0

（续）

单击夯击能/kN·m	碎石土、砂土等粗颗粒土	粉土、黏性土、湿陷性黄土等细颗粒土
3000	7.0~8.0	6.0~7.0
4000	8.0~9.0	7.0~8.0
5000	9.0~9.5	8.0~8.5
6000	9.5~10.0	8.5~9.0
8000	10.0~10.5	9.0~9.5

注：强夯的有效加固深度应从最初起夯面算起。

3.2.2　夯击能

1. 单击夯击能

单击夯击能在数值上等于夯锤锤重与落距的乘积，是强夯法施工的重要技术参数之一。夯锤锤重和落距是影响单击夯击能大小的两个参数。我国初期采用的单击夯击能大多为1000kN·m，随着起重机械工业的发展，目前采用的最大单击夯击能为8000kN·m。国际上曾经采用的最大单击夯击能为50000kN·m，设计加固深度达40m。单击夯击能大，夯击次数和遍数少，有效加固深度大，加固处理的技术效果与经济效益均较好。

在设计中，根据需要加固的深度初步确定采用的单击夯击能，然后再根据机具条件因地制宜地确定锤重和落距。对相同的夯击能，增大落距比增大锤重更有效，这是因为增大落距可获得较大的接地速度，能将大部分能量有效地传到地下深处，增加深层夯实效果，减少消耗在地表土层塑性变形的能量。

一般国内夯锤可取10~25t。夯锤材质最好用铸钢，也可用钢板为外壳内灌混凝土的锤。夯锤的平面一般为圆形，夯锤中设置若干个上下贯通的气孔，孔径可取250~300mm，它可减小起吊夯锤时的吸力（经试验，夯锤的吸力可达三倍锤重），又可减少夯锤着地前的瞬时气垫的上托力。锤底静压力值可取25~40kPa。锤底面积宜按土的性质确定：对砂性土和碎石填土，一般锤底面积为2~4m^2；对一般第四纪黏性土建议用3~4m^2；对于淤泥质土建议采用4~6m^2；对于黄土建议采用4.5~5.5m^2。同时应控制夯锤的高宽比，以防止产生偏锤现象，如黄土，高宽比可采用1:2.5~1:2.8。夯锤确定后，根据要求的单点夯击能量，就能确定夯锤的落距。国内通常采用的落距是8~25m。

2. 单位夯击能

单位夯击能指施工场地单位面积上所施加的总夯击能，它的大小应根据地基土的类别、结构类型、荷载大小和处理深度等综合考虑，并通过现场试夯确定。单位夯击能过小，难以达到预期加固效果；单位夯击能过大，不仅浪费能源，对饱和黏性土来说，强度反而会降低。在一般情况下，对于粗粒土可取1000~3000kN·m/m^2；对细粒土可取1500~4000kN·m/m^2。需要注意的是，对饱和黏性土夯击的能量不能一次施加，否则土体会产生侧向挤出，强度会有所降低，且难于恢复。根据需要可分几遍施加，两遍间可间歇一段时间，这样可逐步增加土的强度，改善土的压缩性。

3.2.3　夯击次数与遍数

（1）夯击次数　夯击次数是强夯设计中的一个重要参数，对于不同的地基土而言，夯击次数是不同的。夯击次数应根据现场试夯确定，常以夯坑的压缩量最大、夯坑周围隆起量最小为原则。应用上，以现场试夯的夯击次数和夯沉量关系曲线确定，且应同时满足下列条件：

1）最后两击的平均夯沉量不宜大于下列数值：当单击夯击能小于 4000kN · m 时为 50mm；当单击夯击能为 4000 ~ 6000kN · m 时为 100mm；当单击夯击能大于 6000kN · m 时为 200mm。

2）夯坑周围地面不应发生过大隆起。

3）不因夯坑过深而发生起锤困难。

（2）夯击遍数　夯击遍数应根据地基土的性质和平均夯击能确定。一般来说，由粗粒土组成的渗透性强的地基，夯击遍数可少些；反之，由细粒土组成的渗透性弱的地基，夯击遍数要多些。根据我国工程实践，对于大多数工程可采用点夯 2 ~ 3 遍，最后再以低能量满夯 2 遍，满夯可采用轻锤或低落距锤多次夯击，锤印彼此搭接。

3.2.4　时间间隔

对于多遍夯击，两遍夯击之间应有一定的时间间隔，间隔时间的长短主要取决于加固土层孔隙水压力的消散时间，可以通过试夯过程中孔隙水压力测量确定。当缺少实测资料时，对于饱和软黏土地基中夹有多层粉砂或采用在夯坑中回填块石、碎砾石、卵石等粒料进行强夯置换时，可按 3 ~ 7d 考虑；对于渗透性较差的黏性土地基的间隔时间，应不小于 3 周；对于渗透性较好的地基可连续夯击。

3.2.5　夯击点布置

夯击点布置是否合理与夯实效果和施工费用有直接关系。夯击点位置可根据基础平面形状布置。对于基础面积较大的建筑物，可按等边三角形或正方形布置夯击点；对于办公楼和住宅建筑来说，可根据承重墙位置布置；对于工业厂房来说，可按柱网来设置夯击点。

夯击点间距的确定，一般根据地基土的性质和要求处理的深度而定。对于细粒土，为便于超静孔隙水压力的消散，夯击点间距不宜过小。根据工程实践，第一遍夯击点间距可取夯锤直径的 2.5 ~ 3.5 倍，第二遍夯击点位于第一遍夯击点之间，以后各遍夯击点间距可适当减小。对于要求加固深度较深或单击夯击能较大的工程，第一遍夯击点间距应适当增大。

3.2.6　处理范围

由于基础的应力扩散作用，强夯处理的范围应大于建筑物基础范围。具体的放大范围可根据建筑物的类型及其重要性等因素综合考虑决定。对一般建筑物，每边超出基础外缘的宽度宜为设计处理深度的 1/2 ~ 2/3，并不宜小于 3m。

3.2.7　试夯

强夯法施工前，应根据初步确定的强夯参数，提出强夯试验方案，进行现场试夯。通过与夯前测试数据对比，检验试夯效果，以便最后确定工程采用的各项强夯参数。若不符合设计要求，则应改变设计参数。在进行试夯时也可采用不同设计参数的方案，进行比较、择优选用。

3.3 强夯法的施工工艺及施工要点

为使强夯法加固地基达到预想的加固效果，合理适宜地组织施工、加强施工管理非常重要。由于地质多变及强夯设计参数的经验性，甚至气象条件也可能影响施工，需要及时调整施工工艺。下面对强夯施工中的一些关键问题做简单介绍。

3.3.1 施工机具

强夯施工机具主要是起重机、夯锤和脱钩装置等。常采用辅以门架的履带式起重机，起重机一般重15～50t，落距大于10m。夯锤为钢板焊成开口外壳，内灌混凝土制成，形状为长方形或圆柱式，质量一般为10～25t，最大的达40t，单击夯击能最大可达8000kN·m。脱钩装置为强夯施工的重要设备，由设备厂商专门设计制造。当起重机将夯锤吊至设计高度时，要求夯锤自动脱钩，使夯锤自由下落，夯击地基。

3.3.2 施工步骤

1）清理、平整场地，在平整后的场地上铺设垫层，使其具有一定的硬度和强度用以支承起重设备，同时增大地下水位和表层面的距离，提高强夯效率；对场地地下水位在-2m深度以下的砂砾石土层，可直接施行强夯，无需铺设垫层；对地下水位较高的饱和黏性土与易液化流动的饱和砂土，都需要铺设砂、砂砾或碎石垫层才能进行强夯，否则土体会发生流动。垫层厚度随场地的土质条件、夯锤质量及其形状等条件而定。垫层厚度一般为0.5～2.0m。铺设的垫层不能含有黏土。

2）标出第一遍夯击点的位置，并测量场地高程。

3）起重机就位，夯锤对准夯击点位置，同时测定夯前锤顶高程。

4）起吊夯锤至预定高度，开启脱钩装置，待夯锤下落后，放下吊钩并测量下落锤顶高程，若发现下落的夯锤倾斜时，应及时将坑底整平。

5）重复步骤4，按设计规定的夯击次数及控制标准，完成一个夯点的夯击。

6）重复步骤3～5，完成第一遍夯点的夯击。

7）用推土机填平夯坑，测量场地的高程。

8）根据规定的时间间歇，按上述步骤逐次完成全部夯击遍数，最后以低能量满夯，并将场地表面推平、夯实，测量夯后场地高程。

3.3.3 施工监测

施工过程中除应对各项参数及情况进行详细记录外，还应有专人负责下列监测工作：

1）开夯前应检查夯锤质量和落距，以确保单击夯击能符合设计要求。

2）在每一遍夯击前，应对夯点放线进行复核，夯完后检查夯坑位置，发现偏差或漏夯应及时纠正。

3）按设计要求检查每个夯点的夯击次数和每击的夯沉量。

3.4 强夯置换法

强夯置换法不是利用强夯来加密软土而是利用强夯作为置换软土的手段，即利用强夯排开软土，夯入块石、碎石、砂或其他粗颗粒材料，最终形成块（碎）石墩，块（碎）石墩与周围混有砂石的夯间土形成复合地基。经强夯置换法处理的地基，既提高了地基强度，又改善了排水条件，有利于软土的固结。

3.4.1 设计要点

强夯置换法的设计内容与强夯法基本相同，也包括起重设备和夯锤的确定、夯击范围和夯击点布置、夯击击数和夯击遍数、间歇时间和现场测试等。

1）强夯夯击能量的选择与土质及挤淤深度有关，在无经验地区应根据现场试验确定。

2）强夯置换墩的深度由土质条件决定，除厚层饱和粉土外，应穿透软土层，到达较硬土层上，且深度不宜超过7m。

3）墩位布置宜采用等边三角形或正方形，对独立基础或条形基础可根据基础形状与宽度相应布置。

4）墩间距应根据荷载大小和原土的承载力选定，当满堂布置时可取夯锤直径的2~3倍。对独立基础或条形基础可取夯锤直径的1.5~2.0倍。墩的计算直径可取夯锤直径的1.1~1.2倍。

5）墩顶应铺设一层厚度不小于500mm的压实垫层，垫层材料可与墩体相同，粒径不宜大于100mm。

3.4.2 施工步骤

相对西欧和日本等发达国家，我国在施工机械方面较为落后，只具备小吨位起重机的施工条件，并使用滑轮组起吊夯锤，利用自动脱钩装置落锤，其施工步骤如下：

1）清理并平整施工场地，当表土松软时可铺设一层厚度为1.0~2.0m的砂石施工垫层。

2）标出夯点位置，并测量场地高程。

3）起重机就位，夯锤置于夯点位置。

4）测量夯前锤顶高程。

5）夯击并逐击记录夯坑深度。当夯坑过深而发生起锤困难时停夯，向坑内填料直至与坑顶平，记录填料数量，如此重复直至满足规定的夯击次数及控制标准完成一个墩体的夯击。当夯点周围软土挤出影响施工时，可随时清理并在夯点周围铺垫碎石，继续施工。

6）按由内而外，隔行跳打原则完成全部夯点的施工。

7）推平场地，用低能量满夯，将场地表层松土夯实，并测量夯后场地高程。

8）铺设垫层，并分层碾压密实。

3.5 效果检验

在强夯施工结束一至数周后，应进行强夯效果质量检测。强夯处理后的地基竣工验收承载力检验，对于碎石土和砂土地基，其间隔时间可取 7 ~ 14d；粉土和黏性土地基可取 14 ~ 28d。强夯置换地基间隔时间可取 28d。

质量检验方法可采用：①室内试验；②十字板试验；③动力触探试验（包括标准贯入试验）；④静力触探试验；⑤旁压仪试验；⑥载荷试验；⑦波速试验。

强夯处理后的地基竣工验收时，承载力检验应采用原位测试和室内土工试验。强夯置换后的地基竣工验收时，承载力检验除应采用单墩载荷试验检验外，尚应采用动力触探等有效手段查明置换墩着底情况及承载力与密度随深度的变化情况，对饱和粉土地基允许采用单墩复合地基载荷试验代替单墩载荷试验。

强夯法检测点位置可分别布置在夯坑内、夯坑外和夯击区边缘。竣工验收承载力检验的数量应根据场地复杂程度和建筑物的重要性确定。对于简单场地上的一般建筑物，每个建筑地基的载荷试验检验点不应少于 3 点；对于复杂场地或重要建筑地基应增加检验点数。强夯置换地基载荷试验检验和置换墩着底情况检验数量均不应少于墩点数的 1%，且不应少于 3 点。检测点位置可分别布置在夯坑内、夯坑外和夯击区边缘，检测的深度不应小于设计地基处理的深度。

强夯法是一种施工速度快、效果好的软弱地基加固方法。但由于每次夯击的能量很大，除发生噪声外，振动对邻近建筑物可能产生较大的影响。因此，强夯施工不宜在建筑群或人口密集处使用。另外，施工前要注意查明场地范围的地下构筑物和地下管线的位置和标高等，并采取必要的措施，以免因强夯施工造成不必要的损失。

历年注册土木工程师（岩土）考试真题精选

1. 一港湾淤泥质黏土层厚 3m 左右，经开山填土造地，填土厚 8m 左右，填土层内块石大小不一，个别边长超过 2m。现拟在填土层上建 4 ~5 层住宅，在下述地基处理方法中，请指出采用哪个选项比较合理？(2006 年)

(A) 灌浆法

(B) 预压法

(C) 强夯法

(D) 振冲法

【答案】: C

2. 对于可能产生负摩阻力的拟建场地，桩基设计、施工时采取下列哪些措施可以减少桩侧负摩阻力？(2012 年)

(A) 对于湿陷性黄土场地，桩基施工前，采用强夯法消除上部或全部土层的自重湿陷性

(B) 对于填土场地，先成桩后填土

(C) 施工完成后，在地面大面积堆载

(D) 对预制桩中性点以上的桩身进行涂层润滑处理

【答案】: A、D

3. 某地基采用强夯法加固，试夯后发现地基有效加固深度未达到设计要求，问下述哪个选项的措施对增加有效加固深度有效？(2008 年)

(A) 提高单击夯击能

（B）增加夯击遍数

（C）减小夯击点距离

（D）增大夯击间歇时间

【答案】：A

4. 关于地基处理范围，依据 JGJ 79—2002《建筑地基处理技术规范》，下述说法中，哪些选项是正确的？(2010 年)

（A）预压法施工，真空预压区边缘应等于或大于建筑物基础外缘所包围的范围

（B）强夯法施工，每边超出基础外缘的宽度宜为基底下设计处理深度 1/3 ~ 2/3，并不宜小于 3.0m

（C）振冲桩施工，当要求消除地基液化时，在基础外缘扩大宽度应大于可液化土层厚度的 1/3

（D）竖向承载搅拌桩可只在建筑物基础范围内布置

【答案】：B、D

5. 某软黏土地基，天然含水量 $w=50\%$，液限 $w_L=45\%$。采用强夯置换法进行地基处理，夯点采用正三角形布置，间距 2.5m，成墩直径为 1.2m。根据检测结果单墩承载力特征值为 $R_k=800$kN。按 JGJ 79—2002《建筑地基处理技术规范》计算处理后该地基的承载力特征值，其值最接近（　）。(2014 年)

（A）128kPa

（B）138kPa

（C）148kPa

（D）158kPa

【答案】：C

【解析】：由黏性土的物理指标知，该土处于流塑状态，根据 JGJ 79—2002《建筑地基处理技术规范》，可不考虑墩间土的承载力，处理后该地基的承载力特征值可直接由下式计算

$$f_{spk}=R_k/A_e,\quad f_{spk}=800/5.41\text{kPa}=147.9\text{kPa}$$

习　题

一、单选题

1. 夯实法不适用于以下哪种地基土？

（A）松砂地基　（B）杂填土　（C）淤泥　（D）湿陷性黄土

2. 强夯法和强夯置换法加固地基有什么异同？

（A）两者都是以挤密为主加固地基

（B）前者使地基土体夯实加固，后者在夯坑内回填粗颗粒材料进行置换

（C）两者都是利用夯击能，使土体排水固结

（D）两者的适用范围是相同的

3. 利用 100kN 的重锤，强夯挤密土层，设落距 10m，其有效加固深度（修正系数为 0.5）为______。

（A）15m　（B）10m　（C）5m　（D）8m

4. 强夯法处理地基时，其处理范围应大于建筑物基础范围，且每边应超出基础外缘的宽度宜为设计处理深度的________，并不宜小于 3m。

（A）1/4 ~ 3/4　　（B）1/2 ~ 2/3　　（C）1/5 ~ 3/5　　（D）1/3 ~ 1.0

5. 我国自 20 世纪 70 年代引进强夯法施工，并迅速在全国推广应用，我国常用的夯锤重为______。

A. 5 ~ 15t　　（B）10 ~ 25t　　（C）15 ~ 30t　　（D）20 ~ 45t

6. 软土地区也可以用强夯法施工，强夯的目的主要是________。

（A）夯密　　（B）挤密　　（C）置换　　（D）夯密加置换

7. 强夯法也称为________。

（A）强力夯实法　　（B）动力排水法　　（C）动力固结法　　（D）夯实填充法

8. 当采用强夯法施工时，两遍夯击之间的时间间隔的确定主要依据是________。

（A）土中超静孔隙水压力的消散时间

（B）夯击设备的起落时间

（C）土压力的恢复时间

（D）土中有效应力的增长时间

9. 强夯法中，夯点的夯击次数，应按现场试夯的次数和夯沉量关系曲线确定，且当单击夯击能小于 4000kN · m 时最后两击的平均夯沉量不大于________。

A. 50mm　　（B）80mm　　（C）150mm　　（D）200mm

二、计算题

1. 某新建大型企业，经岩土工程勘察，地表为耕植土，层厚 0.8m；第二层为粉砂，层厚为 6.5m；第三层为卵石，层厚 5.8m。地下水位埋深 2.0m。考虑用强夯加固地基，设计锤重与落距，以进行现场试验。

第4章 预 压 法

预压法又称排水固结法，是通过预先给地基施加荷载，使软黏土地基中孔隙水缓慢排出，土体逐渐固结，土的孔隙比减小，土体强度提高，软黏土地基的工后沉降降低，从而达到提高地基承载力和稳定性的目的。

在工程中，预压法通常是由排水系统和加压系统两部分共同组成的，如图4-1所示。排水系统由竖向排水井和水平向排水垫层构成，其主要作用在于改善地基的排水条件，增加孔隙水的排出通道，缩短水的排出距离；加压系统则可以对地基施加外部荷载，使土体中孔隙水在压差的作用下产生渗流，土体发生固结作用。在排水固结过程中，排水系统和加压系统均发挥着重要的、不可或缺的作用。若只有加压系统，土中孔隙水的排出距离并没有缩短，孔隙水的排出仅能依赖土的透水性，其排出过程非常漫长，地基不可能在预定的时间内完成设计的沉降量，这势必危及地基的承载能力和稳定性。若只有排水系统，土中孔隙水不存在压差，孔隙水就不可能流动，自然也就无法排出土体，地基将难以固结。因此，当采用预压法处理软黏土地基时，应当对排水系统和加压系统二者的设计进行综合考虑。

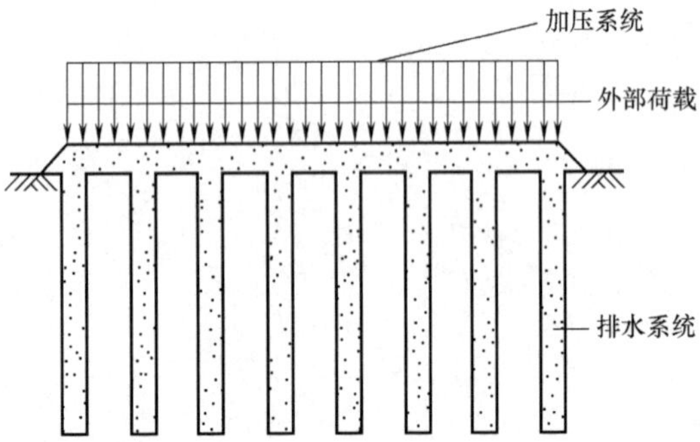

图4-1 预压法示意图

根据加压系统的不同，预压法可分为堆载法、超载预压法、真空预压法、真空和堆载联合预压法、降低地下水位法等。根据预压法采用的排水系统可分为普通砂井法、袋装砂井法、塑料排水带法、散体材料桩法、电渗法和无排水系统辅以各种形式竖向排水通道等。其中堆载法与超载预压法因基本原理相同，有时又把它们归为一类。采用堆载法处理软黏土地基时，地基中并不设置排水系统，该方法适用范围有限，一般只用于地基加固土层比较薄和渗透系数比较大的情况。采用散体材料桩法、砂井法或者塑料排水带法，取决于对排水效果、加固地基以及经济效益的要求。普通砂井和散体材料桩的横断面较大，多用于处理较厚的软黏土层基地；袋装砂井和塑料排水带的横断面相对较小，常用于处理厚度不超过15~20m软黏土地基。真空预压法是在地基中设置砂井或塑料排水带，在地面铺设砂垫层，形成水平向和竖向排水系统，在砂垫层中埋置吸水管，砂垫层上覆盖密封膜，外接抽真空装置，利用该装置对砂垫层及砂井抽气，在排水系统中形成负压区。由于存在压差，孔隙水快速排出土体，土体发生固结。电渗法是通过在地基中设置正负极，形成电场，土体中孔隙水会流向阴极，从而实现对地基的加固。在工程上，真空预压法和堆载预压法的排水系统基本上是相同的，二者的作用效果是可以叠加的，为了更好地处理加固软黏土地基，可采用真空和堆载联合预压法。鉴于排水固结原理和施工工艺、方法上的分类与区别，本章将主要介绍目前使用较多的堆载法、真空预压法、真空和堆载联合预压法以及降低地下水位法中的真空井点降水法。

目前，在理论研究、数值计算和工程应用等方面，预压法均取得较大的发展，在软黏土地基处理中被普遍采用和接受，加固效果比较可靠。

4.1 基本原理和计算方法

土体是多相体，主要有三种组成情况：一是由固相、液相和气相组成；二是由固相和液相组成；三是仅由固相组成。在荷载作用下，土体颗粒间的流体会产生流动和渗流，孔隙比逐渐减小，土体发生固结变形，强度提高。一般说来，土体固结与土体的渗透性和所承受的荷载密切相关。施加外部荷载前，土体中的初始应力场与土体自重、地下水位以及土层地质历史密切相关。当施加外部荷载时，地基土层中应力场发生变化，产生附加应力。现在，将通过分析图4-2中孔隙比与荷载压力的关系变化，深入了解土层的复杂性，阐述地基加固加密的原理和方法。

图4-2中，在初始应力 P_A 作用下，土体初始孔隙比为 e_0，在 e-ln$P$ 坐标系中，表示为 A 点。当应力增加 ΔP，即由 P_A 增至 P_B 时，土体从 A 点沿正常固结曲线压缩至 B 点，土体孔隙比减少了 $\Delta e = e_0 - e_B$，曲线 ABD 为压缩曲线。在加载之后，进行卸荷，也就是固结应力由 P_B 重新卸至初始应力 P_A，此时，土样发生回弹；回弹曲线为 B 点至 C 点间的曲线，孔隙比增加量为 $\Delta e' = e_1 - e_B$，C 点孔隙比为 e_1。当再增加荷载 ΔP，由 C 点经 E 点再回到 B 点，即 CEB 为再压缩曲线；土体孔隙比再次减少至 e_B。通过比较压缩曲线和再压缩曲线，孔隙比改变量 Δe 和 $\Delta e'$ 悬殊，$\Delta e'$ 明显小于 Δe。可见，采用预压法处理软黏土地基能够显著改善地基土的性质，减少工后沉降。

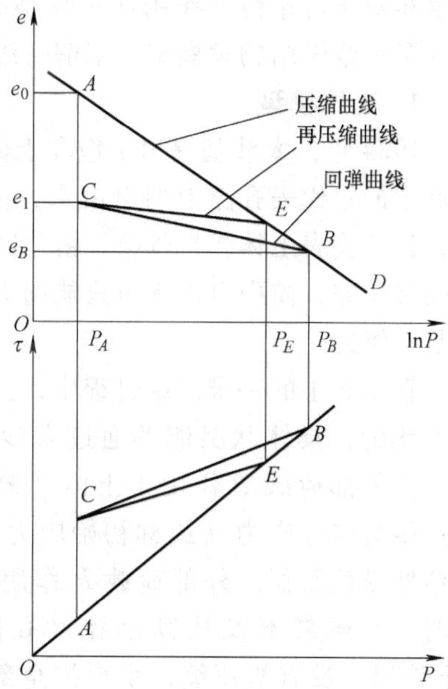

图4-2 孔隙比与荷载压力的关系

考虑到地基土的沉积和应力历史非常复杂，确定先期固结压力极其困难。因此，我们将预先固结压力 P_B 视为先期固结压力。在工作荷载（建筑荷载）作用下，地基土体中固结应力为 P。当 $P_B < P$ 时，称为一般预压，地基土体在上覆压力作用下无法稳定，固结将继续进行，该地基土处于欠固结状态，为欠固结土。当 $P_B = P$ 时，称为等载预压，表明地基中应力与预压时相等，地基土处于正常固结状态，为正常固结土。当 $P_B > P$ 时，称为超载预压，地基土处于超固结状态，为超固结土。对于图4-2而言，在压缩期间（曲线 AB 段），地基土处于正常固结状态；在回弹和再压缩期间（曲线 BC 和 CEB 段），地基土处于超固结状态；在一定条件下，地基土的预压和固结状态能够相互转化。土的固结状态对土的压缩性影响较为显著，欠固结土压缩性最高，超固结土压缩性最低。因此，通过预压地基，能够有效降低和减少施工期间和工后的固结沉降值。

在图4-2中的 P-τ 中，随着荷载的不断加载—卸载—再加载，土体的抗剪强度也随之发生变化，土体中应力越大，抗剪强度 τ 值也就越高。在压缩阶段，抗剪强度值从曲线上的 A 点增至 B 点；在卸荷回弹阶段，抗剪强度值从 B 点退至 C 点；在再压缩阶段，抗剪强度再

次回到 B 点。P-τ 曲线表明，当固结压力相同时，预压地基的抗剪强度要比未预压地基的抗剪强度大。

预压法处理软黏土地基既要从地基土的渗透性和预压荷载方面考虑，又要从边界条件方面着手。加快固结的有效方法是在天然土层中铺设竖直排水体，缩短排水距离。将土层上下边界设置为透水边界，以缩短预压期，提高地基土强度，保证地基的稳定性。预压法处理软黏土地基，适用于处理各类淤泥、淤泥质土以及冲填土等饱和黏性土地基。

目前，预压法的原理和技术已非常成熟，并广泛应用于处理软土地基，以提高建筑物软土地基的承载力与稳定性、消除或减少建筑基底沉降。

4.1.1 太沙基一维固结理论

我们介绍一维固结问题，重点强调的是水的流动和土体变形的单向性。由于严格的一维固结是不存在的，以下两种情况通常可视为一维固结问题：室内有侧限的固结试验和压缩层厚度相对于均布荷载作用面积较小的情形。太沙基（Terzaghi）正是基于上述理解和认识，建立了一维固结物理模型，求解一维固结问题的。

1. 固结模型

1924 年，太沙基提出了饱和土体的一维固结物理模型。太沙基固结模型如图 4-3 所示，圆筒中的水代表孔隙中的自由水，活塞上的小孔和孔的大小代表土的渗透性和边界排水条件，弹簧代表土体颗粒骨架。由于圆筒是刚性的，当活塞在荷载作用下移动时，弹簧只能沿竖向被压缩，筒中自由水也只能向上从孔隙中排出。可见，模型中的弹簧压缩和自由水排出都是一维的。

在饱和土的一维固结过程中，土的应力和变形是动态变化的，具体状况能够通过太沙基固结模型进行描述。当外部荷载 P 作用于土体（模型活塞）时，土体中产生竖向总应力（或称初始应力）$\sigma_z = \sigma_0 = P/A$，$A$ 为活塞横截面积。外部荷载 P 作用于活塞（土体）的瞬时，水还来不及从其小孔（孔隙）中排出，弹簧（土骨架）没有被压缩，水承担全部荷载 P，并产生超静孔隙水压力（简称超静孔压）$u = \sigma_z = \sigma_0$，弹簧压缩变形（土体固结变形）量为零。随着时间的前进，孔隙水不断从土体中排，土体受到压缩，土体中有效应力 σ' 不断增加，超静孔压逐渐消散，有效应力和超静孔压的关系为 $u + \sigma' = \sigma_0$，也就是在这一过程中总应力保持不变。当固结时间无限延长时，土体中孔隙水完全排出，超静孔压完全消散（$u = 0$），土体固结完全承担外部荷载 $\sigma' = \sigma_0$，土固结压缩变形稳定，整个固结过程结束。饱和土体一维固结过程中应力和变形的变化规律如表 4-1 所示。

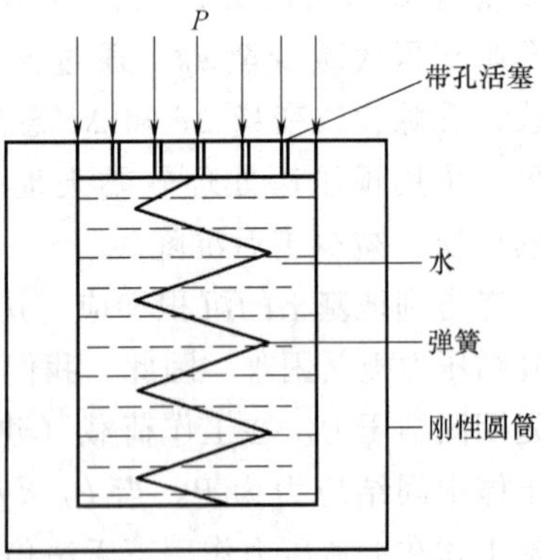

图 4-3　太沙基固结模型

表 4-1　饱和土体一维固结过程中应力和变形变化规律

时间	总应力	超静孔压 u	有效应力 σ'	固结变形量 S_{ct}
$t = 0$	P	P	0	0
$0 < t < \infty$	P	$u\downarrow$	$\sigma'\downarrow$	$S_{ct}\downarrow$
$t \to \infty$	P	0	P	$S_{c\infty}$

总之，饱和土地基的固结过程，既是土体中孔隙水的渗流排出过程，也是土体压缩变形过程。随着固结的完成，土体中孔隙水完全消散，土体内有效应力值达到最大，土体稳定性和抗剪能力增强。

2. 基本假设

考虑到物理模型只能用来定性地研究土体一维固结过程中应力和变形的变化规律，要想定量地分析研究一维固结规律，必须建立相应的数学模型，导出解析解。因此，太沙基根据上述物理模型，提出求解的基本假设，具体如下：

1）土体是饱和并且均质的。

2）土体中土颗粒和孔隙水不可压缩。

3）土体的渗透系数 k 和压缩系数 a_v 均为常数。

4）土体中水的渗流服从达西定律。

5）外部荷载连续均布且一次瞬时施加。

6）土体中渗流和变形按一维进行考虑。

7）土体固结变形是小变形问题。

基于上述假设，太沙基建立了一维固结理论；同时，考虑到土体被简化为均质材料，土体的 k 和 a_v 被视为常数。因此，该理论又称为一维线弹性固结理论。通过改变上述一些假设条件，可以发展相关固结理论，如二维固结理论、三维固结理论以及非饱和固结理论。

3. 固结方程

图 4-4 为太沙基一维固结问题。图中，H 为土层厚度；p_0 为连续均布的瞬时荷载；z 坐标方向为竖直向下，原点位置取土层上部边界，即地表位置；在地基任一深度 z 处，取土单元体 $\mathrm{d}x\mathrm{d}y\mathrm{d}z$。设单位时间内从微元体顶面流入的水量 q，根据微分原理，同一时间从微元体底面流出的水量为 $q+\frac{\partial q}{\partial z}\mathrm{d}z$，则得土单元体在 $\mathrm{d}t$ 时间内沿竖向排出的水量为

$$\mathrm{d}Q=\left[q-\left(q+\frac{\partial q}{\partial z}\mathrm{d}z\right)\right]\mathrm{d}t=-\frac{\partial q}{\partial z}\mathrm{d}z\mathrm{d}t \tag{4-1}$$

根据达西定律

$$q=vA=k_v iA=k_v\left(-\frac{\partial h}{\partial z}\right)\mathrm{d}x\mathrm{d}y \tag{4-2}$$

式中 v——水在土体中的渗流速度（m/s）；

A——土单元体过水断面面积（m^2），即 $A=\mathrm{d}x\mathrm{d}y$；

k_v——土层竖向渗透系数（m/s）；

i——水力梯度，即 $i=-\frac{\partial h}{\partial z}$。

由于土单元体取至地基 z 深度处，该处的静水压力为 $\gamma_w z$，其中 γ_w 为水的重度（kN/m^3）；地基土层在外部荷载作用下，z 处的超静孔压为 u（kPa），则计算出对应的超静水头 h 为

$$h=\frac{u}{\gamma_w} \tag{4-3}$$

联合式（4-1）~式（4-3），计算得

$$\mathrm{d}Q=\frac{k_v}{\gamma_w}\frac{\partial^2 u}{\partial z^2}\mathrm{d}x\mathrm{d}y\mathrm{d}z\mathrm{d}t \tag{4-4}$$

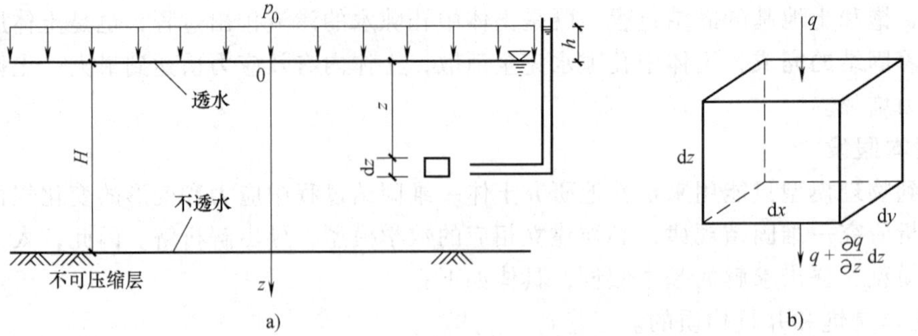

图 4-4　太沙基一维固结问题

a）地基受力简图　b）土单元体

单元体的体积 V 表达式为

$$V = V_s + V_w = V_s + eV_s = V_s(1+e) \tag{4-5}$$

式中　V——固结过程中任一时刻土体单元体的体积；

V_s——单元体土颗粒的体积；

V_w——孔隙水的体积；

e——固结过程 t 时刻土体的孔隙比。

单元体初始体积为

$$V_0 = \mathrm{d}x\mathrm{d}y\mathrm{d}z = V_s(1+e_0) \tag{4-6}$$

式中　e_0——固结过程初始时刻土体的孔隙比。

由于单元体中土颗粒不可压缩，V_s为常数，因此，根据式（4-5）和式（4-6）可得

$$V = \frac{1+e}{1+e_0}\mathrm{d}x\mathrm{d}y\mathrm{d}z \tag{4-7}$$

根据式（4-7），在 dt 时间内，单元体的体积变化 dV 为

$$\mathrm{d}V = \frac{\partial}{\partial t}\left[\frac{1+e}{1+e_0}\mathrm{d}x\mathrm{d}y\mathrm{d}z\right]\mathrm{d}t = \frac{\partial}{\partial t}\left(\frac{e}{1+e_0}\right)\mathrm{d}x\mathrm{d}y\mathrm{d}z\mathrm{d}t \tag{4-8}$$

根据基本假设，固结过程中，单元体在 dt 时间内沿竖向排出水量等于单元体的体积压缩量，则由式（4-4）和式（4-8），求得

$$\frac{k_v}{\gamma_w}\ \frac{\partial^2 u}{\partial z^2} = \frac{1}{1+e_0}\ \frac{\partial e}{\partial t} \tag{4-9}$$

根据土的压缩系数定义和有效应力原理，可得

$$a_v = -\frac{\mathrm{d}e}{\mathrm{d}p} = -\frac{\partial e}{\partial \sigma_z'} \tag{4-10}$$

式中　a_v——竖向压缩系数（kPa^{-1}）。

根据有效应力原理，则得

$$\sigma_z' = \sigma_z - u = p_0 - u \tag{4-11}$$

式中　σ_z'——土中有效应力（kPa）。

利用式（4-10）和式（4-11），则有

$$\frac{\partial e}{\partial t} = \frac{\mathrm{d}e}{\mathrm{d}\sigma_z'}\ \frac{\partial \sigma_z'}{\partial t} = -a_v\frac{\partial(p_0-u)}{\partial t} = a_v\frac{\partial u}{\partial t} \tag{4-12}$$

联立式（4-9）和式（4-12），得

$$\frac{k_v}{\gamma_w}\frac{\partial^2 u}{\partial z^2}=\frac{a_v}{1+e_0}\frac{\partial u}{\partial t} \tag{4-13}$$

因此，整理得太沙基一维固结方程

$$c_v\frac{\partial^2 u}{\partial z^2}=\frac{\partial u}{\partial t} \tag{4-14}$$

式中 c_v——土的竖向固结系数（m^2/s），即 $c_v=\frac{k_v(1+e_0)}{\gamma_w a_v}=\frac{k_v}{\gamma_w m_v}$；

m_v——体积压缩系数（kPa^{-1}），即 $m_v=\frac{a_v}{1+e_0}=\frac{1}{E_s}$；

E_s——土体的压缩模量，又称侧限压缩模量（kPa）。

4. 固结方程的解

已知一维固结方程，利用给定的边界条件和初始条件，可求解一维固结解析解，掌握超静孔压随时间沿深度的变化规律以及地基固结特点。

边界条件共分为单面排水和双面排水两种情况，前者是指地基土层顶面透水、底面不透水的情况，后者则是指地基土层顶面和底面均透水的情况。

（1）单面排水　边界条件为

$$0<t<\infty, z=0 \qquad u=0 \tag{4-15a}$$

$$0<t<\infty, z=H \qquad \frac{\partial u}{\partial z}=0 \tag{4-15b}$$

初始条件为

$$t=0, 0\leqslant z\leqslant H \qquad u=p_0 \tag{4-15c}$$

采用分离变量法求解式（4-14），令 $u=Z(z)T(t)$，代入式（4-14），得

$$Z(z)T'(t)=c_v Z''(z)T(t) \tag{4-16}$$

再令

$$\frac{1}{c_v}\frac{T'(t)}{T(t)}=\frac{Z''(z)}{Z(z)}=-\beta_m \tag{4-17}$$

则有

$$\frac{T'(t)}{T(t)}=-c_v\beta_m \tag{4-18a}$$

$$Z''(z)+\beta_m Z(z)=0 \tag{4-18b}$$

由式（4-18a），解得

$$T(t)=e^{-c_v\beta_m t} \tag{4-19}$$

还令 $\beta_m=\lambda_m^2$，并代入式（4-18b），求得

$$Z(z)=A_m\sin(\lambda_m z)+B_m\cos(\lambda_m z) \tag{4-20}$$

因此，可得

$$u(z,t)=[A_m\sin(\lambda_m z)+B_m\cos(\lambda_m z)]e^{-c_v\beta_m t} \tag{4-21}$$

根据边界条件式（4-15a）和方程式（4-21），得 $B_m=0$，则有

$$u(z,t)=A_m\sin(\lambda_m z)e^{-c_v\beta_m t} \tag{4-22}$$

将式（4-22）代入式（4-15b），得

$$A_{\mathrm{m}}\lambda_{\mathrm{m}}\cos(\lambda_{\mathrm{m}}H)\mathrm{e}^{-c_{\mathrm{v}}\beta_{\mathrm{m}}t}=0 \tag{4-23}$$

则得

$$\lambda_{\mathrm{m}}=\frac{m\pi}{2H} \tag{4-24}$$

式中，$m=1$，3，5，7，…

现在，将式（4-24）代入式（4-22），整理可得

$$u(z,t)=A_{\mathrm{m}}\sin\left(\frac{m\pi}{2H}z\right)\mathrm{e}^{-c_{\mathrm{v}}\frac{m^2\pi^2}{4H^2}t} \tag{4-25}$$

令 $M=\frac{m}{2}\pi$，则有

$$u(z,t)=\sum_{m=1}^{\infty}A_{\mathrm{m}}\sin\left(\frac{M}{H}z\right)\mathrm{e}^{-M^2T_{\mathrm{v}}} \tag{4-26}$$

$$T_{\mathrm{v}}=\frac{c_{\mathrm{v}}t}{H^2}$$

先令 $u_0=p_0$，再利用三角函数正交性和初始条件式（4-15c），式（4-26）方程两边同乘以 $\sin\left(\frac{M}{H}z\right)$，在[0，H]上积分，同时取 $t=0$，可得

$$A_{\mathrm{m}}=\frac{2}{M}u_0 \tag{4-27}$$

所以，将式（4-27）代入式（4-26）可得

$$u(z,t)=u_0\sum_{m=1}^{\infty}\frac{2}{M}\sin\left(\frac{M}{H}z\right)\mathrm{e}^{-M^2T_{\mathrm{v}}} \tag{4-28a}$$

$$M=(2m-1)\pi/2,m=1,2,3\cdots$$

式中 $u(z,\ t)$——地基土体任一时刻任一深度处的超静孔压（kPa 或 MPa）；

T_{v}——竖向固结时间因子，无量纲。

地基任一时刻的平均超静孔压 $\overline{u}(z,\ t)$

$$\overline{u}(z,t)=\frac{1}{H}\int_0^H u(z,t)\mathrm{d}z=u_0\sum_{m=1}^{\infty}\frac{2}{M^2}\mathrm{e}^{-M^2T_{\mathrm{v}}} \tag{4-28b}$$

（2）双面排水

边界条件为

$$0<t<\infty,z=0 \qquad u=0 \tag{4-29a}$$

$$0<t<\infty,z=H \qquad u=0 \tag{4-29b}$$

初始条件

$$t=0,0\leqslant z\leqslant H \qquad u=p_0 \tag{4-29c}$$

采用分离变量法，利用求解条件式（4-29a）~式（4-29c），求得地基土体任一时刻任一深度处的超静孔压

$$u(z,t)=\sum_{m=1}^{\infty}\frac{2u_0}{M}\sin\left(\frac{2M}{H}z\right)\mathrm{e}^{-4M^2T_{\mathrm{v}}} \tag{4-30a}$$

$$M=\frac{2m-1}{2}\pi,m=1,2,\cdots$$

此时，地基任一时刻的平均超静孔压$\overline{u}(z,t)$

$$\overline{u}(z,t)=\frac{1}{H}\int_0^H u(z,t)\,\mathrm{d}z=u_0\sum_{m=1}^{\infty}\frac{1}{M^2}\mathrm{e}^{-4M^2T_v} \tag{4-30b}$$

5. 有效应力

（1）单面排水 根据式（4-11）和式（4-28a），得地基土体中任一时刻任一深度处的有效应力

$$\sigma_z'=p_0-u(z,t)=u_0\left[1-\sum_{m=1}^{\infty}\frac{2}{M}\sin\left(\frac{M}{H}z\right)\mathrm{e}^{-M^2T_v}\right] \tag{4-31a}$$

根据式（4-11）和式（4-28b），得整个地基任一时刻的平均有效应力

$$\overline{\sigma_z'}=p_0-\overline{u}(z,t)=u_0\left(1-\sum_{m=1}^{\infty}\frac{2}{M^2}\mathrm{e}^{-M^2T_v}\right) \tag{4-31b}$$

（2）双面排水 根据式（4-11）和式（4-30a），得地基土体中任一时刻任一深度处的有效应力

$$\sigma_z'=p_0-u(z,t)=u_0\left[1-\sum_{m=1}^{\infty}\frac{2}{M}\sin\left(\frac{2M}{H}z\right)\mathrm{e}^{-4M^2T_v}\right] \tag{4-32a}$$

根据式（4-11）和式（4-30b），得整个地基任一时刻的平均有效应力

$$\overline{\sigma_z'}=p_0-\overline{u}(z,t)=u_0\left(1-\sum_{m=1}^{\infty}\frac{1}{M^2}\mathrm{e}^{-4M^2T_v}\right) \tag{4-32b}$$

6. 固结度

固结度是指地基在荷载作用下经过时间 t 土体固结完成的程度，其与固结过程中的固结变形和土体抗剪强度密切相关。

（1）单面排水 根据式（4-31a），确定地基中任一时刻任一深度的固结度为

$$U(z,t)=\frac{\sigma_z'}{p_0-u(z,t)}=\frac{\sigma_z'}{u_0}=1-\sum_{m=1}^{\infty}\frac{2}{M}\sin\left(\frac{M}{H}z\right)\mathrm{e}^{-M^2T_v} \tag{4-33a}$$

根据式（4-31b），确定整个地基的平均固结度为

$$\overline{U}(z,t)=\frac{\overline{\sigma_z'}}{p_0-\overline{u}(z,t)}=\frac{\overline{\sigma_z'}}{u_0}=1-\sum_{m=1}^{\infty}\frac{2}{M^2}\mathrm{e}^{-M^2T_v} \tag{4-33b}$$

（2）双面排水 根据式（4-32a），确定地基中任一时刻任一深度的固结度为

$$U(z,t)=\frac{\sigma_z'}{p_0-u(z,t)}=\frac{\sigma_z'}{u_0}=1-\sum_{m=1}^{\infty}\frac{2}{M}\sin\left(\frac{2M}{H}z\right)\mathrm{e}^{-4M^2T_v} \tag{4-34a}$$

根据式（4-32b），确定整个地基的平均固结度为

$$\overline{U}(z,t)=\frac{\overline{\sigma_z'}}{p_0-\overline{u}(z,t)}=\frac{\overline{\sigma_z'}}{u_0}=1-\sum_{m=1}^{\infty}\frac{1}{M^2}\mathrm{e}^{-4M^2T_v} \tag{4-34b}$$

上述固结度计算的公式均利用超静孔压、有效应力和总应力三者间的变化关系，求解地基土层固结度。但在实际工程中，人们关心的是整个地基土层的固结度，即地基土层平均固结度，常称为地基固结度。在这里，地基土层平均固结度$\overline{U}$是地基土层在荷载作用下，经过时间 t 所产生的固结变形量 S_{ct} 与该土层固结完成时最终固结变形量 $S_{c\infty}$ 之比，即

$$\overline{U}=\frac{S_{ct}}{S_{c\infty}} \tag{4-35a}$$

$$S_{ct}=\int_0^H \varepsilon_z \mathrm{d}z=\int_0^H \frac{\sigma_z'}{E_s}\mathrm{d}z \tag{4-35b}$$

$$S_{c\infty}=\lim_{t\to\infty}\left(\int_0^H \frac{\sigma_z'}{E_s}\mathrm{d}z\right)=\int_0^H \frac{\sigma_z}{E_s}\mathrm{d}z=\int_0^H \frac{p_0}{E_s}\mathrm{d}z \tag{4-35c}$$

则，式（4-35a）可改写为

$$\overline{U}=\frac{S_{ct}}{S_{c\infty}}=\frac{\int_0^H \sigma_z'\mathrm{d}z}{\int_0^H \sigma_z\mathrm{d}z}=\frac{p_0-\overline{u}}{p_0}=1-\frac{\overline{u}}{p_0} \tag{4-35d}$$

式中　$\overline{U}$——整体地基的平均固结度，一般用百分数来描述；

S_{ct}——地基土层某时刻的主固结变形量，为沉降或竖向压缩量（mm 或 cm）；

$S_{c\infty}$——固结时间 $t\to\infty$ 时，地基土层的最终主固结变形量（mm 或 cm）。

通过式（4-35）可知，地基平均固结度既可定义为某时刻地基的平均有效应力（或已消散的平均超静孔压）与平均总应力之比，也可定义为某时刻地基的主固结沉降与最终主固结沉降之比，前者是按应力或孔压定义的，后者是按变形或应变定义的，两种定义是等价的。另外，根据式（4-35d），平均固结度还可理解为地基土层中某时刻的有效应力（σ_z'）面积与总应力（σ_z）面积之比。

4.1.2　初始孔压非均布时的一维固结解析解

太沙基的固结理论是基于初始超静孔压沿深度均匀分布（$u_0=\sigma_z=p_0$）的情况而建立起来的，并求得了一维固结解析解。然而在工程实践中，在荷载作用下地基土层中产生的附加应力是沿深度变化分布的，因此，实际地基中的初始超静孔压沿深度是非均匀分布的。

为了更好地研究一维固结问题，现将初始超静孔压分布情况分为 4 种，分别是矩形分布、正三角形分布、倒三角形分布和梯形分布，如图 4-5 所示。初始超静孔压分布情况可以用统一的数学表达式描述，并通过改变参数来表达各种初始超静孔压分布状况。因此，统一建立初始条件为

$$t=0,0\leqslant z\leqslant H\quad u_0=\sigma_z=P_T+\frac{z}{H}(P_B-P_T) \tag{4-36}$$

式中　P_T——地基土层顶面处的初始超静孔压（kPa）；

P_B——地基土层底面处的初始超静孔压（kPa）。

1. 初始超静孔压梯形分布的情况

讨论单面排水条件下，初始超静孔压梯形分布（$P_T\neq0$，$P_B\neq0$）情况下的一维固结问题及其解析解。根据固结方程式（4-14）及求解条件式（4-15a）、式（4-15b）和式（4-36），运用分离变量法，可求解得超静孔压

$$u=\sum_{m=1}^{\infty}\frac{2}{M}\left[P_T-(-1)^m\frac{P_B-P_T}{M}\right]\sin\frac{Mz}{H}\mathrm{e}^{-M^2T_v} \tag{4-37a}$$

地基土层中任一时刻任一深度处的固结度

$$U(z,t)=1-\frac{u}{u_0}=\sum_{m=1}^{\infty}\frac{2}{M\left[P_T+\frac{z}{H}(P_B-P_T)\right]}\left[P_T-(-1)^m\frac{P_B-P_T}{M}\right]\sin\frac{Mz}{H}\mathrm{e}^{-M^2T_v} \tag{4-37b}$$

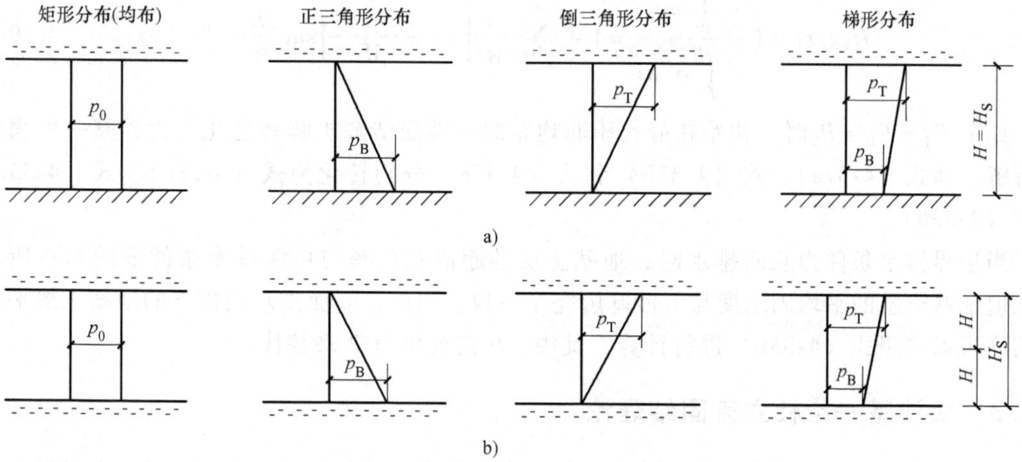

图 4-5 初始孔压沿深度分布情况
a）单面排水情况 b）双面排水情况

地基土层任一时刻的平均固结度

$$\overline{U}(z,t)=1-\frac{\int_0^H u\mathrm{d}z}{\int_0^H \sigma_z\mathrm{d}z}=1-\sum_{m=1}^{\infty}\frac{4}{M^2(P_T+P_B)}\left[P_T-(-1)^m\frac{P_B-P_T}{M}\right]\sin\frac{Mz}{H}e^{-M^2T_v} \tag{4-37c}$$

2. 初始超静孔压正三角形分布的情况

当 $P_T=0$ 和 $P_B\neq0$ 时，根据式（4-37），可以求解单面排水条件下地基土层的超静孔压

$$u=P_B\sum_{m=1}^{\infty}(-1)^{m-1}\frac{2}{M^2}\sin\frac{Mz}{H}e^{-M^2T_v} \tag{4-38a}$$

地基土层中任一时刻任一深度处的固结度

$$U(z,t)=1-\frac{u}{u_0}=\sum_{m=1}^{\infty}(-1)^{m-1}\frac{2H}{zM^2}\sin\frac{Mz}{H}e^{-M^2T_v} \tag{4-38b}$$

地基土层任一时刻的平均固结度

$$\overline{U}(z,t)=1-\frac{\int_0^H u\mathrm{d}z}{\int_0^H \sigma_z\mathrm{d}z}=1-\sum_{m=1}^{\infty}(-1)^{m-1}\frac{4}{M^3}\sin\frac{Mz}{H}e^{-M^2T_v} \tag{4-38c}$$

3. 初始超静孔压倒三角形分布的情况

当 $P_T\neq0$ 和 $P_B=0$ 时，根据式（4-37），同样求得单面排水条件下地基土层的超静孔压

$$u=P_T\sum_{m=1}^{\infty}\left[\frac{2}{M}+(-1)^m\frac{2}{M^2}\right]\sin\frac{Mz}{H}e^{-M^2T_v} \tag{4-39a}$$

地基土层中任一时刻任一深度处的固结度

$$U(z,t)=1-\frac{u}{u_0}=\sum_{m=1}^{\infty}\frac{2}{M\left(1-\frac{z}{H}\right)}\left[1+(-1)^m\frac{1}{M}\right]\sin\frac{Mz}{H}e^{-M^2T_v} \tag{4-39b}$$

地基土层任一时刻的平均固结度

$$\overline{U}(z,t)=1-\frac{\int_0^H u\mathrm{d}z}{\int_0^H \sigma_z\mathrm{d}z}=1-\sum_{m=1}^{\infty}\frac{4}{M^2}\left[1+\frac{(-1)^m}{M}\right]\sin\frac{Mz}{H}\mathrm{e}^{-M^2T_\mathrm{v}} \tag{4-39c}$$

如果 $P_\mathrm{T}=P_\mathrm{B}=P_0$时，初始超静孔压非均布的一维固结解析解将退化为太沙基一维固结解析解，即式（4-37a）、式（4-37b）和式（4-37c）分别转化为式（4-28a）、式（4-33a）和式（4-33b）。

当边界排水条件为双面排水时，地基土层的超静孔压解与单面排水条件下的解有所不同，但地基土层的平均固结度与太沙基解完全一致。因此，双面排水条件下的地基土层平均固结度可以按照式（4-33b）进行计算，其中，H 需要用 $H/2$ 来替代。

4.1.3 太沙基—伦杜立克固结理论

一般说来，地基土层中水的渗流和土体的变形是多维的，即渗流和变形沿两个或三个方向发生。此时，地基土层发生的固结称为二维固结或三维固结，统称为多维固结。对于多维固结问题，伦杜立克（Rendulic）于 1935 年利用太沙基一维固结方程求解方法，得到求解多维固结问题的微分方程（太沙基—伦杜立克（Terzaghi-Rendulic）固结方程）。

根据太沙基基本假设，土体是完全饱和的，土体中固相和液相均是不可压缩的。在固结过程中单元体的体积变化率应该等于流经单元体表面的水流量的变化率，并利用达西定律，可分别得到二维和三维的基本微分方程

$$-\left(\frac{k_x}{\gamma_\mathrm{w}}\frac{\partial^2 u}{\partial x^2}+\frac{k_z}{\gamma_\mathrm{w}}\frac{\partial^2 u}{\partial z^2}\right)=\frac{\partial\varepsilon_\mathrm{v}}{\partial t} \tag{4-40a}$$

$$-\left(\frac{k_x}{\gamma_\mathrm{w}}\frac{\partial^2 u}{\partial x^2}+\frac{k_y}{\gamma_\mathrm{w}}\frac{\partial^2 u}{\partial y^2}+\frac{k_z}{\gamma_\mathrm{w}}\frac{\partial^2 u}{\partial z^2}\right)=\frac{\partial\varepsilon_\mathrm{v}}{\partial t} \tag{4-40b}$$

式中 k_x、k_y和 k_z——x、y 和 z 向的渗透系数（m/s）；

ε_v——体积应变；

γ_w——水的重度（$\mathrm{kN/m^3}$）。

如果总应力不随时间变化，弹性土体单向压缩时，我们可以推出

$$\frac{\partial\varepsilon_\mathrm{v}}{\partial t}=-m_\mathrm{v}\frac{\partial u}{\partial t} \tag{4-41}$$

当仅在竖向发生压缩变形时，由式（4-40）可得二维和三维的太沙基—伦杜立克固结基本方程

$$\frac{\partial u}{\partial t}=\frac{1}{\gamma_\mathrm{w}m_\mathrm{v}}\left(k_x\frac{\partial^2 u}{\partial x^2}+k_z\frac{\partial^2 u}{\partial z^2}\right) \tag{4-42a}$$

$$\frac{\partial u}{\partial t}=\frac{1}{\gamma_\mathrm{w}m_\mathrm{v}}\left(k_x\frac{\partial^2 u}{\partial x^2}+k_y\frac{\partial^2 u}{\partial y^2}+k_z\frac{\partial^2 u}{\partial z^2}\right) \tag{4-42b}$$

对于多维固结问题，不但渗流是多向的，而且变形也是多向的。因此，涉及二维和三维问题，式（4-41）可分别改写为

$$\frac{\partial\varepsilon_\mathrm{v}}{\partial t}=\frac{\partial(\varepsilon_x+\varepsilon_z)}{\partial t}=-\frac{2(1-2v)(1+v)}{E}\frac{\partial u}{\partial t} \tag{4-43a}$$

$$\frac{\partial \varepsilon_{\mathrm{v}}}{\partial t} = \frac{\partial (\varepsilon_x + \varepsilon_y + \varepsilon_z)}{\partial t} = -\frac{3(1 - 2v)}{E} \frac{\partial u}{\partial t} \qquad (4\text{-}43\text{b})$$

式中 ε_x、ε_y 和 ε_z —— x、y 和 z 向的正应变;

$\quad\quad\quad v$ —— 泊松比;

$\quad\quad\quad E$ —— 弹性模量, $E = \dfrac{(1 - 2v)(1 + v)}{(1 - v) m_{\mathrm{v}}}$。

将式(4-43a)和式(4-43b)分别代入式(4-40a)和式(4-40b),也可得到二维和三维固结基本方程

$$\frac{\partial u}{\partial t} = \frac{1}{2(1 - v) \gamma_{\mathrm{w}} m_{\mathrm{v}}} \left(k_x \frac{\partial^2 u}{\partial x^2} + k_z \frac{\partial^2 u}{\partial z^2} \right) \qquad (4\text{-}44\text{a})$$

$$\frac{\partial u}{\partial t} = \frac{(1 + v)}{3(1 - v) \gamma_{\mathrm{w}} m_{\mathrm{v}}} \left(k_x \frac{\partial^2 u}{\partial x^2} + k_y \frac{\partial^2 u}{\partial y^2} + k_z \frac{\partial^2 u}{\partial z^2} \right) \qquad (4\text{-}44\text{b})$$

比较式(4-42a)与式(4-44a)以及式(4-42b)与式(4-44b),每组内的表达式均相同,可以确定,无论是单向变形还是多向变形,二维固结和三维的基本固结方程均可分别写成

$$\frac{\partial u}{\partial t} = C_{\mathrm{v}x} \frac{\partial^2 u}{\partial x^2} + C_{\mathrm{v}z} \frac{\partial^2 u}{\partial z^2} \qquad (4\text{-}45\text{a})$$

$$\frac{\partial u}{\partial t} = C_{\mathrm{v}x} \frac{\partial^2 u}{\partial x^2} + C_{\mathrm{v}y} \frac{\partial^2 u}{\partial y^2} + C_{\mathrm{v}z} \frac{\partial^2 u}{\partial z^2} \qquad (4\text{-}45\text{b})$$

此处,需要指出的是单向压缩时固结系数与多向压缩时固结系数是不同的。由于 $0 \leqslant v \leqslant 0.5$,可得三向压缩时固结系数与单向压缩时固结系数之比 $\dfrac{1 + v}{3(1 - v)}$ 总小于 1。因此,在多维固结研究中,采用单向压缩固结系数时计算得出的固结速率偏快。

4.1.4　比奥固结理论

1940 年,比奥(Biot)根据连续介质力学的基本方程,建立了比奥固结理论,解决了太沙基固结理论应用于多维问题时精确性不高的难题。比奥固结理论考虑了土体固结过程中孔隙压力消散和土骨架变形之间的耦合作用,固结方程的推导过程严谨,但计算比较困难,需要利用数值方法来解决这一问题。

在地基土层中取一单元体,考虑单元体体力 X、Y 和 Z,则三维条件下平衡方程表达式为

$$\left.\begin{array}{l} \dfrac{\partial \sigma_x}{\partial x} + \dfrac{\partial \tau_{xy}}{\partial y} + \dfrac{\partial \tau_{xz}}{\partial z} = X \\[2mm] \dfrac{\partial \tau_{yz}}{\partial x} + \dfrac{\partial \sigma_y}{\partial y} + \dfrac{\partial \tau_{yz}}{\partial z} = Y \\[2mm] \dfrac{\partial \tau_{zx}}{\partial x} + \dfrac{\partial \tau_{zy}}{\partial y} + \dfrac{\partial \sigma_z}{\partial z} = Z \end{array}\right\} \qquad (4\text{-}46)$$

式中 X、Y 和 Z —— x、y 和 z 方向单元体体力。

根据饱和土的有效应力原理,可得有效应力 σ'、孔隙水压力 u 和总应力 σ 之间的关系式,具体如下

$$\left.\begin{aligned}\sigma_x &= \sigma_x{}' + u\\ \sigma_y &= \sigma_y{}' + u\\ \sigma_z &= \sigma_z{}' + u\end{aligned}\right\}\tag{4-47}$$

若以土体压缩为正，则可得在小变形条件下的土体变形和位移的几何方程

$$\left.\begin{aligned}\varepsilon_x &= -\frac{\partial w_x}{\partial x}\\ \varepsilon_y &= -\frac{\partial w_y}{\partial y}\\ \varepsilon_z &= -\frac{\partial w_z}{\partial z}\\ \gamma_{xy} &= -\frac{\partial w_x}{\partial y}-\frac{\partial w_y}{\partial x}\\ \gamma_{yz} &= -\frac{\partial w_y}{\partial z}-\frac{\partial w_z}{\partial y}\\ \gamma_{zx} &= -\frac{\partial w_z}{\partial x}-\frac{\partial w_x}{\partial z}\end{aligned}\right\}\tag{4-48}$$

式中 w_x、w_y和w_z——x、y和z方向土体位移；

$\frac{\partial u}{\partial x}$、$\frac{\partial u}{\partial y}$和$\frac{\partial u}{\partial z}$——$x$、$y$和$z$方向的单位渗透力。

由于比奥固结理论中土体为线弹性体，应服从胡克定律，则

$$\xi' = 3K_\theta \tag{4-49}$$

式中 ξ'——有效应力之和，$\xi' = \sigma_x{}' + \sigma_y{}' + \sigma_z{}'$；

θ——体积应变，$\theta = \varepsilon_x + \varepsilon_y + \varepsilon_z$；

K——体积变形模量。

土体应力应变关系式为

$$\left.\begin{aligned}\sigma_x{}' &= \frac{3K-2G}{3}\theta + 2G\varepsilon_x\\ \sigma_y{}' &= \frac{3K-2G}{3}\theta + 2G\varepsilon_y\\ \sigma_z{}' &= \frac{3K-2G}{3}\theta + 2G\varepsilon_z\\ \tau_{xy} = G\gamma_{xy}, &\tau_{yz} = G\gamma_{yz}, \tau_{zx} = G\gamma_{zx}\end{aligned}\right\}\tag{4-50}$$

式中 G——剪切变形模（MPa 或 GPa）。

由达西定律，得到通过单元体x、y和z方向上的孔隙水流速

$$\left.\begin{aligned}v_x &= -\frac{k_x}{\gamma_w}\frac{\partial u}{\partial x}\\ v_y &= -\frac{k_y}{\gamma_w}\frac{\partial u}{\partial y}\\ v_z &= -\frac{k_z}{\gamma_w}\frac{\partial u}{\partial z}\end{aligned}\right\}\tag{4-51}$$

式中 k_x、k_y和k_z——x、y和z方向上的渗透系数（m/s）；

v_x、v_y和v_z——x、y和z方向上的孔隙水流速（m/s）。

根据饱和土体的连续性，在固结过程中单位时间内土体单元体的压缩量应等于土体单元体单位时间内排出的水量，表达式为

$$\theta=\frac{\partial v_x}{\partial x}+\frac{\partial v_y}{\partial y}+\frac{\partial v_z}{\partial z} \tag{4-52}$$

将式（4-52）代入几何方程式（4-48），再代入应力应变关系式（4-50），最后代入有效应力原理关系式（4-47），整理后得

$$\left.\begin{aligned}\left(\frac{3K+G}{3}\right)\frac{\partial\theta}{\partial x}+G\nabla^2 w_x-\frac{\partial u}{\partial x}+X=0\\ \left(\frac{3K+G}{3}\right)\frac{\partial\theta}{\partial y}+G\nabla^2 w_y-\frac{\partial u}{\partial y}+Y=0\\ \left(\frac{3K+G}{3}\right)\frac{\partial\theta}{\partial z}+G\nabla^2 w_z-\frac{\partial u}{\partial z}+Z=0\end{aligned}\right\} \tag{4-53}$$

式中 ∇^2——拉普拉斯算子，$\nabla^2=\frac{\partial^2}{\partial x^2}+\frac{\partial^2}{\partial y^2}+\frac{\partial^2}{\partial z^2}$。

将式（4-48）和式（4-51）代入式（4-52），整理后得

$$\frac{\partial\theta}{\partial t}=-\frac{1}{\gamma_{\mathrm{w}}}\left(k_x\frac{\partial^2 u}{\partial x^2}+k_y\frac{\partial^2 u}{\partial y^2}+k_z\frac{\partial^2 u}{\partial z^2}\right) \tag{4-54}$$

令$\xi=\sigma_x+\sigma_y+\sigma_z$，由式（4-49）求得

$$\frac{\partial\varepsilon_{\mathrm{v}}}{\partial t}=\frac{1}{3K}\frac{\partial\xi'}{\partial t}=\frac{1}{3K}\frac{\partial(\xi-3u)}{\partial t} \tag{4-55}$$

将式（4-55）代入式（4-54），则有

$$\frac{1}{3K}\frac{\partial(\xi-3u)}{\partial t}+\frac{1}{\gamma_{\mathrm{w}}}\left(k_x\frac{\partial^2 u}{\partial x^2}+k_y\frac{\partial^2 u}{\partial y^2}+k_z\frac{\partial^2 u}{\partial z^2}\right)=0 \tag{4-56}$$

至此，我们已经得到比奥固结方程式（4-53）和式（4-56）。根据求解条件和固结方程式，能够求得地基土层中某一深处任一时刻的位移和孔隙水压力值，而且它们都是坐标x、y、z和时间t的函数。当固结过程中总应力保持不变时，比奥固结方程可以退化为太沙基—伦杜立克固结方程。太沙基—伦杜立克固结理论也可视为比奥固结理论的一种特例。

对于平面应变问题，这里，取$\varepsilon_y=0$、$\gamma_{xy}=\gamma_{yz}=0$或$v=0$。比奥固结方程可改写为

$$\left.\begin{aligned}\left(\frac{3K+G}{3}\right)\frac{\partial\theta}{\partial x}+G\nabla^2 w_x-\frac{\partial u}{\partial x}+X=0\\ \left(\frac{3K+G}{3}\right)\frac{\partial\theta}{\partial z}+G\nabla^2 w_z-\frac{\partial u}{\partial z}+Z=0\end{aligned}\right\} \tag{4-57}$$

$$\frac{1}{3K}\frac{\partial(\xi-3u)}{\partial t}+\frac{1}{\gamma_{\mathrm{w}}}\left(k_x\frac{\partial^2 u}{\partial x^2}+k_y\frac{\partial^2 u}{\partial y^2}+k_z\frac{\partial^2 u}{\partial z^2}\right)=0 \tag{4-58}$$

式中 θ——体积应变，$\varepsilon_{\mathrm{v}}=\varepsilon_x+\varepsilon_z$；

∇^2——拉普拉斯算子，$\nabla^2=\frac{\partial^2}{\partial x^2}+\frac{\partial^2}{\partial z^2}$。

通过对比奥固结理论和太沙基—伦杜立克固结理论的分析和比较研究，可知：①在一维

固结中，二者是一致的；②在多维固结中，前者既考虑了平均总应力随时间的变化又考虑了孔隙水压力消散与土骨架变形之间的耦合作用，后者不但把平均总应力视为不变值而且对孔隙水压力消散和土骨架变形分别加以计算。由于比奥固结理论考虑了耦合作用，较好地描述了曼德尔-克瑞尔（Mandel-Cryer）效应，因此，比奥理论更精准。

曼德尔-克瑞尔效应是由总应力变化引起的，是指一定条件下，在地基土层固结初期，部分土体孔隙水压力不但没有消散、反而出现上升的现象，是多维固结中的一种现象。在一维固结过程中土体压缩是单向的，不产生环形收缩压力，也就不可能出现孔隙水压力增高的这种现象。

4.1.5　砂井地基固结理论及其计算

1. 理想砂井

采用砂井处理软黏土地基，能够加速地基的固结过程和强度增长，提高预压效果。因此，用砂井处理软黏土地基已成为岩土工程中行之有效的排水固结方法之一。砂井地基固结属于三维问题，为了解决此问题，首先应确定砂井固结理论基本假设：

1）土体是饱和均质的。

2）土体中固相（土颗粒）和液相（水）均是不可压缩的。

3）土体中水的渗流服从达西定律。

4）每个砂井的有效影响范围为一个圆柱体。

5）外部荷载为一次瞬时施加。

6）土体只有竖向压缩变形。

7）土体的变形是小变形。

8）土体的渗透系数和压缩系数都是常数。

如图4-6所示，砂井影响区直径为 $d_e=2r_e$，砂井直径为 $d_w=2r_w$，砂井地基长度为 H，建立圆柱坐标系 rOz，土体中的渗流水沿径向和竖向流动。采用太沙基—伦杜立克固结理论计算，该轴对称固结问题的方程式为

$$\frac{\partial u}{\partial t}=C_v\frac{\partial^2 u}{\partial z^2}+C_h\left(\frac{\partial^2 u}{\partial r^2}+\frac{1}{r}\frac{\partial u}{\partial r}\right) \tag{4-59}$$

式中　C_h、C_v——水平向、竖向渗透系数。

巴隆（Barron）于1944年提出了自由应变假设和等应变假设，在两个假设基础上，采用分离变量法，将式（4-59）分为

$$\frac{\partial u_z}{\partial t}=C_v\frac{\partial^2 u_z}{\partial z^2} \tag{4-60a}$$

$$\frac{\partial u_r}{\partial t}=C_h\left(\frac{\partial^2 u_r}{\partial r^2}+\frac{1}{r}\frac{\partial u_r}{\partial r}\right) \tag{4-60b}$$

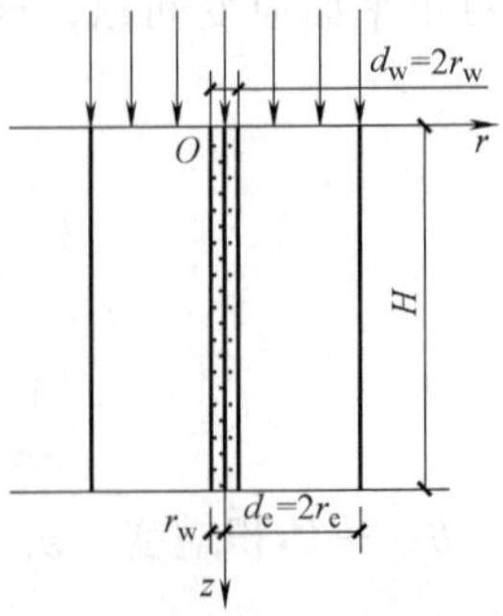

图4-6　砂井地基计算简图

（1）自由应变假设　考虑到砂井附近土体固结速率要大于远离砂井的土体固结速率，固结速率在径向上产生不一致性，导致土体发生不均匀变形，引起剪切变形，致使求解此类问题的复杂化。为了简化问题，假定沿径向不同的固结速率产生不均匀变形不影响应力的分布，由此引起的剪切变形不影响固结

速率，也就是在砂井影响范围内圆柱体土样中各点的竖向变形是自由的。

（2）等应变假设 由于荷载材料刚性较大，在地基发生不均匀沉降的同时，其自身所起的拱作用将导致荷载重分布，从而消除不均匀沉降，使地基中同一水平面上的各点垂直变形相等。简明地讲，等应变假设是假定在砂井影响范围内，圆柱体土样中同一水平面上各点的竖向变形是相等的。

在等应变条件下，巴隆给出了径向平均固结度解析解结果$\overline{U}_r$，计算式为

$$\overline{U}_r = 1 - e^{\frac{4T_h}{F(n)}} \tag{4-61}$$

$$F(n) = [n^2/(n^2-1)]\ln(n) + (3n^2-1)/4n^2$$

$$n = r_e/r_w$$

式中 T_h——径向排水固结时间因子，$T_h = C_h t/d_e^2$；

$F(n)$——参数；

n——井径比；

r_e、d_e——砂井影响范围的半径和直径；

r_w——砂井半径。

砂井地基土层总的平均固结度取决于竖向平均排水固结度$\overline{U}_z$和径向排水固结度$\overline{U}_r$，砂井地基总的平均固结度$\overline{U}_{rz}$表达式为

$$\overline{U}_{rz} = 1 - (1-\overline{U}_z)(1-\overline{U}_r) \tag{4-62}$$

式中 $\overline{U}_z$——竖向排水固结引起的平均地基固结度，按太沙基一维固结理论计算，双面排水时H取土层厚度的一半，单面排水时H为土层的厚度。

2. 非理想砂井

在砂井地基固结过程中，土体固结排出的水先流向砂井，再经由砂井流向砂垫层排出。在工程中，砂井对渗流有一定的阻力影响，对土体的固结速率产生影响，一般称为井阻作用。另外，砂井的设置必然对砂井周围的土体产生扰动影响，在砂井表面有一定的涂抹作用。在前面的砂井地基理论解中，均没有考虑井阻作用和涂抹作用对土体扰动的影响。

1990年，谢康和曾国熙共同建立了考虑井阻作用和涂抹作用的非理想井固结理论。图4-7中，H为土层竖向排水距离，双面排水时砂井长度为$2H$，单面排水时砂井长度为H；砂井半径和直径分别为r_w和d_w，砂井井料的渗透系数为k_w；涂抹区半径为r_s，涂抹区内土体的渗透系数为k_s；砂井影响区半径和直径分别为r_e和d_e，其水平向和竖向渗透系数分别为k_h和k_v。

根据式（4-60b），径向排水固结方程式可改写成

$$\left.\begin{aligned} \frac{\partial \overline{u}_r}{\partial t} &= C_{vh}\left(\frac{\partial^2 u_r}{\partial r^2} + \frac{1}{r}\frac{\partial u_r}{\partial r}\right)\frac{k_s}{k_h} \qquad r_w \leqslant r \leqslant r_s \\ \frac{\partial \overline{u}_r}{\partial t} &= C_{vh}\left(\frac{\partial^2 u_r}{\partial r^2} + \frac{1}{r}\frac{\partial u_r}{\partial r}\right) \qquad r_s \leqslant r \leqslant r_e \end{aligned}\right\} \tag{4-63}$$

砂井和土体间的流量连续方程为

$$\frac{\partial^2 u_w}{\partial z^2} = -\frac{2k_s}{r_w k_w}\left.\frac{\partial u_r}{\partial r}\right|_{r=r_w} \tag{4-64}$$

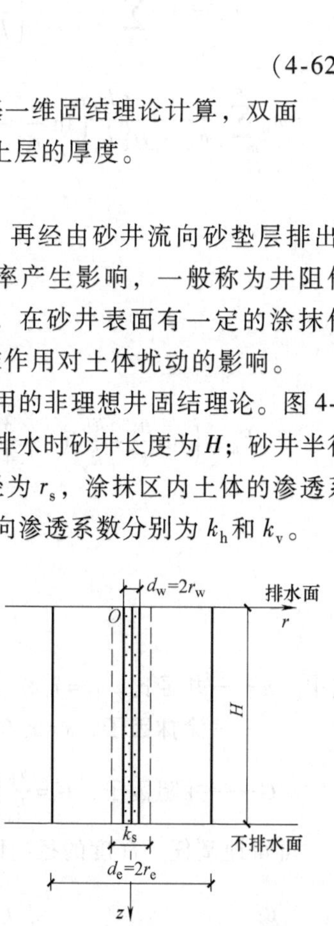

图4-7 非理想井计算简图

式中 u_r——仅考虑径向排水固结时，土体中超静孔压；

$\bar{u}_r$——仅考虑径向排水固结时，土体中平均超静孔压；

u_w——砂井内超静孔压；

C_{vh}——土体水平向固结系数；

t——时间。

求解条件为

$$r = r_e 时, \frac{\partial u_r}{\partial r} = 0$$

$$r = r_w 时, u_r = u_w$$

$$z = 0 时, u_w = 0$$

$$z = H 时, \frac{\partial u_w}{\partial z} = 0$$

$$t = 0 时, \bar{u}_r = u_0 = p_0$$

式中　u_0——初始超静孔压；

p_0——瞬时施加的均布荷载密度。

将式（4-63）和式（4-64）代入求解条件，求得径向超静孔压 u_r

$$\left.\begin{aligned} u_r &= u_0 \sum_{m=0}^{\infty} \frac{1}{F_a + D}\left[\frac{k_h}{k_s}\left(\ln\frac{r}{r_w} - \frac{r^2 - r_w^2}{2r_e^2}\right) + D\right]\frac{2}{M}\sin\frac{Mz}{H}e^{-B_r t} \quad & r_w \leqslant r \leqslant r_s \\ u_r &= u_0 \sum_{m=0}^{\infty} \frac{1}{F_a + D}\left[\frac{k_h}{k_s}\left(\ln\frac{r}{r_s} - \frac{r^2 - r_s^2}{2r_e^2}\right) + \frac{k_h}{k_s}\left(\ln s - \frac{s^2 - 1}{2n^2}\right) + D\right]\frac{2}{M}\sin\frac{Mz}{H}e^{-B_r t} \quad & r_s \leqslant r \leqslant r_e \end{aligned}\right\} \tag{4-65}$$

$$u_w = u_0 \sum_{m=0}^{\infty} \frac{D}{F_a + D}\frac{2}{M}\sin\frac{Mz}{H}e^{-B_r t} \tag{4-66}$$

$$\bar{u}_r = u_0 \sum_{m=0}^{\infty} \frac{2}{M}\sin\frac{Mz}{H}e^{-B_r t} \tag{4-67}$$

$$F_a = \left(\ln\frac{n}{s} + \frac{k_h}{k_s}\ln s - \frac{3}{4}\right)\frac{n^2}{n^2 - 1} + \frac{s^2}{n^2 - 1}\left(1 - \frac{k_h}{k_s}\right)\left(1 - \frac{s^2}{4n^2}\right) + \frac{k_h}{k_s}\frac{1}{n^2 - 1}\left(1 - \frac{1}{4n^2}\right)$$

$$B_r = 8C_{vh} / [(F_a + D)d_e^2]$$

$$D = 8G(n^2 - 1)/(M^2 n^2)$$

$$M = \frac{2m + 1}{2}\pi, m = 0, 1, 2\cdots$$

式中　n——井径比，$n = r_e / r_w$；

s——涂抹因子，$s = r_s / r_w$；

G——井阻因子，$G = \frac{k_h}{k_s}\left(\frac{H}{d_w}\right)^2$。

可得地基任一深度的径向固结度 U_r 为

$$U_r = 1 - \frac{\bar{u}_r}{u_0} = 1 - \sum_{m=0}^{\infty} \frac{2}{M}\sin\frac{Mz}{H}e^{-B_r t} \tag{4-68}$$

地基平均径向固结度$\overline{U}_r$为

$$\overline{U}_r = 1 - \left(\frac{1}{H}\int_0^H \overline{u}_r \mathrm{d}z\right)/u_0 = 1 - \sum_{m=0}^{\infty}\frac{2}{M^2}\mathrm{e}^{-B_r t} \tag{4-69}$$

可见，式（4-65）~式（4-69）为等应变条件下砂井地基固结问题的精确解；当$G=0$、$s=1$或$k_h/k_s=1$时，非理想井问题解可退化为理想砂井问题解，砂井中的超静孔压为零。

3. 逐渐加荷下砂井固结理论

图4-8所示给出了多级等速加荷曲线，加荷曲线相应的公式为

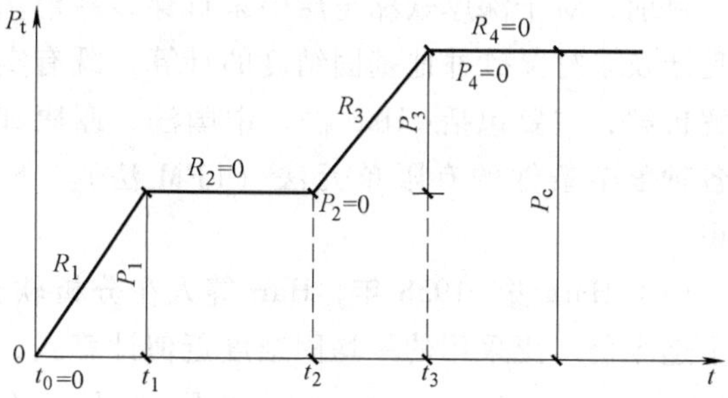

图4-8 等速加荷示意图

$$V_t = \begin{cases} \dfrac{1}{P_t}\displaystyle\int_{t_0}^{t_1} R_1 V(t-\tau)\mathrm{d}\tau & t_0 \leqslant t \leqslant t_1 \\ \dfrac{1}{P_t}\left[\displaystyle\int_{t_0}^{t_1} R_1 V(t-\tau)\mathrm{d}\tau + \int_{t_1}^{t_2} R_2 V(t-\tau)\mathrm{d}\tau\right] & t_1 \leqslant t \leqslant t_2 \\ \dfrac{1}{P_t}\left[\displaystyle\int_{t_0}^{t_1} R_1 V(t-\tau)\mathrm{d}\tau + \int_{t_1}^{t_2} R_2 V(t-\tau)\mathrm{d}\tau + \int_{t_2}^{t_3} R_3 V(t-\tau)\mathrm{d}\tau\right] & t_2 \leqslant t \leqslant t_3 \\ \dfrac{1}{P_t}\left[\displaystyle\int_{t_0}^{t_1} R_1 V(t-\tau)\mathrm{d}\tau + \int_{t_1}^{t_2} R_2 V(t-\tau)\mathrm{d}\tau + \int_{t_2}^{t_3} R_3 V(t-\tau)\mathrm{d}\tau + \int_{t_3}^{t_4} R_4 V(t-\tau)\mathrm{d}\tau\right] & t_3 \leqslant t \leqslant t_4 \\ \cdots\cdots \end{cases} \tag{4-70}$$

上式可扩展为一般式

$$V_t = \frac{1}{P_t}\sum_{i=1}^{k}\int_{t_{i-1}}^{t_i} R_i V(t-\tau)\mathrm{d}\tau \quad t_{k-1} \leqslant t \leqslant t_k \tag{4-71}$$

$$P_0 = \sum_{i=0}^{n} P_i$$

式中 n——荷载级数；

R_i——各级加荷速率；

p_i——各级荷载增量；

p_t——t时刻的荷载。

当$n=4$时，图4-8中，$R_1=\dfrac{p_1}{t_1}$，$R_3=\dfrac{p_3}{t_3-t_2}$，$R_2=R_4=0$，$p_2=p_4=0$，$p_0=p_1+p_3$，同时，式（4-71）中的V利用等应变条件下瞬时加载时的径竖向组合解u_{rz}、$\overline{u}_{rz}$、U_{rz}和$\overline{U}_{rz}$，可求得n级等速加载下单井固结解的表达式

$$u_t = \sum_{i=1}^{k} R_i\left[\sum_{m=0}^{\infty} A \cdot E\right] \tag{4-72}$$

$$\overline{u}_t = \sum_{i=1}^{k} R_i\left[\sum_{m=0}^{\infty} B \cdot E\right] \tag{4-73}$$

$$U_t = \sum_{i=1}^{k}\frac{R_i}{p_t}\left[(t_i - t_{i-1}) - \sum_{m=0}^{\infty} B \cdot E\right] \tag{4-74}$$

$$\overline{U}_t = \sum_{i=1}^{k} \frac{R_i}{p_t}[(t_i - t_{i-1}) - \sum_{m=0}^{\infty} C \cdot E] \tag{4-75}$$

4. 未打穿砂井地基固结理论

目前，对于深厚软黏土层中未打穿砂井地基固结问题，国内外学者已做了大量研究，特别是涉及未打穿砂井地基固结度的计算，既有实际工程应用中的近似法，又有理论计算所得的解析解，主要包括：Hart 法、中国法、谢康和改进法、和 Tang Xiaowu 解析解，还有适用于各种复杂条件的有限单元法（FEM 法）。下面简单介绍这几种方法的基本原理及相关知识。

（1）Hart 法　1958 年，Hart 等人在分析软土层底面不排水的未打穿理想井的基础上提出了迄今仍广泛采用的平均固结度近似计算式，即

$$U = \rho_w U_{rz} + (1 - \rho_w) U_z \tag{4-76}$$

$$\rho_w = \frac{h_1}{H}$$

式中　U——未打穿砂井地基总平均固结度；

ρ_w——贯入比；

h_1——砂井长度；

H——未打穿砂井地基的厚度。

U_{rz}——砂井深度范围内土层的平均固结度，按径竖向组合固结理论计算；

U_z——砂井下卧层的平均固结度。

在计算时，竖向排水距离一律取 H，故 U_{rz}和 U_z 的计算如下

$$U_{rz} = 1 - \alpha e^{-\beta_{rz} t} \tag{4-77}$$

$$U_z = 1 - \alpha e^{-\beta_z t} \tag{4-78}$$

$$\beta_{rz} = \frac{\pi^2 c_{v1}}{4h_1^2} + \frac{8c_{h1}}{d_e^2(F + \pi \cdot G)}$$

$$\alpha = \frac{8}{\pi^2}; \quad \beta_z = \frac{\pi^2 c_{v2}}{4h_2^2}; \quad F = \ln\frac{n}{s} + \frac{k_{h1}}{k_{s1}}\ln s - \frac{3}{4}$$

$$G = \frac{k_{h1}}{k_w} \cdot \frac{h_1^2}{d_w^2}$$

式中　G——井阻因子；

$\frac{h_1}{d_w}$——砂井长细比；

d_w——砂井直径。

在单面排水（即 PTIB）条件下，取 $h_1 = h_2 = H$；在双面排水（即 PTPB）条件下，取 $h_1 = h_2 = H/2$。

（2）中国法　在计算 U_{rz}和 U_z 时，中国法与 Hart 法所用的理论是相同的，仍采用式(4-77)和式（4-78）计算，但排水距离有所改变。具体为：在单面排水条件下，h_1、h_2 分别为砂井的长度和下卧层厚度；在双面排水条件下，h_1、h_2 分别为砂井的长度、下卧层厚度的一半。可见，当 $0 < \rho_w < 1$ 时，中国法求出的平均固结度总比 Hart 法得到的要大。

(3) 谢康和改进法　在谢康和改进法中，总的平均固结度计算还是采用式（4-77）和式（4-78），其中 U_{rz}的计算方法同 Hart 法；计算 U_z 时，取用的竖向排水距离为

$$H' = (1 - a'\rho_w)H_s \tag{4-79}$$

$$a' = 1 - \sqrt{1/(1+b')};\quad b' \approx \frac{\pi \cdot T_h}{(F+\pi G)T_v}$$

$$T_h = \frac{c_h t}{d_e^2}$$

$$T_v = \frac{c_v t}{H^2}$$

式中　T_h——径向固结时间因子；

T_v——竖向固结时间因子。

在单面排水条件下，取 $H_s = H$；在双面排水条件下，取 $H_s = H/2$。

在 Hart 法和中国法中，砂井部分和下卧层部分平均固结度的计算，难以体现贯入比对固结速度的影响。谢康和改进法也存在同样问题。因此，有必要在后面的对比研究中给予说明。

(4) Tang Xiaowu 解析解　Tang Xiaowu 提出了未打穿砂井地基固结问题的解析解，按沉降定义的总的平均固结度 U_s 和按平均孔压定义的平均固结度 U_p 分别写为

$$U_s = 1 - \frac{\sum_{m=0}^{\infty} A_m (m_{v1}W_{m1} + m_{v2}W_{m2}) e^{-\beta_m t}}{u_0(h_1 m_{v1} + h_2 m_{v2})} \tag{4-80}$$

$$U_p = 1 - \frac{1}{u_0 H}\sum_{m=0}^{\infty} A_m (W_{m1} + W_{m2}) e^{-\beta_m t} \tag{4-81}$$

值得注意的是，A_m、W_{m1} 和 W_{m2} 在单面排水条件下和双面排水条件下的取值是有所不同的，详细取值请参考其他相关资料。当体积压缩系数 $m_{v1} = m_{v2}$时，可以得到 $U_p = U_s$，统一记为 $U = U_p = U_s$。

(5) FEM 法　采用有限单元法（Finite Element Method，简称为 FEM 法）处理岩土工程问题时，具有自身的优势和特点，该方法适用性较强，能够处理非线性、非均质以及复杂边界条件等问题，是工程数值分析的有力工具之一，被经常用于软土地基固结和变形的分析研究。

4.2 抗剪强度及沉降计算

1. 地基土抗剪强度增长的预估

当地基土的天然抗剪强度不能满足稳定性要求时，可以利用土体因固结而增长的抗剪强度，即利用先期荷载使地基土排水固结，从而使土的抗剪强度提高以适应下一级加载。但是，随着荷载的增加地基中剪应力也增大，在一定条件下，由于剪切蠕动还有可能导致强度的衰减。因此，地基中某一点某一时间的抗剪强度可表示为

$$\tau_{ft} = \tau_{f0} + \Delta\tau_{fc} - \Delta\tau_{f\tau} \tag{4-82}$$

式中　τ_{f0}——地基中某点在加荷之前的天然抗剪强度；

$\Delta\tau_{fc}$——由于固结而增长的抗剪强度；

$\Delta\tau_{f\tau}$——由于剪切蠕动而引起的抗剪强度衰减量。该部分目前尚难计算，为了考虑其效应，合理预估地基强度，把式（4-82）改写为

$$\tau_{ft}=\eta(\tau_{f0}+\Delta\tau_{fc}) \tag{4-83}$$

式中　η——考虑剪切蠕变及其他因素对强度影响的折减系数。

目前常用的预估抗剪强度增长的方法主要有两种。

（1）有效应力法　正常固结饱和软黏土的抗剪强度可用下式表示

$$\tau_f=\sigma'\tan\varphi' \tag{4-84}$$

式中　φ'——土的有效内摩擦角；

σ'——剪切面上的法向有效压应力。

由于地基土固结而增长的强度为

$$\Delta\tau_{fc}=\Delta\sigma'\tan\varphi'=(\Delta\sigma-\Delta u)\tan\varphi' \tag{4-85}$$

式中　$\Delta\sigma$——给定点由外荷载引起的法向压应力增量；

Δu——相应点的孔隙水压力增量。

式（4-85）可近似表示为

$$\Delta\tau_{fc}=\Delta\sigma\cdot U_t\tan\varphi' \tag{4-86}$$

式中　U_t——给定时间给定点的固结度，可取土层的平均固结度。

将式（4-85）与（4-86）分别代入（4-83）得

$$\tau_{ft}=\eta(\tau_{f0}+\Delta\sigma\cdot U_t\tan\varphi') \tag{4-87}$$

或

$$\tau_{ft}=\eta[\tau_{f0}+(\Delta\sigma-\Delta u)\tan\varphi'] \tag{4-88}$$

（2）有效固结压力法　该法采用的是只模拟压力作用下的排水固结过程，不模拟剪力作用下的附加压缩的方法，适用于荷载面积相对于土层厚度比较大的排水固结预压工程。土的强度变化可以通过剪切前的竖向有效固结压力 σ_z'表示。对于正常固结的饱和软黏土，其强度为

$$\tau_f=\sigma_z'\tan\varphi_{cu} \tag{4-89}$$

式中　φ_{cu}——三轴固结不排水压缩试验得到的土的内摩擦角。

由于固结而增长的强度可按下式计算

$$\Delta\tau_{fc}=\Delta\sigma_z'\tan\varphi_{cu}=\Delta\sigma_z U_t\tan\varphi_{cu} \tag{4-90}$$

这种方法计算较简便，而且也模拟了实际工程中的一般情况，在工程上已得到了广泛的应用。

2. 沉降计算

对于以沉降控制预压处理的工程，通过沉降计算可以估算预压期沉降的发展情况、预压时间、超载大小以及卸载后所剩余的沉降量，以便调整排水系统和加压系统的设计；对于以稳定控制的工程，通过沉降计算，可以估算施工期间因地基沉降而增加的土石方量，预估工程完工后尚未完成的沉降量，以便确定预留高度。根据对黏性土地基变形发展的观察与分析，在外荷载作用下地基表面某时间的总沉降 s_t由瞬时沉降、固结沉降、次固结沉降三部分组成，可表示为

$$s_t=s_d+s_c+s_s \tag{4-91}$$

式中 s_d——瞬时沉降；

s_c——固结沉降（主固结沉降）；

s_s——次固结沉降。

瞬时沉降是在荷载施加后立即发生的那部分沉降量，它是由剪切变形引起的。斯肯普顿提出黏性土层初始不排水变形所引起的瞬时沉降可用弹性力学公式计算。固结沉降指在荷载作用下随着土中超孔隙水压力消散，有效应力增长而完成的那部分主要由于主固结而引起的沉降量。而次固结沉降是土骨架在持续荷载下发生蠕变所引起的，次固结大小和土的性质有关。泥炭土、有机质土或高塑性黏土土层，次固结沉降占很可观的部分，而其他土所占比例不大。在建筑物使用年限内，次固结沉降经判断可以忽略的话，最终总沉降 s_∞ 可按下式计算

$$s_\infty = s_d + s_c \tag{4-92}$$

软黏土地基的瞬时沉降 s_d 虽然可以按弹性理论公式计算，但由于弹性模量和泊松比不易准确测定，影响计算结果的精度。根据国内外一些建筑物实测沉降资料的分析结果，可将式（4-92）改写为

$$s_\infty = \xi s_c \tag{4-93}$$

式中 ξ——考虑地基剪切变形及其他影响因素的综合性经验系数，它与地基土的变形特性、荷载条件、加荷速率等因素有关。

对于正常固结或弱超固结土，通常取经验系数为1.1～1.4。荷载较大、地基土较软弱时取较大值，否则取较小值。经验系数可以由下面两种方法得到：①s_c 按公式计算，而 s_∞ 根据实测值推算；②从沉降时间关系曲线推算出最终沉降 s_∞ 和 s_d，再按式（4-92）与式（4-93）两式得到 s_c 和 ξ 值。

目前工程上通常采用单向压缩分层总和法计算固结沉降，只有当荷载面积的宽度大于可压缩土层厚度或当可压缩土层位于两层较坚硬的土层之间时，单向压缩才可能发生，否则应对沉降计算值进行修正以考虑三向压缩的效应。黏性土按其成因（应力历史）的不同有超固结土、正常固结土和欠固结土之分，分别计算这三种不同固结状态黏性土在外加荷载下的固结沉降，应考虑应力历史对黏性土地基沉降的影响。因而固结沉降 s_c 主要有单向压缩分层总和法和应力历史法两种计算方法。

（1）单向压缩分层总和法计算固结沉降　对于正常固结或弱超固结土地基，预压荷载下地基的固结沉降量按下式计算

$$s_c = \sum_{i=1}^{n} \frac{e_{0i} - e_{1i}}{1 + e_{0i}} h_i \tag{4-94}$$

式中 e_{0i}、e_{1i}——与第 i 层中点的土自重应力、自重应力与附加应力之和相对应的孔隙比，由室内固结试验曲线查得；

h_i——第 i 层土的厚度（m），沉降计算时，取附加应力与土自重应力的比值为0.1的深度作为受压层的计算深度。

（2）应力历史法计算固结沉降　对于欠固结土地基，计算预压荷载下地基的固结沉降量时，要考虑应力历史的影响，按下式计算

$$s_c = \sum_{i=1}^{n} \frac{h_i}{1 + e_{0i}} [\, C_{ci} \log(p_{1i} + \Delta p_i)/p_{ci} \,] \tag{4-95}$$

式中 h_i——第 i 分层土的厚度（m）；

e_{0i}——第 i 层土的初始孔隙比；

C_{ci}——从原始压缩试验 $e-\log p$ 曲线确定的第 i 层土的压缩指数；

p_{1i}——第 i 层土自重应力的平均值（kPa），$p_{1i}=(\sigma_{ci}+\sigma_{c(i-1)})/2$；

Δp_i——第 i 层土附加应力的平均值（有效应力增量）（kPa），$\Delta p_i=(\sigma_{zi}+\sigma_{z(i-1)})/2$；

p_{ci}——第 i 层土的实际有效应力，小于土的自重应力 p_{1i}。

对于超固结土地基，先由原始压缩曲线和原始再压缩曲线分别确定土的压缩指数 C_c 和回弹指数 C_e，计算地基的固结沉降量时，分两种情况：

如果某 i 分层土的有效应力增量 Δp_i 大于（$p_{ci}-p_{1i}$），各分层总和的固结沉降量为

$$s_c=\sum_{i=1}^{n}\frac{H_i}{1+e_{0i}}\{C_{ei}\lg(p_{ci}/p_{1i})+C_{ci}\lg[(p_{1i}+\Delta p_i)/p_{ci}]\} \tag{4-96}$$

式中 n——分层计算沉降时，压缩土层中有效应力增量 $\Delta p_i>(p_{ci}-p_{1i})$ 的分层数；

C_{ei}、C_{ci}——第 i 层土的回弹指数和压缩指数；其他符号意义与前相同。

如果某 i 分层土的有效应力增量 Δp_i 不大于（$p_{ci}-p_{1i}$），各分层总和的固结沉降量为

$$s_c=\sum_{i=1}^{n}\frac{H_i}{1+e_{0i}}[C_{ei}\log(p_{1i}+\Delta p_i)/p_{1i}] \tag{4-97}$$

式中 n——分层计算沉降时，压缩土层中具有 $\Delta p_i\leqslant(p_{ci}-p_{1i})$ 的分层数。

由式（4-94）~（4-97）首先计算预压荷载下地基的固结沉降 s_c，再由式（4-93）就可以得到地基的最终总沉降 s_∞。

4.3 堆载预压法

在处理软黏土地基的各种方法中，堆载预压法是解决淤泥软黏土地基沉降和稳定性问题的有效措施之一。自从 1926 年 D. E. Moran 获得砂井专利（Johnson，1970），到 1934 年美国加利福尼亚州公路局建造世界上第一个砂井工程（Johnson，1970；Wood，1981），再到现在，堆载预压法已被广泛用于公路、机场、堤坝和油罐等建（构）筑物软土地基的处理，并取得了较好的效果。与此同时，地基固结理论也得到了极大的发展和提升。

堆载预压法由排水系统和加压系统两部分组成。堆载预压法的设计则应从排水系统和加压系统的设计开始开展工作。其中，排水系统设计包括竖向排水体材料的选用、排水体的几何尺寸及其平面布置；加压系统设计包括堆载材料的选用和堆载预压时间的计划。具体设计应根据建设工程对地基承载力、工后沉降设计要求、预压时间期限和场地地质条件等情况进行综合考虑。需要注意的是，堆载预压法的适用范围为软土、粉土、杂填土、冲填土等。图 4-9 所示为采用普通砂井竖向排水系统的堆载预压法示意图。

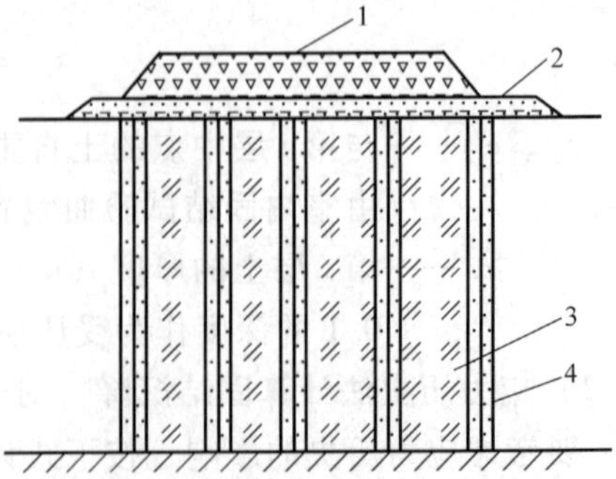

图 4-9 普通砂井堆载预压示意图

1—堆料 2—砂垫层 3—淤泥 4—砂井

4.3.1 设计步骤

软土层厚度在5m以内时，可以采用在涂面铺水平排水垫层的堆载预压固结法加固地基；软土层厚度在5m以上时，可以采用设置竖向排水通道的预压固结法。竖向排水通道材料可用普通砂井、袋装砂井或塑料排水带，在砂源充足且价格低廉时可考虑采用排水砂井。堆载预压法处理地基深度一般要达到7m左右，甚至超过20m，此时，一般采用普通砂井。

设有竖向排水通道的堆载预压法设计内容应包括：确定竖向排水通道的直径、间距、排列方式以及深度；确定预压区范围、预压荷载分级和荷载大小；排水砂垫层设计；预压加载速率和时间；地基土的固结度、强度增长、抗滑稳定和变形的计算等。

1. 排水系统设计

（1）砂井直径和间距　软黏土地基的固结特性和施工期限对砂井直径和间距大小的选择产生重要影响。砂井直径越大以及间距越小时，地基固结速率越快，但缩短砂井间距比增加直径固结效果好，所以选择“细而密”的砂井布置方式更适宜。在一般情况下，普通砂井直径取值为300～500mm，井径比为6～8；袋装砂井直径取值为70～100mm，井径比为15～30。

（2）砂井深度　砂井深度的确定主要取决于地基土层厚度、对工后沉降的要求以及地基整体稳定性需要等因素。当加固土层不厚（10～20m）时，砂井深度即为加固土层厚度；当加固土层较厚（>20m）时，砂井深度应根据地基稳定和沉降的要求计算确定。在施工条件允许情况下，砂井深度的选择应更利于加速软土地基固结、缩短预压时间，减少工后沉降。另外，对于以地基抗滑稳定性控制的工程，砂井深度应超过最危险滑动面下2.0m。

（3）砂井平面布置　砂井的平面布置可采用等边三角形或正方形排列方案，其中，砂井的影响范围被视为一个面积圆，则砂井的有效排水直径与间距的关系为

等边三角形布置

$$d_e=\sqrt{\frac{2\sqrt{3}}{\pi}}l=1.05l \tag{4-98}$$

正方形布置

$$d_e=\sqrt{\frac{4}{\pi}}l=1.128l \tag{4-99}$$

式中　d_e——砂井的有效排水直径（mm）；
　　　l——砂井间距（mm）。

有时也可以在土中插入塑料排水带，以代替砂井。塑料排水带要使用专用插板机进行施工，施工速度非常快。因此，塑料排水带得到了较多应用。

塑料排水带通常用当量直径D_p来表示，计算表达式具体如下

$$D_p=\alpha\frac{2(a+\delta)}{\pi} \tag{4-100}$$

式中　a、δ——塑料排水带的宽度和厚度（mm）；
　　　α——当量系数，取值为0.75～1.0。

针对国内生产的宽度为100mm、厚度为4～4.5mm的塑料排水带，其当量直径可以简化，最终按7cm进行计算。

考虑到在基础以外一定范围内土体存在压应力和剪应力，若对此部分地基进行加固处理，必将提高地基的稳定性、防止侧向产生较大位移变形。因此，砂井或塑料排水带的布置范围应该比建（构）筑物的基础范围略大一些。

（4）砂料选用　为了保证砂井具备良好的透水性，砂井中的砂料宜选用中粗砂，其黏粒含量应≤5%，渗透系数应 $>10^{-3}$cm/s。

（5）砂垫层设计　为了使砂井具有良好的排水通道，砂井顶部应铺设砂垫层，垫层砂料和砂井砂料相同，厚度不应小于500mm。在预压区边缘应设置排水沟，在预压区内宜设置与砂垫层相连的排水盲沟。

砂垫层（顶、底部砂垫层）是排水系统的重要组成部分。为了保证砂垫层中由地基中排出的水能引出预压区，砂垫层厚度一般为0.5～1m，垫层砂料粒度和砂井砂料相同，砂垫层铺设范围应该超出建筑物的底面。当砂源不足时，可用排水砂沟代替砂垫层，也可用砾砂或矿渣材料替代砂料。

2. 加压系统的设计

预压法是在建造建（构）筑物之前，采用临时堆载（土料、砂石料或者其他建筑材料）的方法对地基施加荷载，并给予一定的预压期，使地基预先压缩完成大部分沉降以减少工后沉降，使地基承载力得到提高后，再卸除荷载，进行建筑物的建造。可见，要顺利完成预压的目的，就必须对加压系统进行合理的设计，其具体的内容如下：

（1）荷载预压区的范围　荷载顶面预压区的范围应不小于建筑物基础外缘所包围的范围。

（2）预压荷载大小　预压荷载的大小应根据设计要求确定，一般与建（构）筑物的基底压力值大小相同。对沉降有严格限制的建（构）筑物，应采用超载预压法处理地基，超载数量的多少也应该根据预压时间内需要完成的变形量来计算确定，并宜使预压荷载下受压土层各点的有效竖向应力大于建（构）筑物荷载引起的相应点的附加应力值。

（3）加载速率和荷载分级　由于软黏土地基抗剪强度低，无论直接建造建筑物还是进行堆载预压往往都不可能快速加载，而必须分级逐渐加荷，待前期预压荷载下地基土的强度增长满足下一级荷载下地基的稳定性要求时方可加载。

对于软黏土地基而言，其抗剪强度非常低，在堆载预压过程中，加载速率应与地基土增长的强度相适应，必须严格控制一次加载时间和荷载大小，并在加载各阶段应进行地基的抗滑稳定计算，以确保在施工过程中的工程安全。

（4）预压时间　预压时间主要是根据建筑物的要求以及地基固结的实际情况，并兼顾堆载大小和速率对堆载效果和周围建筑物的影响。通过设计来具体确定的，当建筑工程时间条件充裕时，一般采用天然地基排水条件进行排水固结；否则，就需要采用不同间距和深度的砂井，以加速地基孔隙水的排出，提高地基抗剪强度和降低工后沉降，满足工程实际要求。若建筑工程对变形控制要求较高时，应该以加固层预压完成的变形和平均固结度是否符合设计要求作为判断标准，最终确定预压时间。若建筑工程对地基承载力或抗滑稳定性要求较高时，则应该以加固层预压后增长的强度是否满足建筑物地基承载力或是否达到稳定性要求作为判断标准，获得卸载时间，进而确定预压时间。

（5）固结度和强度增长计算　固结度计算是判断堆载预压是否满足设计要求的重要依据，通过分析各级荷载下不同时间的固结度，推算地基土体强度的增长量、修正预压计划、估算加荷期间地基的沉降量和预压荷载的期限等。通常，采用砂井固结理论或经验公式给出加固土层的径向排水平均固结度、竖向排水平均固结度和总平均固结度。

在预压阶段，每一级预压后地基强度 τ_f 可按下式计算

$$\tau_f = \eta(\tau_{f0} + \Delta\tau_{fc}) \tag{4-101}$$

式中 τ_{f0}——前级荷载下的地基强度；

$\Delta\tau_{fc}$——本级荷载预压后地基强度的增量；

η——土体抗剪强度折减系数，取0.7～1.0。

其中，预压后地基强度的增量 $\Delta\tau_{fc}$ 由下式计算

对正常固结土

$$\Delta\tau_{fc} = U_t\sigma_z\tan\varphi_{cu} \tag{4-102}$$

对欠固结土

$$\Delta\tau_{fc} = U_t(\sigma_z + U_0)\tan\varphi_{cu} \tag{4-103}$$

对超固结土

$$\Delta\tau_{fc} = U_t(\sigma_z - P_0 - \sigma_a)\tan\varphi_{cu} \tag{4-104}$$

式中 U_t——t 时刻固结度；

σ_z——地基垂在附加应力（kPa）；

U_0——自重作用下计算点的孔隙水压力（kPa）；

P_0——先期固结压力（kPa）；

σ_a——现有自重压力（kPa）；

φ_{cu}——固结不排水剪内摩擦角。

（6）稳定性验算　稳定性验算是堆载预压法的一项重要内容，是根据初定的排水系统、加压系统以及实施计划，评估堆载预压每一阶段的地基稳定性和工程安全性。无论工程是偏安全还是不能够满足设计要求，均应该对堆载预压系统和实施计划做恰当修正、改进，以保证满足稳定性验算和工程实际需求，真正实现工程建设的安全性、经济性和合理性等方面的要求。

4.3.2 现场施工

砂井堆载预压法施工一般都有专用的施工机械。普通砂井一般借用沉管灌注桩机（或其他压桩机具）压入或打入套管成孔，然后在孔中灌砂密实拔管制成。袋装砂井则用专用振动或压入式机具施工，先将导管压入至预定深度，然后将预制好的砂袋置入导管内，最后上拔导管制成。

1. 施工工艺要求

1）预压荷载一般应等于或大于设计荷载。

2）堆载物的顶部宽度应小于建筑物的底面宽度，堆载物的底部应适当放大。

3）作用在地基上的荷载应小于地基的极限荷载。

4）当进行大面积堆载时，应采用自卸汽车与推土机联合作业方式。

5）当地基非常软弱时，地基的第一级堆载应采用轻型机械或人工进行作业。

2. 施工技术要求

1）砂井的灌砂量，应按井孔的体积和砂在中密状态时的干密度计算，其实际灌砂量不

得小于计算值的95%；灌入砂袋中的砂宜用干砂，且灌制密实。砂袋放入孔内至少应高出孔口200mm，以便埋入砂垫层中。

2）袋装砂井施工所用钢管内径应略大于砂井直径，以减小施工对地基土的扰动影响。袋装砂井或塑料排水带施工时，平面井距偏差不得大于井径，垂直度偏差宜小于1.5%。拔管后带上砂袋或塑料排水带的长度不应超过500mm。

3）塑料排水带的性能指标必须满足设计要求。在工地，应注意妥善放置塑料排水带，避免日光照射、污染或损坏，禁止在工程中使用已破损或污染的不达标的塑料排水带。

4）塑料排水带应具有良好的透水性，并具有足够的湿润抗拉强度和抗弯能力，塑料排水带施工所用套管应保证插入地基中的带子不扭曲。塑料排水带需接长时，应采用滤膜内芯板带平搭接的连接方法，搭接长度宜大于200mm。

5）塑料排水带和袋装砂井砂袋埋入砂垫层中的长度不应小于500mm；塑料排水带和袋装砂井施工时，平均井距偏差不应大于井径，垂直度偏差不应大于1.5%，深度不得小于设计要求。

6）砂垫层是土体中孔隙水水平向排出的重要通道。在施工中，所选用的排水材料必须满足渗透性和反滤性的要求，一般采用级配良好的中粗砂。当缺少良好的砂料时，可用砂石混合料替代，但必须在垫层底部铺设无纺土工布作为过滤层，防止发生淤堵现象。垫层的厚度必须达到设计要求，还须防止施工过程中因地基沉降而出现受拉减薄和断裂情形的出现，这就要求垫层厚度应保有一定的余量。砂垫层必须具备一定的密实性，以便于机械行走施工。因此，在铺设时一般需要用机械进行碾压，也可在加水润湿之后，进行振动碾压施工。砂垫层应注意设有一定的横坡度。摊铺厚度应均匀一致，不得出现局部过薄现象。

4.3.3 现场监测

为了保障堆载预压工程的施工安全和地基加固效果，更好地调整和修正预压计划，必须在施工过程中进行监测工作，一般包括地面沉降观测、地面水平位移观测和孔隙水压力观测，如有条件可增加深层沉降观测和深层侧向位移观测。

（1）地面沉降观测　为了观测荷载作用范围内外的地面沉降或隆起，地面沉降观测点一般沿堆载面纵横轴线方向布置。根据沉降观测数据，判断地基平均固结度，进而推算地基的最终沉降量。一般情况下，沉降速率应控制为10～20mm/d，根据工程经验，砂井地基的最大沉降速率不超过15mm/d，天然地基的最大沉降速率不超过10mm/d。

（2）地面水平位移观测　地面水平位移观测的目的是掌握和调控加载速率，确保地基稳定性。为此，观测点一般布设在堆载的坡角位置，必要时，可在堆载作用范围外布置2～3排观测点，这要视荷载情况和现场条件而定，水平位移速率不超过4mm/d。

（3）孔隙水压力观测　我们也可以利用孔隙水压力观测数据，计算地基土体的固结系数、强度增长值和平均固结度变化，保证合理的加载速率。孔隙水压力观测点应布设在堆载中心轴线和边界线附近位置，并考虑沿不同深度设点。

（4）深层沉降观测　深层沉降观测的目的是掌握不同深度土层的固结情况，以便更好地指导加载速率的快慢。深层沉降观测点在堆载轴线位置处沿深度方向布置，每一深度土层内布置一点，进行沉降观测。

（5）深层侧向位移观测　深层侧向位移观测又称为深层水平位移观测，观测目的是掌握地基土体不同深度的水平位移变化情况，为合理调整加载速率，确保地基稳定提供科学依据。深层侧向位移观测是通过测斜仪进行的，观测点一般设置在堆载坡角或者坡角附近合理位置。

4.3.4 超载预压法

预压荷载超过上部结构的荷载，也就是超过工作荷载，称为超载预压。超载预压法一般用于处理含淤泥质黏性土和粉土的地基，且在保证地基稳定的前提下，超载预压方法的效果会更好，特别是对降低地基次固结沉降非常有效。由于超载预压法基本原理同堆载预压法，因此，超载预压法的排水系统、堆载预压计划和现场监测方案与堆载预压法基本相同，不同之处在于如何确定超载预压荷载。

采用超载预压法的目的是加快地基固结速率、缩短堆载预压时间、进一步减小荷载作用下的地基工后沉降量。经过预压处理后的地基，在工作荷载作用下的沉降量 S 表达式为

$$S = S_a - (\overline{U}S_{pr} - S_e) \tag{4-105}$$

式中 S——经预压处理后的地基，在工作荷载作用下的固结沉降量（mm）；

S_a——天然地基在工作荷载作用下的固结沉降量（mm）；

S_{pr}——地基在预压荷载作用下的固结沉降量（mm）；

S_e——预压荷载卸载时，地基固结沉降回弹量（mm）；

$\overline{U}$——预压荷载卸载时，地基平均固结度。

根据式（4-105）可知，预压荷载值越大，地基的最终（理论）沉降量也就越大，但是达到理论沉降量则是一个漫长时间，工程上也是不允许的。鉴于预压工期的有限性，在预压荷载作用下所获得的地基平均固结度越高，沉降量也就越大，工后沉降也就越小。因此，增大预压荷载和提高平均固结度，能够减少工后沉降量。在工后沉降保持不变的情况下，预压荷载值越大，预压工期也就越短。在实际工程中，地基平均固结度一般要求达到80%。

4.4 真空预压法

4.4.1 基本概念

真空预压法是一种以大气压作为预压荷载的排水固结法。真空预压法首先在需要加固的软土地基中打设砂井（普通砂井或袋装砂井）或塑料排水带等竖向排水通道，并在地表铺设一层透水砂垫层，以形成排水系统；然后，在砂垫层中铺设吸水管道，并与地面真空泵相连；再用一层不透气的密封膜（塑料薄膜或橡胶布）覆盖软土地基，薄膜四周要埋入土中，确保其与大气隔绝；最后通过真空泵抽气抽水，使排水系统保持较高真空度，形成负压区，在地基土体中孔隙水和空气在压差的作用下将不断被排出，从而使土体固结。真空预压法如图4-10所示。因此，真空预压法与堆载预压法二

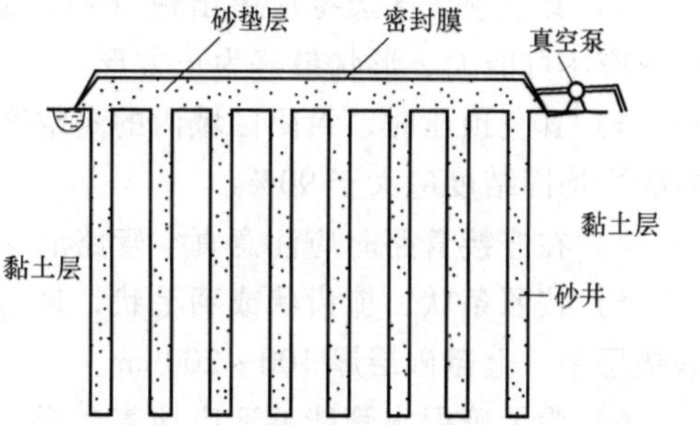

图 4-10 真空预压法示意图

者的不同在于加压系统，二者相同之处在于排水系统。真空预压法适用于淤泥、淤泥质土和冲填土等饱和黏性土地基的处理。

4.4.2 设计步骤

1）排水系统设计。设计内容主要包括：砂井断面尺寸、间距、排列方式和深度的选择，具体设计计算与堆载预压法基本相同。

2）加压系统设计。由于真空预压法是通过大气压对加固层进行荷载预压，因此，加压系统设计应包括抽水抽气系统设计和密封膜设计。根据图 4-10，抽水抽气系统应由真空泵、真空管路和滤管构成。铺设密封膜能否形成封闭系统是真空预压法成功的关键因素之一，密封膜材料一般选用聚乙烯薄膜。当加固土层具有较好的水平向渗透系数时，预压范围内必须设置止水帷幕，使预压区内形成有效的负压区，以保证地基固结效果。

3）预压计划设计。在地基固结过程中，真空预压法不会导致地基出现类似堆载预压法过程中产生的地基整体稳定性问题。因此，采用真空预压法处理地基时能够实现预压区内负压的一步到位，也就是利用真空泵快速抽水抽气，使密封膜内真空度迅速达到设计要求，缩短预压工期。

4）现场监测设计。监测重点在于掌握地基变形情况和固结情况，主要进行地面沉降监测、孔隙水压力监测、深层沉降监测和深层水平位移监测，监测设计同堆载预压法。

4.4.3 施工

1. 施工顺序

1）施工准备及施工放线。

2）在地基中打设砂井或塑料排水带。

3）在地基表面铺设砂垫层。

4）在砂垫层中，安装吸水管和传递真空压力及抽气集水用的滤水管。

5）挖压膜沟，铺设密封膜，并埋设监测设备。

6）安装真空射流泵、连接管线。

7）试抽真空，并使真空度满足设计要求；保持恒载，停止真空抽气。

8）过程中进行现场监测，最后场地清理。

2. 技术要点

1）砂井材料宜选用中粗砂，其渗透系数应大于 10^{-2}cm/s。

2）真空预压区边缘应超出建（构）筑物基础轮廓线，每边超出量不小于 3.0m，预压区域应尽可能大，形状最好为正方形。

3）真空预压时，封闭区域内的真空度一般达到 80kPa，最大可达 93kPa，砂井深度范围内的平均固结度应大于 90%。

4）在连接管路时应注意真空管路的密封、设置止回阀和截门。

5）按照条状、梳齿状或羽毛状，来布置水平向的滤水管，尽可能形成回路，且埋设在砂垫层中，上覆砂层厚 100 ~ 200mm。

6）为了确保水管能够适应地基变形，水管一般选用钢管或塑料管，外包滤水材料，如尼龙纱或土工织物等。

7）密封膜应具有抗老化、韧性好、抗穿刺和不透气等特点，密封膜热合时宜采用双热合缝的平搭接，搭接宽度应大于 15mm。

8）密封膜一般要铺设三层，膜周边采用挖沟埋膜、平铺、用黏土覆盖压边、围埝沟内以及膜上覆水等方法来密封。

9）当预压区地基表层透气良好或者地基内有充足水源供给透水层时，只有采取有效措施隔离透气层或者透水层，才能够保证真空预压效果。

10）根据所处理地基的范围、形状和土层性状特点，确定所需真空泵的数量，这可参照一台真空泵可抽真空的面积为 1000～1500m^2 来确定。

4.5　真空-堆载联合预压法

由于不存在地基整体稳定性问题，当建（构）筑物对地基变形要求非常严格时，真空预压法经常被采用。但真空预压所能实现的预压荷载常无法满足设计要求，同时又考虑到真空预压和堆载预压效果的可叠加性，采用真空和堆载联合预压法是一种新的选择，其所达到总压力也比较容易满足荷载设计要求。

真空-堆载联合预压法通过真空压力（负压）和堆载压力（正压）使土体中的孔隙水压力产生不平衡的水压力，孔隙水在这种不平衡力的作用下通过竖向排水体逐渐排出，从而使土体产生固结变形。真空-堆载联合预压法示意图如图 4-11 所示。

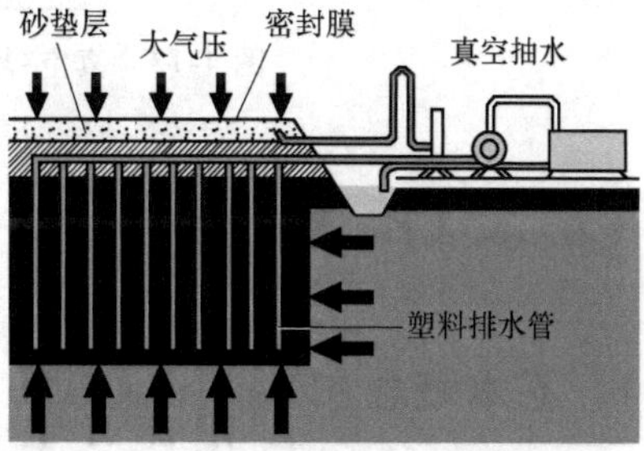

图 4-11　真空-堆载联合预压法示意图

真空-堆载联合预压法的特点：在真空预压的基础上再施加堆土荷载，能进一步提高地基承载力和消除工后沉降，适用于地基承载力要求大于 80kPa、工后沉降要求较高的工程。使用真空-堆载联合预压法加固效果均匀，整个场地同时得到处理，同时很多工程中可以二次利用堆载，堆载速度快、稳定性好。

4.5.1　设计步骤

1）排水系统设计。该项设计同真空预压法。

2）加压系统设计。该项设计共包括两部分：一是真空预压部分，同真空预压法；二是堆载预压部分，同堆载预压法。在进行稳定性研究时要考虑真空预压法对地基稳定性的作用，在设计计算方法时应参考堆载预压法。

3）现场监测设计。现场监测内容和方法可以借鉴堆载预压法。

4.5.2　施工工艺

采用真空-堆载联合预压法处理地基时，首先采用真空预压法处理软土地基，待真空度达到设计要求并稳定后，再开展堆载工作，但抽气工作不能停下来。应注意的是，堆载时需在密封膜上铺设保护材料，如土工编织布等。真空-堆载联合预压法的施工工艺流程如图 4-12 所示。

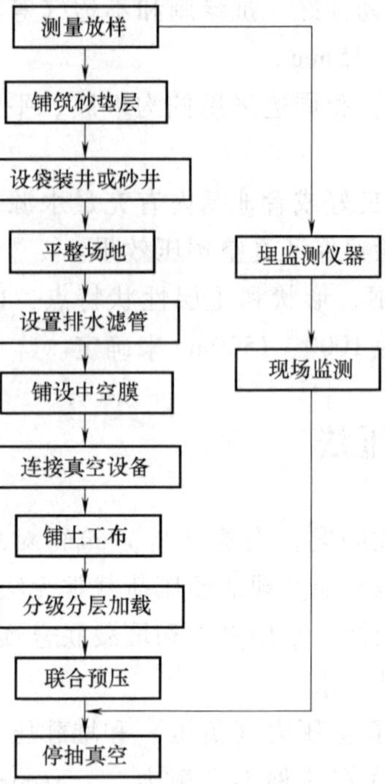

图 4-12　真空-堆载联合预压法的施工工艺流程图

4.6　降水预压法

4.6.1　基本概念

降水预压法也是地基处理中常用的一种方法，简单地说，该法是通过降低地下水位，增加土的自重应力，以达到预压目的。降水预压法可减少地基的孔隙水压力，增加上覆土自重应力，使地基中的软弱土层承受相当于水位下降高度水柱的重力，增加了土体中的应力，相当于土骨架承载的力增加了，从而使地基得到预压及加固。实际上，这是通过降低地下水位，利用地基土体的自重来实现预压目的。这种方法尤其适用于渗透性较好的砂土或粉土或在软黏土层中存在砂土层的情况，使用前应注意弄清土层分布及地下水位情况等。

降水预压法的原理、方法和设备与基坑开挖时采用的井点法大致相同，但其二者起到的作用和解决的问题不同。

降水预压法又可称为真空井点降水法，工程上一般采用轻型井点降水居多，此外还有喷射井点、管井井点和深井井点几种方式。一般根据土的渗透系数、降水深度、设备条件及经济性等因素来确定采用哪种方式。下面重点介绍一般轻型井点降水。

4.6.2　轻型井点降水

1. 一般轻型井点设备

轻型井点设备由管路系统和抽水设备组成。管路系统包括滤管、井点管、弯联管、总管，其中滤管为进水设备，通常采用长 1.0～1.5m、直径 38mm 或 51mm 的无缝钢管，管壁钻有直径为12～19mm的滤孔，外面包以两层孔径不同的生丝布或塑料布滤网。井点管为直径38mm和51mm、长5～7m的钢管。井点管的上端用弯联管与集水总管相连，集水总管再与真空泵和离心水泵相连，启动抽水设备，地下水便在真空泵吸力的作用下，经滤水管进入井点管和集水总管。集水总管为直径100～127mm的无缝钢管，每段长4m，其上端有井点管连接的短接头，间距0.8m或1.2m。抽水设备包括真空泵、离心泵、水气分离器。抽水时先开动真空泵，将水气分离器内部抽成一定程度的真空，使土中的水分和空气受真空吸力作用而吸出，进入水气分离器。当进入水气分离器内的水达一定高度，即可开动离心泵。在水气分离器内水和空气向两个方向流去，水经离心泵排出，空气集中在上部由真空泵排出。

轻型井点优势在于机具简单、使用灵活、装拆方便、降水效果好、可防止流砂现象发生、提高边坡稳定、费用较低等优点，但需配置一套井点设备，适于渗水系数为0.1～20.0m/d的土以及土层中含有大量的细砂和粉砂的土或明沟排水易引起流砂、塌方等情况。轻型井点降水的工作原理如图4-13所示。

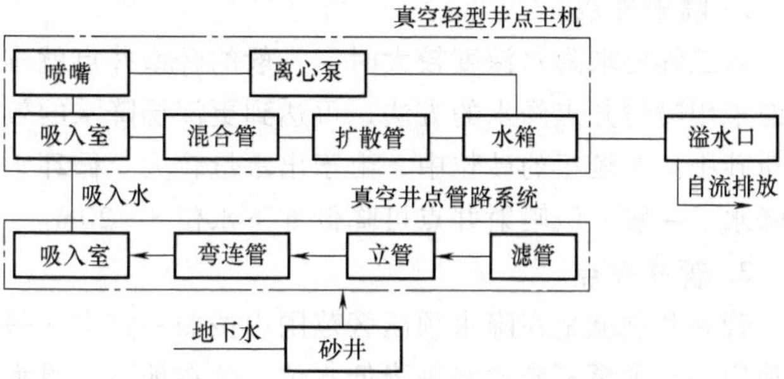

图4-13 轻型井点降水的工作原理

2. 轻型井点布置和计算

计算前应掌握水文地质资料（包括地下水含水层厚度、承压或非承压及地下水变化情况、土质、土的渗透系数、不透水层位置等），需进行地基处理的工程性质，以及设备条件情况等资料。轻型井点布置与计算的内容主要包括平面布置和高程布置及其计算。平面布置主要指确定井点布置的形式、总管长度、井点管数量、水泵数量及位置；高程布置主要是确定井点管的埋置深度。轻型井点降水法的整体布置图如图4-14所示。

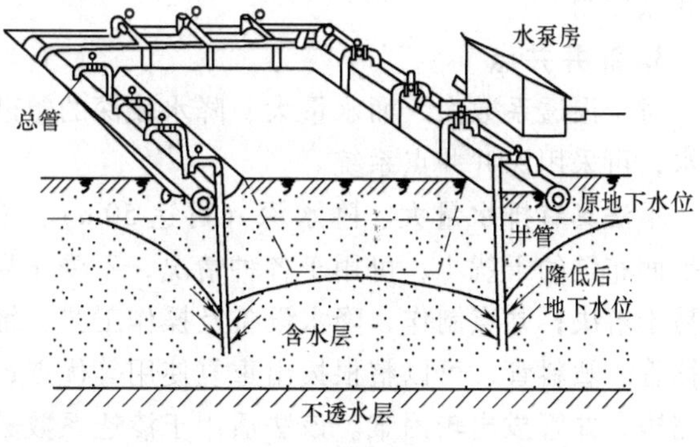

图4-14 轻型井点降水法的整体布置

4.6.3 轻型井点的施工

（1）准备工作 井点设备、动力、水源及必要材料的准备，排水沟开挖，附近建筑物的标高观测以及防止附近建筑物沉降措施的实施。

（2）井点系统的埋设 井点的埋设程序：先排放总管，再埋设井点管，用弯联管将井点与总管接通，然后安装抽水设备。井点管的埋设方法为水冲法（分冲孔与埋管两过程）。

（3）连接与试抽 井点系统全部安装完毕后，需进行试抽，以检查有无漏气现象。开始抽水后不希望停抽。时抽时停，滤网易堵塞，也容易抽出土粒，使水混浊，并引起附近建筑物由于土粒流失而沉降开裂。正常的排水是细水长流，出水澄清。抽水时需要经常检查井点系统工作是否正常，以及检查观测井中水位下降情况，如果有较多井点管发生堵塞，影响降水效果时，应逐根用高压水反向冲洗或拔出重埋。

（4）井点运转与监测　该项包括井点运转管理和井点监测

（5）井点拆除　地下室或地下结构物竣工后并将基坑进行回填土后，方可拆除井点系统，拔出井点管多借助于倒链、起重机等。所留孔洞用砂或土填塞，对地基有防渗要求时，地面下 2m 可用黏土填塞密实。另外，井点的拔除应在基础及已施工部分的自重大于浮力的情况下进行，且底板混凝土必须要有一定的强度，防止因水浮力引起地下结构浮动或破坏底板。

4.6.4　其他形式井点降水

1. 喷射井点

当工程要求降水深度较大时，一般的轻型井点就难以达到预期的降水固结效果，这时可考虑采用喷射井点降水的方法，可达到更深层降水的效果。该方法适宜应用在粉土、极细砂和粉砂中。在较粗的砂粒中，由于出水量较大，循环水流就显得不经济，这时宜采用深井井点降水。一般一级喷射井点可降低地下水位 8 ~ 20m。

2. 管井井点

管井井点就是在降水预压区范围内按照一定方式每隔一定距离设置一个管井，每个管井单独用一台水泵不断抽水来降低水位。这在地下水量大的情况下比较适用。

对于渗透系数为 20 ~ 200m/d 且地下水丰富的土层、砂层，用明排水造成土颗粒大量流失，引起边坡塌方，用轻型井点难以满足排降水的要求。这时候可采用管井井点。管井井点具有排水量大、排水效果好、设备简单、易于维护等特点，降水深度 3 ~ 5m，可代替多组轻型井点作用。

3. 深井井点

对于渗透系数大、涌水量大、降水较深的粗砂类土，及用其他井点降水不易解决的深层降水，可采用深井井点系统。

本法具有排水量大、降水深（可达 50m）、不受吸水高程限制、排水效果好；井距大，对平面布置的干扰小；可用于各种情况，不受土层限制；成孔（打井）用人工或机械均可，较易于解决；井点制作、降水设备及操作工艺、维护均较简单，施工速度快；如果井点管采用钢管、塑料管，可以整根拔出重复使用等优点；但一次性投资大，成孔质量要求严格；降水完毕，井管拔出较困难。该法适用于渗透系数较大（10 ~ 250m/d）、土质为砂类土、地下水丰富、降水深、面积大、时间长的情况，尤其在有流砂和重复挖填土方区使用效果较好。

历年注册土木工程师（岩土）考试真题精选

1. 在采用预压法处理软黏土地基时为防止地基失稳需控制加载速率，下列（　　）选项的叙述是错误的？（2007 年）

（A）在堆载预压过程中需控制加载速率

（B）在真空预压过程中不需要控制抽真空速率

（C）在真空联合堆载超载预压过程中需控制加载速率

（D）在真空联合堆载预压过程中不需要控制加载速率

【答案】：D

2. 采用预压法进行软土地基加固竣工验收时，宜采用以下哪些选项进行检验？（2008 年）

（A）原为十字板剪切试验　　（B）标准贯入试验

（C）重型动力触探试验　　（D）室内土工试验

【答案】：AD

3. 采用砂井法处理地基时，袋装砂井的主要作用是____。（2009年注册岩土工程师考试题）

（A）构成竖向增强体　　（B）构成和保持竖向排水通道

（C）增大复合土层的压缩模量　　（D）提高复合地基的承载力

【答案】：B

4. 采用预压法加固淤泥地基时，在其他条件不变的情况下，下面选项哪些措施有利于缩短预压工期？（2009年）

（A）减小砂井间距　　（B）加厚排水砂垫层

（C）加大预压荷载　　（D）增大砂井直径

【答案】：AD

5. 某堆场，浅表"硬壳层"黏土厚度1.0～2.0m，其下分布厚约15.0m淤泥，淤泥层下为可塑～硬塑粉质黏土和中密～密实粉细砂层。采用大面积堆载预压法处理，设置塑料排水带，间距0.8m左右，其上直接堆填黏性土夹块石、碎石，堆填高度约4.50m，堆载近两年。卸载后进行检验，发现预压效果很不明显。造成其预压效果不好最主要的原因是下列哪个选项？（2010年）

（A）预压荷载小，预压时间短

（B）塑料排水带间距偏大

（C）直接堆填，未铺设砂垫层，导致排水不畅

（D）该场地不适用堆载预压法

【答案】：C

6. 预压法加固地基设计时，在其他条件不变的情况下，以下哪个选项的参数对地基固结速度影响最小？（2010年）

（A）砂井直径的大小　　（B）排水板的间距

（C）排水砂垫层的厚度　　（D）拟加固土体的渗透系数

【答案】：B

7. 关于堆载预压法和真空预压法加固地基机理的描述，下列哪些选项是正确的？（2010年）

（A）堆载预压中地基土的总应力增加

（B）真空预压中地基土的总应力不变

（C）采用堆载预压法和真空预压法加固时都要控制加载速率

（D）采用堆载预压法和真空预压法加固时，预压区周围土体侧向位移方向一致

【答案】：AB

8. 拟对厚度为10.0m的淤泥层进行预压法加固。已知淤泥面上铺设1.0m厚中粗砂垫层，再上覆厚的2.0m压实填土，地下水位与砂层顶面齐平。淤泥三轴固结不排水试验得到的黏聚力$C_{cu}=10.0$kPa，内摩擦角$\phi_{cu}=9.5°$，淤泥面处的天然抗剪强度$\tau_0=12.3$kPa，中粗砂重度为20kN/m^3，填土重度为18kN/m^3，按JGJ 79—2002《建筑地基处理技术规范》计算，如果要使淤泥面处抗剪强度值提高50%，则要求该处的固结度至少达到以下哪个选项？（2010年）

（A）60%　　（B）70%　　（C）80%　　（D）90%

【答案】：A

【解析】：$K = (W\cos\alpha\tan\phi + cL - P_w\sin\alpha\tan\phi)/(W\sin\alpha + P_w\cos\alpha)$

$= (22000 \times 0.94 \times 0.40 + 20 \times 60 - 1125 \times 0.342 \times 0.4)/(22000 \times 0.342 + 1125 \times 0.94)$

$= 1.09$

9. 采用堆载预压法加固淤泥土层，以下哪一因素不会影响淤泥的最终固结沉降量？（2012 年）

（A）淤泥的孔隙比　　（B）淤泥的含水量

（C）排水板的间距　　（D）淤泥面以上堆载的高度

【答案】：C

10. 某厚度 6m 的饱和软土层，采用大面积堆载预压处理，堆载压力 $p_0 = 100\text{kPa}$，在某时刻测得超孔隙水压力沿深度分布曲线如图 4-15 所示，土层的 $E_s = 2.5\text{MPa}$、$k = 5.0 \times 10^{-8}$ cm/s，试求此时刻饱和软土的压缩量最接近下列哪个数值？（总压缩量计算经验系数取 1.0）（2012 年）

（A）92mm　　（B）118mm　　（C）148mm　　（D）240mm

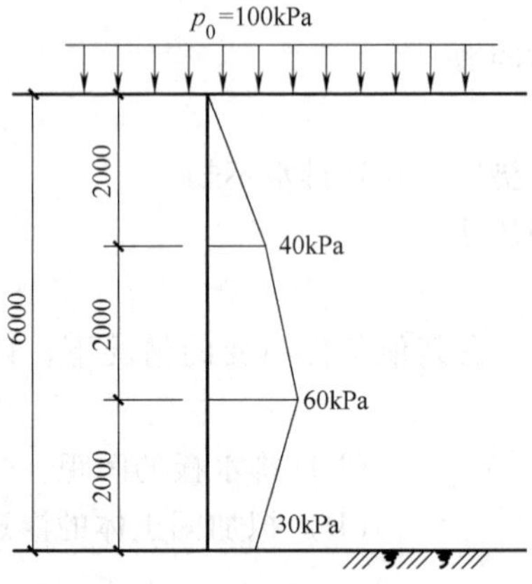

图 4-15

【答案】：C

【解析】：（1）土层平均固结度

$$U_t = 1 - \frac{\text{某时刻超孔隙水压力图面积}}{\text{起始超孔隙水压力图面积}}$$

$$= 1 - \frac{\frac{1}{2} \times 40 \times 2 + \frac{1}{2} \times (40 + 60) \times 2 + \frac{1}{2} \times (60 + 30) \times 2}{100 \times 6} = 0.617$$

（2）软土层最终总压缩量　$s = \dfrac{p_0 \times H}{E_s} = \dfrac{100 \times 6000}{2.5 \times 10^3}\text{mm} = 240\text{mm}$

（3）此刻饱和软土的压缩量　$s_t = s \cdot U_t = 240 \times 0.617\text{mm} = 148\text{mm}$

11. 某软土地基拟采用堆载预压法进行加固，已知在工作荷载作用下软土地基的最终固结沉降量为 248cm，在某一超载预压荷载作用下软土的最终固结沉降量为 260cm。如果要求该地基在工作荷载作用下工后沉降量小于15cm，问在该超载预压荷载作用下软土地基的平均固结度应达到以下哪个选项？（2012年）

（A）80%　　（B）85%　　（C）90%　　（D）95%

【答案】：C

【解析】：（1）已知工后沉降量为15cm，则软土的预压固结沉降量应为

$$(248-15)\text{cm}=233\text{cm}$$

（2）因此在超载预压条件下的固结度为

$$U=233/260\times100\%=89.6\%\approx90\%$$

12. 某厚度6m的饱和软土，现场十字板抗剪强度为20kPa，三轴固结不排水试验 $C_{cu}=13\text{kPa}$，$\phi_{cu}=12$，$E_s=2.5\text{MPa}$。现采用大面积堆载预压处理，堆载压力为100kPa，经过一段时间后软土层沉降150mm，问该时刻饱和软土的抗剪强度最接近下列何值？（2013年）

（A）13kPa　　（B）21kPa　　（C）33kPa　　（D）41kPa

【答案】：C

【解析】：$s=\dfrac{\Delta p}{E}h=\dfrac{100}{2.5\times1000}\times6\text{m}=0.24\text{m}$；故固结度 $U=\dfrac{150}{240}=0.625$

$\tau_{ft}=\tau_{fo}+\Delta\sigma_z U_t\tan\varphi_{tu}=20+100\times0.625\times\tan12\text{kPa}=33.28\text{kPa}$ 答案选C

13. 某地基软黏土层厚18m，其下为砂层，土的水平向固结系数为 $C_h=3.0\times10^{-3}\text{cm}^2/\text{s}$。现采用预压法加固，砂井作为竖向排水通道，打穿至砂层。砂井直径为 $d_w=0.30\text{m}$，井距2.8m，等边三角形布置。预压荷载为120kPa，在大面积预压荷载作用下，按JGJ 79—2002《建筑地基处理技术规范》计算，预压150d时地基达到的固结度（为简化计算，不计竖向固结度）最接近（　　）。（2014年）

（A）0.95　　（B）0.90　　（C）0.85　　（D）0.80

【答案】：B

【解析】：砂井有效排水直径　$d_e=1.05s=1.05\times2.8\text{m}=2.94\text{m}$

井径比

$$n=\frac{d_e}{d_w}=\frac{2.94}{0.3}=9.8$$

$$\begin{aligned}F(n)&=\frac{n^2}{n^2-1}\ln n-\frac{3n^2-1}{4n^2}\\&=\frac{9.8^2}{9.8^2-1}\ln9.8-\frac{3\times9.8^2-1}{4\times9.8^2}\\&=1.01\times2.282-0.747\\&=1.558\end{aligned}$$

$$T_n=\frac{C_h}{d_e^2}=\frac{3.0\times10^{-3}}{(2.94\times10^2)^2}\times150\times60\times60\times24=0.450$$

固结度

$$U=1-e^{-\frac{8}{F(n)}T_n}=1-e^{-\frac{8}{1.558}\times0.450}=0.901$$

习　题

一、单选题

1. 排水固结法处理软黏土地基的最终沉降量不包括下列哪项？(　　)。

(A) 瞬时沉降　(B) 主固结沉降　(C) 次固结沉降　(D) 剩余沉降

2. 工程上采用的竖井主要有除下列（　　）项外的几种类型。

(A) 普通砂井　(B) 袋装砂井　(C) 集水井　(D) 塑料排水带

3. 砂井或塑料排水带的作用是（　　）。

(A) 预压荷载下的排水通道　(B) 起竖向增强体的作用

(C) 形成复合地基　(D) 提高复合模量

4. 下列关于预压法处理软黏土地基的说法中（　　）是不正确的。

(A) 控制加载速率的主要目的是防止地基失稳

(B) 采用超载预压法的主要目的是减少地基使用期的沉降

(C) 当夹有较充足水源补给的透水层时，宜采用真空预压法

(D) 在某些条件下也可用建筑物本身自重进行堆载预压

5. 采用排水固结法处理软黏土地基时为防止地基失稳需控制加载速率，下列（　　）选项的叙述是错误的？

(A) 在堆载预压过程中需控制加载速率

(B) 在真空预压过程中不需要控制抽真空速率

(C) 在真空联合堆载超载预压过程中需控制加载速率

(D) 在真空联合堆载预压过程中不需要控制加载速率

6. 对塑料排水带的说法，不正确的是（　　）。

(A) 塑料排水带的当量换算直径总是大于其宽度和厚度的平均值

(B) 塑料排水带的厚度与宽度的比值越大，其当量换算直径与宽度的比值越大

(C) 塑料排水带的当量换算直径可以当作排水竖井的直径

(D) 同样的排水竖井直径和间距的条件下，塑料排水带的截面积小于普通圆形砂井

7. 塑料排水带或袋装砂井的井径比 n 一般按（　　）选用。

(A) 10 ~ 15　(B) 15 ~ 22.5　(C) 25 ~ 30　(D) 30 ~ 35

8. 真空预压区边缘应大于建筑物基础轮廓线，每边增加量不得小于（　　）。

(A) 2.0m　(B) 2.5m　(C) 3m　(D) 4m

9. 采用真空预压处理软基时，固结压力____。

(A) 应分级施加，防止地基破坏

(B) 应分级施加以逐级提高地基承载力

(C) 最大固结压力可根据地基承载力提高幅度的需要确定

(D) 可一次加上，地基不会发生破坏

10. 砂井堆载预压法不适合于____。

(A) 砂土　(B) 杂填土　(C) 饱和软黏土　(D) 冲填土

二、思考题

1. 试述什么是预压法？

2. 堆载预压法和真空预压法加固软黏土地基的机理有何不同？

3. 地基固结理论主要有哪些？各有何特点和适用范围？

4. 预估抗剪强度增长的方法有几种？排水固结法加固软黏土地基强度增长计算是采用哪种方法，是如何计算的？

5. 固结法处理软黏土地基最终沉降量由几部分组成？如何考虑地基土的应力历史计算地基的固结沉降量？

三、计算题

1. 某场地采用预压排水固结加固软土地基，软土厚6m，软土层面和层底均为砂层，经一年时间，固结度达50%，试问经3年时间，地基土固结度能达多少？（3年时地基土固结度达81%）

2. 某饱和软黏土地基厚度$H=10\text{m}$，其下为粉土层。软黏土层顶铺设1.0m砂垫层，$r=19\text{kN/m}^3$，然后采用80kPa大面积真空预压6个月，固结度达80%，在深度5m处取土进行三轴固结不排水压缩试验，得到土的内摩擦角$\phi_{cu}=5°$，假设沿深度各点附加压力同预压荷载，试求经预压固结后深度5m处土强度的增长值。(6.9kPa)

3. 两个软土层厚度分别为$H_1=5\text{m}$、$H_2=10\text{m}$，其固结系数和应力分布相同，排水条件皆为单面排水，两土层欲达到同样固结度时，$H_1=5\text{m}$土层需4个月时间，试求$H_2=10\text{m}$土层所需时间。（厚度$H_2=10\text{m}$的土层欲达相同固结度需16个月时间）

第5章　化学加固法

化学加固法指利用水泥浆液、黏土浆液或其他化学浆液，通过灌注压入、高压喷射或机械搅拌，使浆液与土颗粒胶结起来，以改善地基土的物理和力学性质的地基处理方法。化学加固法主要分为三类：灌浆法、深层搅拌法和高压喷射注浆法。

5.1　灌浆法

灌浆法是指利用液压、气压或电化学原理，通过注浆管把浆液均匀地注入地层中，浆液以填充、渗透和挤密等方式赶走土颗粒间或岩石裂隙中的水分和空气后占据其位置，经人工控制一定时间后，浆液将原来松散的土粒或裂隙胶结成一个整体，形成一个结构新、强度高、防水性能强和化学稳定性良好的增强体。

灌浆法在我国冶金、水电、建筑、煤炭、交通和铁道等行业中得到了广泛的应用，取得了良好的加固效果，主要加固目的有以下几方面：

1）增加地基土的不透水性，防止流砂、钢板桩渗水、坝基漏水和隧道开挖时涌水，改善地下工程的开挖条件。

2）提高地基土的承载力，减少地基的沉降和不均匀沉降。

3）通过托换技术对古建筑的地基进行加固。

4）维护边坡稳定、桥墩防护、桥索支座加固、路基病害处理等。

表5-1给出了灌浆法在岩土工程治理中的应用情况。

表5-1　灌浆法在岩土工程治理中的应用

工程类别	应用场所	目　的
建筑工程	1. 因地基土强度不足而发生不均匀沉降 2. 摩擦桩侧面或端承桩底	1. 改善土的力学性能，对地基进行加固或纠偏处理 2. 提高桩周摩阻力和桩端抗压强度，处理桩底沉渣过厚引起的质量问题
坝基工程	1. 基础岩溶发育或受构造断裂切割破坏 2. 帷幕灌浆 3. 重力坝上灌浆	1. 提高岩土密实度、均匀性、弹性模量和承载力 2. 切断渗流 3. 提高坝体整体性、抗滑稳定性
地下工程	1. 建筑物基础下面挖地下铁道、地下隧道、涵洞和管线路等 2. 洞室围岩	1. 防止地面沉降过大，限制地下水活动，制止土体位移 2. 提高洞室稳定性，提高防渗性能
其他	1. 边坡 2. 桥基 3. 路基等	维护边坡稳定，防止支挡建筑的涌水和邻近建筑物沉降、桥墩防护、桥索支座加固、处理路基病害等

5.1.1　浆液材料

灌浆加固离不开浆液材料，而浆液材料品种与灌浆工程的效果、质量和造价直接相关，因而灌浆材料的研究和发展历来受到工程界的重视。

灌浆工程中所用的浆液是由主剂（原材料）、溶剂（水或其他溶剂）及各种外加剂混合而成。通常所提的灌浆材料是指浆液中所用的主剂。外加剂可根据在浆液中所起的作用，分为固化剂、催化剂、速凝剂、缓凝剂和悬浮剂等。

灌浆材料的主要性质评价指标包括材料的分散度、沉淀析水性、凝结性、热学性、收缩性、结石强度、渗透性和耐久性。

灌浆法加固中，浆液材料应满足下列要求：

1）应是真溶液而不是悬浊液。浆液黏度低、流动性好，能进入细小裂隙。

2）能准确地控制胶凝时间，胶凝时间可以在几秒至几小时范围内随意调节，浆液一经发生凝胶就在瞬间完成。

3）稳定性好。常温常压下，长期存放不改变性质，不发生任何化学反应。

4）无毒无臭。对环境不污染，对人体无害，属非易爆物品。

5）对注浆设备、管路、混凝土结构物、橡胶制品等无腐蚀作用，并容易清洗。

6）固化时无收缩现象，固化后与岩石、混凝土等有一定黏结性。

7）结石体有一定抗压和抗拉强度，不龟裂，抗渗性能和防冲刷性能好。

8）结石体耐老化性能好，能长期耐酸、碱、盐、生物细菌等腐蚀，且不受温度和湿度的影响。

9）材料来源丰富、价格低廉。

10）浆液配制方便，操作容易。

现有灌浆材料不可能同时满足上述要求，一种灌浆材料只能符合其中几项要求。因此，在施工中要根据具体情况选用某一种较为合适的灌浆材料。

5.1.2　加固机理

灌浆法按加固机理可分为渗透灌浆、劈裂灌浆、挤密灌浆和电动化学灌浆。

1. 渗透灌浆

渗透灌浆是指在压力作用下，浆液克服各种阻力，填充到土的孔隙或岩石的裂隙，排挤出孔隙中存在的自由水和气体，渗入到地基土层中的浆液与土体产生一系列物理化学作用，使地基土的抗剪强度提高，压缩模量增大，性能得到改善。

对颗粒型浆液，颗粒大小必须能够进入到土层中存在的空隙或裂缝中，因而渗透灌浆存在可灌性的问题。浆液的可灌性常用可灌比值表示，也可以用渗透系数进行间接评价。

在渗透灌浆中，影响浆液扩散范围的因素有地基土层的渗透系数、浆液黏度、灌浆压力和灌入时间等。具有代表性的渗透灌浆理论有球形扩散理论、柱形扩散理论和套管法理论。

渗透灌浆基本上不改变地基土层结构和体积，所用灌浆压力相对较小，一般只适用于中砂以上的砂性土和有裂隙的岩石。

2. 劈裂灌浆

劈裂灌浆是指在压力作用下，浆液克服地层的初始应力和抗拉强度，引起岩石和土体结构的破坏与扰动，使其沿垂直于小主应力的平面上发生劈裂，地层中原有的裂隙或孔隙张开，形成新的裂隙或孔隙，使浆液灌入土体，改善土体性能的灌浆方法，图 5-1 所示为劈裂灌浆原理示意图。

对岩石地基，目前常用的灌浆压力尚不能使新鲜岩体产生劈裂，主要是使原有的隐裂隙或微裂隙产生扩张。

对于砂砾石地基，透水性较大，浆液渗入将引起超静水压力，到一定程度后将引起砂砾石层的剪切破坏，土体产生劈裂。

对黏性土地基，在较高灌浆压力作用下，土体可能沿垂直于小主应力的平面产生劈裂，浆液沿劈裂面扩散，并使劈裂面延伸。荷载作用下地基中各点小主应力方向发生变化，应力水平存在差异，因而，劈裂灌浆中，劈裂缝的发展走向较难估计。

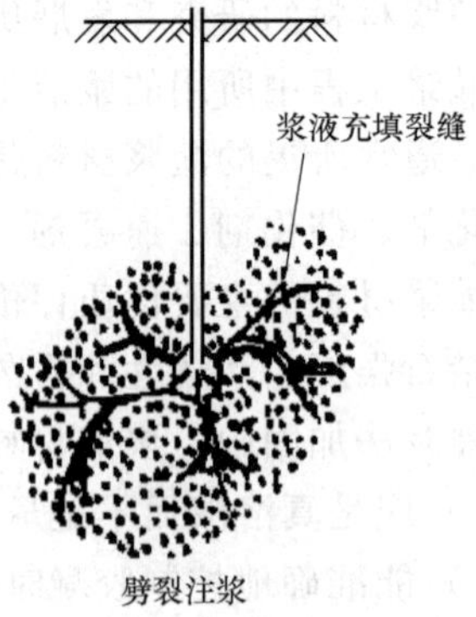

图 5-1　劈裂灌浆原理示意图

3. 挤密灌浆

挤密灌浆是指通过钻孔在土中灌入极浓的浆液，在注浆点使土体挤密，在注浆管端部附近形成“浆泡”。当浆泡的直径较小时，灌浆压力基本上沿钻孔的径向扩展。随着浆泡尺寸的逐渐增大，便产生较大的上抬力而使地面抬动。图 5-2 所示为挤密灌浆原理示意图。

研究结果表明，向外扩张的浆泡在土体中引起复杂的径向和切向应力体系。紧靠浆泡处的土体遭受严重破坏和剪切，形成塑性变形区，此区域内土体的密度可能因扰动而减小；离浆泡较远的土则基本上发生弹性变形，因而土的密度有明显的增加。

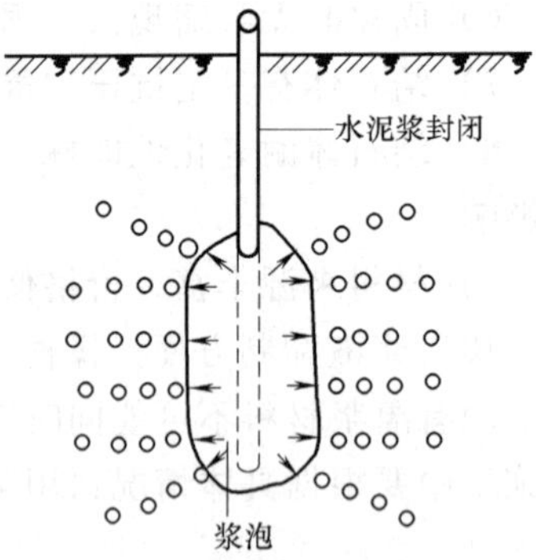

图 5-2　挤密灌浆原理示意

浆泡的形状一般为圆柱形或球形。均匀土中的浆泡形状较为规则，非均质土中浆泡形状则很不规则。浆泡的最后尺寸取决于多种因素，如土的密度、湿度、力学性质、地表约束条件、灌浆压力和注浆速率等。有时浆泡的横截面直径可达 1.0m，离浆泡界面 0.3～2.0m 内的土体都能受到明显的加密。

挤密灌浆常用于中砂地基，也可用于有适宜排水条件的黏土地基。若遇到排水困难而可能在土体中引起高孔隙水压力时，应采用很低的注浆速率。挤密灌浆可用于非饱和的土体，以调整不均匀沉降进行托换，以及在大开挖或隧道开挖时对邻近土进行及时加固，也可用于补偿注浆，以减小基坑开挖、盾构施工等造成的环境影响。

4. 电动化学灌浆

电动化学灌浆是在电渗排水和灌浆法的基础上发展起来的一种加固方法，指在施工时将带孔的注浆管作为阳极，滤水管作为阴极，将溶液由阳极压入土中，并通以直流电（两电极间电压梯度一般采用 0.3～1.0V/cm）。在电渗作用下，孔隙水由阳极流向阴极，促使通电区域中土的含水量降低，并形成渗浆通路，化学浆液也随之流入土的孔隙中，在土体中硬结。

若地基土的渗透系数 $k<10^{-4}$cm/s，只靠一般静压力难以使浆液注入土的孔隙，此时需用电渗的作用使浆液进入土中。但由于电渗排水作用，可能会引起邻近既有建筑物基础的附

加下沉，这一情况应予慎重考虑。

5.1.3　设计计算

1. 设计内容

设计内容包括：①灌浆标准，通过灌浆要求达到的效果和质量指标；②施工范围，包括灌浆深度、长度和宽度；③灌浆材料，包括浆液材料和浆液配方；④浆液扩散半径，指浆液在设计压力下所能达到的有效扩散距离；⑤钻孔布置，根据浆液扩散半径和灌浆体设计厚度，确定合理的孔距、排距、孔数和排数；⑥灌浆压力，规定不同地区和不同深度的允许最大灌浆压力；⑦灌浆效果评估，用各种方法和手段检测灌浆效果。

灌浆法加固地基设计一般程序为：①地质调查；②选择灌浆方案；③确定灌浆孔位置；④确定灌浆压力。

2. 方案选择

灌浆方案主要考虑灌浆处理范围、灌浆材料和灌浆方法等。选择方案时，应遵循下列原则：

1）灌浆目的若是为提高地基强度和变形模量，一般可选用以水泥为基本材料的水泥浆、水泥砂浆和水泥水玻璃浆等；也可采用高强度化学浆材，如环氧树脂、聚氨酯以及以有机物为固化剂的硅酸盐浆材等。

2）灌浆目的若是为防渗堵漏时，可采用黏土水泥浆、黏土水玻璃浆、水泥粉煤灰混合物、丙凝、AC-MS、铬木素以及无机试剂为固化剂的硅酸盐浆液等。

3）在裂隙岩层中灌浆一般采用纯水泥浆或在水泥浆（水泥砂浆）中掺入少量膨润土，在砂砾石层中或溶洞中可采用黏土水泥浆，在砂层中一般只采用化学浆液，在黄土中采用单液硅化法或碱液法。

4）对孔隙较大的砂砾石层或裂隙岩层中采用渗透灌浆法，在砂层灌注粒状浆材宜采用劈裂灌浆法；在黏土层中采用劈裂灌浆法或电动化学灌浆法；矫正建筑物的不均匀沉降则采用挤密灌浆法。

3. 灌浆标准

灌浆标准是指设计者要求地基灌浆后应达到的质量指标和效果。灌浆标准的高低与工程量大小、施工进度、工程造价和结构安全性存在直接的联系。

设计标准涉及的内容繁多，工程性质和地基条件千差万别，灌浆目的和要求不尽相同，因而，难以达成一款具体和统一的准则，只能根据具体情况做出具体的规定。根据灌浆的目的灌浆标准一般有防渗标准、强度和变形标准及施工控制标准等。

（1）防渗标准　防渗标准的指标是渗透性的大小。防渗标准越高，表明灌浆后地基的渗透性越低，灌浆质量也就越好。原则上，比较重要的建筑以及对渗透破坏比较敏感的地基以及地基渗漏量必须严格控制的工程，都要求采用较高的防渗标准。

防渗标准多数采用渗透系数表示。多数重要的防渗工程要求将地基土的渗透系数降低至 $10^{-4} \sim 10^{-5}$cm/s 以下；临时性工程或允许出现较大渗漏量而又不致发生渗透破坏的地层，也有采用 10^{-4}cm/s 数量级的工程实例。

（2）强度和变形标准　强度和变形的标准根据工程的具体要求而存在差异。例如：①为了增加摩擦桩的承载力，主要应沿桩的周边灌浆，以提高桩侧界面间的黏聚力；对端承桩则在桩底灌浆以提高桩端土的抗压强度和变形模量；②为了减少坝基础的不均匀变形，仅需在坝下游基础受压部位进行固结灌浆，以提高地基土的变形模量，而不必在整个坝基灌浆；③对振动基础，有时灌浆目的只是为了改变地基的自振频率以消除共振条件，因而不需用强度较高的浆材；④为了减小挡土墙的土压力，则应在墙背至滑动面附近的土体中灌浆，以提高地基土的重度和滑动面的抗剪强度。

（3）施工控制标准　灌浆后的质量指标只能在施工结束后通过现场检测来确定。若有灌浆工程不能进行现场检测，则必须制定一个能保证获得最佳灌浆效果的施工控制标准。正常情况下，以注入理论的耗浆量为标准，也可按耗浆量降低率进行控制。由于灌浆是按逐渐加密原则进行的，孔段耗浆量应随加密次序的增加而逐渐减少。若起始孔距布置正确，则第二次序孔的耗浆量将比第一次序孔大为减少，这是灌浆取得成功的标志。

4. 浆液扩散半径

浆液扩散半径 r 是一个重要的参数，对灌浆工程量及造价具有重要的影响。r 值应通过现场灌浆试验确定，若无试验资料，可参照表 5-2 确定。

表 5-2　按渗透系数选择浆液扩散半径

砂土（双液硅化法）		粉砂（单液硅化法）		黄土（单液硅化法）	
渗透系数/(m/d)	加固半径/m	渗透系数/(m/d)	加固半径/m	渗透系数/(m/d)	加固半径/m
2～10	0.3～0.4	0.3～0.5	0.3～0.4	0.1～0.3	0.3～0.4
10～20	0.4～0.6	0.5～1.0	0.4～0.6	0.3～0.5	0.4～0.6
20～50	0.6～0.8	1.0～2.0	0.6～0.8	0.5～1.0	0.6～0.9
50～80	0.8～1.0	2.0～5.0	0.8～1.0	1.0～2.0	0.9～1.0

5. 孔位布置

注浆孔的布置应以加固土体在平面和深度范围内连成一个整体为原则，根据浆液的注浆有效范围而相互重叠。孔位布置分为单排孔布置和多排孔布置。

（1）单排孔布置　图 5-3 所示为单排孔布置示意图，图中 l 为灌浆孔距，r 为浆液扩散半径，根据几何关系，可以得出灌浆体厚度 b 为

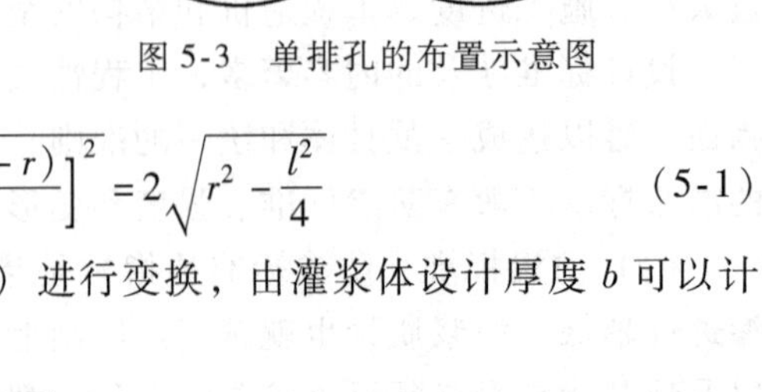

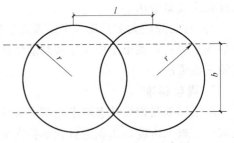

图 5-3　单排孔的布置示意图

$$b=2\sqrt{r^2-\left[(l-r)+\frac{r-(l-r)}{2}\right]^2}=2\sqrt{r^2-\frac{l^2}{4}} \tag{5-1}$$

当 $l=2r$ 时，两圆相切，b 值为零。将式（5-1）进行变换，由灌浆体设计厚度 b 可以计算灌浆孔距为

$$l=2\cdot\sqrt{r^2-\frac{b^2}{4}} \tag{5-2}$$

（2）多排孔布置　当单排孔不能满足设计厚度的要求时，可采用两排以上的多排孔。多排孔的设计原则是要充分发挥灌浆孔的潜力，以获得最大的灌浆体厚度，不允许出现双排孔间搭接不紧密的“窗口”（见图 5-4a），也不要求搭接过多而出现浪费（见图 5-4b）。图 5-5 所示为两排孔最优设计孔位布置方案。

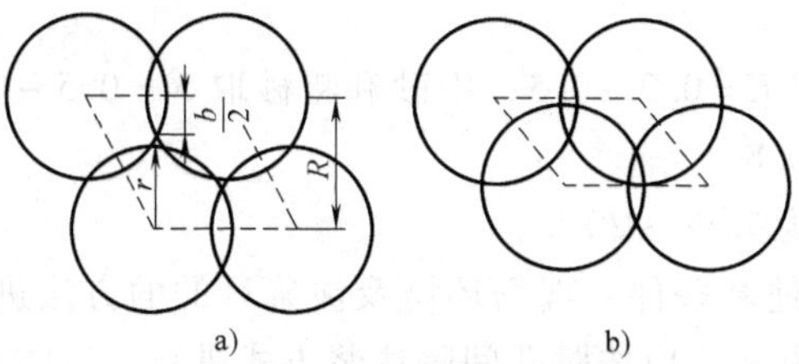

a)　　b)

图 5-4　两排孔设计图

a）孔排间搭接不紧密　b）搭接过多

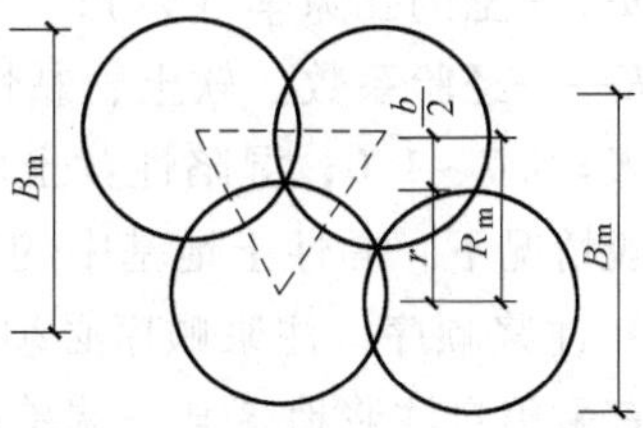

图 5-5　两排孔最优设计孔位布置方案

根据上述分析和图 5-4 所示的几何关系，可推导出最优排距 R_m 和最大灌浆有效厚度 B_m 的计算式（见表 5-3）。

表 5-3　最优排距和最大灌浆有效厚度

孔位布置	最优排距 R_m	有效厚度 B_m
双排孔	$r+\sqrt{r^2-\frac{l^2}{4}}$	$2\left(r+\sqrt{r^2-\frac{l^2}{4}}\right)$
三排孔	$2\left(r+2\sqrt{r^2-\frac{l^2}{4}}\right)$	同上
五排孔	$4\left(r+1.5\sqrt{r^2-\frac{l^2}{4}}\right)$	同上
奇数排孔	$(N-1)\left[r+\frac{(N+1)}{(N-1)}\sqrt{r^2-\frac{l^2}{4}}\right]$	同上
偶数排孔	$N\left(r+\sqrt{r^2-\frac{l^2}{4}}\right)$	同上

注：N 为灌浆孔排数

6. 灌浆压力

灌浆压力是指在不会使地表面产生变化和邻近建筑物受到影响前提下可能采用的最大压力。灌浆压力值与地层土的密度、强度和初始应力、钻孔深度、位置及灌浆次序等因素有关，这些因素又难以准确地预知，因此宜通过现场灌浆试验来确定。

浆液的扩散能力与灌浆压力的大小密切相关。在保证灌浆质量的前提下，采用较高的灌浆压力可使钻孔数减少；高灌浆压力还能使一些微细孔隙张开，有助于提高可灌性。当孔隙中被某种软弱材料充填时，高灌浆压力能在充填物中造成劈裂灌注，使软弱材料的密度、强度和不透水性等得到改善。此外，高灌浆压力还有助于挤出浆液中的多余水分，使浆液结石的强度提高。

但是，当灌浆压力超过地层的压重和强度时，可导致地基及其上部结构的破坏。因此，一般都以不使地层结构破坏或仅发生局部的和少量的破坏，作为确定地基允许灌浆压力的基本原则。

7. 其他

（1）灌浆量　灌注所需的浆液总用量 Q 可参照下式计算

$$Q=K\cdot V\cdot n\cdot 1000 \tag{5-3}$$

式中　Q——浆液总用量（L）；

V——注浆对象的土量（m^3）；

n——土的孔隙率（%）；

K——经验系数。软土、黏性土和细砂取 $K=0.3\sim0.5$；中砂和粗砂取 $K=0.5\sim0.7$；砾砂取 $K=0.7\sim1.0$；湿陷性黄土取 $K=0.5\sim0.8$。

一般情况下，黏性土地基中的浆液注入率为15%～20%。

（2）注浆顺序　注浆顺序必须采用适合于地基条件、现场环境及注浆目的的方法进行，一般不宜采用自注浆地带某一端单向推进压注方式，应按跳孔间隔注浆方式进行，以防止串浆，提高注浆孔内浆液的强度与时俱增的约束性。对有地下动水流的特殊情况，应考虑浆液在动水流下的迁移效应，从水头高的一端开始注浆。

对加固渗透系数相同的土层，首先应完成最上层封顶注浆，然后按由下而上的原则进行注浆，以防浆液上冒。如果土层的渗透系数随深度增大，则应自下而上进行注浆。

注浆时应采用先外围、后内部的注浆顺序。若注浆范围以外有边界约束条件（能阻挡浆液流动的障碍物），也可采用自内侧开始顺次往外侧的注浆方法。

5.1.4　施工方法

1. 分类

灌浆施工方法主要有两种分类：一种是按注浆管设置方法进行分类，另一种是按灌浆材料混合方法或灌浆方法进行分类。按前者分类方法，可以分为钻孔方法、打入方法和喷注方法；按后者分类方法，可以分为一种溶液一个系统方式、两种溶液一个系统方式和两种溶液两个系统方式。

2. 施工机械设备

灌浆施工设备主要包括钻探机、注浆泵和水泥搅拌机等，如表5-4所示。

表5-4　注浆机械种类和性能

设备种类	型　号	性　能	质量/kg	备　注
钻探机	主轴旋转式D-2型	340给油式 旋转速度：160r/min、300r/min、600r/min、1000r/min 功率：5.5kW（7.5马力） 钻杆外径：40.5mm 轮周外径41.0mm	500	钻孔用
注浆泵	卧式二连单管复活活塞式BGW	容量：16～60L/min 最大压力：3.62MPa 型功率：3.7kW（5马力）	350	注浆用
水泥搅拌机	立式上、下两槽式MVM5型	容量：上、下槽各250L 叶片旋转数：160r/min 功率：2.2kW（3马力）	340	不含有水泥的化学浆液不用
化学浆液混合器	立式上、下两槽式	容量：上、下槽各220L 搅拌容量：20L 手动式搅拌	80	化学浆液的配制和混合
齿轮泵	KI-6型齿轮旋转式	排出量：40L/min 排出压力：0.1MPa 功率：2.2kW（3马力）	40	从化学浆液槽往混合器送入化学浆液
流量、压力仪表	附自动记录仪电磁式浆液EP	流量计测定范围：40L/min 压力计：3MPa（布尔登管式） 记录仪双色：流量——蓝色，压力——红色	120	

目前，注浆泵是采用双液等量泵，因此检查时要检查两液能否等量排出。此外，搅拌器和混合器，根据不同的化学浆液和不同的厂家而有独自的型号。在城市的房屋建筑中，通常注浆深度在40m以内，而且是小孔径钻孔，因此钻机一直使用主轴回转式的液压机，性能较好。但是，若不能牢固地固定在地面上，随着注浆深度的加大，钻孔孔向的精度就会产生误差，钻头就会出现偏离。固定的办法是在地面铺上枕木并用大钉固定，其轨距为钻机底座的宽度，然后把钻机的底座锚在两根钢轨上使钻机稳定。

3. 灌浆

1）注浆孔的钻孔孔径一般为70~110mm，垂直偏差应小于1%。注浆孔有设计角度时应预先调节钻杆角度，倾角偏差不得大于20″。

2）钻孔钻至设计深度后，必须通过钻杆注入封闭泥浆，直到孔口溢出泥浆方可提杆，当提杆至中间深度时，应再次注入封闭泥浆，最后完全提出钻杆，封闭泥浆的7d无侧限抗压强度宜为0.3~0.5MPa，浆液黏度为80″~90″。

3）注浆压力一般与加固深度的覆盖压力、建筑物的荷载、浆液黏度、灌注速度和灌浆量等因素有关。注浆过程中压力是变化的，初始压力小、最终压力高，一般情况下每深1m压力增加20~50kPa。

4）若进行第二次注浆，化学浆液的黏度应较小，不宜采用自行密封式密封圈装置，宜采用两端用水加压的膨胀密封型注浆芯管。

5）灌浆完后应及时拔管，否则浆液可能将注浆管凝住，拔管难度增大。用塑料阀管注浆时，注浆芯管每次上拔高度应为330mm；花管注浆时，每次上拔或下钻高度宜为500mm。拔出管后，应刷洗注浆管等，保持通畅洁净。拔出管在土中留下的孔洞，用水泥砂浆或土料填塞。

6）灌浆的流量一般为7~10L/min。对充填型灌浆，流量可以适当加大，但也不宜大于20 L/min。

7）在满足强度要求的前提下，可用磨细粉煤灰或粗灰替代部分水泥，掺入量应通过试验确定，一般掺入量约为水泥质量的20%~50%。

8）为了改善浆液性能，可在水泥浆液拌制时加入以下外加剂：①加速浆体凝固的水玻璃，模数应为3.0~3.3。水玻璃掺量应通过试验确定，一般为0.5%~3%；②提高浆液扩散能力和可泵性的表面活性剂（或减水剂），如三乙醇胺等，掺量为水泥用量的0.3%~0.5%；③提高浆液的均匀性和稳定性，防止固体颗粒离析和沉淀而掺加的膨润土，掺加量不宜大于水泥用量的5%。浆体必须经过搅拌机充分搅拌均匀后，才能开始压注，并应在注浆过程中不停地缓慢搅拌，浆体在泵送前应经过筛网过滤。

9）冒浆处理。土层的上部压力小，下部压力大，浆液就有向上抬高的趋势。灌注深度大，上抬不明显，而灌注深度浅，浆液上抬较多，甚至会溢到地面上来。出现冒浆时，可采用间歇灌注法，即将一定数量的浆液灌注入上层孔隙大的土中，待浆液凝固后继续灌注，如此反复，就可把冒浆通道堵死。或者加快浆液的凝固时间，使浆液一经压出注浆管就凝固。

工程实践表明，需加固的土层之上，应有不少于2m厚的土层，否则应采取措施防止浆液上冒。

5.1.5 质量检验

灌浆效果与灌浆质量的概念不完全相同。灌浆质量一般是指灌浆施工是否严格按设计和施工规范进行，例如灌浆材料的品种规格、浆液的性能、钻孔角度、灌浆压力等，都要求符合规范的要求，否则应根据具体情况采取适当的补充措施；灌浆效果则指灌浆后能将地基土的物理力学性质提高的程度。灌浆质量高不等于灌浆效果好。因此，设计和施工中，除应明确规定某些质量指标外，还应规定所要达到的灌浆效果及检查方法。

灌浆效果检验视灌浆目的不同而异，以堵漏和纠偏为目的的灌浆工程，在施工过程中是否已经达到目的就是最好的效果检验；以防渗为目的的灌浆工程的效果检验除灌浆质量应符合设计要求和施工规范外，还要通过现场渗透试验检验灌浆效果。灌浆效果的检验，通常在注浆结束后28d 才可进行，检验方法如下：

1）统计计算灌浆量。可利用灌浆过程中的流量和压力曲线进行分析，从而判断灌浆效果。

2）采用静力触探测试加固前后土体力学指标的变化，从而了解加固效果。

3）在现场进行抽水试验，从而测定加固土体的渗透系数。

4）采用现场静载荷试验，从而测定加固土体的承载力和变形模量。

5）采用钻孔弹性波试验，从而测定加固土体的动弹性模量和剪切模量。

6）采用标准贯入试验或轻便触探等动力触探方法，从而测定加固土体的力学性能，此法可直接得到灌浆前后原位土的强度。

7）采用室内试验方法，对比加固前后土的物理力学指标变化，从而评定加固效果。

8）采用 γ 射线密度计法，从而说明灌浆效果。此方法属于物理探测方法的一种，在现场可测定土的密度。

9）采用电阻率法，从而说明土体孔隙中浆液的存在情况。

在以上方法中，动力触探试验和静力触探试验最为简便实用。对灌浆效果的评定应注重灌浆前后数据的比较，以综合评价灌浆效果。检验点一般为灌浆孔数的2% ~5% ，如检验点的不合格率等于或大于20% ，或虽小于20% 但检验点的平均值达不到设计要求，在确认设计原则正确后应对不合格的注浆区实施重复灌浆。

5.2 深层搅拌法

深层搅拌法是利用水泥浆、水泥粉和石灰粉等材料作为固化剂，通过特制的搅拌机械，在地基深处就地将软土和固化剂强制搅拌，形成具有一定强度的增强体。

固化剂和软土间所产生的一系列物理化学反应，使软土硬结成具有整体性、水稳定性和一定强度的加固土，从而增大变形模量，提高地基强度，使地基土性能得到改善。

根据施工方法的不同，水泥土搅拌法分为水泥浆搅拌法和粉体喷射搅拌法两种，前者简称湿法，是用水泥浆和地基土搅拌。后者简称干法，是用水泥粉或石灰粉和地基土搅拌。

水泥浆搅拌法是美国在第二次世界大战后研制成功的，随后日本引进该方法，又开发出水泥搅拌固化法，并相继研制出海上和陆上两种施工机械。我国于 1978 年开始研究并于当年年底制造出国内第一台 SJB-1 型双搅拌轴中心管输浆的搅拌机械，水泥土深层搅拌法很快便在国内得到了推广。

水泥土搅拌法加固软土技术，具有独特的优点：①固化剂和原地基软土就地搅拌混合，最大限度地利用了原土；②搅拌时地基侧向挤出较小，对周围原有建筑物的影响较小；③按照不同地基土的性质及工程设计要求，合理选择固化剂及其配方，设计比较灵活；④施工时无振动、无噪声、无污染，可在市区内和密集建筑群中进行施工；⑤加固后土体重度基本不变，对下卧层的附加沉降不产生影响；⑥与桩基础相比，降低工程造价；⑦根据上部结构的需要，可灵活布置。

由于粉体喷射搅拌法采用粉体作为固化剂，不再向地基中注入附加水分，反而能充分吸收周围软土中的水分，因此加固后地基的初期强度高，对含水量高的软土加固效果尤为显著。1971 第一根用生石灰和软土搅拌制成的桩出现于瑞典，第二年应用于路堤和深基坑边坡稳定的加固中。我国于 1983 年初开始进行粉体喷射搅拌法加固软土的试验研究，并在软土地基加固工程中使用，获得良好效果。

粉体喷射搅拌法加固软土技术，具有独特的优点：①使用的固化材料（干燥状态）可更多地吸收软土地基中的水分，对加固含水量高的软土、极软土以及泥炭土地基效果更为显著；②固化材料全面地被喷射到靠搅拌叶片旋转过程中产生的空隙中，同时又靠土的水分把它黏附到空隙内部，随着搅拌叶片的搅拌，固化剂均匀地分布在土中，不会产生不均匀的散乱现象，有利于提高地基土的加固强度；③与高压喷射注浆和水泥浆搅拌法相比，输入地基土中的固化材料要少得多，无浆液排出，无地面隆起现象；④粉体喷射搅拌法施工可以加固成群桩，也可以交替搭接加固成壁状、格栅状或块状。

深层搅拌法加固地基主要是由于地基中形成的增强体具有较高的强度和模量，以及具有较小的渗透性。工程应用中，深层搅拌法主要体现在如下几方面：①形成水泥土桩复合地基；②形成水泥土支挡结构；③形成水泥土防渗帷幕。

5.2.1　加固机理

水泥加固土的物理化学反应过程包括：水泥的水解和水化反应；土颗粒与水泥水化物作用生成水泥土；碳酸化作用。

1. 水泥的水解和水化反应

普通硅酸盐水泥主要是由氧化钙、二氧化硅、三氧化二铝、三氧化二铁及二氧化硫等组成，由这些不同的氧化物分别组成了不同的水泥矿物：硅酸三钙、硅酸二钙、铝酸三钙、铁铝酸四钙、硫酸钙等。用水泥加固软土时，水泥颗粒表面的矿物很快与软土中的水发生水解和水化反应，生成氢氧化钙、含水硅酸钙、含水铝酸钙及含水铁酸钙等化合物。

生成的氢氧化钙、含水硅酸钙能迅速溶于水中，使水泥颗粒表面重新暴露出来，再与水发生反应，这样周围的水溶液就逐渐达到饱和。当溶液达到饱和后，水分子虽继续深入颗粒内部，但新生成物已不能再溶解，只能以细分散状态的胶体析出，悬浮于溶液中，形成胶体。

2. 土颗粒与水泥水化物作用生成水泥土

当水泥的各种水化物生成后，有的自身继续硬化，形成水泥石骨架。有的则与其周围具有一定活性的黏土颗粒发生反应。

（1）离子交换和团粒化作用　黏土和水结合时就表现出一种胶体特征，如土中含量最多的二氧化硅遇水后，形成硅酸胶体微粒，其表面带有阴离子或钾离子，它们能和水泥水化生成的氢氧化钙中钙离子进行当量吸附交换，使较小的土颗粒形成较大的土团粒，从而使土体强度提高。

水泥水化生成的凝胶粒子的比表面积约比原水泥颗粒大1000倍，产生很大的表面能，具有强烈的吸附活性，可使较大的土团粒进一步结合起来，形成水泥土的团粒结构，并封闭各土团的空隙，构成坚固的连接，宏观上表现为水泥土强度得到提高。

（2）硬凝反应　随着水泥水化反应的深入，溶液中析出大量的钙离子，当数量超过离子交换的需要量后，在碱性环境中，能使组成黏土矿物的二氧化硅及三氧化二铝的一部分或大部分与钙离子发生化学反应，逐渐生成不溶于水的稳定结晶化合物，增大了水泥土的强度。

从扫描电子显微镜观察中可见，拌入水泥7d时，土颗粒周围充满了水泥凝胶体，并有少量水泥水化物结晶的萌芽。一个月后水泥土中生成大量纤维状结晶，并不断延伸充填到颗粒间的孔隙中，形成网状构造。到五个月时，纤维状结晶辐射向外伸展，产生分叉，并相互连接形成空间网状结构，水泥的形状和土颗粒的形状已无法分辨。

3. 碳酸化作用

水泥水化物中游离的氢氧化钙能吸收水中和空气中的二氧化碳，发生碳酸化反应，生成不溶于水的碳酸钙，这种反应也能使水泥土强度增加，但增长的速度较慢，幅度也较小。

从水泥土的加固机理分析，由于搅拌机械的切削搅拌作用，实际上不可避免地会留下一些未被粉碎的大小土团。在拌入水泥后将出现水泥浆包裹土团的现象，而土团间的大孔隙基本上已被水泥颗粒填满。所以，加固后的水泥土中形成一些水泥较多的微区，而在大小土团内部则没有水泥。只有经过较长的时间，土团内的土颗粒在水泥水解产物渗透作用下，才逐渐改变其性质。因此在水泥土中不可避免地会产生强度较大和水稳性较好的水泥石区和强度较低的土块区。两者在空间相互交替，从而形成一种独特的水泥土结构。可见，搅拌越充分，土块被粉碎得越小，水泥分布到土中越均匀，则水泥土结构强度的离散性越小，其宏观的总体强度也越高。

5.2.2　设计计算

水泥土深层搅拌法加固地基的设计包括以下内容：①选择合适的水泥品种、外加剂及其配合比等，即合理的配方；②制订可靠的搅拌工艺及其流程；③选择适合的水泥土形式（桩群、墙体、块体和格室体等）及其合理布置，进行分析计算，检验其加固后地基的变形和承载力与稳定性能否满足设计工程的要求。

1. 水泥土配方的确定

1）根据工程设计荷载大小的要求，确定需用水泥土标准强度和相应的室内试验强度值。

2）根据地基土的性质，选用水泥土的配方。地基土含水量与掺和量的关系可参考表5-5选取。水泥土的强度由试验来确定，然后换算成设计的标准强度。水胶比一般取为0.5～0.6。

表5-5　地基土含水量与掺和量的关系

地基土含水量/(%)	30	40	50	60	70
掺和量 a /(kg/m^3)	150～200	200～250	250～275	275～300	300～350
无侧限抗压强度	由室内试验确定,并换算成标准值,一般为1000～40000kPa				

如果按上述配方不能满足设计强度的要求，可考虑使用增强剂。对于含水量大于 70% 或有机质含量较高的地基土，则应根据地基土对氢氧化钙吸收量的不同，选择合适的水泥系固化剂。除水泥品种外，还要掺入一定含量的活性材料、碱性材料或磷石膏，但必须注意掺和量要适宜。

3）最终确定水泥土的配方。由于配方与水泥土强度间的关系的研究不够，最终确定的水泥土的配方应以室内试验和现场原位搅拌取样试验的结果为标准。

4）为了解复合地基的反力分布、应力分配，还可在荷载板下不同部位埋设土压力盒，从而得到水泥土搅拌桩复合地基的桩土应力比。

2. 水泥土加固形式及适用范围

水泥土加固形式应根据地基土性质及上部建筑对变形的要求进行选择，可采用柱状、壁状和块状等不同形式，如图 5-6 所示。柱状，每隔一定的距离打设一根搅拌桩，即成为柱状加固形式，适合于单层工业厂房独立柱基础和多层房屋条形基础下的地基加固；壁状，将相邻搅拌桩部分重叠搭接成为壁状加固形式，适用于深基坑开挖时的边坡加固以及建筑物长高比较大、刚度较小、对不均匀沉降比较敏感的多层砖混结构房屋条形基础下的地基加固；块状，对上部结构单位面积荷载大，对不均匀下沉控制严格的构筑物地基进行加固时可采用这种布桩形式，它是纵横两个方向的相邻桩搭接而形成的，如在软土地区开挖深基坑时，为防止坑底隆起也可采用块状加固形式。

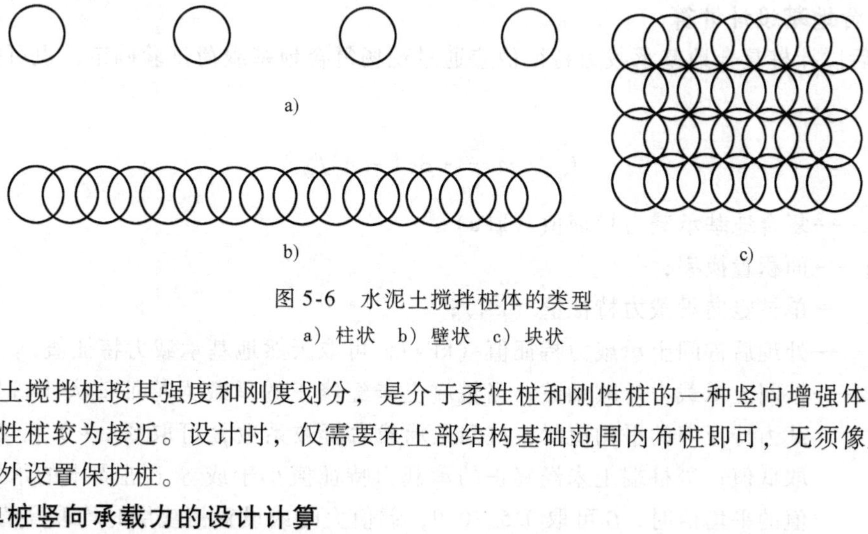

图 5-6　水泥土搅拌桩体的类型

a）柱状　b）壁状　c）块状

水泥土搅拌桩按其强度和刚度划分，是介于柔性桩和刚性桩的一种竖向增强体，其承载性能与刚性桩较为接近。设计时，仅需要在上部结构基础范围内布桩即可，无须像柔性桩一样在基础外设置保护桩。

3. 单桩竖向承载力的设计计算

单桩竖向承载力特征值应通过现场单桩静载荷试验确定，初步设计时也可按式（5-4）估算，并应同时满足式（5-5）的要求，应使由桩身材料强度确定的单桩承载力大于（或等于）由桩周土和桩端土的抗力所提供的单桩承载力

$$R_a = u_p \sum_{i=1}^{n} q_{si} l_i + \alpha q_p A_p \tag{5-4}$$

$$R_a = \eta f_{cu} A_p \tag{5-5}$$

式中　f_{cu}——与搅拌桩桩身水泥土配合比相同的室内加固土试块（边长为 70.7mm 的立方体，也可采用边长为 50mm 的立方体）在标准养护条件下 90d 龄期的立方体抗压强度平均值（kPa）；

η——桩身强度折减系数，干法可取 0.20 ~ 0.30，湿法可取 0.25 ~ 0.33；

u_p——桩的周长（m）；

n——桩长范围内所划分的土层数；

q_{si}——桩周第 i 层土的侧阻力特征值，对淤泥可取 4 ~ 7kPa，对淤泥质土可取 6 ~ 12kPa，对软塑状态的黏性土可取 10 ~ 15kPa，对可塑状态的黏性土可取 12 ~ 18kPa；

l_i——桩长范围内第 i 层土的厚度（m）；

q_p——桩端地基土未经修正的承载力特征值（kPa），可按《建筑地基基础设计规范的有关规定确定；

α——桩端天然地基土的承载力折减系数，可取 0.4 ~ 0.6，承载力高时取低值；

A_p——桩的截面积（m^2）。

对式（5-4）和式（5-5）进行分析可以看出，当桩身强度大于式（5-5）所提出的强度值时，相同桩长的承载力相近，而不同桩长的承载力明显不同。此时桩的承载力由地基土支持力控制，增加桩长可提高桩的承载力。当桩身强度低于式（5-5）所给计算值时，承载力受桩身强度控制。

单桩承载力设计时，承受竖直荷载的搅拌桩一般应使土对桩的支承力与桩身强度所确定的承载力相近，并使后者略大于前者最为经济。因此，搅拌桩的设计主要是确定桩长和选择水泥掺和量。

4. 复合地基设计计算

加固后搅拌桩复合地基承载力特征值应通过现场复合地基载荷试验确定，也可按下式进行计算

$$f_{spk} = m\frac{R_a}{A_p} + \beta(1 - m)f_{sk} \tag{5-6}$$

式中　f_{spk}——复合地基承载力特征值（kPa）；

m——面积置换率；

R_a——单桩竖向承载力特征值（kN）；

f_{sk}——处理后桩间土承载力特征值（kPa），可取天然地基承载力特征值；

β——桩间土承载力折减系数，当桩端土未经修正的承载力特征值大于桩周土的承载力特征值的平均值时，桩间土承载力折减系数 β 可取 0.1 ~ 0.4，差值大时取低值；当桩端土未经修正的承载力特征值小于或等于桩周土的承载力特征值的平均值时，β 可取 0.5 ~ 0.9，差值大时或设置褥垫层时均取高值。

根据设计要求的单桩竖向承载力特征值 R_a 和复合地基承载力特征值 f_{sk} 计算搅拌桩的置换率 m 和总桩数 n' 为

$$m = \frac{f_{spk} - \beta \cdot f_{sk}}{\dfrac{R_a}{A_p} - \beta \cdot f_{sk}} \tag{5-7}$$

$$n' = \frac{m \cdot A}{A_p} \tag{5-8}$$

式中　A——地基加固面积（mm^2）。

根据求得的总桩数 n' 进行搅拌桩的平面布置，布置时要考虑充分发挥桩的摩阻力和施

工的便利性。

桩间土承载力折减系数 β 是反映桩土共同作用的一个参数。如 $\beta=1$ 时，则表示桩与土共同承受荷载，由此得出与柔性桩复合地基相同的计算公式；如 $\beta=0$ 时，则表示桩间土不承受荷载，由此得出与一般刚性桩基相似的计算公式。

当天然地基发生与水泥土极限应力值相对应的应变值时，或在发生与复合地基承载力特征值相对应的沉降值时，其所提供的应力或承载力小于其极限应力或承载力特征值。考虑水泥土桩复合地基的变形协调，引入折减系数 β，它的取值与桩间土和桩端土的性质、搅拌桩的桩身强度和承载力、养护龄期等因素有关。桩间土较好、桩端土较弱、桩身强度较低、养护龄期较短，则 β 值取高值；反之，则 β 值取低值。

β 值的确定还应根据建筑物对沉降的要求。当建筑物对沉降要求控制较严时，即使桩端是软土，β 值也应取小值（这样较为安全）；当建筑物对沉降要求控制较低时，即使桩端为硬土，β 值也可取大值（这样较为经济）。

5. 验算加固区下卧层软弱土层的地基强度

总桩数确定后，即可根据基础形状和采用的一定布桩形式合理布桩，确定设计实际用桩数。当加固范围以下存在软弱下卧土层时，应进行加固区下卧土层的强度验算。可将复合地基加固视为一个假想实体基础进行下卧层地基强度验算。

$$R_b=\frac{p_c\cdot A+G-V\overline{q}_s-p_s(A-F_1)}{F_1}\leqslant R'_a \tag{5-9}$$

式中 R_b——假想实体基础底面处的平均压力（kPa）；

G——假想实体基础自重（kN/m）；

V——假想实体基础的侧表面积（m^2）；

$\overline{q}_s$——桩周土的平均摩擦力（kPa）；

F_1——假想实体基础底面积（m^2）；

R'_a——假想实体基础底面处修正后的地基允许承载力（kPa）。

当加固区下卧层强度验算不能满足要求时，需重新设计，一般需增加桩长或扩大基础面积，直至加固区下卧层强度验算满足要求。

6. 水泥土搅拌桩沉降验算

水泥土搅拌桩复合地基变形 s 的计算，包括复合地基加固区本身压缩沉降 s_1 和加固区下卧层沉降量 s_2 之和，即 $s=s_1+s_2$。

复合地基加固区本身压缩沉降 s_1 的计算方法一般有以下三种：

（1）复合模量法 将复合地基加固区增强体连同地基土看作一个整体，采用置换率加权模量作为复合模量，复合模量也可根据试验而定，并以此作为参数用分层总和法求 s_1。

（2）应力修正法 根据桩土模量比求出桩土各自分担的荷载，忽略增强体的存在，用弹性理论求土中应力，用分层总和法求出加固区土体的变形作为 s_1。

（3）桩身压缩量法 假定桩体不会产生刺入变形，通过模量比求出桩承担的荷载，再假定桩侧摩阻力的分布形式，则可通过材料力学中求压杆变形的积分方法求出桩体的压缩量，以此作为 s_1。

加固区下卧层沉降量 s_2 的计算方法一般有以下三种：

（1）应力扩散法 将复合地基视为双层地基，通过应力扩散角简单地求得未加固区顶面应力的数值，再按弹性理论法求得整个下卧层的应力分布，用分层总和法求 s_2。此法实际上是《建筑地基基础设计规范》中验算下卧层承载力的方法。

(2) 等效实体法　假设加固体四周受均布摩阻力，上部压力扣除摩阻力后即可得到未加固区顶面应力的数值，即可按弹性理论法求得整个下卧层的应力分布，按分层总和法求 s_2，此法即《建筑地基基础设计规范》中群桩（刚性桩）沉降计算方法。

(3) Mindlin-Geddes 方法　按模量比将上部荷载分配给桩土，假定桩侧摩阻力的分布形式，按 Mindlin 基本解积分求出桩对未加固区形成的应力分布；按弹性理论法求得土分担的荷载对未加固区的应力，再与前面积分求得的未加固区应力叠加，以此应力按分层总和法求 s_2。

7. 复合地基设计

水泥土搅拌桩的布桩形式非常灵活，可以根据上部结构要求及地质条件采用合适的加固形式，如上部结构刚度较大，土质又比较均匀，可以采用柱状加固形式，即按上部结构荷载分布，均匀地布桩；建筑物长高比大，刚度较小，场地土质又不均匀，可以采用壁状加固形式，使长方向轴线上的搅拌桩连接成壁状，以增加地基抵抗不均匀变形的刚度；当场地土质不均匀，且表面土质很差，建筑物刚度又很小，对沉降要求很高，则可以采用格栅状加固形式，即将纵横主要轴线上的桩连接成封闭的整体，这样不仅能增加地基刚度，同时可限制格栅中软土的侧向挤出减少总沉降量。

软土地区的建筑物，都是在满足强度要求的条件下以沉降进行控制的，应采用以下设计思路：①根据地层结构采用适当的方法进行沉降计算，由建筑物对变形的要求确定加固深度，即选择施工桩长；②根据土质条件、固化剂掺量、室内配比试验资料和现场工程经验选择桩身强度和水泥掺入量及有关施工参数；③根据桩身强度的大小及桩的断面尺寸，由式（5-5）计算单桩承载力；④根据单桩承载力及土质条件，由式（5-4）计算有效桩长；⑤根据单桩承载力、有效桩长和上部结构要求达到的复合地基承载力，由式（5-7）计算桩土面积置换率；⑥根据桩土面积置换率和基础形式进行布桩，桩可只在基础平面范围内布置。

8. 壁状加固地基

沿海软土地基在密集建筑群中深基坑开挖施工时，常使邻近建筑物产生不均匀沉降或损坏地下各种管线设施。为了减少这种不完全因素，可以采用水泥土搅拌桩（喷浆）作为侧向支护。基本施工方法是采用深层搅拌机，将相邻桩连续搭接施工，一般布置数排搅拌桩在平面上组成格栅形，如图 5-7 所示。按重力式挡土墙设计时，要进行抗滑、抗倾覆、抗渗、抗隆起和整体滑动计算。采用格栅形布桩的优点是：①限制格栅中软土的变形，也减少竖向沉降；②增加支护的整体刚度，保证复合地基在横向力作用下共同工作。

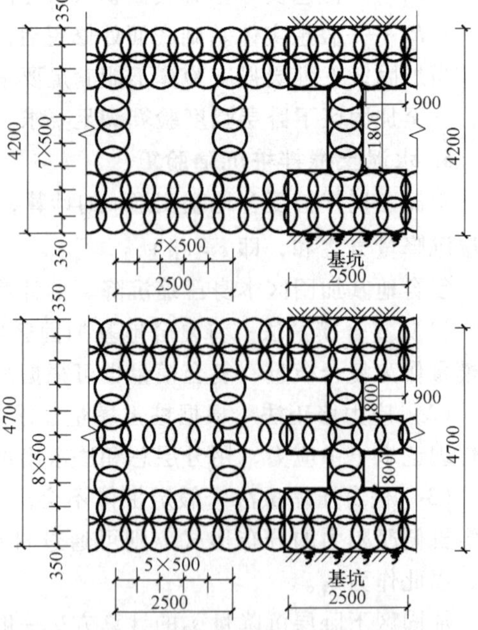

图 5-7　水泥土搅拌桩形成格栅形做侧向支护（单位 mm）

水泥土搅拌桩侧向支护计算图式如图 5-8 所示，搅拌桩墙宽度 B 为格栅组成的外包宽度。

（1）土压力计算　为简化计算，对成层分布的土体，墙底以上各层土的物理力学指标按层厚加权平均

$$\gamma_h = \sum_{i=1}^{n} \frac{\gamma_i h_i}{H}、\varphi_h = \sum_{i=1}^{n} \frac{\varphi_i h_i}{H}、c_h = \sum_{i=1}^{n} \frac{c_i h_i}{H} \tag{5-10}$$

式中　γ_i——墙底以上各层土的天然重度（kN/m）；

φ_i——墙底以上各层土的内摩擦角（°）；

c_i——墙底以上各层土的黏聚力（kPa）；

h_i——墙底以上各层土的厚度（m）；

H——墙高（m）。

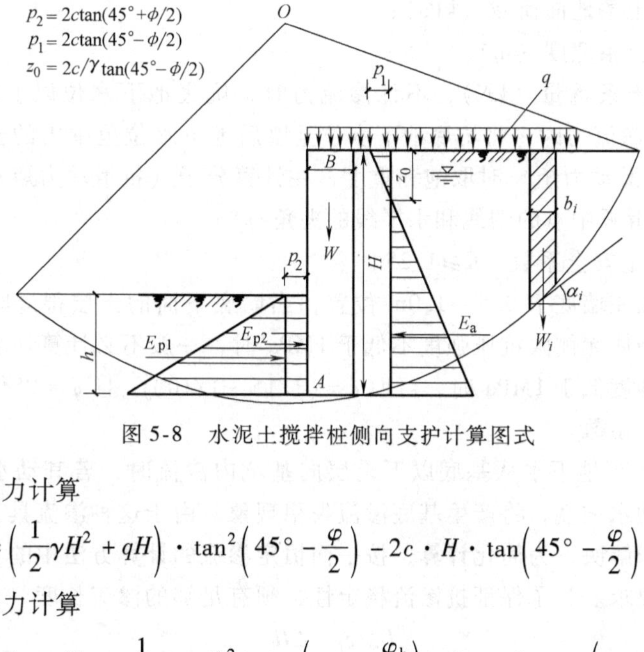

图 5-8　水泥土搅拌桩侧向支护计算图式

墙后主动土压力计算

$$E_a = \left(\frac{1}{2}\gamma H^2 + qH\right) \cdot \tan^2\left(45° - \frac{\varphi}{2}\right) - 2c \cdot H \cdot \tan\left(45° - \frac{\varphi}{2}\right) + \frac{2c^2}{\gamma} \tag{5-11}$$

墙前被动土压力计算

$$E_a = E_{p1} + E_{p2} = \frac{1}{2}\gamma_h \cdot h^2 \cdot \tan\left(45° + \frac{\varphi_h}{2}\right) + 2c_h \cdot h \cdot \tan\left(45° + \frac{\varphi_h}{2}\right) \tag{5-12}$$

对饱和软土的土侧压力可按水土压力合算，对砂性土可按水土压力计算。

（2）抗倾覆计算　按重力式挡墙绕前趾 A 点的抗倾覆安全系数

$$K_0 = \frac{M_R}{M_0} = \frac{\frac{1}{3}h \cdot E_{p1} + \frac{1}{2}h \cdot E_{p2} + \frac{1}{2}BW}{\frac{1}{3}(H - z_0) \cdot E_a} \tag{5-13}$$

式中　W——墙体自重，$W = \gamma_0 \cdot B \cdot H$（kN/m）；

γ_0——墙体重度，取 18～19kN/m³；

K_0——倾覆安全系数，$K_0 \geqslant 1.5$。

（3）抗滑移计算　按重力式挡墙计算墙体沿底面滑动的安全系数

$$K_c = \frac{W \cdot \tan\varphi_0 + c_0 \cdot B}{E_a - E_p} \tag{5-14}$$

式中 c_0、φ_0——墙底土层的黏聚力和内摩擦角，由于搅拌成桩时水泥浆液和墙底土层拌合，可取该层土试验指标的上限值；

K_c——抗滑移安全系数，$K_c \geqslant 1.3$。

（4）整体稳定计算　由于墙前、墙后有显著的地下水位差，墙后又有地表面超载，故整体稳定性计算是设计中的一个主要内容，计算时采用圆弧滑动法。渗流力的作用采用替代法计算，稳定安全系数采用总应力法计算

$$K = \frac{\sum_{i=1}^{n} c_i l_i + \sum_{i=1}^{n} (q_i \cdot b_i + W_i)\cos\alpha_i \cdot \tan\alpha_i}{\sum_{i=1}^{n} (q_i \cdot b_i + W_i)\sin\alpha_i} \tag{5-15}$$

式中 l_i——第 i 条土条顺滑弧面的弧长（m）；

q_i——第 i 条土条地面荷载（kPa）；

b_i——第 i 条土条宽度（m）；

W_i——第 i 条土条重量（kN），不计渗流力时，坑底地下水位以上取天然重度计算；当计入渗流力时，将坑底地下水位至墙后地下水位范围内的土体重度，在计算分母（滑动力矩）时取饱和重度，在计算分子（抗滑动力矩）时取浮重度；

α_i——第 i 条滑弧中点的切线和水平线的夹角（°）

K——整体稳定安全系数，$K \geqslant 1.25$。

一般最危险滑弧在墙底下 0.5～1.0m 位置，当墙底下面的土层很差时，危险滑弧的位置还会深一点，当墙体无侧限抗压强度不低于 1MPa 时，一般不必计算切墙体滑弧的安全系数。在无侧限抗压强度低于 1MPa 时，可取 $c = (1/15 \sim 1/10) f_{cu}$ 且 $\varphi = 0°$ 作为墙体指标来计算切墙体滑弧的安全系数。

（5）抗渗计算　当地下水从基底以下土层向基坑内渗流时，若其动水坡度大于渗流出口处土颗粒的临界动水坡度，将产生基底渗流失稳现象。由于这种渗流具有空间性和不恒定性，至今理论上还未解决，为简化计算，按平面恒定渗流的计算方法中的直线比例法，此法简便，精度能满足要求。为了保证抗渗流稳定性，须有足够的渗流长度

$$L \geqslant c_i \cdot \Delta H \tag{5-16}$$

$$L = L_H + mL_v \tag{5-17}$$

式中 L——渗流总长度，即渗透起始点至渗流出口处的地下轮廓线的水平和垂直总长（m）；

L_H、L_v——渗透起始点至渗流出口处的地下轮廓线的水平和垂直总长度（m）；

m——换算系数，$m = 1.5 \sim 2.0$；

ΔH——挡土结构两侧水位差（m）；

c_i——渗径系数，根据基底土层性质和渗流出口处情况确定，一般渗流出口处无反滤设施时，可按下列值选用：黏土 $c_i = 3 \sim 4$；粉质黏土 $c_i = 4 \sim 5$；黏质粉土 $c_i = 5 \sim 6$；砂质粉土 $c_i = 6 \sim 7$。

抗渗安全系数

$$K_{渗} = \frac{m[(H - 0.5) + 2h] + B}{c_i \cdot \Delta H} \tag{5-18}$$

式中 $K_{渗}$——抗渗安全系数，$K_{渗} \geq 1.10$。

（6）抗隆起计算 基坑隆起是指使墙后土体及基底土体向基坑内移动，促使坑底向上隆起，出现塑性流动和涌土现象。形成基坑隆起的原因是：①基坑内外土面和地下水位的高差；②坑外地面的超载；③基坑卸载引起的回弹；④基坑底承压水头；⑤墙体的变形。

常用的抗隆起计算方法有 Caquot-Kerisel、G. Schneebeli、Prandtl 以及圆弧滑动法等。提高基坑底面隆起稳定性的措施有：①搅拌桩墙的墙底宜选择在压缩性低的土层中；②适当降低墙后土面标高；③在可能条件下，基坑开挖施工过程中可采用井点降水。

5.2.3 水泥土搅拌法施工工艺

1. 搅拌机械设备及性能

国内目前的搅拌机有中心管喷浆方式和叶片喷浆方式。后者是使水泥浆从叶片上若干个小孔喷出，使水泥浆与土体混合较均匀，对大直径叶片和连续搅拌是合适的，但因喷浆孔小易被浆液堵塞，它只能使用纯水泥浆而不能采用其他固化剂，且加工制造较为复杂。中心管输浆方式中的水泥浆是从两根搅拌轴间的另一中心管输出，这对于叶片直径在 1m 以下时，并不影响搅拌均匀度，而且它可适用多种固化剂，除纯水泥浆外，还可用水泥砂浆，甚至掺入工业废料等粗粒固化剂。

2. 施工工艺

水泥土搅拌法施工工艺流程如图 5-9 所示。

（1）定位 起重机（或塔架）悬吊搅拌机到达指定桩位对中。当地面起伏不平时，应使起吊设备保持水平。

（2）预搅下沉 待搅拌机的冷却水循环正常后，起动搅拌机，放松起重机钢丝绳，使搅拌机沿导向架搅拌切土下沉，下沉的速度可由电动机的电流监测表控制。工作电流不应大于 70A。如果下沉速度太慢，可从输浆系统补给清水以利钻进。

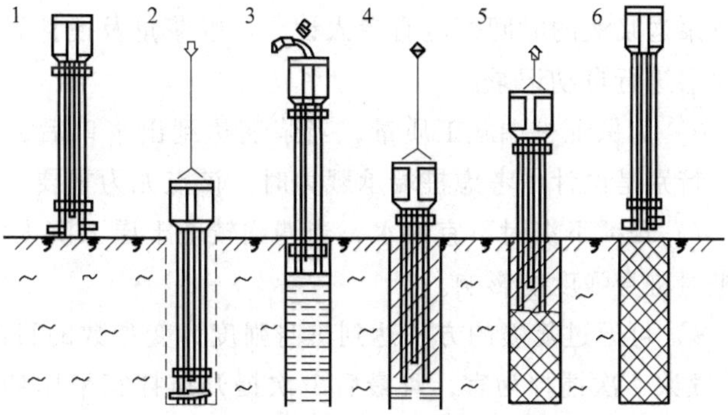

图 5-9 水泥土搅拌法施工工艺流程图
1—定位 2—预搅下沉 3—喷浆搅拌上升 4—重复搅拌下沉 5—重复搅拌上升 6—完毕

（3）制备水泥浆 待搅拌机下沉到一定深度时，即开始按设计确定的配合比拌制水泥浆，待压浆前将水泥浆倒入集料中。

（4）提升喷浆搅拌 当水泥浆液到达出浆口后，应喷浆搅拌 30s，在水泥浆与桩端土充分搅拌后，再开始提升搅拌头。

（5）重复上、下搅拌 搅拌机提升至设计加固深度的顶面标高时，集料斗中的水泥浆应正好排空。为使软土和水泥浆搅拌均匀，可再次将搅拌机边旋转边沉入土中，至设计加固深度后再将搅拌机提升出地面。

（6）清洗 向集料斗中注入适量清水，开启灰浆泵，清洗全部管路中的残存的水泥浆，直至基本干净，并将黏附在搅拌头上的软土清洗干净。

（7）移位　重复上述步骤，进行下一根桩的施工。

由于搅拌桩顶部与上部结构的基础或承台接触部分受力较大，因此通常还可对桩顶1.0～1.5m范围内再增加一次输浆，以提高其强度。

3. 施工注意事项

1）根据实际施工经验，水泥土搅拌法在施工到顶端0.3～0.5m范围时，因上覆压力较小，搅拌质量较差。因此，其场地整平标高应比设计确定的基底标高再高出0.3～0.5m，桩制作时仍施工到地面，待开挖基坑时，再将上部0.3～0.5m的桩身质量较差的桩段挖去。而对于基础埋深较大时，取下限，反之，则取上限。

2）搅拌桩的垂直度偏差不得超过1%，桩位布置偏差不得大于50mm，成桩直径和桩长不得小于设计值。

3）搅拌头翼片的枚数、宽度、与搅拌轴的垂直夹角、搅拌头的回转数、提升速度应相互匹配，以确保加固深度范围内土体的任何一点均能经过20次以上的搅拌。粉体喷射搅拌法也应遵循此规定。

4）施工前应确定搅拌机械的灰浆泵输浆量、灰浆经输浆管到达搅拌机喷浆口的时间和起吊设备提升速度等施工参数。并根据设计要求通过成桩试验，确定搅拌桩的配合比等各项参数和施工工艺。宜用流量泵控制输浆速度，使注浆泵出口压力保持在0.4～0.6MPa，并应使搅拌提升速度与输浆速度同步。

5）制备好的浆液不得离析，泵送必须连续。拌制浆液的罐数、固化剂和外掺剂的用量以及泵送浆液的时间等应有专人记录。喷浆量及搅拌深度必须采用经国家计量部门认证的监测仪器进行自动记录。

6）为保证桩端施工质量，当浆液达到出浆口后，应喷浆至少30s，使浆液完全到达桩端。特别是设计中考虑桩端承载力时，该点尤为重要。

7）预搅下沉时不宜冲水，当遇到较硬土层下沉太慢时，方可适量冲水，但应考虑冲水成桩对桩身强度的影响。

8）可通过复喷的方法达到桩身强度为变参数的目的。搅拌次数以1次喷浆2次搅拌或2次喷浆4次搅拌为宜，且最后1次提升搅拌宜采用慢速提升。当喷浆口到达桩顶标高时，宜停止提升，搅拌数秒，以保证桩头的均匀密实。

9）施工时因故停浆，宜将搅拌机下沉至停浆点以下0.5m，待恢复供浆时再喷浆提升。若停机超过3h，为防止浆液硬结堵管，宜先拆卸输浆管路，进行清洗。

10）壁状加固时，桩与桩的搭接时间不应大于24h，如因特殊原因超过上述时间，应对最后一根桩先进行空钻留出榫头以待下一批桩搭接，如间歇时间太长（如停电等），与第二根无法搭接；应在设计和建设单位认可后，采取局部补桩或注浆措施。

11）基底标高以上0.3m宜采用人工开挖，以保护桩头质量，这点对保证处理效果尤为重要，应引起足够的重视。

每一个水泥土搅拌桩施工现场，由于土质有差异、水泥的品种和强度等级不同，因而搅拌加固质量有较大的差别。所以在正式搅拌桩施工前，均应按施工组织设计确定的搅拌施工工艺制作数根试桩，养护一定时间后进行开挖观察，最后确定施工配合比等各项参数和施工工艺。

4. 施工中常见的问题和处理方法

施工中的常见问题和处理方法见表 5-6。

表 5-6　施工中的常见问题和处理方法

常见问题	发生原因	处理方法
预搅下沉困难，电流值高，电机跳闸	①电压偏低 ②土质硬，阻力太大 ③遇大石块、树根等障碍物	①调高电压 ②适量冲水或浆液下沉 ③挖除障碍物
搅拌机无法到达预定深度，但电流不高	土质黏性大，搅拌机自重不够	增加搅拌机自重或开动加压装置
喷浆未到设计桩顶面（或底部桩端）标高，集料斗浆液已排空	①投料不准确 ②灰浆泵磨损漏浆 ③灰浆泵输浆量偏大	①重新标定投料量 ②检修灰浆泵 ③重新标定灰浆输浆量
喷浆到设计位置集料斗中剩浆液过多	①拌浆加水过量 ②输浆管路部分阻塞	①重新标定拌浆用水量 ②清洗输浆管路
输浆管堵塞爆裂	①输浆管内有水泥结块 ②喷浆口球阀间隙太小	①拆洗输浆管 ②使喷浆口球阀间隙适当
搅拌钻头和混合土同步旋转	①灰浆浓度过大 ②搅拌叶片角度不适宜	①重新标定浆液水胶比 ②调整叶片角度或更换钻头

5. 粉体喷射搅拌法

粉体喷射搅拌法施工使用的机械和配套设备有单搅拌轴和双搅拌轴，二者的加固机理相似，都是利用压缩空气通过固化材料供给机的特殊装置，携带着粉体固化材料，经过高压软管和搅拌轴输送到搅拌叶片的喷嘴喷出。借助搅拌叶片旋转，在叶片的背后面产生空隙，安装在叶片背后面的喷嘴将压缩空气连同粉体固化材料一起喷出。喷出的混合气体在空隙中压力急剧降低，促使固化材料就地黏附在旋转产生空隙的土中，旋转到半周，令搅拌叶片把土与粉体固化材料搅拌混合在一起。与此同时，这支叶片背后的喷嘴将混合气体喷出。这样周而复始地搅拌、喷射、提升（有的搅拌机安装二层搅拌叶片，使土与粉体搅拌混合的更均匀）。与固化材料分离后的空气传递到搅拌轴的四周，待上升到地面被释放掉。如果分离的空气未释放，这将影响减压效果。因此搅拌轴外形一般多呈四方、六方或带棱角形状。

6. 粉体喷射搅拌法施工工序

粉体喷射搅拌机械一般由搅拌主机、粉体固化材料供给机、空气压缩机、搅拌翼和动力部分等组成，施工工序如下：

1）放样定位。

2）移动钻机，准确对孔。对孔误差不得大于 50mm。

3）利用支腿油缸调平钻机，钻机主轴垂直度误差应不大于 1%。

4）起动主电动机，根据施工要求，以Ⅰ、Ⅱ和Ⅲ挡逐级加速的顺序，正转预搅下沉。钻至接近设计深度时，应用低速慢钻，钻机应原位钻动 1 ~ 2min。为保持钻杆中间的送风通道的干燥，从预搅下沉开始直到喷粉为止，应在钻杆内连续输送压缩空气。

5）粉体材料及掺和量：使用粉体材料，除水泥以外，还有石灰、石膏及矿渣等，也可使用粉煤灰等作为掺加料。使用水泥粉体材料时，宜选用 42.5 级普通硅酸盐水泥，其掺和量常为 180 ~ 240kg/m³；若选用矿渣水泥、火山灰水泥或其他品种水泥时，使用前须在施工场地内钻取不同层次的地基土，在室内做各种配合比试验。

6）搅拌头每旋转一周，提升高度不得超过16mm。当搅拌头到达设计桩底以上1.5m时，应立即开启喷粉机提前进行喷粉作业。当提升到设计停灰标高后，应慢速原地搅拌1～2min。

7）重复搅拌。为保证粉体搅拌均匀，须再次将搅拌头下沉到设计深度。提升搅拌时，其速度宜为0.5～0.8m/min。

8）为防止空气污染，当搅拌头提升至地面下500mm时，喷粉机应停止喷粉。在施工中孔口应设喷灰防护装置。

9）提升喷粉过程中，须有自动计量装置。该装置为控制和检验喷粉桩的关键，应予以足够的重视。

10）钻具提升至地面后，钻机移位对孔，按上述步骤进行下一根桩的施工。

7. 粉体喷射搅拌法施工中须注意的事项

1）水泥土搅拌法（干法）喷粉施工机械必须配置经国家计量部门确认的具有能瞬时检测并记录出粉量的粉体计量装置及搅拌深度自动记录仪。喷粉施工前应仔细检查搅拌机械、供粉泵、送气（粉）管路、接头和阀门的密封性、可靠性。送气（粉）管路的长度不宜大于60m。

2）搅拌头的直径应定期复核检查，磨耗量不得大于10mm。

3）在建筑物旧址或回填建筑垃圾地区施工时，应预先进行桩位探测，清除已探明的障碍物。

4）桩体施工中，若发现钻机不正常的振动、晃动、倾斜、移位等现象，应立即停钻检查，必要时应提钻重打。

5）施工中应随时注意喷粉机、空压机的运转情况，压力表的显示变化，送灰情况。当送灰过程中出现压力连续上升，发送器负载过大，送灰管或阀门在钻具提升中途堵塞等异常情况，应立即判明原因，停止提升，原地搅拌。为保证成桩质量，必要时应予复打。堵管的原因除漏气外，主要是水泥结块。施工时不允许使用已结块的水泥，并要求管道系统保持干燥状态。

6）在送灰过程中如发现压力突然下降、灰罐加不上压力等异常情况，应停止提升，原地搅拌，及时判明原因。若由于灰罐内水泥粉体已喷完或容器、管道漏气所致，应将钻具下沉到一定深度后，重新加灰复打，以保证成桩质量。有经验的施工监理人员往往从高压送粉胶管的颤动情况来判明送粉的正常与否。检查故障时，应尽可能持续送风。

7）设计上要求搭接的桩体，须连续施工，一般相邻桩的施工间隔时间不超过允许时间。若因停电、机械故障而超过允许时间，应征得设计部门同意，采取适宜的补救措施。

8）成桩过程中因故停止喷粉，应将搅拌头下沉至停灰面以下1m处，待恢复喷粉时再喷粉搅拌提升。

9）在SP-1型粉体发送器中有一个气水分离器，用于收集因压缩空气膨胀而降温所产生的凝结水。施工时应经常排除气水分离器中的积水，防范因水分进入钻杆而堵塞送粉通道。

10）喷粉时灰罐内的气压比管道内的气压高0.02～0.05MPa以确保正常送粉。

需在地基土天然含水量小于30%土层中喷粉成桩时，应采用地面注水搅拌工艺。

5.2.4　质量检验

水泥土搅拌桩的质量控制应贯穿在施工的全过程，并应坚持全程的施工监理。施工过程中必须随时检查施工记录和计量记录，并对照规定的施工工艺对每根桩进行质量评定。

检查重点是：水泥用量、桩长、搅拌头转数和提升速度、复搅次数和复搅深度、停浆处理方法等。水泥土搅拌桩的施工质量检验可采用以下方法：

（1）浅部开挖　各施工机组应对成桩质量随时检查，及时发现问题，及时处理。开挖检查仅仅是浅部桩头部位，目测其成桩大致情况，如成桩直径、搅拌均匀程度等。

（2）取芯检验　用钻孔方法连续取水泥土搅拌桩桩芯，可直观地检验桩体强度和搅拌的均匀性。取芯通常用 ϕ106 岩芯管，取出后可当场检查桩芯的连续性、均匀性和硬度，并用锯、刀切割成试块做无侧限抗压强度试验。但由于桩的不均匀性，在取样过程中水泥土容易产生破碎，取出的试件做强度试验很难保证其真实性。使用本方法取桩芯时应有良好的取芯设备和技术，确保桩芯的完整性和原状强度。在钻芯取样的同时，可在不同深度进行标准贯入检验，通过标贯值判定桩身质量及搅拌均匀性。

（3）截取桩段做抗压强度试验　在桩体上部不同深度现场挖取 50cm 桩段，上下截面用水泥砂浆整平，装入压力架后使用千斤顶加压，即可测得桩身抗压强度及桩身变形模量。

这种检测方法的优点是可避免桩横断面方向强度不均匀的影响，测试数据直接可靠，可积累室内强度与现场强度之间关系的经验。且试验设备简单易行。但缺点是挖桩深度不能过大，一般为 1～2m。

（4）静载荷试验　对承受垂直荷重的水泥土搅拌桩，静载荷试验是最可靠的质量检验方法。

对于单桩复合地基载荷试验，载荷板的大小应根据设计置换率来确定，即载荷板面积应为一根桩所承担的处理面积，否则应予修正。试验标高应与基础底面设计标高相同。

对单桩静载荷试验，在板顶上要做一个桩帽，以便受力均匀。

水泥土搅拌桩通常是摩擦桩，所以试验结果一般不出现明显的拐点，允许承载力可按沉降的变形条件选取。

载荷试验应在 28d 龄期后进行，检验点数每个场地不得少于 3 点。若试验值不符合设计要求时，应增加检验孔的数量，若用于桩基工程，其检验数量应不少于第一次的检验量。

用作止水的壁状水泥桩体，在必要时可开挖桩顶 3～4m 深度，检查其外观搭接状态。另外，也可沿壁状加固体轴线斜向钻孔，使钻杆通过 2～4 根桩身，即可检查深部相邻桩的搭接状态。

水泥土搅拌桩地基竣工验收检验：竖向承载水泥土搅拌桩地基竣工验收时，承载力检验应采用复合地基载荷试验。载荷试验必须在桩身强度满足试验荷载条件时，并宜在成桩 28d 后进行。检验数量为桩总数的 0.5%～1%，且每项单体工程不应少于 3 点。

5.3　高压喷射注浆法

高压喷射注浆法是利用钻机把带有喷嘴的注浆管钻进至土层的预定位置后，以高压设备使浆液或水成为 20～40MPa 的高压射流从喷嘴中喷射出来，冲击破坏土体，同时钻杆以一定速度渐渐向上提升，将浆液与土粒强制搅拌混合，浆液凝固后，在土中形成固结体。按所形成的固结体形状与喷射流移动方向，高压喷射注浆法一般分为旋转喷射（简称旋喷）、定向喷射（简称定喷）和摆动喷射（简称摆喷）三种形式，如图5-10所示。

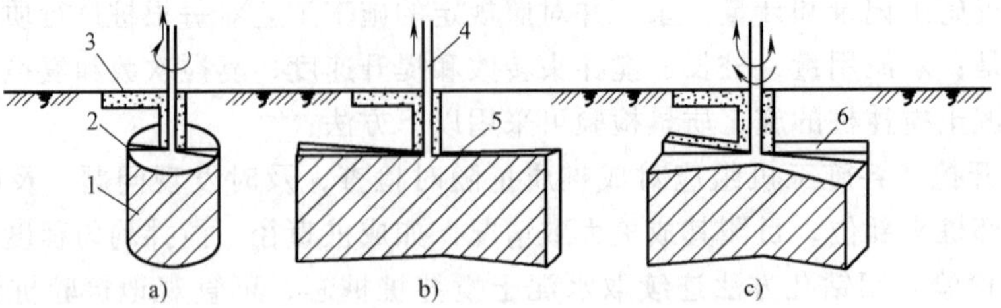

图5-10　高压喷射注浆的三种形式

a）旋喷　b）定喷　c）摆喷

1—桩　2—射流　3—冒浆　4—喷射注浆　5—板　6—墙

旋喷法施工时，喷嘴一边喷射一边旋转并提升，固结体呈圆柱状，旋喷法施工后，在地基中形成的圆柱体，称为旋喷桩；定喷法施工时，喷嘴一边喷射一边提升，喷射的方向固定不变，固结体形如板状或壁状；摆喷法施工时喷嘴一边喷射一边提升，喷射的方向呈较小角度来回摆动，固结体形如较厚墙状。

旋喷法主要用于加固地基，提高地基的抗剪强度、改善土的变形性质，也可组成闭合的帷幕，用于截阻地下水流和治理流砂。定喷法和摆喷法主要用于基坑防渗、改善地基土的水流性质和稳定边坡等工程。当土中含有较多的大粒径块石、大量植物根茎或有较多的有机质时，以及地下水流速过大和已涌水的工程，应根据现场试验结果确定其适用性。

高压喷射注浆法的基本工艺类型有单管法、二重管法、三重管法和多重管法等，由于喷射流的结构和喷射的介质不同，这四种方法的有效处理长度也不同。结合工程特点，旋喷形式可采用单管法、双管法和三管法。定喷法和摆喷法注浆常用双管法和三管法。

高压喷射注浆法具有适用范围广，取材容易，设备简单，施工便利，可以垂直、倾斜和水平喷射，可控制固结体形状，耐久性好。

高压喷射注浆使用的压力高，喷射流的能量大、速度快。连续和集中地作用在土体上时，压应力和冲蚀等多种因素便在很小的区域内产生效应，对从粒径很小的细粒土到含有颗粒直径较大的卵石碎石土，均有巨大的冲击和搅动作用，使注入的浆液和土拌和凝固为新的固结体。实践表明，高压喷射注浆法对淤泥、淤泥质土、带性土、粉性土、砂土、素填土等地基都有良好的处理效果。

对于硬黏性土、含有较多的块石或大量植物根茎的地基，喷射流可能受到阻挡或削弱，冲击破碎力急剧下降，切削范围小，处理效果较差；对于含有较多有机质的土层，则会影响水泥固结体的化学稳定性，其加固质量也差。因此，应根据室内外试验结果确定其适用性。对地下水流速过大，浆液无法在注浆管周围凝固的情况，对无填充物的岩溶地段，永冻土以及对水泥有严重腐蚀的地基，均不宜采用高压喷射注浆法。

5.3.1　加固机理

1. 高压水喷射流性质及种类

高压水喷射流是通过高压发生设备，使它获得巨大能量后，从一定形状的喷嘴，用一种特定的流体运动方式，以很高的速度连续喷射出来、能量高度集中的一股液流。在高压高速的条件下，喷射流具有很大的功率，即在单位时间内从喷嘴中射出的喷射流具有很大的能量。

高压喷射注浆所用的喷射流共有四种：单管喷射流为单一的高压水泥浆喷射流；二重管喷射流为高压浆液喷射流与其外部环绕的压缩空气喷射流，组成为复合式高压喷射流；三重管喷射流由高压水喷射流与其外部环绕的压缩空气喷射流组成，也是复合式高压喷射流；多重管喷射流为高压水喷射流。这四种喷射流破坏土体的效果不同，但其构造可划分为单液高压喷射流和水（浆）、气同轴喷射流两种类型。单管旋喷注浆使用高压喷射水泥浆流和多重管的高压水喷射流，它们的射流构造可用高压水连续喷射流在空气中的模式予以说明；水（浆）、气同轴喷射流是在喷射流的外围同轴喷射圆筒状气流，二重管旋喷注浆的浆、气同轴喷射流，与三重管旋喷注浆，除了介质不同外，它们的构造基本相同。

2. 加固地基的机理

（1）高压喷射流对土体的破坏作用　破坏土体结构强度的最主要因素是喷射动压，为了取得更大的破坏力，需要增加平均流速，即增加旋喷压力，一般要求高压脉冲泵的工作压力在 20MPa 以上，这样射流就像刚体一样，冲击破坏土体，使土与浆液搅拌混合，凝固成圆柱状的固结体。

喷射流在终期区域，能量衰减很大，不能直接冲击土体使土颗粒剥落，但能对有效射程的边界土产生挤压力，对四周土有压密作用，并使部分浆液进入土粒之间的空隙里，使固结体与四周土紧密相依，不产生脱离现象。

（2）水（浆）、气同轴喷射流对土的破坏作用　单射流虽然具有巨大的能量，但压力在土中急剧衰减，破坏土的有效射程较短，因此，形成的旋喷固结体直径较小。

当在喷嘴出口的高压水喷流的周围加上圆筒状空气射流，进行水、气同轴喷射时，空气流使水或浆的高压喷射流从破坏的土体上将土粒迅速吹散，使高压喷射流的喷射破坏条件得到改善，阻力大大减少，能量消耗降低，因而增大了高压喷射流的破坏能力，形成的旋喷固结体的直径较大。图 5-11 给出了喷射流轴上动水压力与距离的关系，由曲线可知，高速空气具有防止高速水射流动压急剧衰减的作用。图 5-12 给出了喷射最终固结状况示意图，图 5-13 给出了定喷固结体截面结构示意图。

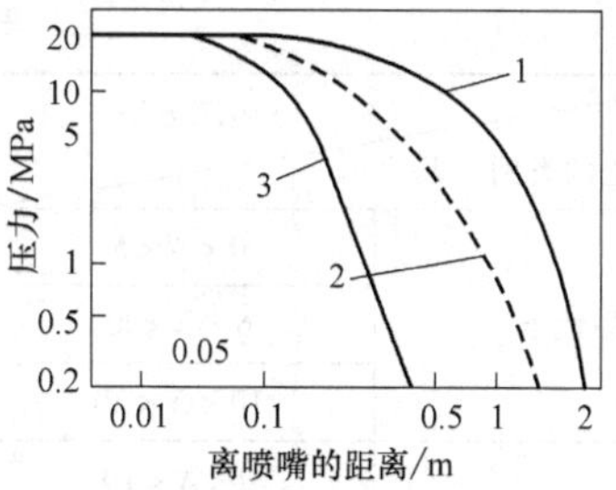

图 5-11　喷射流轴上动水压力与距离的关系
1—高压喷射流在空中单独喷射　2—水、气同轴喷射流在水中喷射　3—高压喷射流在水中单独喷射

（3）水泥与土的固结机理　水泥与水拌和后发生水化反应，产生的铝酸三钙水化物和氢氧化钙溶于水中，但由于溶解度不高，很快就达到饱和，这种水化反应连续不断地进行，就析出一种胶质物体。这种胶质物体一部分混在水中悬浮，包围在水泥微粒的表面，形成一层胶凝薄膜。所生成的硅酸二钙水化物几乎不溶于水，只能以无定形体的胶质包围在水泥微粒的表层，另一部分渗入水中。

由水泥各种成分所生成的胶凝膜，逐渐发展形成胶凝体，初始表现为水泥的初凝状态，具有胶黏的性质。随后，水泥各成分在不缺水、不干涸的情况下，继续不断地按上述水化过

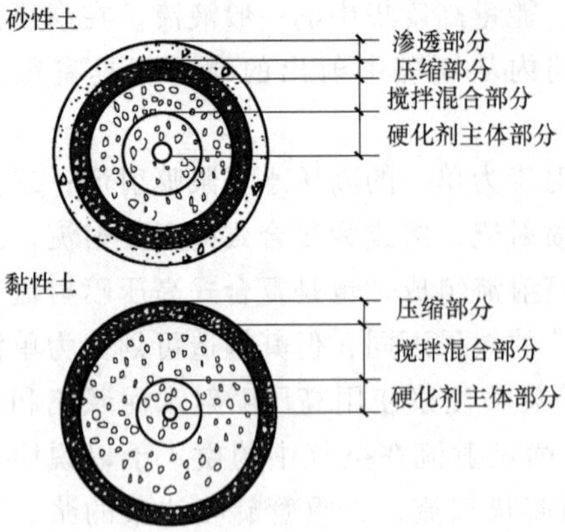

图 5-12　喷射最终固结状况示意图

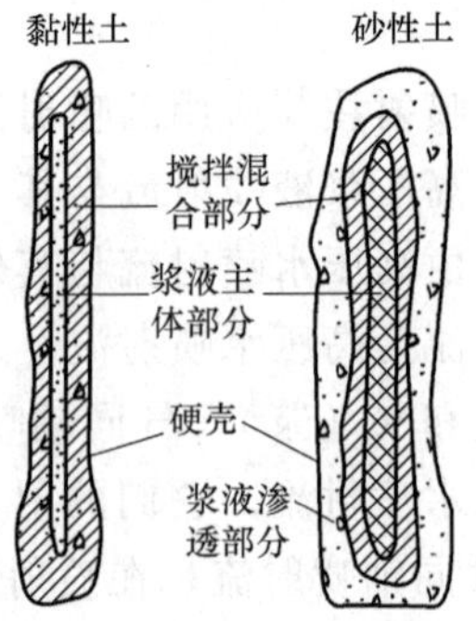

图 5-13　定喷固结体截面结构示意图

程发展、增强和扩大，从而产生下列现象：①胶凝体增大并吸收水分，加速凝固，使结合更密；②由于微晶（结晶核）的产生进而形成结晶体，结晶体与胶凝体相互包围渗透并达到一种稳定状态，这就是硬化的开始；③水化作用继续深入到水泥微粒内部，使未水化部分再参加以上的化学反应，直到完全没有水分以及胶质凝固和结晶充盈为止。

3. 加固土的基本性状

（1）直径或长度　旋喷固结体的直径大小与土的种类和密实程度有较密切的关系。对黏性土地基加固，单管旋喷注浆加固体直径一般为 0.3～0.8m，三重管旋喷注浆加固体直径可达 0.7～1.8m，二重管旋喷注浆加固体直径介于以上二者之间，多重管旋喷直径为 2.0～4.0m。旋喷桩的设计直径见表 5-7。定喷桩和摆喷桩的有效直径约为旋喷桩直径的 1.0～1.5 倍。

表 5-7　旋喷桩的设计直径　（单位：m）

土的类别 \ 施工方法		单管法	二重管法	三重管法
黏性土	$0<N<5$	0.5～0.8	0.8～1.2	1.2～1.8
	$6<N<10$	0.4～0.7	0.7～1.1	1.0～1.6
	$10<N<20$	0.3～0.6	0.6～0.9	0.7～1.2
砂性土	$0<N<10$	0.6～1.0	1.0～1.4	1.5～2.0
	$10<N<20$	0.5～0.9	0.9～1.3	1.2～1.8
	$21<N<30$	0.4～0.8	0.8～1.2	0.9～1.5

（2）固结体形状　根据喷嘴的运动规律不同，固结体可以形成均匀圆柱状、非均匀圆柱状、圆盘状、板墙状、扇形壁状等，同时因土质和工艺不同而有所差异。在均质土中，旋喷的圆柱体比较匀称；在非匀质土或有裂隙土中，旋喷的圆柱体不匀称，甚至在圆柱体旁长出翼片。由于喷射流脉动和提升速度不均匀，固结体的表面不平整，可能出现许多乳状突出；三重管旋喷固结体受气流影响，在粉质砂土中外表格外粗糙；在深度大时，如不采取相应措施，旋喷固结体可能上粗下细出现类似胡萝卜的形状。

（3）质量　固结体内部土粒少并含有一定数量的气泡，因此，固结体的质量较轻，轻于或接近于原状土的密度。黏性土固结体比原状土约轻 10%，砂类土固结体也可能比原状土重10%。

(4) 渗透系数 固结体内部有一定的孔隙，但不贯通，外层有较致密的硬壳，渗透系数达10^{-6}cm/s或更小。因此，固结体具有一定的防渗性能。

(5) 强度 土体经过喷射后，土粒重新排列，水泥等浆液含量大。由于一般外侧土颗粒直径大、数量多，浆液成分也多。因此，在横断面上中心强度低，外侧强度高。

影响固结体强度的主要因素是土质和浆材，有时使用同一浆材配方，软黏土的固结强度成倍地小于砂土固结强度。一般在黏性土和黄土中的固结体，其抗压强度可达5~10MPa，砂类土和砂砾层中的固结体其抗压强度可达8~20MPa，固结体的抗拉强度一般为抗压强度的1/10~1/50。

(6) 单桩承载力 旋喷柱状固结体外形凸凹不平，具有较高的强度，因此有较大的承载力，固结体直径越大，承载力越高。

5.3.2 设计计算

1. 室内配方与现场喷射试验

为了解喷射注浆固结体的性质和浆液的合理配方，必须取现场各层土样，在室内按不同的含水量和配合比进行试验，优选出最合理的浆液配方。对规模较大及性质较重要的工程，设计完成之后，要在现场进行试验，查明喷射固结体的直径和强度，验证设计的可靠性和安全度。

2. 固结体强度和尺寸

固结体强度主要取决于下列因素：①土质；②喷射材料及水胶比；③注浆管的类型和提升速度；④单位时间的注浆量。固结体强度设计规定按28d强度计算。

试验结果表明，在黏性土中，由于水泥水化物与黏土矿物继续发生作用，故28d后的强度将会继续增长，这种强度的增长作为安全储备。注浆材料为水泥时，固结体抗压强度的初步设定可参考表5-8。对于大型的或重要的工程，应通过现场喷射试验后采样测试来确定固结体的强度和渗透性等性质。

表5-8 固结体抗压强度 (单位：MPa)

	单管法	二重管法	三重管法
砂性土	3~7	4~10	5~15
黏性土	1.5~5	1.5~5	1~5

固结体尺寸主要取决于下列因素：①土的类别及其密实程度；②高压喷射注浆方法；③喷射技术参数。

初步设计时，在无试验资料的情况下，对小型的或不太重要的工程，喷桩的设计直径可参照表5-7根据施工方法和土质选择。但对有特殊要求、工程复杂、风险大的加固工程，应通过现场喷射试验后开挖或钻孔采样确定。

3. 承载力计算

竖向承载旋喷桩复合地基宜在基础和桩顶之间设置褥垫层。褥垫层厚度可取200~300mm，其材料可选用中砂、粗砂、级配砂石等，最大粒径不宜大于30mm。用旋喷桩处理的地基，应按复合地基设计。旋喷桩复合地基承载力特征值应通过现场复合地基载荷试验确定，也可按式（5-4）与其土质相似工程的经验确定。桩间土承载力折减系数β，可根据试验或类似土质条件工程经验确定，当无试验资料或经验时，可取 0～0.5，承载力较低时取低值。

单桩竖向承载力特征值可通过现场单桩载荷试验确定。也可按式（5-4）和式（5-5）估算，取其中较小值。桩身强度折减系数 η 取 0.33；桩周第 i 层土的侧阻力特征值 q_{si} 可按《建筑地基基础设计规范》有关规定或地区经验确定；桩端天然地基土的承载力折减系数 α 取 1。

4. 地基变形计算

旋喷桩的沉降计算应为桩长范围内复合土层以及下卧层地基变形值之和，计算时应按《建筑地基基础设计规范》有关规定进行计算。复合土层的压缩模量可按下式确定

$$E_{sp} = mE_p + (1-m)E_s \tag{5-19}$$

式中 E_{sp}——旋喷桩复合土层压缩模量（MPa）；

E_s——桩间土的压缩模量，可用天然地基土的压缩模量代替（MPa）；

E_p——桩体的压缩模量，可根据载荷试验或地区经验确定（MPa）。

5. 防渗堵水设计

防渗堵水工程设计时，宜采用双排或三排布孔形成帷幕，布孔距和旋喷注浆固结体交联图如图 5-14 所示。当孔距为 $1.73R_0$（R_0为旋喷设计半径）、排距为 $1.5R_0$时，防渗堵水工程最经济。

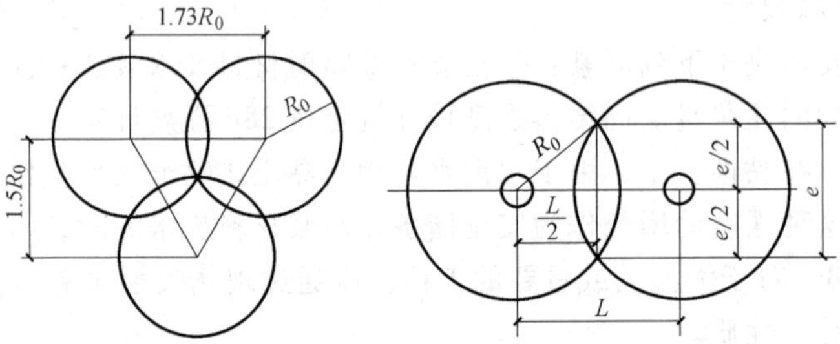

图 5-14 布孔距和旋喷注浆固结体交联图

若想增加每一排旋喷桩的交圈厚度，可适当缩小孔距，按下式计算孔距

$$e = 2\sqrt{R_0^2 - \left(\frac{L}{2}\right)^2} \tag{5-20}$$

式中 e——旋喷桩的交圈厚度（m）；

R_0——旋喷桩的半径（m）；

L——旋喷桩孔位的间距（m）。

定喷和摆喷是一种常用的防渗堵水的方法，由于喷射出的板墙薄而长，不但成本较旋喷低，而且整体连续性也高。相邻孔定喷连接形式如图 5-15 所示。摆喷防渗帷幕形式如图 5-16 所示。

6. 基坑坑内加固形式

软土深基坑工程中大量应用高压喷射注浆法进行坑内加固，其加固形式有以下几种：①排列布置形式包括块状、格栅状、墙状、柱状；②平面设计形式包括满堂式、中空式、格栅式、抽条式、裙边式、墩式、墙式；③竖向设计形式包括平板式、夹层式、满坑式、阶梯式。

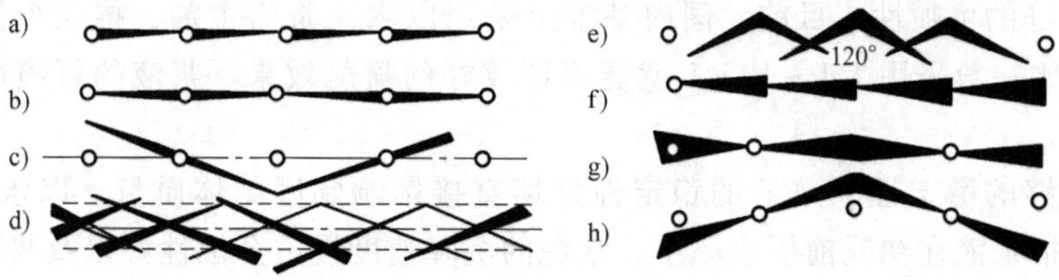

图 5-15　相邻孔定喷连接形式

a）单喷嘴单墙首尾连接　b）双喷嘴单墙前后对接　c）双喷嘴单墙折线连接　d）双喷嘴双墙折线连接　e）双喷嘴夹角单墙连接　f）单喷嘴扇形单墙首尾连接　g）双喷嘴扇形单墙前后对接　h）双喷嘴扇形单墙折线连接

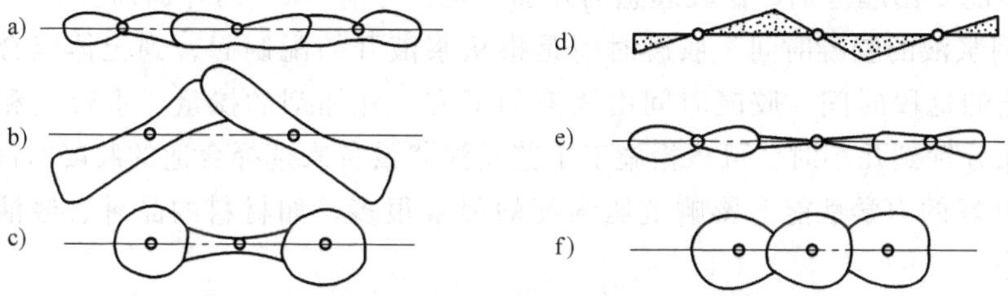

图 5-16　摆喷防渗帷幕形式示意图

a）直摆型（摆喷）　b）折摆型　c）柱墙型　d）微摆型　e）摆定型　f）柱列型

7. 浆量计算

浆量计算有两种方法，即体积法和喷量法，取其大者作为设计喷射浆量。根据计算所需的喷浆量和设计的水胶比，即可确定水泥的使用数量。

（1）体积法

$$Q = \frac{\pi}{4}D_e^2 K_1 h_1 (1+\beta) + \frac{\pi}{4}D_0^2 K_2 h_2 \tag{5-21}$$

式中　Q——需要用的浆量（m^3）；

D_e——旋喷体直径（m）；

D_0——注浆管直径（m）；

K_1——填充率，可取 0.75 ~ 0.9；

h_1——旋喷长度（m）；

K_2——未旋喷范围土的填充率，可取 0.5 ~ 0.75；

h_2——未旋喷长度（m）。

（2）喷量法　以单位时间喷射的浆量及喷射持续时间，计算出浆量，计算公式为

$$Q = \frac{H}{v} q (1+\beta) \tag{5-22}$$

式中　β——损失系数，可取 0.1 ~ 0.2；

v——提升速度（m/min）；

H——喷射长度（m）；

q——单位时间喷浆量（m^3/min）。

8. 浆液材料与配方

根据喷射工艺要求，浆液应具备以下特性：

（1）有良好的可喷性　目前，国内基本上采用以水泥浆为主剂，掺入少量外加剂的喷射方法，水胶比一般采用1:1～1.5:1就能保证较好的喷射效果。浆液的可喷性可用流动度或黏度来评定。

（2）有足够的稳定性　浆液的稳定性好坏直接影响到固结体质量。以水泥浆液为例，其稳定性好是指浆液在初凝前析水率小，水泥的沉降速度慢，分散性好以及浆液混合后经高压喷射而不改变其物理化学性质。掺入少量外加剂能明显地提高浆液的稳定性。常用的外加剂有：膨润土、纯碱、三乙醇胶等。浆液的稳定性可用浆液的析水率来评定。

（3）气泡少　若浆液带有大量气泡，则固结体硬化后就会有许多气孔，从而降低喷射固结体的密度，导致固结体强度及抗渗性能降低。为了尽量减少浆液气泡，应选择非加气型的外加剂，不能采用起泡剂，比较理想的外加剂是代号为NNO的外加剂。

（4）调剂浆液的胶凝时间　胶凝时间是指从浆液开始配制起，到土体混合后逐渐失去其流动性为止的这段时间。胶凝时间由浆液的配方、外加剂的掺量、水胶比和外界温度而定。一般从几分钟到几小时，可根据施工工艺及注浆设备来选择合适的胶凝时间。

（5）有良好的力学性能　影响抗压强度的因素很多，如材料的品种、浆液的浓度、配比和外加剂等。

（6）无毒、无臭　浆液对环境不污染及对人体无害，凝胶体为不溶和非易燃、易爆物。浆液对注浆设备、管路无腐蚀性并容易清洗。

（7）结石率高　固化后的固结体有一定黏结性，能牢固地与土粒相黏结。要求固结体耐久性好，能长期耐酸、碱、盐及生物细菌等腐蚀，并且不因温度、湿度的变化而受到影响。

水泥最为便宜且容易取材，是喷射注浆的基本浆材。国内只有少数工程中应用过丙凝和尿醛树脂等作为浆材。水泥浆液的水胶比可按注浆管类型区别，采用单管法和二重管法时的水胶比一般采用1:1～1.5:1，采用三重管法和多重管法时的水胶比一般采用1:1或更小。

5.3.3　施工方法

1. 施工机具

施工机具主要由钻机和高压发生设备两大部分组成。由于喷射种类不同，所使用的机器设备和数量均不同。喷嘴是直接影响喷射质量的主要因素之一。喷嘴形状通常有圆柱形、收敛圆锥形和流线形三种，如图5-17所示。为了保证喷嘴内高压喷射流的巨大能量较集中地在一定距离内有效破坏土体，一般都用收敛圆锥形的喷嘴。流线形喷嘴的射流特性最好，喷射流的压力脉冲经过流线形状的喷嘴，不存在反射波，因而使喷嘴具有聚能的效能。但这种喷嘴极难加工，在实际工作中很少采用。

除了喷嘴的形状影响射流特性值外，喷嘴的内圆锥角的大小对射流的影响也比较明显。

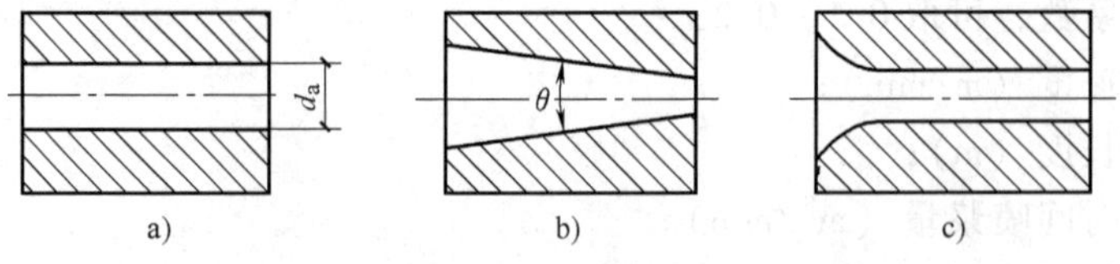

图5-17　喷嘴形状图

a）圆柱形　b）收敛圆锥形　c）流线形

试验表明：当圆锥角 θ 为 13°~14°时，由于收敛断面直径等于出口断面直径，流量损失很小，喷嘴的流速流量值较大。在实际应用中，圆锥形喷嘴的进口端增加了一个渐变的喇叭形的圆弧角 ϕ，使其更接近于流线形喷嘴，出口端增加一段圆柱形导流孔，当圆柱段的长度 L 与喷嘴直径 d_0 的比值为 4 时，射流特征最好（初期区的长度最长），图 5-18 给出了实际应用的喷嘴结构。

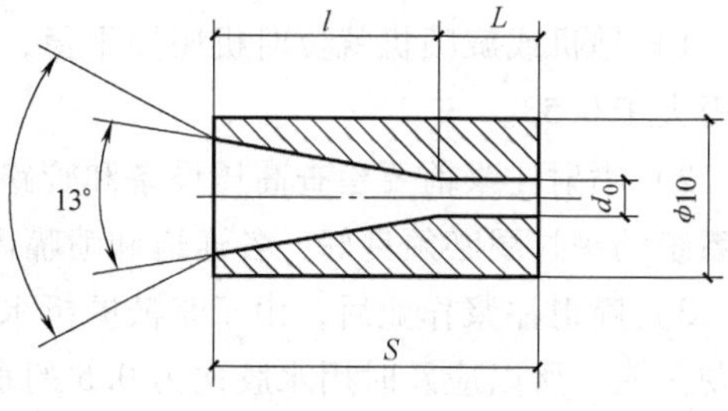

图 5-18 喷嘴结构

当喷射压力、喷射泵量和喷嘴个数已选定时，喷嘴直径 d_0。可按式（5-23）求出

$$d_0 = 0.69\sqrt{\frac{Q}{n\mu\varphi\sqrt{p/\rho}}} \tag{5-23}$$

式中 d_0——喷嘴出口直径（mm），常用的喷嘴直径为 2~3.2mm；

Q——喷射泵量（L/min）；

n——喷嘴个数；

μ——流量系数，圆锥形喷嘴 $\mu \approx 0.95$；

φ——流速系数，良好的圆锥形喷嘴 $\varphi \approx 0.97$；

p——喷嘴入口压力（MPa）；

ρ——喷射液体密度（g/cm^3）。

2. 施工工艺

（1）钻机就位 钻机安放在设计的孔位上并应垂直，施工时旋喷管的允许倾斜度不得大于 1.5%。

（2）钻孔 单管旋喷常使用 76 型旋转振动钻机，钻进深度可达 30m，适用于标准贯入击数小于 40 的砂土和黏性土层。当遇到比较坚硬的地层时宜用地质钻机钻孔。一般在二重管和三重管旋喷法施工中都采用地质钻机钻孔。钻孔的位置与设计位置的偏差不得大于 50mm。

（3）插管 使用 76 型振动钻机钻孔时，插管与钻孔两道工序，合二为一，即钻孔完成时插管作业同时完成。如使用地质钻机钻孔完毕，必须拔出岩芯管，并换上旋喷管插入到预定深度。在插管过程中，为防止泥沙堵塞喷嘴，可边射水、边插管，水压力一般不超过 1MPa。若压力过高，则易将孔壁射塌。

（4）喷射作业 当喷管插入预定深度后，由下而上进行喷射作业，技术人员必须时刻注意检查浆液初凝时间、注浆流量、风量、压力、旋转提升速度等参数是否符合设计要求，并随时做好记录，绘制作业过程曲线。

当浆液初凝时间超过 20h，应及时停止使用该水泥浆液（正常水胶比 1:1，初凝时间为 15h 左右）。

（5）冲洗 喷射施工完毕后，应把注浆管等机具设备冲洗干净，管内、机内不得残存水泥浆。通常把浆液换成水，在地面上喷射，以便把泥浆泵、注浆管和软管内的浆液全部排除。

（6）移动机具 将钻机等机具设备移到新孔位上。

3. 注意事项

1）钻机或旋喷机就位时机座要平稳，立轴或转盘要与孔位对正，倾角与设计误差一般不得大于0.5°。

2）喷射注浆前要检查高压设备和管路系统。设备的压力和排量必须满足设计要求。管路系统的密封圈必须良好，各通道和喷嘴内不得有杂物。

3）喷射注浆作业后，由于浆液的析水作用，一般均有不同程度的收缩，使固结体顶部出现凹穴，所以应及时用水胶比为0.6的水泥浆进行补灌。并要预防其他钻孔排出的泥土或杂物进入。

4）为了加大固结体尺寸，或为了对深层硬土避免固结体尺寸减小，可以采用提高喷射压力、泵量或降低回转与提升速度等措施，也可以采用复喷工艺：第一次喷射（初喷）时，不注水泥浆液；初喷完毕后，将注浆管边送水边下降至初喷开始的孔深，再抽送水泥浆，自下而上进行第二次喷射（复喷）。

5）在喷射注浆过程中，应观察冒浆的情况，及时了解土层情况，喷射注浆的大致效果和喷射参数是否合理。采用单管或二重管喷射注浆时，冒浆量小于注浆量20% 为正常现象；超过20% 或完全不冒浆时，应查明原因并采取相应的措施。若地层中有较大空隙引起不冒浆，可在浆液中掺加适量速凝剂或增大注浆量；如冒浆过大，可减少注浆量或加快提升和回转速度，也可缩小喷嘴直径，提高喷射压力。采用三重管喷射注浆时，冒浆量则应大于高压水的喷射量，但其超过量应小于注浆量的20%。

6）对冒浆应妥善处理，及时清除沉淀的泥渣。在砂层中用单管或二重管注浆旋喷时，可以利用冒浆进行补灌已施工过的桩孔。但在黏土层、淤泥层旋喷或用三重管注浆旋喷时，因冒浆中掺入黏土或清水，故不宜利用冒浆回灌。

7）在软弱地层旋喷时，固结体强度低。可以在旋喷后用砂浆泵注入M15砂浆来提高固结体的强度。

8）在湿陷性地层进行高压喷射注浆成孔时，如用清水或普通泥浆做冲洗液，会加剧沉降，此时宜用空气洗孔。

9）在砂层尤其是干砂层中旋喷时，喷头的外径不宜大于注浆管，否则易夹钻。

5.3.4 质量检验

高压喷射注浆可根据工程要求和当地经验采用开挖检查、取芯（常规取芯或软取芯）、标准贯入试验、载荷试验或围井注水试验等方法进行检验，并结合工程测试、观测资料及实际效果综合评价加固效果。

检验点应布置在下列部位：①有代表性的桩位；②施工中出现异常情况的部位；③地基情况复杂，可能对高压喷射注浆质量产生影响的部位。

检验点的数量为施工孔数的1%，并不应少于3点。质量检验宜在高压喷射注浆结束28d后进行。

竖向承载旋喷桩地基竣工验收时，承载力检验应采用复合地基载荷试验和单桩载荷试验。载荷试验必须在桩身强度满足试验条件时，并宜在成桩28d后进行。检验数量为桩总数的0.5% ~1%，且每项单体工程不应少于3点。

历年注册土木工程师（岩土）考试真题精选

1. 一港湾淤泥质黏土层厚3m左右，经开山填土造地，填土厚8m左右，填土层内块石大小不一，个别边长超过2m。现拟在填土层上建4~5层住宅，在下述地基处理方法中，请指出采用哪个选项比较合理？（2006年）

（A）灌浆法　（B）预压法　（C）强夯法　（D）振冲法

【答案】：C

2. 根据《建筑桩基技术规范》的相关规定，下列关于灌注桩后注浆工法的叙述中正确的是？（2009年）

（A）灌注桩后注浆是一种先进的成桩工艺

（B）是一种有效的加固桩端、桩侧土体，提高单桩承载力的辅助措施

（C）可与桩身混凝土灌注同时完成

（D）主要施用于处理断桩、缩径等问题

【答案】：B

3. 在处理可液化砂土时，最适宜的处理方法是？（2009年）

（A）水泥土搅拌桩　（B）水泥土粉煤灰碎石桩

（C）振冲碎石桩　（D）柱锤冲扩桩

【答案】：C

4. 下述哪一种地基处理方法对周围土体产生挤土效应最大？（2012年）

（A）高压喷射注浆法　（B）深层搅拌法

（C）沉管碎石桩法　（D）石灰桩法

【答案】：C

5. 采用水泥土搅拌桩加固地基，桩径取$d=0.50$m，等边三角形布置，复合地基置换率$m=0.18$，桩间土承载力特征值$f_{sk}=70$kPa，桩间土承载力折减系数$\beta=0.50$，现要求复合地基承载力特征值达到160kPa，则水泥土抗压强度平均值f_{cu}。（90d龄期的，折减系数$\eta=0.3$）达到（　　）时，才能满足要求。（2014年）

（A）2.03MPa　（B）2.23MPa　（C）2.43MPa　（D）2.63MPa

【答案】：C

6. 当搅拌桩施工遇到塑性指数很高的饱和黏土层时，宜采用以下哪些方法提高成桩的均匀性？（2006年）

（A）增加搅拌次数　（B）冲水搅拌

（C）及时清理钻头　（D）加快提升速度

【答案】：AC

7. 某高速公路穿过海滨鱼塘区，表层淤泥厚11.0m，天然含水量$w=79.6\%$，孔隙比$e=2.21$，下卧冲洪积粉质黏土和中粗砂层。由于工期紧迫，拟采用复合地基方案。（　　）不适用该场地。（2007年）

（A）水泥土搅拌桩复合地基　（B）夯实水泥土桩复合地基

（C）砂石桩复合地基　（D）预应力管桩加土工格栅复合地基

【答案】：BC

8. 某高速公路通过一滨海滩涂地区，淤泥含水量大于90%，孔隙比大丁2.1，厚约16.0m。按设计路面高程需在淤泥面上回填4.0~5.0m厚的填土，以下哪些选项的地基处理方案是比较可行的？(2008年)

(A) 强夯块石墩置换法　　(B) 搅拌桩复合地基

(C) 堆载预压法　　(D) 振冲砂石桩

【答案】: BC

9. 关于灌浆的特点，以下哪些选项的说法是正确的？(2008年)

(A) 劈裂灌浆主要用于可灌性较差的黏性土地基

(B) 固结灌浆是将浆液灌入岩石裂缝，改善岩石的力学性质

(C) 压密灌浆形成的上抬力可能使下沉的建筑物回升

(D) 劈裂灌浆时劈裂缝的发展走向容易控制

【答案】: BC

10. 采用水泥搅拌法加固地基，以下关于水泥土的表述，哪些选项是正确的？(2010年)

(A) 固化剂掺入量对水泥土强度影响较大

(B) 水泥土强度与原状土的含水量高低有关

(C) 土中有机物含量对水泥土的强度影响较大

(D) 水泥土重度比原状土重度增加较大但含水量降低较小

【答案】: ABC

习　题

1. 简述灌浆法的适用范围。
2. 简述灌浆理论。
3. 简述灌浆法施工工艺。
4. 试比较水泥土搅拌桩采用湿法施工和干法施工的优缺点。
5. 试述影响水泥土搅拌桩的强度因素。
6. 简述水泥土搅拌桩的设计计算过程。
7. 简述高压喷射注浆法的加固机理。
8. 简述高压喷射注浆法的适用范围。
9. 简述高压喷射注浆法的施工工艺。

第 6 章　土工合成材料与加筋法

加筋法是在人工填土的路堤或者挡土墙内铺设土工合成材料（或钢带、钢条、钢筋混凝土带、尼龙绳、竹筋等）作为加筋材料，或在边坡内打入土锚（或土钉、树根桩等）或者植入可代替浆砌片石、喷射混凝土等护坡技术的浅层坡面植被等作为加筋材料，从而改善这种人工复合土体的力学性能，提高其强度，减少沉降变形和增强地基稳定性的方法。这种起加筋作用的人工材料称为筋体或筋材。

可见土工合成材料及其他多种材料皆可用于加筋法使用的筋材，但当前应用较多的加筋方式是采用土工合成材料进行的地基处理与加固方式。因此，本章将首先介绍土工合成材料的历史、种类、性质、功能及作用等，接着详细介绍工程上常用的采用各种加筋材料（包括土工合成材料）以及增加土体强度的加筋法，主要方法包括加筋土挡墙、土钉支护结构、树根桩、植被护坡技术等。

6.1　土工合成材料

6.1.1　土工合成材料的发展历史

长期以来，在岩土工程中，人们广泛采用木、竹、土、石等天然材料以及一些金属材料，但它们都有一些固有的缺陷，例如性能单一、质量大、耐久性不好、价格昂贵等，故不能全面满足工程的特定需要。天然材料因其属于有限资源，不能过度使用，以免破坏环境和生态平衡。某些金属材料虽然性能良好，但容易锈蚀，且成本较高，从而限制了其应用范围。

自土工合成材料发明并应用以来，整个岩土工程领域发生了巨大的变化，许多新型材料、新方法、新概念不断产生，并在实践中发挥显著效益。

土工合成材料是一种新型的岩土工程材料。它以人工合成的聚合物，如化纤、塑料、合成橡胶等为原料，制成各种类型的制品，置于土体内部、表面或各层土体之间，发挥加强或保护土体的作用。现在，土工合成材料已被广泛应用于水利、水电、建筑、交通、港口、矿山等各个领域。

1957 年，荷兰用尼龙有纺土工织物做成砂包用于堵口工程。

1958 年，美国将有纺土工织物用于佛罗里达州海岸防冲，西德将合成纤维砂包用于防波堤护坡，日本用合成纤维有纺袋修建路堤。

1959 年，日本用有纺纤维砂包建造堤防。

到六七十年代后，土工合成材料又有新的发展，主要表现在两方面：一是欧美一些国家开始生产无纺土工织物；二是出现了“非织物型”的土工合成材料，如土工格栅和其他组合产品。尤其是 80 年代后，由这两类土工材料衍生的产品形式不断革新，各种复合型、组合型材料不断涌现。这些都使得土工合成材料的应用进入了一个新的繁盛的阶段。

经过不断的发展，国外在土工合成材料的研究和应用方面已有着相当成熟的基础，并且在土工织物的生产上也呈现专业化、规模化和标准化，大型的专业公司数不胜数，如美国的杜邦公司、法国的罗纳普朗克公司、英国的卜西门公司、日本的尤尼吉可公司等。此外，还有加拿大、奥地利、瑞士和捷克等国的一些大公司。有关土工合成材料（土工织物）的国际学术会议也频频召开，取得了较好的效果。

我国开始试用和推广使用土工合成材料后，该技术发展异常迅速。1984 年便成立了“全国土工织物协作网”（现名“全国土工合成材料技术协作网”），在该协作网的组织下，多次召开了全国性的学术会议。据估计，1985 年全国共使用土工织物 100 多万 m^2；1991 年，全国所用土工织物已达到 1 亿 m^2 的惊人数量；1998 年特大洪水以来，土工合成材料在包括水利建设在内的各项基本建设中的应用越来越广泛，2002 年我国土工合成材料的应用首次超过 2.5 亿 m^2，土工合成材料的品种也日趋系列化。可以预见、土工合成材料将在我国的社会主义建设中发挥越来越大的作用。

随着近代化学工业的迅速发展，品种繁多的人工合成材料陆续问世。由于它们具有质量轻、施工简易、运输方便、价格低廉、料源丰富、实用性强、效果好等优点，有着强大的生命力，因此在全世界范围内得到迅速的发展和广泛的使用。据不完全统计，它们已在数十万项工程中得到成功的应用，取得了良好的经济、社会和环境效益。在一些抗御自然灾害的斗争中，更显出其快捷、有效、简便的特点。无怪乎这一项新材料和新技术被人们誉为 20 世纪岩土工程中的一项技术革命。

6.1.2　土工合成材料的种类

土工合成材料的种类很多，例如我们熟悉的在岩土工程中得到广泛应用的土工格栅、土工网等。正由于各种土工合成新材料的不断推出及其在工程建设中的无可替代的重要性，使其成为建材领域中继木材、钢材和水泥之后的第四大类材料。目前，有关土工材料的理论及其应用研究已成为岩土工程学科中的一个重要的分支。我国 GB 50290—1998《土工合成材料应用技术规范》将土工合成材料分为以下四大类：土工织物、土工膜、土工复合材料和土工特种材料。

其中，土工织物有织造（有纺）织物和非织造（无纺）织物两类；土工膜可分为聚合物和沥青两大类；土工复合材料包括复合土工膜、各种排水带、排水管及其他复合排水材料；土工特种材料则有土工隔栅、土工网、土工模袋、土工格室、土工管、土工包、土工垫等多种形式。图 6-1 所示为土工合成材料的分类图。本节将对各类土工合成材料做以详细介绍。

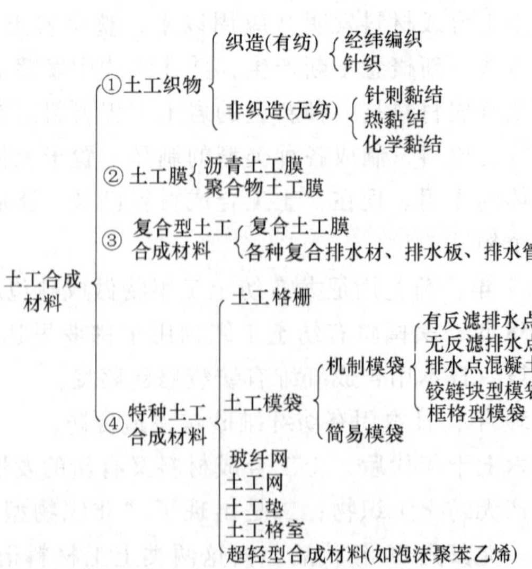

图 6-1　土工合成材料的分类

1. 土工织物

土工织物是一种透水性材料，按制造方法不同，进一步划分为图 6-2 所示的各种类型。

- 土工织物
  - 织造型(有纺)
    - 单丝
    - 多丝
    - 裂膜
  - 非织造型(无纺)
    - 热黏结
    - 化学黏结
    - 机械黏结
  - 编织(针织)型

图 6-2　土工织物分类

（1）织造型土工织物　又称有纺土工织物，是最早的土工织物产品。这种土工织物一般是由相互正交的经丝和纬丝织成，如图 6-3 所示，或将两组纤维丝置于热辊之间加压用压黏法制成。有些特殊织机还可以织成两组纤维丝斜交的织物。有纺土工织物看来简单，却有着不同的丝种和不同的织法。

丝种包括单丝、多丝及二者的混合。单丝是单根丝，为圆形丝，一般直径约为 0.5mm，它是将聚合物热熔后从模具中挤压出来的连续长丝。多丝是由若干根单丝组成的，在制造高强土工织物时常采用多丝。多丝也有用切割成的短丝（一般长 100mm）搓拧而成的。由多丝织成的土工织物较厚，约 3 ~ 5mm，某些特殊产品可达 10mm。早期的土工织物是由单丝织成，后来发展为采用扁丝。扁丝厚度比单丝薄得多，但相对强度较高，扁丝宽度约为 3mm，是其厚度的十多倍。目前的大多数编织土工织物是由扁丝织成。圆丝和扁丝混合织成的织物有较高的渗透性。

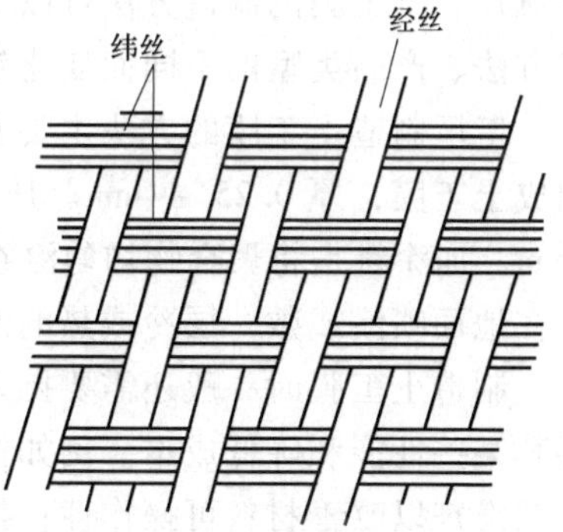

图 6-3　土工织物的经纬丝

另一种特殊的扁丝叫裂膜丝，它是将一根扁丝剖成许多根细丝，但仍连在一起。由裂膜丝织成的织物较为密实，柔软而渗透性小。多丝和裂膜丝结合织成的编织物厚度可达 2mm，比扁丝织成的要厚。

织造型土工织物有三种基本的制造型式：平纹、斜纹和缎纹。平纹是一种最简单、应用最多的织法，其形式是经、纬丝一上一下。斜纹则是经丝跳越几根纬丝，最简单的形式是经丝二上一下。缎纹织法是经丝和纬丝长距离的跳越，如经丝五上一下，这种织法适用于衣料类产品。

在织造时，采用不同的丝（纱）以及不同的织法，可以使织成的产品具有不同的特性。例如，平纹织物有明显的各向异性，其经、纬向的摩擦系数也不一样，圆丝织物的渗透性一般比扁丝的要高，每厘米长的经丝间穿越的纬丝越多，织物也愈密越强，渗透性则越低。单丝的表面积较多丝的要小，其防止生物淤堵的性能要好一些。聚丙烯的老化速度比聚酯和聚乙烯的要快。

（2）非织造型土工织物　又称无纺土工织物。根据黏合方式的不同，非织造型土工织物分为热黏合、化学黏合和机械黏合三种。

热黏合非织造型土工织物的制造，是将纤维加热，同时施加压力，使各纤维之间的搭接点在部分融化状态下黏结起来。这种热黏无纺土工织物较薄，主要用于生产薄型土工织物，通常厚度为 0.5 ~ 1mm。由于纤维是随机分布的，织物中形成无数大小不一的开孔。再因为无经纬丝之分，故其强度的各向异性不明显。纺黏法是热黏合法中的一种，是将聚合物原料经过熔融、挤压，纺丝成网，纤维加固后形成的产品。这种织物厚度薄而强度高，渗透性大，由于制造流程短，产品质量好，品种规格多，成本低，用途广，近年来在我国发展较快。

化学黏合法土工织物，是通过不同工艺，将黏合剂加到纤维中去，使之黏结在一起。该法得到的土工织物厚度较大，可达3mm。所使用的黏合剂有橡胶、乳胶等，但用得更多的是树脂。

机械黏合法是以不同的机械工具将纤维网加固，应用较广的有针刺法和水刺法。针刺法是用特制的带有刺状的针往返穿刺纤维薄层，使原来松散的互不连接的纤维互相缠绕在一起。这种无纺土工织物较厚（一般为1~5mm），孔隙率高，渗透性大，反滤、排水性能均佳，在水利工程中应用很广。

（3）编织（针织）型土工织物　这种土工织物由一系列的单丝按照一定的连锁方式编织而成。该类织物实际上很少使用。

2. 土工膜

土工膜是以聚氯乙稀、聚乙烯、氯化聚乙烯或异丁橡胶等为原料制成的透水性极低的膜或薄片。土工膜的制造方法可以是工厂制造的，或现场制作的。土工膜的特性随其类别、制作方法、产品类型的不同而变化较大。

工厂制造土工膜的方法主要有挤出、压延或加涂料等。挤出是将熔化的聚合物通过模具制成土工膜，厚0.25~4mm。压延则是将热塑性聚合物通过热辊压成土工膜，厚0.25~2mm。加涂料是将聚合物均匀涂在纸片上，待冷却后将土工膜揭下来而成。现场制造土工膜是在地面喷涂或敷一层冷或热的黏滞聚合物而制成。

制造土工膜时一般还需要掺入一定量的添加剂，使在不改变材料基本特性的情况下，改善其某些性能和降低成本。例如掺入炭黑以提高抵抗日光紫外线能力和延缓老化；掺入滑石等润滑剂以改善材料可操作性；掺入铅盐、钡、钙等衍生物以提高材料的抗热、抗光照稳定性；掺入杀菌剂可防止细菌破坏；掺入某些填料或纤维可提高膜的强度及降低成本等。

因土工膜具有良好的抗渗透性、抗老化的能力及耐久性，其在工程上的应用非常广泛。

3. 土工复合材料

土工复合材料是由两种或两种以上的土工合成材料、高强合金钢丝和玻璃丝纤维等制成的复合材料。复合型土工合成材料可将不同构成材料的性质结合起来，更好地满足具体工程的需要，具有多种功能。主要有两类复合形式：①复合加筋材料（复合土工膜）；②复合排水材料，如排水带、排水管和排水板等。

土工复合材料的品种繁多，由于结合了两种以上材料的功能，优点也很突出，可以说土工复合材料是当前和未来发展的大方向。

（1）复合土工膜　复合土工膜是将土工膜和土工织物（包括织造和非织造布）按要求组合在一起制成的产品，如土工格栅与土工布复合、土工布与玻璃丝复合、土工布与土工膜复合、机织布与高强钢丝复合等。复合土工膜的抗拉强度可达300kN/m（玻璃丝复合布）和3000kN/m（高强碳纤维钢丝复合布）。应用较多的是非织造针刺土工织物，其单位面积质量一般为200~600g/m^2。

复合土工膜在工厂制造时可以有两种方法，一是将织物和膜叠在一起压制而成。另外也可在织物上涂抹聚合物以形成复合土工膜，如涂抹二层则称一布一膜，依此类推，三层称二布一膜，五层为三布二膜。

（2）土工复合排水材

1）塑料排水带。塑料排水带是一种新型的复合型土工合成材料。它由塑料制成的排水芯带和外包的土工织物滤膜组成，将其打入地基之中，作为排水通道，可使软土地基加速排水固结。它具有排水效率高、投资省、施工简单、速度快、对周边土层扰动较小等优点。我国自20世纪80年代塑料排水带应用以来，软基排水加固技术发展迅猛。目前塑料排水带已成为排水加固的主要材料，已逐渐代替砂井，广泛应用于海港、公路、铁道、水利、建筑等土木工程的各个领域，尤其是在围海堵港等地基处理的工程应用中。

塑料排水带的宽度一般为100mm，厚度3.5～4mm，每卷长100～200m，每米重约0.125kg。我国目前排水带的宽度最大达230mm，国外已有2m以上的宽带产品。

塑料排水带施工时用插板机插入软土地基，在上部预压荷载作用下，软土中空隙水由塑料排水带向上排到上部铺垫的砂层（或水平塑料排水带）中，向下游排出，以加速软基固结。我国插带机的插入深度可达约25m，入土速率可达6m/min。排水带的平面分布间距可借理论计算确定，一般为1～2m。排水带插入软基后，为排除土中的多余水量提供了捷径。

2）软式排水管。渗流和地下水的存在会对土木、水利等工程建设产生许多不利的影响以及各种形式的危害和破坏。这就需要应用具有过滤和排水双重功效的新型材料来减少水对各种工程建设的不利影响。软式排水管兼有硬水管的耐压与耐久性能，又有软水管的柔性和轻便特点，过滤性强，排水性好，可用于各种排水工程中。

软式弹性排水导管是一种新型地下排水材料，又称为渗水软管，是由高强钢丝圈作为支撑体，以及具有反滤、透水及保护作用的管壁包裹材料两部分构成的。包裹材料有三层，内层为透水层，由高强特多龙纱或尼龙纱作为经纱，特殊材料为纬纱制成；中层为非织造土工织物过滤层；外层为与内层材料相同的覆盖层。为确保软式排水管的复合整体性，支撑体和管壁外裹材料间，以及外裹各层之间都采用了强力黏结剂黏合牢固。它主要适用于高速公路、铁路、隧道、水利、市政、电力、环保、机场、港口等基础建设领域中的地下排水。

软式弹性排水导管的排水机理是通过包覆于弹簧钢丝圈之上的非织造布及耐腐蚀、高强力合成纤维长丝组成的渗水复合层的过滤作用，使各种细碎石、黏土、细砂土、微粒有机物质等阻于排水管之外，而对工程有害的渗透水在压力的作用下，通过渗透复合层进入渗水导管内，然后由导管排走，实现渗、排水的功能，达到排放洁净水的目的。

3）其他复合排水材料。随着工程上对排水材料的大量应用和广泛需求，各种形式芯材和外包滤膜的复合排水材料也不断地被研究生产出来。芯材有平板上立管柱的，有做成各种奶头形的，有土工网的，还有用塑料丝缠成的网状体的等，它们均具有较大的排水能力，可按工程需要选用。

4. 土工特殊材料

土工特殊材料是为工程特定需要而生产的产品，其品种种类很多，下面就介绍几种工程上应用较多的产品。

（1）土工格栅　土工格栅是一种主要的土工合成材料，与其他土工合成材料相比，它具有独特的性能与功效，土工格栅常用作加筋土结构的筋材或土工复合材料的筋材等，同内外工程中大量采用土工格栅加筋路基路面，土工格栅分为塑料类和玻璃纤维类。

1）塑料类。此类土工格栅是在聚丙烯或高密度聚乙烯板材上先冲孔，然后进行拉伸而成的带长方形或方形孔的板材。按拉伸方向不同，格栅分为单向拉伸（孔近矩形）和双向拉伸（孔近方形）两种，如图6-4所示。前者在单向拉伸方向上有较高强度，后者在两个拉伸方向上皆有较高强度。土工格栅因其高强度和低延伸率而成为加筋的好材料，土工格栅埋在土内，与周围土之间不仅有摩擦作用，而且由于土石料嵌入其开孔中，还有较高的咬合力，它与土的摩擦系数可以高达0.8～1.0。

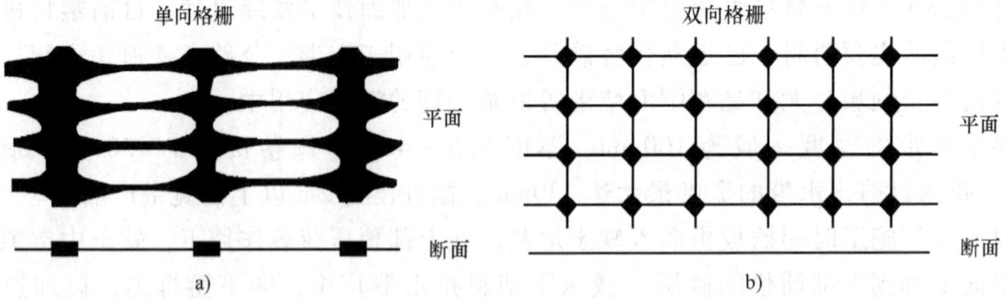

图6-4　土工格栅示意
a）单向拉伸　b）双向拉伸

2）玻璃纤维类。此类土工格栅是以高强度玻璃纤维为材质、有的配合自黏感压胶和表面沥青浸渍处理，使格栅和沥青路面紧密结合成一体。这类玻璃纤维格栅具有易建性、符合环保要求、熔点高和耐腐蚀等优点。

由于土工格栅与土体之间的摩擦咬合力非常大，因此它是一种很好的加筋材料。同时，土工格栅是一种质量轻，具有一定柔性的塑料平面网材，易于现场裁剪和连接，也可重叠搭接，施工简便，不需要特殊的施工机械和专业技术人员。

（2）土工网　土工网是以聚丙烯或聚乙烯为原料，应用热塑挤出法生产的具有较大孔眼、刚度较大的平面结构或三维结构的网状土工合成材料。产品主要用于软基加固垫层、坡面防护、植草以及制造组合土工材料的基材，一般说来，它只有在受力水平较低的情况下，才能用于加筋。

土工网特性随网孔形状、大小、厚度以及制造方法的不同差别很大（特别是力学性能），国内外许多土工网产品的抗拉强度和模量较低，特别是延伸率较大，当用作加筋时应慎重考虑。

（3）土工模袋　土工模袋是一种双层聚合化纤织物制成的连续（或单独）袋状材料，它是通过高压泵把混凝土或砂浆注入膜袋中，最后形成板状或其他形状，用于护坡或其他地基处理工程。这种袋体代替了混凝土的浇注模板，故而得名。模袋上下两层之间用一定长度的尼龙绳来保持其间隔，可以控制填充时的厚度。膜袋根据其材质和加工工艺的不同，分为机制和简易膜袋两大类。前者是由工厂生产的定型产品，而后者是用手工缝制而成。机制膜袋按其有无反滤排水点和充胀后的形状又可分为反滤排水点膜袋、无反滤排水点膜袋、无排水点混凝土膜袋、铰链块型膜袋等，反滤点的作用是为了排除土中渗水，而又不让充填的砂浆侵入。

机织模袋按其有无排水点和充填后成型的形状分成许多种。我国现行的机织模袋主要有五种，分别是：有过滤点模袋、薄型无过滤点模袋、厚型无过滤点模袋、铰链型模袋、框架型模袋，其用途和特点限于篇幅此处不多介绍。

（4）土工垫和土工格室　土工垫是在两层双向土工格栅之间再放一层折叠格栅（或其他低渗透性材料）捆扎（或缝合、黏接）制成的。它可以代替一般的黏土密封层，用作保持表土，保证植物根系的扎根与生长，使表土层和其上的植物不被冲蚀破坏，防止滑坡。土工垫具有体积小、质量轻、大柔性、密封性良好、抗剪强度较高、施工简便、适应不均匀沉降等优点，被广泛用于边坡堤岸和填土层表面的植被和防护工程。

土工格室是一种新型的土工合成材料，由热塑料片材经超声焊接而成，展开后呈蜂窝状立体网格，可填以土料。由于格室对土的侧向位移的限制，使土体的刚度和强度大大提高。同时土工格室独特的三维立体结构，使其与土、沙、石等填料形成不同程度的黏聚力。土工格室被广泛应用于各种岩土工程中的软基加固、边坡防护、修建挡墙等，还可用于沙漠地带固沙等。土工格室形状如图 6-5 所示。

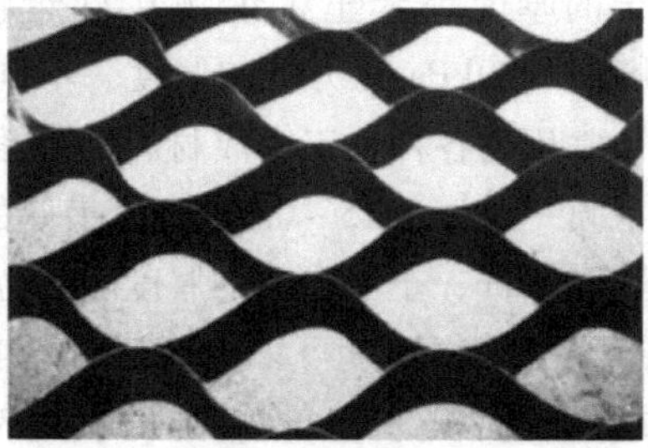

图 6-5　土工格室

（5）土工管、土工包　土工管是以高强、抗老化的编制型土工织物缝制成的大直径、超长的土工布管袋制品（简称“土工管”），直径通常为 1 ~ 5m，长度按要求确定，一般从十几米到几百米不等。土工管一般从其顶部充灌口充填河道中的泥沙，也可以用水力和机械方法结合填充。由于泥沙从土工织物孔隙泻水固结较快，容易阻滞浆液顺畅流动，故充灌口间距不宜过大，一般为 10m 左右；如果是黏性土浆液，间距可大到 150m。由于土工管较重较长，且为柔性结构，具有一定的稳定性，同时其对地形及沉降有很强的适应性。因此土工管特别适用于在软基上建堰坝和岸脚防护工程。土工管的物理过滤效果极为突出，悬浮物的含量通过土工管后可以减少几十倍。

土工包是用经防老化处理的高强土工织物制成的大型包裹体，可有效地护岸和用于崩岸抢险，或利用其堆筑堤防，解决疏浚弃土的放置难题。实际工程中，可将土工织物摊铺在可开底的空驳船内，充填 200 ~ 800m^3 料物，将织物包裹闭合，运到一定部位，沉至预定位置。

6.1.3　土工合成材料的性质

上文阐述了土工织物的基本作用及其在岩土工程中的应用，其实际效果与土工织物的力学和水力学特性有关。为了在实际工程中有效地利用土工织物，须事先了解土工织物的特性，并通过适当的测试手段加以测定。

为使土工合成材料在施工和运用期能正常工作，必须有合理的设计方法和使用规范，统一的设计指标，并通过实验验证。土工合成材料的指标一般可分为物理性能指标、力学性能指标、水力性能指标、土工织物与土相互作用性能指标和耐久性指标等，下面逐一加以简单介绍。

1. 物理性能指标

（1）单位面积质量　单位面积质量是指单位土工合成材料的质量，单位为 g/m^2。它反映了材料多方面的性能，如抗拉强度、顶破强度等力学性能以及孔隙率、渗透性等水力学性能。一般说，质量越大其强度越高。因此，在选用产品时单位面积质量是必须考虑的一个重要指标。

土工织物和土工膜单位面积质量受原材料密度的影响，同时还受厚度、外加剂和含水量的影响。常用的土工织物单位面积质量一般为 50 ~ 1200g/m^2。

测定单位面积质量可采用秤量法，试样面积为 100cm^2，数量不得少于 10 块，天平秤读数应精确到 0.01g（现场测试为 0.1g）。测试前要求试样在标准大气压下恒温（20 + 2℃）、恒湿（65% + 2%）保持 24h。

（2）厚度　厚度变化对土工织物的孔隙率、透水性和过滤性等水力特性有很大的影响。

由于很多材料的厚度随所作用的法向压力的不同有较大变化，故一般规定以在 2kPa 压力下测定的厚度表示土工织物在自然状态无压条件下的厚度。根据工程需要有时还测定在 20kPa、200kPa 压力下的厚度。不同类型土工织物的压缩量差别很大。

常用的各种土工合成材料的厚度是：土工织物一般为 0.1 ~ 5mm，最厚的可达十几毫米；土工膜一般为 0.25 ~ 0.75mm，最厚的可达 2 ~ 4mm；复合型材料有时采用较薄的土工膜，最薄可达 0.1mm；土工格栅的厚度随部位的不同而异，其肋厚一般由 0.5mm 至几十毫米。

土工织物厚度可采用专门的厚度测试仪测定，土工膜厚度则可直接用千分尺测定。一般要求加压面积为 25cm^2，加压时间 30s，试样不少于 10 块，取其平均值。

（3）孔隙率　定义为非织造土工织物所含孔隙体积与总体积之比，用百分数（%）表示。该指标可由单位面积质量、密度和厚度计算得到，如下式

$$n_p = 1 - (M/\rho\delta) \tag{6-1}$$

式中　n_p——孔隙率；

M——单位面积质量（g/m^2）；

ρ——原材料密度（g/m^3）；

δ——厚度（m）。

孔隙率与厚度有关，所以孔隙率随压力变化而变化。有时有纺和无纺土工织物的孔径和渗透系数很接近，但不能简单地认为两者水力性能相似。无纺土工织物的孔隙率远大于有纺土工织物，因此其具有更好的反滤和排水性能。

2. 力学性能指标

针对土工织物在设计和施工中所受荷载性质不同，其力学性能指标分为：抗拉强度及伸长率、撕裂强度、握持强度、胀破强度、顶破强度、刺破强度、穿透强度等。

（1）抗拉强度及伸长率　土工合成材料是柔性材料，主要依靠材料的抗拉能力来承受荷载在工程上发挥作用。因此，材料的抗拉强度及伸长率是土工合成材料的主要特性指标。

土工合成材料的抗拉强度与测定时试样的宽度、形状、约束条件有关，必须在标准规定的条件下测定。目前测定抗拉强度一般采用条带单向拉伸试验的方法，即把试样两端用夹具夹住，以一定的速率施加荷载进行拉伸直到破坏，测得试样自身断裂强度及变形，并绘出应力—应变曲线。试验可从纵横两个方向进行，纵向和横向抗拉强度分别表示土工织物在纵向和横向单位宽度范围能承受的外部拉力，单位为 kN/m。对应抗拉强度的应变即为土工织物的延伸率，用百分数（%）表示。

各试样的抗拉强度，可由拉力机上直接读出或从记录曲线上量取，然后按下式计算

$$T_s = P_f/B \tag{6-2}$$

式中　T_s——抗拉强度（kN/m）；

P_f——测读的最大抗拉力（kN）；

B——试样宽度（m）。

伸长率按下式计算

$$\varepsilon_p = \frac{L_f - L_0}{L_0} \tag{6-3}$$

式中　ε_p——伸长率（%）；

L_0——试样初始长度（mm）；

L_f——最大拉力时的试样长度（mm）。

（2）撕裂强度　土工织物和土工膜在铺设和使用过程中，常会有不同程度的破损，撕裂强度反映了试样抵抗破损进一步扩大的能力，可评价不同土工织物和土工膜被扩大破损程度的难易，是土工合成材料应用中的重要力学指标。撕裂强度一般以材料沿某一裂口将裂口逐步扩大过程中的最大拉力来表示，单位为 N。

目前撕裂强度试验仍沿用纺织品标准测试方法。常用的纺织品撕裂试验，按试样形状分为梯形法、翼形法以及舌形法。目前多采用梯形法测定撕裂强度。

（3）握持强度　土工材料承受集中力的现象普遍存在，握持强度是反映其分散集中力的能力。土工材料对集中荷载的扩散范围越大，则握持强度越高，单位为 N。握持强度的试验仪器一般与条带拉伸试验相同，但试验方法不同。握持强度试验是握持试件两端的部分宽度（一般为 1/3 试样宽度）而进行的一种拉力试验。它的强度由两部分组成，一部分为试样被握持宽度的抗拉强度，一部分为相邻纤维提供的附加抗拉强度。

由于各部门单位试验中所采用的试样和夹具的尺寸不尽相同，试验的难度也较大，因此测得的结果也相差较大，故一般不作为设计依据，只用作不同土工织物的抗拉强度的比较。

（4）胀破强度、顶破强度、刺破强度、穿透强度　顶破强度是反映土工织物抵抗垂直于织物平面的压力的能力，包括 CBR 顶破强度和圆球顶破强度。刺破强度指标可以反映织物抵抗带有棱角的块石或树杆刺破的能力。穿透强度指标可以反映织物抵抗带尖锥状物件动态冲击的能力。这四个强度的试验都表示土工织物抵抗外部冲击荷载的能力，其共同特点是试样为圆形，用环形夹具将试样夹住；其差别是试样尺寸、加荷方式不同。试验时，在试样上作用不同尺寸的顶杆以模拟工程中不同的顶压物。胀破强度单位为 kPa，其他三项强度单位为 N。

上述各力学强度指标中，除抗拉强度外，其他各力学强度指标直接用于设计的情况还不多见，它们主要是作为参考指标，根据工程实际情况，便于对产品进行比较和选择。

3. 水力性能指标

水力性能指标是指能借以描述土工织物阻止土料颗粒随渗水流失的能力，以及土工织物透水能力的有关指标。这些指标中最重要的两个是等效孔径和渗透系数。

土工织物孔径测定方法可分为直接法和间接法。直接法即采用显微镜或投影放大直接测读。间接法即试验后通过计算、绘图求得孔径大小，主要有干筛法、湿筛法、动力水筛法、水银压入法等。而目前常用方法以显微镜直接测读和干筛法为主。

目前常用保土准则和透水准则来选择土工织物的等效孔径和渗透系数，即将土工织物的等效孔径和土的特征粒径建立关系式，同时将织物的渗透系数与土的渗透系数建立关系式，以求达到既保土又排水的目的。保土准则和透水准则由试验得到。

（1）等效孔径　土工织物具有不同形状、不同大小、不同数量的孔径．反映了织物的透水性能和保护土颗粒的功能。孔径以 O 表示，单位以 mm 表示。在 O 的下角标明孔径的分布状况，如以 O_{95}为例，其意义为：以土工织物为筛布，用某一平均粒径的玻璃珠或石英砂进行振筛，取通过土工织物的过筛率为 5% 所对应的粒径为织物的等效孔径 O_{95}，表示该土工织物的最大有效孔径，单位为 mm。用同样的步骤，则相应得到 O_{85}、O_{50}和 O_{15}的孔径值。

（2）渗透系数　土工织物是一良好的透水材料，其透水性能是以渗透系数来表示。根据水流渗透途径不同渗透系数可分为两种：当水流渗透方向垂直织物平面时，称垂直渗透系数；当水流渗透方向沿织物平面平行渗透时，称水平渗透系数或导水率。

渗透系数测试原理是假设流体服从达西定律，即水流为层流，水头的变化是线性的，其计算公式为

$$v = KI \tag{6-4}$$

$$K = \frac{QL}{\Delta hAT} \tag{6-5}$$

式中　K——渗透系数（cm/s）；

v——渗透速度（cm/s）；

I——水力坡降；

Q——渗透流量（cm^3）；

L——渗透距离（cm）；

Δh——水头差（cm）；

A——试样面积（cm^2）；

T——渗透时间（s）。

1）垂直渗透系数和透水率。垂直渗透系数为水力梯度等于1时，水流垂直通过土工织物的渗透速率，单位为cm/s。透水率为水位差等于1时的渗透速率。

2）水平渗透系数和导水率。水平渗透系数为水力梯度等于1时水流沿土工织物平面的渗透速率，单位为cm/s。导水率为沿土工织物单位宽度内的输水能力，单位为cm^2/s。

4. 土工织物与土相互作用性能指标

当土工织物用作土的加筋材料，或将土工织物用作反滤层铺放在土坡上时，都需要了解土工织物与土相互间的作用力。这种作用力也就是其间的剪应力。常用的测试方法有直剪试验与抗拔试验两种，如图6-6所示。表征土工织物与土相互作用的性能指标主要有两个：土工织物界面摩擦系数和土工织物渗透特性。

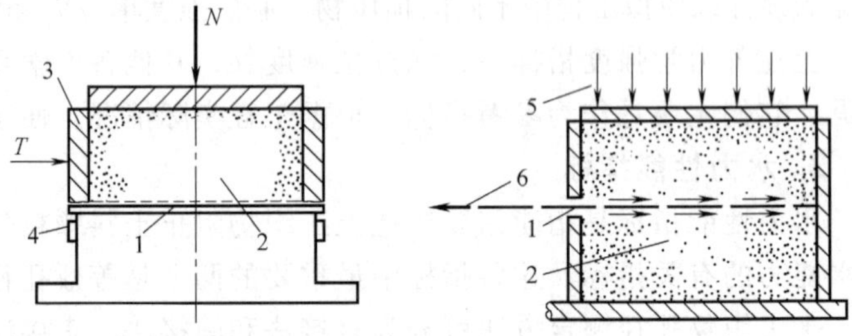

图6-6　土工织物直剪试验与抗拔试验

a）直剪试验　b）抗拔试验

1—土工织物　2—土样　3—剪力盒　4—箍具　5—垂直荷载　6—拉拔力

（1）土工织物界面摩擦系数　埋在土中的土工织物，将与周围土体形成复合体系，通过土工织物界面摩擦力将外荷载传递至土工织物，使土工织物承受拉力，形成加筋土。工程实例有加筋土挡墙、地基加筋垫层等。按试验方法可分为直剪摩擦系数和拉拔摩擦系数。

测定土工织物与土相互作用的界面摩擦特性的试验，一般采用类似于常规土工试验中的直接剪切仪。拉拔试验则常模拟现场条件，研制出各种不同形式的拉拔试验箱。这两种试验虽然均是反映界面摩擦作用，但机理却不尽相同。试验结果存在一定的差异。

（2）土工织物渗透特性　土工织物联合应用时，如何使土工织物能长期保持良好的保土及排水性能，不发生淤堵，目前还没有满意的理论准则。为判断织物是否会发生淤堵，可进行长期淤堵试验或梯度比试验，前者试验历时达500～1000h，后者需测试24h或更长。两种试验都还存在一些问题，有待逐步改进。

5. 耐久性能

土工合成材料的耐久性包括很多方面，主要是指对紫外线辐射、化学侵蚀、生物作用、温度的变化、干湿变化、冻融变化和机械磨损等外界因素的抵抗能力。大多没有可遵循的规范和规程，一般按工程要求进行专门研究或参考已有工程经验来选取。材料耐久性主要与聚合物的类型及添加剂的性质有关。

6. 蠕变特性

土工织物具有显著的蠕变特性。织物在长期受力的情况下，即使荷载不变、应力低于断裂强度，变形仍然会不断增大，甚至导致破坏。

6.1.4 土工合成材料的功能、作用

土工合成材料之所以得到了广泛的应用，是由土工合成材料本身功能所决定的。土工合成材料一般具有多功能，在实际应用中，往往是一种功能起主导作用，而其他功能则不同程度地发挥作用。土工合成材料的基本功能包括排水、反滤、加筋、隔离、防渗和防护等六大作用。

1. 排水作用

一定厚度的土工合成材料具有良好的三维透水特性，利用这一特性可以使水经过土工合成材料的平面形成一排水通道，迅速沿水平方向排走，也可和其他排水材料（如塑料排水板等）共同构成排水系统或深层排水井。土工合成材料现已广泛应用于土坝、路基、挡土墙建筑以及软土基础排水固结等方面。

2. 反滤（滤层）作用

当土中水流过土工织物时，水可以顺畅穿过，而土粒却被阻留的现象称为反滤（过滤）。作为滤层材料必须具备两个条件，一是必须有良好的透水性能，当水流通过滤层后，水的流量不减小；二是必须有较多的孔隙，其孔径又比较小，以阻止土体内土颗粒的大量流失，防止产生土体破坏现象。土工织物完全具备上述两个条件，不仅有良好的透水、透气性能，而且有较小的孔径，孔径又可根据土的颗粒情况在制作时加以调整，因此当水流垂直织物平面方向流过时，可使大部分土颗粒不被水流带走，起到了滤层作用。

反滤不同于排水，后者的水流是沿织物表面进行的，而不是穿越织物。多数土工合成材料在单向渗流的情况下，紧贴在土体中，细颗粒逐渐向滤层移动，同时还有部分细颗粒通过土工合成材料被带走，遗留下来的是较粗的颗粒。从而与滤层相邻一定厚度的土层逐渐自然形成一个反滤带和一个骨架网，阻止土粒的继续流失，最后趋于稳定平衡。土工合成材料与其相邻接触部分土层共同形成了一个完整的反滤系统。当土中水从细粒土流向粗粒土，或水流从土内向外流出，需要设置反滤措施，否则土粒将受水流作用而被带出土体外，如此发展下去可能导致土体破坏。

有纺织物与无纺织物均可做滤层材料，其中无纺织物用得更普遍，它们被广泛地应用于水利、铁路、公路、建筑等各项工程中，特别是在水利工程中被用作堤、坝基础或边坡反滤层。在砂石料紧缺的地区、用土工织物做反滤层，更显示出它的优越性。

3. 加筋作用

由于土工合成材料具有较高的抗拉强度，将其埋置在土体之中，起到一个土体加筋作用，可增强地基的承载能力，同时可改善土体的整体受力条件，提高整体强度和建筑结构的

稳定性，故广泛地应用于软弱地基处理、土坡和堤坝及挡土墙等边坡稳定方面。

加筋土中的加筋材料通常采用织造土工织物、土工带和土工格栅等，只有当对强度和变形要求不高时，才采用非织造土工织物。

加筋土主要用于三个方面，形成三种类型的加筋土结构。

（1）用于加固土坡和堤坝　通过使用土工合成材料在路堤工程中可起到以下几方面的作用，其中作用1）尤为重要：

1）可使边坡变陡，节省占地面积。众所周知，如果边坡较陡，不仅能减少填土方量，还可节约用地，要做到这点，必须使地基具有足够高的承载力，土坡、堤坝不致因坡度过陡而破坏，这时采用土工织物加筋陡坡即可达到此目的。

2）防止滑动圆弧通过路堤和地基土。

3）防止路堤下面发生因承载力不足而破坏。

4）跨越可能的沉陷区等。

（2）用于加固地基　软土地基上建堤坝的困难在于土的抗剪强度低，承载力不足，压缩性过高。传统的方法是将填筑速度放得极慢，以待在增加的荷载下软土固结，强度增加；或采取分期填筑方法；或在堤坝两侧，将填土延伸一定距离，以平衡部分促进滑动的滑动力矩等。这种做法的工期很长、费用较高，有时填筑高度仍受到一定限制。而若在填筑之前，在场地上预铺一层织造土工织物或土工格栅，对地基进行加固，可以较好地解决这一难题。这是由于土工合成材料有较高的强度和韧性等力学性能，且能紧贴于地基表面，使其上部施加的荷载能均匀分布在地层中。当地基可能产生冲切破坏时，铺设的土工合成材料将阻止破坏面的出现，从而提高地基承载力。

利用土工合成材料在建筑物地基中加筋已开始在我国大型工程中应用。根据实测的结果和理论分析，认为土工合成材料加筋垫层的加固原理主要是：

1）增强垫层的整体性和刚度，调整不均匀沉降。

2）扩散应力。由于垫层刚度增大的影响，扩大了荷载扩散的范围，使应力均匀分布。

3）约束作用，即约束软弱下卧土地基的侧向变形。

（3）用于加筋土挡墙　在挡土结构的土体中，每隔一定距离铺设加固作用的土工合成材料时可作为拉筋起到加筋作用。作为短期或临时性的挡墙，可只用土工合成材料包裹着土、砂来填筑，为使外观较好，有时采用砖面的加筋土挡墙；对于长期使用的挡墙，往往采用混凝土面板。加筋土挡墙示意图如图6-7所示。

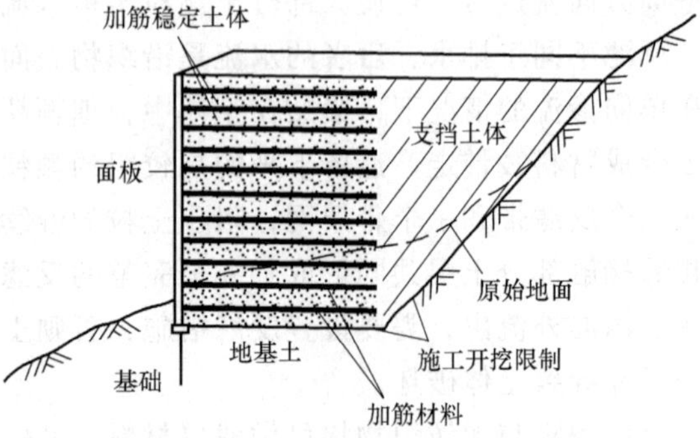

图6-7　加筋土挡墙示意图

土工合成材料作为拉筋时一般要求有一定的刚度，新发展的土工格栅能很好地与土相结合。与金属筋材相比，土工合成材料不会因腐蚀而失效，所以它能成功地应用于桥台、挡墙、海岸和码头等支挡结构中。

加筋土挡墙可以代替混凝土重力式挡墙。其最大优点是对地基的要求比重力式挡墙要低，抗震性较好。

4. 隔离功能

隔离功能是指将土工织物放在两种不同的材料之间或同一材料不同粒径之间以及土体表面与上部建筑结构之间，使其隔离开来。当受外部荷载作用时，虽然材料受力互相挤压，而由于土工织物在中间隔开，使其不互相混杂或流失，能保持材料的整体结构和功能。例如，将碎石和细粒土隔离，软土和填土隔离等。

隔离用的土工织物必须有较高的强度来承受因外部荷载作用而产生的应力，保证结构的整体性。此外，还需要有足够的透水性，让水流畅通，避免引起过高的孔隙水压力；有足够的保土性，防止形成土骨架的土粒流失，保证土体稳定性。

隔离可以为工程带来许多预期的良好效应，例如：通过隔离层引起应力扩散作用，使地基土的沉降量得到一定程度的均化；隔离提供排水面，加速地基土固结，使承载力提高；隔离层起整体性作用，可使要求的地基粗粒料支持层的厚度减少，节约建筑材料；地基中有部分软弱区域，或有小范围洞穴，铺隔离层有架桥作用，以掩盖和减弱洞穴区或软弱区的影响；在地下水位较高的地基中，隔离层可以切断毛细水上升，防止盐碱化，或减弱冻胀；隔离层还起一定的保温作用。

应根据具体的工程需要来选取不同类型的土工合成材料，应用最多的是有纺和无纺土工织物。如果对材料的强度要求较高，有时还可以用土工网或土工格栅作为材料的垫层。当要求隔离防渗时，则需要土工膜或复合土工膜。

土工合成材料的隔离作用已广泛应用于铁路、公路路基、土石坝工程，软弱基础处理以及河道整治工程。

5. 防渗功能

防渗是防止流体渗透流失的作用，也包括防止气体的挥发扩散。

将土工织物表面涂一层树脂或橡胶等防水材料，也可将土工织物与塑料薄膜复合在一起形成不透水的防水材料即土工膜。土工膜以薄型无纺布与薄膜复合较多，按工程需要可制成一布一膜、二布一膜或三布二膜等，所选用的无纺布与薄膜厚度也可按需要而定，也可选用较厚的无纺布与薄膜复合，其中薄膜起防水、防渗作用，而无纺布则起导水作用，一举两得。

日常生活中要求防渗的实例很多，目前土工膜已广泛应用于水利工程的堤、坝、水库中起防渗作用，可代替黏土心墙、防渗斜墙及防止库区渗漏等。同时也应用于渠道、蓄水池、污水池、游泳池、房屋建筑、地下建筑物、环境工程等方面，作为防渗、防漏、防潮材料。

土工膜的厚度很薄，容易遭受破坏，为了有效保护和提高其在坡面上的稳定性，要求按一定的结构形式铺设。原则上防渗结构应包括防护层、上垫层、土工膜、下垫层、支持层等五层，如图 6-8 所示。

（1）防护层　防护层是与外界接触的最外层，是为了防御外界水流或波浪、日光、风化、冰冻等自然力的破坏而设置的。该层主要由堆石、砌石或预制混凝土板构成，要求有一定厚度。

（2）上垫层　上垫层是防护层和下卧土工膜之间的过渡层，由于防护层材料的粗糙性，不宜直接放置在土工膜上，以免造成对土工膜的破坏，为此须做好上垫层与土工膜之间的上垫层。上垫层可以采用透水性良好的砂砾料，厚度应不小于 10cm，根据具体情况，有时也可采用无砂混凝土或沥青砂浆等。

（3）土工膜　土工膜是防渗结构的主体，因此对其防渗性要求很高，此外，还要求其具备一定的强度，能承受一定的荷载，主要是施工期间作用于其上的机具、振动、冲击等荷载而在结构内部产生的应力，以及结构使用期间由于沉降、上覆荷载等引起的应力。

单一土工膜表面光滑，摩擦系数小，铺在坡面上要考虑下滑的可能性。为此，在可能条件下，一般多采用复合土工膜，其表面的非织造土工织物与土的摩擦系数要比单膜的大得多；另外，也有采用在单膜上加纹路以增加糙度的办法，或者采取一些其他形式的铺设方式，例如按锯齿形、台阶形铺设等。

（4）下垫层　下垫层铺设在土工膜的下面，有双重功能：一是排除土工膜下的积水、积气，确保膜的稳定；二是保护土工膜，使其不受支持层的破坏。如果将土工膜直接放置在粗粒材料上，如粗粒的堆石坝，在水压力作用下，它会被压进粗粒的大孔隙中，而被拉破。相反，如果膜下为平整硬层或细粒土料，则情况就会不同了。可见下垫层的状态对膜的安全至关重要。

如果采用的是非织造土工织物复合膜，而且是用于碾压式土坝，则下垫层一般可以省去，因为非织造土工织物已经可以起到保护和排水排气作用，而且又增加了与土工膜的摩擦力。

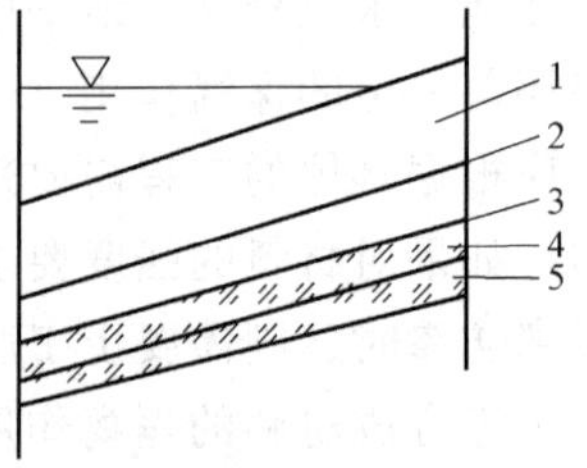

图 6-8　防渗结构

1—防护层　2—上垫层　3—土工膜　4—下垫层　5—支持层

（5）支持层　土工膜是柔性材料，必须铺设在可靠的支持层上，它可以让土工膜受力均匀。前面提到的下垫层其实也起到对土工膜的支持作用。支持层可采用级配良好的压实土层，粒径可根据膜厚来选择。如果是碾压式土石坝，由于其坝面平整，又有较大密实度，可以不专门设置支持层。

6. 防护功能

为了减小自然环境或人为活动对堤坝、岸坡、道路等造成的危害，常需采取一定的防护措施。传统防护措施有利用埽枕、柴排、石笼、抛石等保护岸坡或打护坡桩等。它们虽然也能起到护坡的良好作用，但耐久性较差，常要不断维修。根本的弱点，是它们放在被保护土面上，不具有反滤功能，受水流冲蚀和潮浪淘刷抽吸的作用，被保护土颗粒容易被水流带走，导致剥蚀和坍塌。

土工合成材料的发展，为上述岩土工程防护提供了新的途径，一方面，土工织物等合成材料可以将比较集中的应力扩散开予以减小，也可由一种物体传递到另一物体，使应力分解，防止土体受外力作用破坏，起到对材料的防护作用。另一方面，由于多数土工织物的良好反滤性能，只要在被保护土面上覆一层土工织物，再加上一定覆重，即能有效地保护岸坡不受水流和波浪等的破坏。

防护分两种情况：一是表面防护，即将土工织物放置于土体表面，保护土体不受外力影响破坏。二是内部接触面保护，即将土工织物置于两种材料之间，当一种材料受集中应力作用时，而不使另一种材料破坏。

目前土工合成材料的防护作用主要应用于河道整治、护岸、护底工程，以及海岸防潮、道路坡面防护等工程方面。

防护用的土工织物应符合反滤准则和具有一定的强度。由于要受到往复双向水流作用，对织物应有更高的反滤要求，同时强度也应符合相应的规定。为满足防护的各种特殊需要，应先将土工合成材料预制成符合一定需要的制品。如预制成软体排、模袋和三维植被土工网用作岸坡防护，或制成土袋、土枕及土工管以修筑堤坝护坡等。

6.1.5　土工合成材料在应用中应注意的问题

（1）施工方面

1）铺设土工合成材料时应注意均匀平整；在斜坡上施工时应保持一定的松紧度；在护岸工程坡面上铺设时，上坡段土工合成材料应搭接在下坡段土工合成材料之上。

2）对土工合成材料的局部地方，不要加过重的局部应力。如果用块石保护土工合成材料施工时应将块石轻轻铺放，不得在高处抛掷，块石下落的高度大于 1m 时，土工合成材料很可能被击破。如块石下落的情况不可避免时，应在土工合成材料上先铺砂层保护。

3）土工合成材料用于反滤层作用时，要求保证连续性，不使其出现扭曲、折皱和重叠。

4）在存放和铺设过程中，应尽量避免长时间的曝晒而使材料劣化。土工合成材料的耐久性包括很多方面，应综合考虑。

5）土工合成材料的端部要先铺填，中间后填，端部锚固必须精心施工。

6）土工合成材料的施工损伤可引起强度降低，对土工合成材料的耐久性影响较大。不要使推土机的刮土板损坏所铺填的土工合成材料。当土工合成材料受到损坏时，应予立即修补。

（2）连接方面　土工合成材料是按一定规格的面积和长度在工厂进行定型生产，因此这些材料运到现场后必须进行连接。连接时可采用搭接、缝合、胶结或 U 型钉钉住等方法（见图 6-9）。

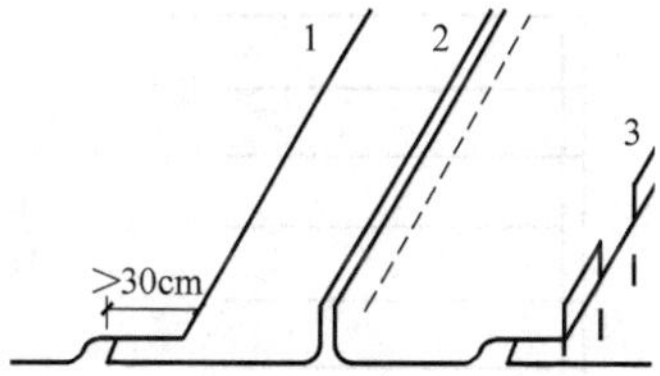

图 6-9　土工合成材料的连接方法
1—搭接　2—缝合　3—用 U 型钉钉住

采用搭接法时，搭接必须保持足够的长度，一般为 0.3～1.0m。坚固的和水平的路基可取 0.3m，软的和不平的路基则需 1m。在搭接处应尽量避免受力，以防土工合成材料移动。搭接法施工简便，但用料较多。

缝合法是指用移动式缝合机，将尼龙或涤纶线面对面缝合，缝合处的强度一般可达纤维强度的 80%，缝合法节省材料，但施工时间长。

（3）材料方面　为了选择和应用土工合成材料，必须了解材料的工程性质，以便确定设计参数。土工合成材料在使用中应防止暴晒和被污染，在作为加筋土中的筋带使用时，应具有较高的强度，受力后变形小，能与填料产生足够的摩擦力；抗腐蚀性和抗老化性好。

6.2　加筋法的工程应用类型

6.2.1　加筋土挡墙

加筋土挡墙是由基础、墙面板、帽石、填料及在填料中布置的拉筋几部分组成的一个整体复合结构（见图 6-10）。这种结构内部具有墙面所承受的水平土压力、拉筋的拉力、填料与拉筋间的摩擦力等相互作用的力。

加筋土是在土中加入加筋材料（或称筋带）的一种复合土，可以提高土体的抗剪强度，增加土体工程的稳定性。

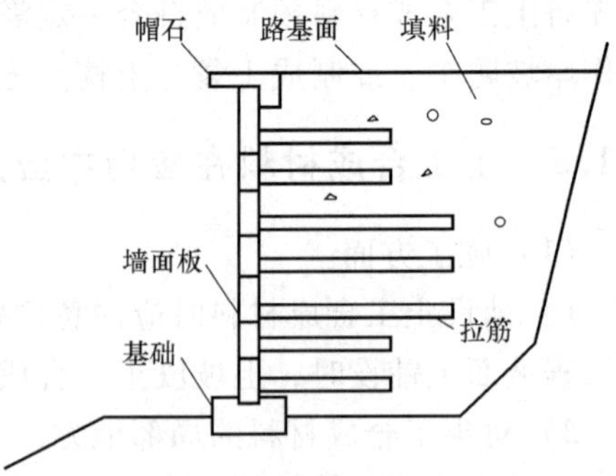

图 6-10　加筋土挡墙结构

自 1965 年在法国普拉涅尔斯成功修建世界上第一座加筋土挡墙以来，利用抗拉材料加筋土体的技术已经由经验判断上升到理论设计阶段。加筋土挡土墙的设计计算理论和施工方法经过 40 多年的发展，以其造价低、性能好等优点得到较为广泛的应用。在一些软黏土地基、人工填土地基以及沿河路基的边坡支挡工程中，加筋土挡墙更显示出在造价和结构上的优势。我国自 20 世纪 70 年代开始对这种新型支挡结构进行试验研究和应用，在加筋材料的生产、技术指标以及墙体设计理论和施工方法等方面取得了较丰富的研究成果。1979 年在云南省田坝矿区煤场修建了我国第一座试验加筋土挡墙。之后，相继在山西、云南、陕西、四川等地累计建成各种类型的加筋土挡墙 400 余座。加筋土挡墙结构已成为当前地基处理的新技术，已被广泛应用于路基、桥梁、驳岸、码头、储煤仓、堆料场等水工和工业结构物中，加筋土挡墙的工程应用如图 6-11 所示。

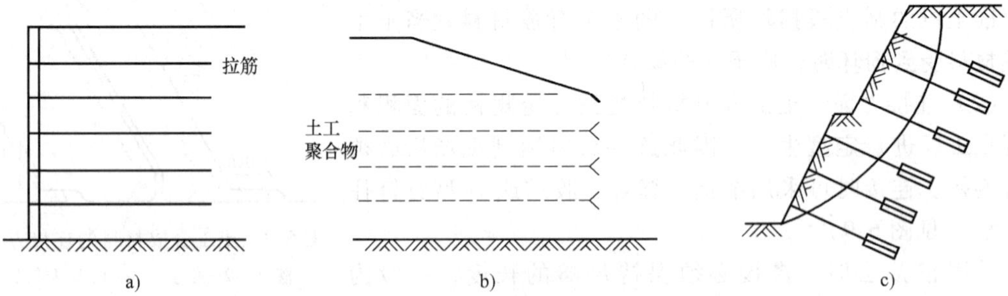

图 6-11　加筋土挡墙的工程应用

a）加筋挡土墙　b）土工聚合物加筋路堤　c）土锚加固边坡

加筋土挡墙按不同的划分方式可分为：单面式加筋土挡墙或双面式加筋土挡墙；有台阶式加筋土挡墙、无台阶式加筋土挡墙；有面板加筋土挡墙、无面板加筋土挡墙。

1. 加筋土挡墙的特点

1）能够充分利用填料与拉筋的共同作用，所以挡土墙结构的质量轻，其所用混凝土的体积相当于重力式挡土墙的 3% ~5%。工厂化预制构件可以降低成本，并能保证产品质量。

2）加筋土挡墙由各种构件相互拼装而成，具有柔性结构的特点，有良好的变形协调能力，可以承受较大的地基变形，适宜在软土地基上使用。

3）墙面板形式可以根据需要拼装成美观的造型，适合于城市道路的支挡工程。

4）可以形成很高的垂直墙面，节省挡土墙的占地面积，减少土方量，施工简便，施工速度快，质量易于控制，且施工时无噪声。对于不利于放坡的地区、城市道路以及土地资源紧缺的地区而言具有重要意义。

5）节省投资。加筋土挡墙墙面板薄，基础尺寸小。当挡土墙高度大于 5m 时，与重力式挡墙相比，可以降低近一半的造价，挡墙越高，经济效益越明显。

6）加筋土挡墙的整体性较好，与其他类型结构相比，所特有的柔性，能够很好地吸收地震能量，具有良好的抗震性能。

由于加筋土挡墙所具有的特点，在公路、铁路、煤矿工程中得到较多的应用，但工程应用中也应注意其具有的下列一些缺点：

1）挡土墙背后需要充足的空间，以便获得足够的加筋区域来保证其稳定性。

2）存在加筋钢材的锈蚀、暴露的土工合成材料在紫外线照射下的变质、老化等问题。

3）对超高加筋土挡墙的设计和施工经验还不成熟，尚需进一步完善。

4）对于抗震设防烈度为 8 度以上地区和具有强烈腐蚀环境中不宜使用加筋土挡墙，对于浸水条件下应慎重应用。

2. 加筋土挡墙的挡土原理或破坏机理

加筋土挡墙的挡土原理是依靠填料与拉筋之间的摩擦力来平衡墙面所承受的水平土压力（即加筋土挡墙的内部稳定），并以基础、墙面板、帽石、拉筋和填料等组成复合结构而形成土墙以抵抗拉筋尾部填料所产生的土压力（即加筋土挡土墙外部稳定），从而保证了挡土墙的稳定。因此加筋土挡墙的破坏形式也分为外部稳定性破坏和内部稳定性破坏两种。

（1）外部稳定性破坏　外部稳定性破坏基本上与重力式挡墙类似，其可能的破坏形式主要有：

1）加筋土挡墙与地基间的摩阻力不足或墙后填料的侧向推力过大所引起的滑移破坏。

2）加筋土挡墙由于墙后土体的侧向推力所引起的倾覆破坏。

3）由于地基承载力不足或不均匀沉降引起的倾斜破坏。

4）加筋土挡墙及墙后填料发生整体滑动破坏。

外部稳定性破坏主要是由于加筋土挡墙复合结构不足以抵抗填料所产生的土压力而导致挡墙发生滑移、倾覆、倾斜与整体滑动等破坏。如图 6-12 所示，从加筋土挡墙的整体分析来看，由于土压力的作用，土体中产生一个破裂面，而破裂面内的滑动棱体达到极限状态。在土中埋设拉筋后，趋于滑动的棱体通过土与拉筋间的摩擦作用，有将拉筋拔出土体的倾向。因此这部分的水平分力 τ 的方向指向墙外

$$\tau = \frac{\mathrm{d}T}{\mathrm{d}l} \cdot \frac{1}{2b} \tag{6-6}$$

式中　T——拉筋的拉力（kN）；

l——拉筋的长度（m）；

b——拉筋的宽度（m）。

而滑动棱体后面的土体则由于拉筋和土体间的摩擦作用把拉筋锚固在土中，从而阻止拉筋被拔出，这一部分的水平分力是指向土体的。这两个水平方向分力的交点就是拉筋的最大应力点（T_m），把每根拉筋的最大应力点连接成一条曲线，该曲线就把加筋土体分成两个区域；在各拉筋最大拉力点连线以左的土体称为主动区，以右的土体称为被动区（或锚固区）。

通过室内模型试验和野外实测得到，主动区和被动区两个区域的分界线离开加筋土挡墙墙面的最大距离约为 $0.3H$（H 为加筋土挡墙高度），与朗肯理论的破裂面不很相符。但现在设计中一般都还是采用朗肯理论。当然，加筋土两个区域的分界线的形成，还要受到以下几个因素的影响：结构的几何形状、作用在结构上的外力、地基的变形以及土与筋材间的摩擦力等。

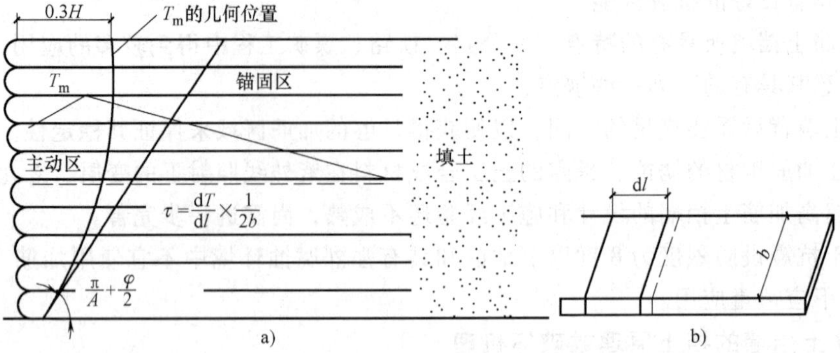

图 6-12　加筋土挡墙整体分析

a）剖面图　b）拉筋

（2）内部稳定性破坏　与加筋土挡墙内部稳定性有关的破坏形式有下列两种：

1）由于拉筋开裂造成的断裂破坏。

2）由于拉筋与填料之间摩擦力不足造成的加筋体断裂破坏。

内部稳定性取决于筋材的抗拉强度和填料与筋材间的最大摩擦力，它们是影响挡墙内部稳定的主要因素。图 6-13a 所示为未加筋的土单元体，在竖向荷载 σ_V 的作用下，单元土体产生轴向压缩变形，侧向发生膨胀。通常，侧向应变要比轴向应变大 1.5 倍。随着 σ_V 逐渐增大，轴向压缩变形和侧向膨胀也越来越大，直至土体破坏。在土单元体中埋置了水平方向的拉筋（见图 6-13b），在沿拉筋方向发生膨胀变形时，通过拉筋与土颗粒间的静摩擦作用，引起土体侧向膨胀的拉力传递给拉筋。由于拉筋的拉伸模量大，阻止了单元土体的侧向变形，在同样大小的竖向应力 σ_V 作用下，侧向变形 $b_H=0$。加筋后的土体就好像在单元土体的侧面施加了一个约束荷载，它的大小与静止土压力 $K_0\sigma_V$ 等效，并且随着竖向应力的增加，侧向荷载也成正比例增加。在同样大小的竖向应力 σ_V 作用下，而加筋土的摩尔应力圆的各点都在破坏曲线下面。只有当与拉筋之间的摩擦失效或拉筋被拉断时，土体才有可能发生破坏，加筋土挡墙出现与内部稳定有关的上述两种断裂破坏。

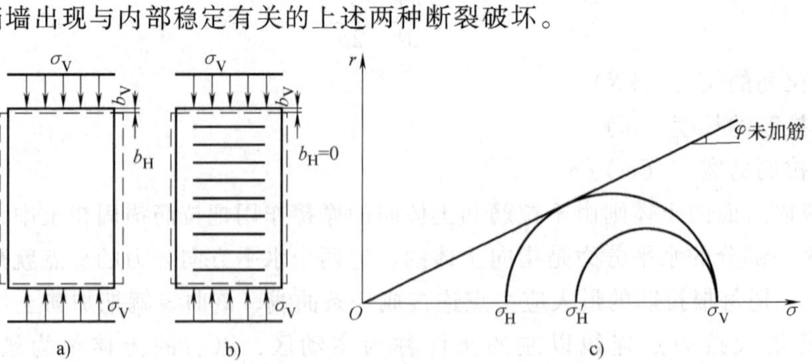

图 6-13　加筋土单元体分析

a）未加筋　b）加筋　c）加筋前后摩尔应力圆

3. 加固机理

当前解释和分析加筋土的强度主要有两种观点：一种把加筋土视为组合材料，即认为加筋土是复合体结构（也称锚定式结构），应用摩擦原理来解释与分析；另一种把加筋土视为均质的各向异性材料，即认为加筋土是复合材料结构，用莫尔-库仑理论来解释与分析（称为准黏聚力原理）。下面介绍加筋土的加固机理。

（1）摩擦原理　填土自重和外力产生的土压力作用于墙面板，通过墙面板的拉筋连接件将此土压力传递给拉筋，而拉筋又被土压住，于是填土与拉筋之间的摩擦力阻止拉筋被拔出，摩擦加筋原理如图 6-14 所示。因此，拉筋只要材料有足够的强度，并与土产生足够的摩阻力，则加筋的土体就可保持稳定。

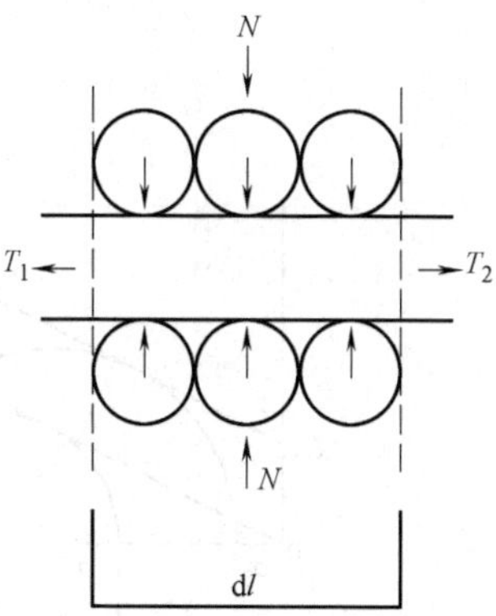

图 6-14　摩擦加筋原理图

设拉筋承受的拉力（拔出力）为 dT，拉筋与填土之间的摩擦力可计算为 $2Nfbdl$，则

$$dT = T_1 - T_2 \qquad 2Nfbdl > dT \tag{6-7}$$

式中　f——摩擦系数。

N——法向土压力。

（2）莫尔-库仑理论（准黏聚力理论）　该理论认为加筋土结构可以看作是各向异性的复合材料，通常采用的拉筋，其弹性模量远大于填土，拉筋与填土共同作用，包括填土的抗剪力、填土与拉筋的摩擦阻力及拉筋的抗拉力，使得加筋土的强度明显提高。

上述观点可用莫尔-库仑理论进行分析。由三轴试验可知，在外力和自重作用下的加筋土试件，由于土中埋置了水平方向的筋带，在沿筋带方向发生膨胀变形时，筋带犹如是一个约束应力 $\Delta\sigma_3$，阻止了土体的延伸变形，$\Delta\sigma_3$ 值相当于土体与筋带之间的静摩阻力，最大值取决于筋带材料的抗拉强度。按照三轴试验条件，加筋土试件达到新的极限平衡时应满足的条件为

$$\sigma_1 = (\sigma_3 + \Delta\sigma_3)\tan^2\left(45° + \frac{\varphi}{2}\right) \tag{6-8}$$

若筋带所增加的强度以“黏聚力” C_r 加到土体内来表示，如图 6-15a 所示。又根据黏性土在极限平衡状态时 σ_1 和 σ_3 有如下关系

$$\sigma_1 = \sigma_3\tan^2\left(45° + \frac{\varphi}{2}\right) + 2C_r\tan\left(45° + \frac{\varphi}{2}\right) \tag{6-9}$$

对照以上两式，可得

$$\Delta\sigma_3\tan^2\left(45° + \frac{\varphi}{2}\right) = 2C_r\tan\left(45° + \frac{\varphi}{2}\right) \tag{6-10}$$

这样，由于筋带作用产生的“黏聚力”是

$$C_r = \frac{1}{2}\Delta\sigma_3\tan\left(45° + \frac{\varphi}{2}\right) \tag{6-11}$$

对于线性膨胀及其横截面积为 A_s，强度为 σ_s 的筋带（见图 6-15b），在其水平间距为 S_x 和垂直间距为 S_y 时，“约束力” $\Delta\sigma_3$ 的表达式为

$$\Delta\sigma_3 = \sigma_3 \cdot \frac{A_s}{S_x \cdot S_y} \tag{6-12}$$

于是由筋带作用产生的“黏聚力” C_r 为

$$C_r=\frac{\sigma_s A_s \tan\left(45^\circ+\frac{\varphi}{2}\right)}{2S_x S_y} \tag{6-13}$$

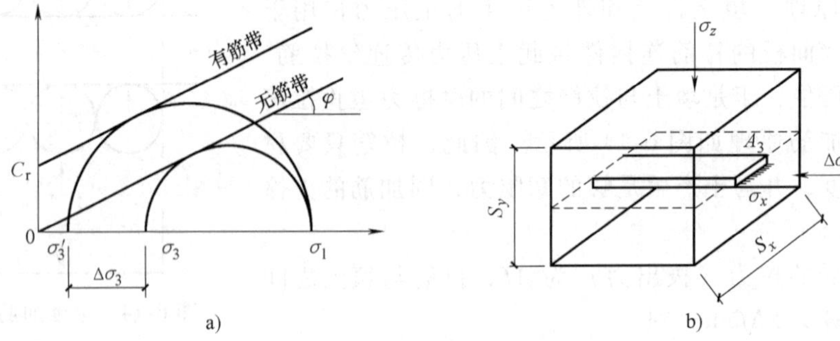

图 6-15 加筋土体强度计算摩尔-库伦理论分析图

a）加筋土莫尔圆 b）筋带强度与 $\Delta\sigma_s$

4. 加筋土挡墙设计计算

加筋土挡墙的设计内容主要包括确定筋材的长度、断面积和间距，以保证加筋土挡墙的稳定性。一般从土体的内部稳定性和外部稳定性两个方面来考虑。

（1）内部稳定性计算 内部稳定性计算包括拉筋拉力计算、拉筋长度计算、拉筋强度计算、拉筋间距的确定。常用的计算方法有两种：①将加筋土看作由土与筋材两种不同性质的材料组成，设计时把筋、土分开计算；②把加筋土看成宏观各向异性复合材料，建立一个刚塑性加筋土复合材料模型。筋土分开的计算方法中，加筋土挡墙面板后填料中的破裂面的形状和位置是确定筋条尺寸的重要依据，有如图 6-16 所示的四种情形。

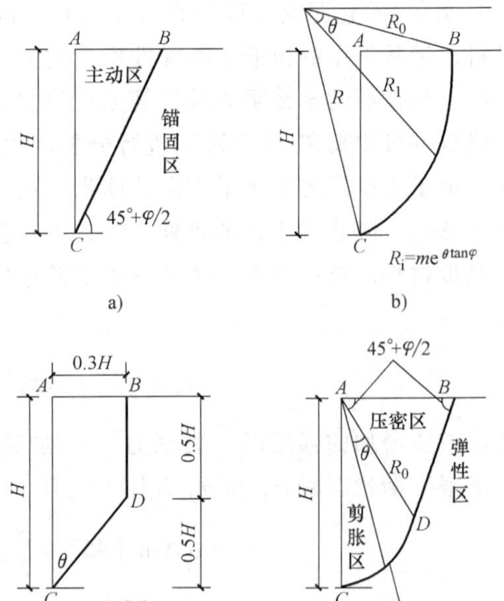

图 6-16 加筋土设计理论中滑面形状、位置的假定

a）直线滑面 b）对数螺旋线滑面 c）折线滑面 d）复合型

加筋土挡墙的内部稳定性指的是由于拉筋被拉断或者拉筋与土体之间的摩擦力不足（即在锚固区内拉筋的锚固长度不够而导致土体发生滑动），造成加筋土挡墙整体结构破坏。在设计时，必须考虑拉筋的强度和锚固长度（即拉筋的有效长度）。内部稳定性验算包括水平拉力和抗拔稳定性验算，并涉及筋材铺设的间距和长度等。目前国内外筋材的拉力计算理论还未得到统一，现有的计算理论多达十几种，不同计算理论计算结果有所差异。

（2）外部稳定性验算 外部稳定性验算的内容包括地基承载力验算、抗滑移验算、抗

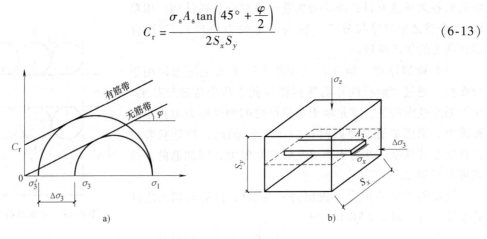

倾覆验算。其运算方法是将加筋土挡墙（即加筋体）视为“土墙”，然后按一般重力式挡土墙的稳定性验算方法处理，如图 6-17 所示。

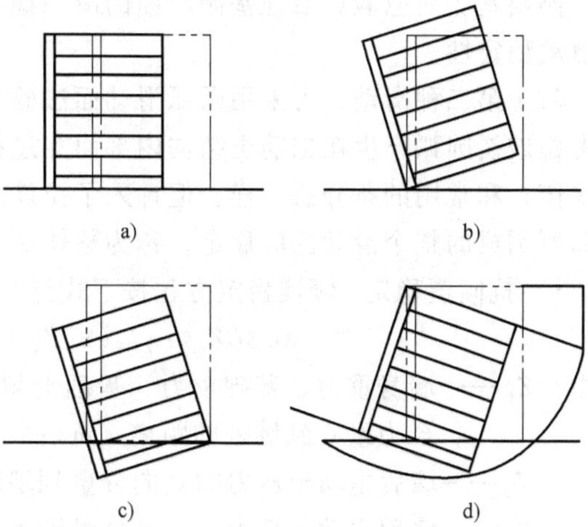

图 6-17　加筋土挡土墙破坏形式
a）滑移　b）倾覆　c）倾斜　d）整体滑动

1）地基承载力。按 JTG D30—2004《公路路基设计规范》，基底压应力 σ 应按下式计算

$$|e| \leqslant \frac{B}{6}\text{时}, \sigma_{1,2} = \frac{N_d}{A}\left(1 \pm \frac{6e}{B}\right) \tag{6-14}$$

位于岩石地基上的挡土墙

$$e > \frac{B}{6}\text{时}, \sigma_1 = \frac{2N_d}{3\alpha_1}, \ \sigma_2 = 0 \tag{6-15}$$

$$\sigma_1 = \frac{B}{2} - e_0$$

式中　σ_1——挡土墙趾部的压应力（kPa）；

σ_2——挡土墙踵部的压应力（kPa）；

B——基底宽度（m），倾斜基底为其斜宽；

A——基础底面每延米的面积，矩形基础为基础宽度 $B \times 1$（m^2）；

e_0——基底合力的偏心距，对土质地基不应大于 $B/6$；岩石地基不应大于 $B/4$。

基底压应力 σ 不应大于基底的允许承载力$[\sigma_0]$；基底允许承载力值可按 JTG D63—2007《公路桥涵地基与基础设计规范》的规定采用，当为作用（或荷载）组合Ⅲ及施工荷载时，且 $[\sigma_0]$ >150kPa 时，可提高 25%。

2）滑动稳定。加筋土挡墙的滑动一般有两种可能，一种是水平推力 $\sum T$ 克服加筋体“基底”与地基土之间的摩擦力而沿着底面滑动（见图 6-18a）；另一种是修筑在斜坡上的加筋挡墙可能自身或与土坡一道产生滑动（见图 6-18b）。

对第一种滑动，《公路路基设计规范》规定：抗滑动稳定系数 K_c 按下式计算

$$K_c = \frac{[N + (E_x - E'_p)\tan\alpha_0]\mu + E'_p}{E_x - N\tan\alpha_0} \tag{6-16}$$

式中　N——作用于基底上合力的竖向分力（kN），浸水挡土墙应计浸水部分的浮力；

E'_p——墙前被动土压力水平分量的 0.3 倍（kN）。

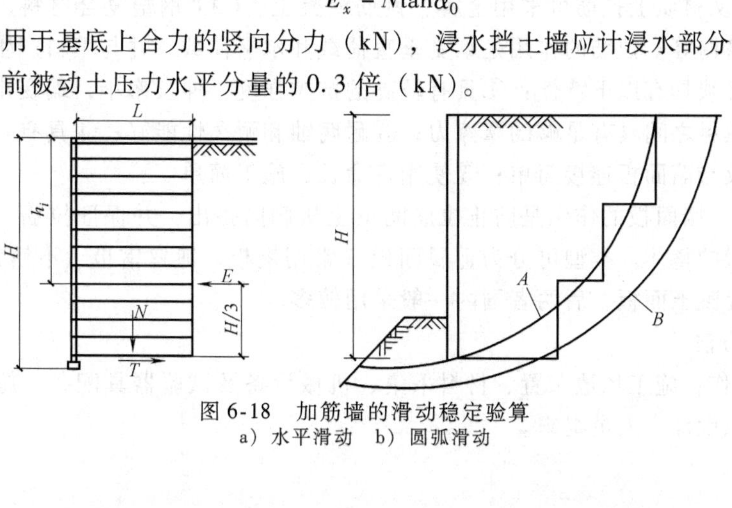

图 6-18　加筋墙的滑动稳定验算
a）水平滑动　b）圆弧滑动

倾斜基底尚应验算沿地基倾斜面的滑动稳定性。基底下有软弱土层时，还应验算该土层的滑动稳定性。

对于第二种滑动，可采用圆弧滑动面法验算。法国有资料介绍了两种圆弧滑动面法，都是考虑破裂圆弧产生在加筋土结构内部而穿过拉筋的。第一个方法研究圆弧滑动范围内分条的平衡，和常用的条分法一样，但计入了拉筋的抗拔力，称为条块法；第二个方法研究滑动圆弧所围成的整个滑动区的稳定，称为整体法。

3）抗倾覆稳定。倾覆稳定方程按下式计算

$$0.8GZ_{\mathrm{G}}+\gamma_{\mathrm{Q1}}(E_yZ_x-E_xZ_y)+\gamma_{\mathrm{Q2}}E_{\mathrm{p}}Z_{\mathrm{p}}>0 \tag{6-17}$$

式中　Z_{G}——墙身重力、基础重力、基础上填土的重力及作用于墙顶的其他荷载的竖向力合力重心到墙趾的距离（m）；

Z_x——墙后主动土压力的竖向分量到墙趾的距离（m）；

Z_y——墙后主动土压力的水平分量到墙趾的距离（m）；

Z_{p}——墙前被动土压力的水平分量到墙趾的距离（m）。

抗倾覆稳定系数 K_0 按下式计算

$$K_0=\frac{GZ_{\mathrm{G}}+E_yZ_x+E'_{\mathrm{p}}Z_{\mathrm{p}}}{E_xZ_y} \tag{6-18}$$

5. 构造及施工方法

（1）构造　加筋土挡墙构造中最核心的三个组成部分是填料、拉筋和墙面板。加筋土挡墙依靠填料与拉筋之间的摩擦力，平衡墙面板所受的水平土压力（称为加筋土挡墙的内部稳定），并以这一复合结构抵抗拉筋尾部填料所产生的土压力（称为加筋土结构的外部稳定），从而保证了整个结构的稳定。

1）填料。填料应具有的特点包括：易于填筑与压实、与拉筋之间有可靠的摩阻力、不应对拉筋有腐蚀作用、具有良好的水稳定性。填料选择时应注意以下几点：①通常选择有一定级配渗水的砂类土、砾石类土；②采用黏性土和其他土作填料时，必须有相应的防水、压实等工程措施；③填料中不应含有大量的有机物；④泥炭、淤泥、冻结土、盐渍土、垃圾、白垩土、中—强膨胀土及硅藻土，禁止使用；⑤采用聚丙烯土工带为拉筋时，填料中不宜含有两价以上铜、镁、铁离子及氧化钙、碳酸钠、硫化物等化学物质；⑥采用钢带作拉筋，填料应满足一定的化学或电化学标准。

2）拉筋。从材质上拉筋可采用金属、钢筋混凝土、CAT 钢塑复合材料、竹片、聚丙烯土工带、土工格栅等。拉筋的作用是承受垂直荷载和水平荷载，并与填料产生摩擦力。

拉筋材料必须具有以下特性：①具有较高的抗拉强度，伸长率小，蠕变小，不易产生脆性破坏；②与填料之间具有足够的摩擦力；③耐腐蚀和耐久性能好；④具有一定的柔性，加工容易，接长及与墙面板连接简单；⑤使用寿命长，施工简单。

3）墙面板。墙面板的作用是防止拉筋间填土从侧向挤出，并保证拉筋、填料、墙面板构成有一定形状的整体。类型可分为金属面板（常用钢板、镀锌钢板、不锈钢板等）、混凝土面板和钢筋混凝土面板，后两者国内一般采用较多。

（2）施工方法

1）准备工作：施工场地布置、材料采集、机械设备及试验器具配备、施工放样、现场核对与施工组织设计、人员组织。

2）构件预制：加筋土挡墙的构件包括混凝土墙面板、垫梁、搭板、缘石（或帽石）、栏杆及条形基础等混凝土预制件。所有预制件应表面平整，外光内实，外形轮廓清晰，企口分明，线条顺直，不得有露筋翘曲、掉角、啃边，各部分尺寸应符合设计要求。预制件的尺寸和预埋件、预留孔的位置必须正确，尺寸正确的构件不仅便于安装，提高了工效，而且能使整个墙面的竖、横接缝整齐顺直，墙体光洁美观。

3）基础工程：加筋土挡墙基础分为加筋体基础和墙面板基础。加筋体基础实际上就是墙后填料的基础，一般不需要做专门处理，这是加筋土挡墙与其他重力式结构相比的一个显著特点。基础工程施工时，均应按设计要求进行。对不同土质进行开挖时，应采用明挖、跳槽开挖等不同方式；遇有特殊水文地质情况，如地基软弱或土质不良地段，应进行基底处理。加筋土挡墙的基础主要是指墙面板下的基础，其作用是便于安砌墙面板，起支托和定位作用。因此，基础可以做得很小，一般设置宽度为30～50cm，厚度为25～40cm的条形基础，其断面视地基、地形条件而定，通常为矩形断面，顶面做成一凹槽，以便于底层面板的安装与固定，按设计要求预留伸缩沉降缝，从基础底面一直到顶面应严格控制标高。

4）面板安装：面板安装包括：面板的运输与堆放、面板的安装放样、面板的安装、面板外倾及内倾的处理、安装缝的处理等。

5）接头防锈处理：在墙面板预留的钢筋接头涂上沥青或其他防锈物，防止接头生锈。

6）筋带连接与铺设：筋带连接与铺设包括：筋带的运输、堆放及裁料，筋带的连接铺设，增强筋带的布设，筋带的防锈和隔离等。

7）填料摊铺与压实：加筋土挡墙工作的主要机理是利用填料与拉带之间的摩擦力来平衡填料对墙面板产生的侧向土压力。因此，填料的选择、摊铺与压实的控制极为重要，施工中必须严格控制。填料应优选渗水性好的材料，当用不透水填料时，宜在墙背50cm范围内采用砂砾石类土，以便墙后积水溢出。填料采集前应按要求做好标准击实试验，确定填料的最佳含水量和最大干密度以及相应的物理化学性能，以便控制压实质量。施工中若有变更，经试验符合要求后方可使用。填料的填筑和面板安装、筋带铺设等工序应交替进行。当挡土墙较长、工作面开阔时可采用流水作业法，以提高工作效率和机械设备利用率，加快工程进度。接头防锈处理，在墙面板预留的钢筋接头涂上沥青或其他防锈物，防止接头生锈。

8）防、排水设施：加筋土挡墙应设置排水设施，以疏干墙后填料中的水分，防止墙后积水，避免墙身承受额外的静水压力。减小季节性冰冻地区填料的冻胀压力，特别是避免降低填料与筋带间的摩擦阻力及由腐蚀性盐类等物质造成的筋带使用寿命的缩短。加筋土挡墙的防、排水设施，如反滤层、透水层、隔水层等应与墙体同步施工，同时完成。当挡土墙区域内出现层间水、裂隙水、涌泉等时，应先修筑排水构造物，再修筑加筋土挡墙。

9）附属工程：加筋土挡墙应根据地形、地质、墙高等条件设置沉降缝。其间距可取，土质地基为10～25m，岩石地基可适当增大。加筋土挡墙顶部一般均设有浆砌块料找平层、挡护设施及排水系统，以保证行车安全并及时将雨水纵向引出墙外。檐石或帽石是设置在加筋体顶部墙面板上的构件，分段应与墙体的分段一致。其他构件还包括护栏、护柱、护板、护墙等。应根据采用的形式确定预制或现场浇筑及浆砌片、块、石，其安装应精确放线、支模、保证构件位置正确、无破损、线形顺适、砌筑牢固、外表美观。

控制加筋土挡墙施工质量最关键的在于上述过程中的第6）步和第7）步，即拉筋（筋带）的布置与填土。土中拉筋的主要作用是约束土粒的侧向位移，因此拉筋必须设置在土体应变大的区域内，并且其方向应平行于该处主拉应变的方面，否则，拉筋的效果就会下降。保证施工质量的第二个关键因素是填土质，包括填料质量和填土压实质量两个方面，加筋土所用的土料需要有较高的摩擦力，一般宜用透水性的砂类土或碎石土。填土压实度越大，拉筋与土粒接合越紧密，两者间摩擦力越大，加筋土结构就越稳定。一般情况下填土压实度应在90%以上。

6.2.2 土钉支护结构

土钉是用来加固或同时锚固现场原位土体的细长杆件。通常采取土中钻孔置入变形钢筋，即带肋钢筋，并沿孔全长注浆的方法做成土钉。依靠与土体之间的界面黏结力或摩擦力在土体发生变形的条件下被动受力并主要承受拉力作用。土钉也可用钢管角钢等作为钉体，采用直接击入的方法置入土中。

土钉墙由被加固土体、锚固于土体中的土钉群和面板组成，形成类似于重力式挡墙的挡土墙，以此来抵抗墙后传来的土压力或其他附加荷载，从而保持土体的稳定。土钉墙是通过钻孔、插筋、注浆来设置的，一般称砂浆锚杆，也可以直接打入角钢、粗钢筋形成土钉。土钉墙的做法与矿山加固坑道用的喷锚网加固岩体的做法类似，故也称为喷锚网加固边坡或喷锚网挡墙。土钉墙的面层（面板）由钢筋网加喷射混凝土组成。

1. 发展历程

20世纪50年代末期通过土层锚杆的使用使挡土结构有了新发展，在基坑开挖前先建造桩、地下连续墙、板桩等利用土层锚杆对其进行背拉从而形成锚杆式挡墙。10年后出现了锚杆构造墙，它是利用混凝土构件排列在开挖过程中的土层表面，用锚杆进行背拉，这是一种可以与挖方工程同时进行作业的方式。70年代出现了土钉墙，1972年法国承包商在法国凡尔赛市铁路边坡开挖进行了成功应用；于1979年巴黎国际土加固会议之后，在西方得到广泛应用；1990年在美国召开的挡土墙国际学术会议上，土钉墙作为一个独立的专题与锚杆挡墙并列，使它成为一个独立的土加固学科分支。

2. 土钉墙特点

土钉墙作为一种施工技术应用于基坑开挖支护和挖方边坡稳定有以下优点：

1）土钉墙形成土与钉的复合体、显著提高了边坡整体稳定性和承载能力。同时，土钉结构整体上轻巧、柔性大、具有良好的抗震性能和延性。

2）对场地邻近建筑物影响小。由于土钉施工采用小台阶逐段开挖，且在开挖成型后及时设置土钉与面层结构，使面层与开挖坡面紧密结合，土钉与周围土体牢固黏结，对土坡的土体扰动较少。土钉一般都是快速施工，可适用开挖过程中土质条件的局部变化，易于使土坡得到稳定。实测资料表明：采用土钉稳定的土坡只要产生微小的变形，就可使土钉的加筋力得到发挥，因而实测的坡面位移与坡顶变形很小，对相邻建筑物的影响小。

3）施工机具简单、施工灵活。设置土钉采用的钻孔机具及喷射混凝土设备都属可移动的小型机械，移动灵活，所需场地也小。此类机械的振动小，噪声低，在城市地区施工具有明显的优越性。土钉施工速度快，施工开挖容易成型，在开挖过程中较易适用不同的土层条件和施工程序。

4）经济效益好。土钉墙的费用较其他支护结构低。据西欧统计资料，开挖深度在10m以内的基坑，土钉墙比锚杆墙节约投资10%～30%。在美国，按土钉开挖专利报告（EN-

NR，1976）所指出的，可节约投资 30% 左右。国内土钉墙工程的经济分析也表明，可比传统支护方式节约投资 30% ~40% 。

此外，土钉墙技术在其应用上也有一定的缺点或局限性，主要是：

1）土钉墙施工时一般要先开挖土层 1 ~2m 深，在喷射混凝土和安装土钉之前需要在无支护情况下稳定至少几个小时，因此土层必须有一定的天然“凝聚力”。否则需先行处理（如进行灌浆等）来维持坡面稳定，但这样会使施工复杂和造价加大。

2）土钉墙施工时要求坡面无水渗出。若地下水从坡面渗出，则开挖后坡面会出现局部坍滑，这样就形成一层喷射混凝土。

3）软土及松散砂土地层开挖支护不宜采用土钉。因软土或松砂的内摩擦力小，为获得一定的稳定性，势必要求土筋长、密度高。这时采用抗滑桩或锚杆地下连续墙较为适宜。但国内已有在软土（淤泥）地层成功运用土钉支护的工程，技术方面尚应总结提高。

4）土钉支护的变形较大，土钉墙属于柔性支护，其变形大于预应力锚撑支护，当对基坑变形要求严格时，不宜采用土钉支护。

3. 工程应用范围及适用条件

土钉支护的应用范围很广，主要有：土体开挖时的临时支护、永久挡土结构、现有挡土结构和支护的修理、改建和抢险加固等。土钉墙常在以下工程中得到应用：托换基础、基坑支挡或竖井、斜坡面的挡土墙、与锚杆挡墙结合作斜面的防护等。但土钉墙也有一定的适用条件：

1）土钉支护适用于有一定黏性的砂土、黏性土、粉土、黄土及杂填土，当场地同时存在砂、黏土和不同风化程度的岩体时，应用土钉支护特别有利。

2）当存在地下水时，地下水应低于土坡开挖段，否则应进行降水处理。当用于黏结力很差、没有临时自稳能力的淤泥土层或处于软塑状态的土体，应首先进行预注浆加固处理，技术经济效益不理想，因此也不宜采用。

3）对标贯击数小于 10 的砂土边坡，采用土钉法一般不经济。对不均匀系数小于 2 的级配不良的砂土，不能采用土钉支护；对塑性指数 $I_P > 20$ 的土，必须详细评价其蠕变特性，当蠕变性很小时，才能将土钉用作永久性支护。土钉不适应在腐蚀性土中作为永久性支护。

4）土钉支护深度一般不宜超过 12m，当场地土层特别好时，可放宽到 14 ~16m。

5）对于含水丰富的粉细砂层，砂卵石层土钉法不适用。

4. 土钉与加筋土挡墙、土层锚杆的比较

（1）土钉与加筋土挡墙比较

1）加筋体（拉筋或土钉）均处于无预应力状态，只有在土体产生位移后，才能发挥其作用。

2）加筋体抗力都是加筋体与土之间产生的界面摩擦阻力提供的，加筋土体内部本身处于稳定状态，它们承受着其后外部土体的推力，类似于重力式挡墙的作用。

3）面层（加筋土挡墙面板为预制构件，土钉面层是现场喷射混凝土）都较薄，在支挡结构的整体稳定中不起主要作用。

尽管土钉技术与加筋土挡墙技术有一定的类同之处，但仍有一些根本的差别需要重视：

1）虽然竣工后两种结构外观相似，但其施工程度却截然不同。土钉施工是“自上而下”，分步施工。而加筋土挡墙的施工则是“自下而上”。这对筋体应力分步有重大影响，施工期间尤甚。

2）土钉是一种原位加筋技术，是用来改良天然土层的，不像加筋土挡墙那样，能够预定和控制加筋土的性质。

3）土钉技术通常包括使用灌浆技术，使筋体和周围土层粘结起来，荷载通过浆体传递给土层。在加筋土挡墙中，摩阻力直接产生于筋条和土层间。见图 6-19。

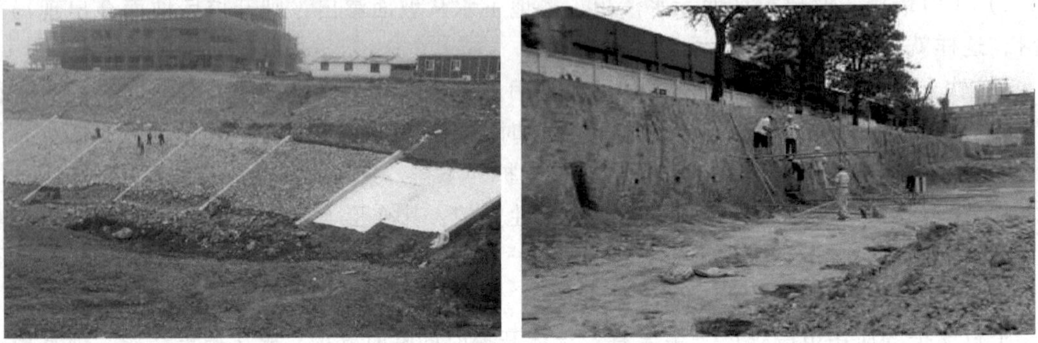

a)　　b)

图 6-19　土钉与加筋土挡墙比较图

a）土钉墙　b）加筋土挡墙

（2）土钉与土层锚杆比较　当用于边坡加固和开挖支护时，土钉和预应力土层锚杆间有一些相似之处。人们很想将土钉当作一种“被动式”的小尺寸土层锚杆。尽管如此，两者仍然有较多的功能差别：

1）土层锚杆在安装后便与张拉，因此在运行时能理想地防止结构发生各种位移。相比之下，土钉不张拉，故只能在发生少量（虽然非常小）位移后才可发挥作用。

2）土钉长度（一般为 3~10m）的绝大部分和土层相接触，而土层锚杆则是通过末端固定的长度传递荷载，其直接后果是在支挡土体内产生的应力分布不同。

3）由于土钉安装密度很高（一般每 $0.5\sim4.0m^2$ 一根），单根土钉破坏的后果未必严重。另外，土钉的施工精度要求不高，它们是以相互作用的方式形成一个整体。

4）如图 6-20 所示，因锚杆承受荷载很大，在锚杆的顶部需要安装适当的承载装置，以减小出现穿过挡土结构面发生“刺入”破坏的可能性。而土钉则不需要安装坚固的承载装置，其顶部承担的荷载小，可由安装在喷射混凝土表面的钢垫来承担。

5）锚杆往往较长（一般为 15~45m），因此需要用大型设备来安装。锚杆体系常用于大型挡土结构，如地下连续墙和钻孔灌注桩挡墙，这些结构本身也需要大型施工设备。

图 6-20　土层锚杆支护图

5. 作用机理

防止土体坍塌破坏的传统方法

是用挡土结构进行支护，依靠挡土结构自身强度、刚度、支撑条件及嵌入深度形成抗力维持稳定，其作用是利用外部支挡形成的抗力被动地支挡要下滑破坏的边坡土体。这是一种被动制约机制，以挡土结构承受其后的土体侧压力，防止土体整体稳定性破坏。而土钉墙技术则是在土体内放置一定长度和分布密度的土钉体与土共同作用，弥补土体自身强度的不足。因此这是一种以增强边坡土体自身稳定性来防止土体破坏的方法，属于主动制约机制。

土钉墙不仅有效地提高了土体的整体刚度，弥补了土体抗拉、抗剪强度低的弱点。通过相互作用、土体自身结构强度潜力得到充分发挥，改变了边坡变形和破坏的性状，显著提高了整体稳定性；更重要的是土钉墙受荷载过程中不会像素土一样发生突发性塌滑，土钉墙不仅延迟塑性变形发展阶段，而且具有明显的渐进性变形和延性开裂破坏，不会发生整体性塌滑。

因此可以总结土钉墙的作用机理为 3 个方面：

1）复合土体作用　土钉与土共同作用，共同承担外荷载和土体自重应力，形成了强度较高的复合土体。由于土钉有较高的抗弯、抗剪、抗拉强度，当土体变形进入塑性变形阶段后，应力逐渐向土钉转移，这样将土体中的应力进行了更大范围的扩散，防止应力过度集中，避免了塑性区的进一步扩大，提高了土体的承载力。

2）类重力复合土体挡墙的作用　由于土钉数量众多，间距较小，土钉与土的共同作用使之形成了类重力式复合土体挡墙，以抵抗土体侧压力，保持土体稳定。

3）土拱作用　受土钉约束，邻近土钉的土体变形较小，离土钉较远的土体变形较大，土钉与钉间土形成了土拱作用，保持钉间土的稳定。

（1）土钉与锚杆　二者的工作机理不同，锚杆一般施加预应力，在其末端的锚固段内作为受力段与周围土体接触，提供锚固力。土钉一般不施加预应力或加很小的预应力，土钉只有在土体发生变形后才能被动受力，土钉受力沿长度分布也是不均匀的，一般是中间大、两头小，并且在主动区和抗力区内土钉叠加后使土钉自身趋于力平衡状态，因此土钉面层不属于主要受力构件，它的主要作用是稳定开挖面上的局部土体，防止其塌落和受到侵蚀。同时锚杆的数量远少于土钉，土钉依靠群体起作用，在施工精度和质量要求上没有锚杆那样严格。

（2）土钉墙与加筋土挡墙　土钉支护属于土体加筋技术中的一种，其形式与加筋挡土墙类似，但土钉施工是从上到下分段边挖土边支护，而加筋土则与之相反，从下而上分层施工，因此二者受力状态相差较大。再者加筋杆件一般水平设置，而土钉则与水平面有一定的夹角。

（3）土钉墙与抗滑桩　抗滑桩的直径一般大于土钉，因而起到抗滑挡土的作用，只要抗滑桩不被剪断，就能保持土坡的稳定，抗滑桩主要发挥抗剪作用。而土钉直径较小，起不到挡土的作用，土体破坏时可绕过土体继续滑动，而土钉则不需要被剪断，土钉只要不被拔出就能继续工作，因而土钉主要发挥抗拉作用。

6. 土钉墙的设计

设计内容主要包括：确定土钉墙的平面、剖面尺寸及分段开挖深度；确定土钉的布置方式和间距；确定土钉的直径、长度、倾角及在空间的方向；确定土钉钢筋的类型、直径和构造；注浆配比、注浆方式设计；混凝土面板设计及坡顶防护设计；进行整体和内部稳定性分析；施工图设计；监测、质量控制与保证设计。

（1）设计步骤

1）根据边坡高度、土质条件及工程性质，初步确定土钉墙的结构尺寸、土钉布置方式和间距，分段开挖深度。

2）根据现场抗拔试验结果、土压力分布、土抗剪参数，并结合已往经验，确定土钉类型尺寸、土钉直径和长度。

3）进行内部稳定性分析，包括不同开挖阶段、不同位置处沿最危险破裂面的滑坡破坏、土钉本身的强度破坏，拔出破坏以及喷射混凝土面板的破坏等。

4）进行外部稳定性验算。视土钉为挡土墙，进行抗滑、抗倾、底部地基承载力验算。

5）进行第3）、4）项的稳定性验算，如不满足，修改1）、2）项的设计内容。重复上述过程直到取得满意结果。

6）进行施工图设计、构造设计及质量控制设计。

（2）设计方法及稳定性分析　关于土钉墙的设计方法有很多种，按其基本原理可分为极限平衡方法和有限元方法。目前在工程上多采用极限平衡分析法，如法国圆弧形破裂面方法、德国双线性破裂面方法、运动学方法、王步云方法、Bridle 方法等。

土钉设计方法，目前还没有一个公认统一的计算方法。这里主要介绍目前较为成熟和应用较多的圆弧滑动分析法。

圆弧滑动法是一种分析边坡滑动的经典方法，适用于多层土、任意超载及有地下水的情况，滑弧经搜索确定，无任何限定条件。土钉主要以受拉为主，因此在进行分析时，只考虑土钉提供的拉力作用。如图 6-21 所示，由土体重力产生的抗滑力矩和滑动力矩分别为

$$M_{\mathrm{r}} = \sum_{i=1}^{n} [C_i L_i + (W_i + q_i b_i)\tan\varphi_i \cos\alpha_i] R S_x \tag{6-19}$$

$$M_{\mathrm{s}} = \sum_{i=1}^{n} [(W_i + q_i b_i)\sin\alpha_i] R S_x \tag{6-20}$$

同时，由图 6-22 可见，设第 j 根土钉产生的有效抗拔力为 T_j，其可进一步分解为 T_{nj} 和 T_{tj}，且由它们产生的抗滑力矩为 M_{rj}

$$\begin{cases} T_j = \pi d_{\mathrm{h}j} L_{\mathrm{a}j} \tau_j \\ T_{nj} = T_j \cos\beta_j \\ T_{tj} = T_j \sin\beta_j \\ \beta_j = 90° - (\alpha_j + \theta_j) \end{cases} \tag{6-21}$$

$$M_{rj} = T_{tj} R + T_{nj} \tan\varphi_j R \tag{6-22}$$

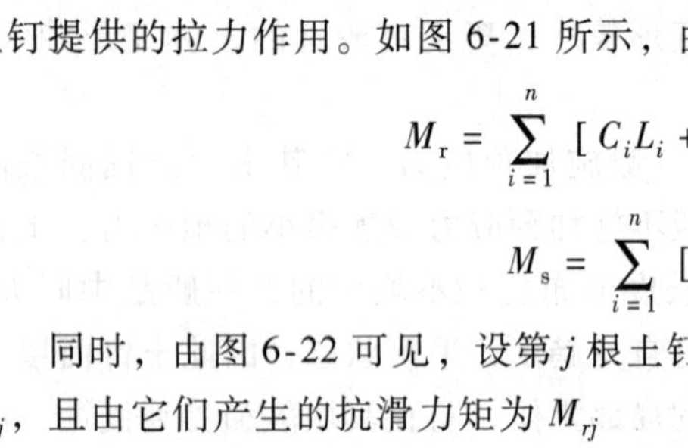

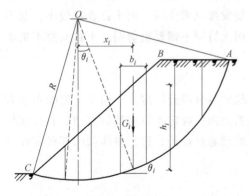

图 6-21　圆弧滑动面条分法示意图

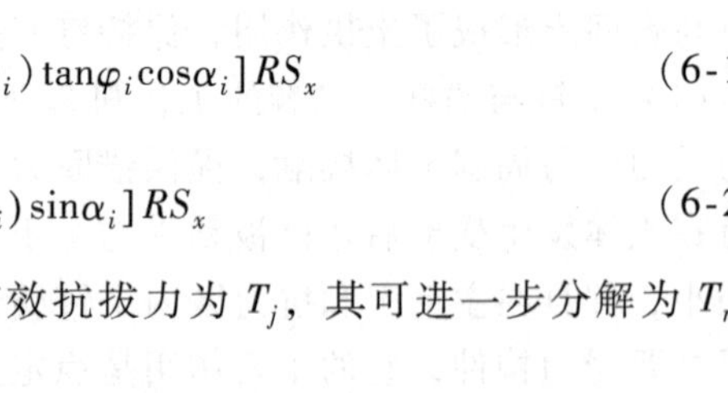

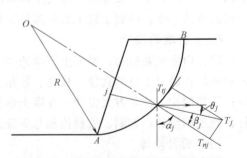

图 6-22　单根土钉的抗拔力计算分析图

根据瑞典条分法原理，考虑钉土相互作用的圆弧滑动安全系数为

$$F_s = \frac{M_r + \sum_{j=1}^{n} M_{rj}}{M_s} = \frac{\sum_{i=1}^{n} [C_i L_i + (W_i + q_i b_i)\tan\varphi_i \cos\alpha_i] S_x + \sum_{j=1}^{m} (T_{tj} + T_{nj}\tan\varphi_j)}{\sum_{j=1}^{n} (W_i + q_i b_i)\sin\alpha_i S_x} \tag{6-23}$$

式中　n、m——总土条数和总土钉数。

这种方法考虑了钉土间的相互作用，是一种值得提倡的好方法。

除进行整体稳定性验算外，还应进行土钉抗拔力验算。对于单根土钉，土钉在土层主动土压力的作用下，土钉支护内部在破裂面后的土钉与砂浆间及土钉砂浆与土体间应提供足够的黏结强度和抗剪强度以使土钉不被拔出，应满足下式

$$\frac{\mathrm{Min}(F_{i1}, F_{i2})}{E_{hi}} \geqslant K_2 \tag{6-24}$$

式中　F_i——钉材与砂浆界面的黏结强度，$F_{i1} = \pi d L_{ei} \tau_g$；

L_{ei}——土钉伸入破裂面外的约束区内长度；

τ_g——钉材与砂浆界面的黏结强度标准值；

E_{hi}——主动土压力；

F_{i2}——土钉与土体界面的抗剪强度，$F_{i2} = \pi D L_{ei} \tau_f$；

τ_f——土钉砂浆与土体界面的抗剪强度标准值，一般由现场试验确定；

K_2——抗拔安全系数，一般取 1.5～2.0。

对于总体土钉抗拔稳定的验算，土钉支护内部破裂面后土钉有效抗拔力对土钉支护底部的力矩应大于主动土压力所产生的力矩，总抗拔力验算采用下式

$$\frac{\sum F_i (H - h_i)\cos\alpha_i}{E_h H_h} \geqslant K_f \tag{6-25}$$

式中　F_i——Min（F_{i1}，F_{i2}）；

α_i——第 i 根土钉与水平面之间的夹角；

E_h——土体主动土压力合力；

H_h——主动土压力合力到土钉支护底面的距离；

K_f——总体土钉支护抗拔力安全系数，一般取 2.0～3.0。

土钉设计的计算步骤为：输入初始钉长、倾角、间距等参数，验证 F_s、K_R 是否满足要求，若不满足，修改参数，直到满足为止。

除进行整体稳定性验算和土钉抗拔验算外，还应进行混凝土面板强度验算和土钉墙稳定性验算及土钉墙变形分析，此处不再详述。

7. 土钉墙的施工

土钉墙的施工工艺可概括为：首先开挖上层土体到一定深度，然后设置土钉并构筑混凝土面层，继续向下开挖并重复上述步骤，直到所需深度。深基坑土钉支护施工时在基坑开挖坡面，用洛阳铲人工成孔或机械成孔，孔内放土钉锚杆并注入水泥浆，在坡面安装钢筋网，喷射强度等级不低于 C20 的混凝土，使土体、土钉杆及喷射混凝土面层结合。

土钉根据施工方法可分为钻孔注浆型、打入型和射入型，后两种需要专门的施工机械，且土钉长度一般不超过6.0m。钻孔注浆型土钉是在成孔后放入钢筋等构件，再向孔内注浆，形成与周围土体密实结合的土钉。

土钉墙施工的注意事项：土钉墙的墙面坡度不宜大于1:0.2；土钉外露端部和层面有效连接在一起，设承压板和加强筋；土钉长度宜为开挖深度0.5～1.2倍，土钉的间距宜为0.6～1.2m，土钉与水平夹角为10°～20°；土钉宜选用Ⅱ、Ⅲ级螺纹钢筋，直径16～32mm，钻孔直径70～120mm；面层喷射混凝土强度等级不宜低于C20，面层厚度宜为80～200mm；喷射混凝土面层中配钢筋网，采用Ⅰ级钢筋、直径6～10mm，间距150～300mm，钢筋网搭接长度大于300mm；当地下水位高于基坑底面时，应采取降水或截水措施；土钉墙墙顶应采用砂浆或混凝土护面，坡顶和坡脚应设排水措施，坡面上可根据具体情况设置泄水孔。

土钉墙的施工工序如图6-23所示。

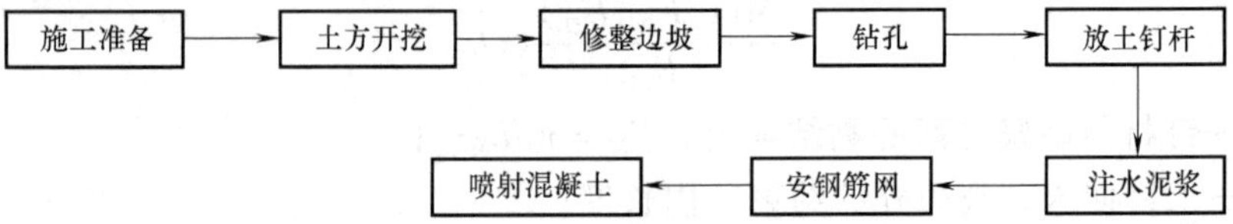

图6-23　土钉墙的施工工序

6.2.3　树根桩

1. 概述

树根桩是利用小型钻机按设计直径，钻进至设计深度，然后放入钢筋笼，同时，注入水泥浆或水泥砂浆，结合碎石骨料成桩的一种桩型。

某种程度上树根桩可以看成是一种小型的钻孔灌注桩，但它又与灌注桩有较多的不同之处。首先，树根桩常用在房屋的地基加固中，直径小、垂直或倾斜皆可，而灌注桩一般是新建建筑的桩基础，是垂直的大孔径桩；其次，树根桩需要放入灌浆管进行压力注浆，类似于锚杆的压力注浆，而灌注桩不需要压力注浆，混凝土拌合物自由落体，体积大、骨料颗粒更粗。

树根桩的直径为一般13～30cm，桩长5～30m。树根桩可以根据需要，做成垂直的，也可以是倾斜的，可以是单根的，也可以是成束的，可以是端承桩，也可以是摩擦桩。

树根桩于20世纪30年代初起源于意大利，第二次世界大战后在世界各国得到迅速推广和应用。它很适于荷载小而分散的中小型工业与民用建筑。它不仅可用于新建工程的地基处理，也可用于现有工程的基础托换，特别是对于场地狭窄，净空低矮的工程现场，其优点尤为突出。我国从80年代初开始研究将树根桩应用于古建筑和现代建筑物的地基加固工程中，该技术成功为苏州虎丘塔地基加固后在我国得到了越来越广泛的应用。

树根桩法适用于淤泥、淤泥质土、黏性土、粉土、砂土、碎石土及人工填土等地基土上既有建筑的修复和各种加固工程及基础托换工程。

2. 树根桩的设计

树根桩加固地基的设计计算与其在地基加固中的效果有关。树根桩的设计应符合以下规定：

1）桩径。树根桩的直径为100～300mm。

2）桩长。桩长不宜超过30m，应根据加固要求和地质情况而定。

3）桩的布置。桩的布置可采用直桩型或网状结构斜桩型。

4）单桩竖向承载力。树根桩的单桩竖向承载力可通过单桩载荷试验确定，当无试验资料时，也可按《建筑地基基础设计规范》有关规定估算。当树根桩按照摩擦桩设计时，可按下式计算单桩承载力

$$P_{ar}=U/K\times\sum q_i l_i \tag{6-26}$$

式中 P_{ar}——单桩允许承载力（kN）；

U——桩周长（m）；

q_i——第 i 层土层极限摩擦力（kPa）；

l_i——第 i 层土层的桩长度（m）；

K——安全系数，一般可取2，对沉降有特殊要求的托换工程，可适当增大。

当桩尖进入硬土层且进行端部扩径时，可计入桩端承载力，考虑按端承桩进行设计。扩径长度应不小于2.5倍桩径，桩端允许承载力为

$$P_{ae}=Aq_p/K \tag{6-27}$$

式中 P_{ae}——单桩容许桩端端承力（kN），不应超过单桩容许承载力的1/3；

A——桩端扩径截面积（m^2）；

q_p——桩端土层极限端承力（kPa）；

K——安全系数，取值同上。

当同时考虑桩的摩擦和端承作用时，单根桩的总竖向承载力可将上两式相加得到。

树根桩的单桩竖向承载力的确定，尚应考虑既有建筑的地基变形条件的限制和桩身材料的强度要求。

5）桩身。桩身混凝土强度等级应不小于C20，钢筋笼外径宜小于设计桩径40～60mm。主筋不宜少于3根。对软弱地基，主要承受竖向荷载时的钢筋长度不得小于1/2桩长；主要承受水平荷载时应全长配筋。设计树根桩桩身强度时，桩身混凝土轴心抗压强度应满足下式要求

$$f_c\geqslant(2\sim3)P_a/A_p \tag{6-28}$$

式中 f_c——桩身混凝土轴心抗压强度（kPa）；

P_a——单桩允许承载力（kPa）；

A_p——桩身截面积（m^2）。桩身混凝土强度等级不小于C15级。

6）树根桩设计时，还应对既有建筑的基础进行承载力验算。当不满足上述要求时，应先对原基础进行加固或增设新的桩承台。

7）树根桩与土形成挡土结构，承受水平荷载。对树根桩挡土结构，不仅要考虑整体稳定，还应验算树根桩复合土体内部的强度和稳定性。

对网状结构的树根桩而言，其断面设计是一个复杂的问题。在网状结构内，单根树根桩可能要求承担拉应力、压应力和弯曲应力。而桩的尺寸、排列方式、桩长和桩距等设计参数，国外都是根据本国的实践经验而制定。

3. 树根桩的施工

（1）施工准备　施工准备工作包括测量放线、对桩位准确定位并放桩位点、安设导槽

及护筒、钻孔桩机就位等工作。桩位平面允许偏差 ±20mm；直桩垂直度和斜桩倾斜度偏差均应按设计要求不得大于1%。

（2）成孔及清空　树根桩的钻孔分为干钻和湿钻两种，干钻法采用压缩空气冷却钻头，施工设备较为复杂，国内目前主要采用湿钻法进行树根桩成孔。

树根桩的成孔，一般是采用小型钻机钻孔，采用水或泥浆作为循环冷却钻头和除渣手段。同时循环水在钻进过程中，水和泥土搅拌混合在一起易变成泥浆状。有时为了提高树根桩的承载力，多采用正循环方法，当遇到较硬土层时，换上水力扩孔钻头，以达到扩孔目的。在饱和软土层钻进时，经常遇到流砂层，钻进时，进尺速度要慢，依靠岩心管在流砂层表面磨动旋转，加上孔内泥浆，使其孔壁表面形成泥皮，以达到护孔目的。表土层松散时，用套管护孔，套管口一般高出地面10cm。钻至设计标高时，将钻杆提起200mm左右，注入清水开动钻机空钻，进行清孔作业，到溢出较清的水为止。

（3）钢筋笼的制作与吊放　长钢筋笼宜分段制作，分段长度应根据吊装条件和总长度计算，应确保在移动、起吊时不变形，一般每节长5～6m，相邻两段钢筋笼的接头采用绑扎或焊接均可，其搭接长度应符合规范要求。由于树根桩的直径均较小，故钢筋的混凝土保护层厚度为1.5～2.0cm。

吊放钢筋笼时应慢吊轻放，以免钢筋笼弯曲变形，同时钢筋笼不得黏附泥土；钢筋笼搭接时必须吊直扶正，下放钢筋笼时从钻孔中心下放，速度不能太快。

（4）插入注浆管、注浆　注浆管一般放在钢筋笼内，一起放到钻孔内。一般可在钢筋笼的预设部位绑扎PVC管作为注浆管，注浆管的下端距孔底为300mm左右。随后可从管口压入水泥砂浆，注浆管在灌注过程中，一般要埋入水泥浆中2～3m，以保证桩体的质量。注浆材料可采用水泥浆液、水泥砂浆或细石混凝土，当采用碎石填灌时，注浆应采用水泥浆。

（5）填碎石　灌浆后，立即投入碎石（5～25cm），用钢筋插捣，使骨料均匀分布于桩身。下料不宜太快，下料过程中，应轻轻敲击钢筋笼，以保证填料密实。实践中，也可先投入碎石，再行注浆。第一次注浆后须稳定半小时左右，如有必要再进行第二次注浆，第二次注浆应边注浆边将注浆管向外拔，并同时补充碎石。

6.2.4　植被护坡技术

植被护坡是指开挖边坡形成以后，通过种植植物，利用植物植被对边坡表层进行防护、加固，使之既能满足对边坡表层稳定的要求，又能恢复被破坏的自然生态环境的护坡方式，是涉及岩土工程、恢复生态学、植物学、土壤肥料学等多种学科的综合工程技术，又常称之为生态护坡。植被护坡效果见图6-24。

a)

b)

图6-24　植被护坡效果

1. 植被护坡的必要性与作用

植被护坡是一种较新型的有效护坡技术手段，而且越来越得到人们的认可和有关部门的推广应用。首先，这是护坡工程的需要，依靠现代成熟的设计与计算理论、依靠植被良好的根系作用已可以做到使植被打造的边坡具有足够的固土和抗冲能力，满足工程护坡的需要。植被的根系能与土层密切地结合，根系与根系的盘根错节，使地表层土壤形成不同深度的、牢固的稳定层，从而有效地稳定土层，固定沟坡，阻挡冲刷和塌陷，有机械的防护作用。其次，它是生态环境保护的需要。随着经济发展和人们生活水平提高，人们对于传统的钢筋加水泥的保坡方式已不再满足，而是渴望自然和绿色、环保，希望把生态与护坡联系到一起，让植被代替水泥，让根系代替钢筋。植被护坡对环境能起到美化作用。减少地表径流和水土流失。此外，植被护坡的造价还较低，作用却是长期的。

植被护坡的作用可归纳为以下几条：

（1）增强边坡稳定性、增加土体强度　在植被的保护下能从根本上阻止土石岩体失去平衡，在自重力作用下脱离母体发生坠落或移动，有效的防止了滑坡等地质灾害的威胁。而且植被能降低土壤孔隙压力，与根系的相互作用使土壤剪切力提高，增强了土体的黏附力。这种作用与“加钢筋”的作用有些相似，而且在护坡过程中很多方面都超越了钢筋，能牢牢地将土石围绕。

（2）水土保持，防止水土流失　自然植被可以防止砂土和土壤养分的流失，植被的存在，对减少边坡土壤的水分蒸发，增加入渗量有良好的作用。植物覆盖对于地表径流和水土冲刷有极大的减缓作用。枝叶繁茂的树冠能够截留一部分降水量，庞大的根系能直接吸收和涵养部分水分，还可稳定地表土层。而没有植被覆盖的地方，降水量全部落在地表面，形成径流，造成水土侵蚀和冲刷。

（3）景观及生态平衡作用　植被护坡在保护边坡的同时，起到了一道人为景观的作用。尤其在公路护坡中，在坡面上点缀不同的植物，使乘客或驾驶员从视觉上得到了良好的享受，美化了城市景观，增加了城市的绿化面积。此外，在一定程度上，植被护坡还可对生态平衡及气候的调节起到作用。这种生态平衡还体现在对土壤环境的改善上。自然植被可以通过改善土壤的化学、物理和生物结构，从而提高土壤的肥力。改善物理结构，是指植被可以使土壤孔隙度增加，土壤含水量和透气性提高。改善生物结构，是指植被可以使土壤中的微生物变得丰富，土壤腐殖质含量提高。改善化学结构，是指植被可以把枯枝落叶层的养分返回到土壤中。此外，植被可以使空气中的部分元素转移到土壤中，如固氮作用。

2. 植被护坡的机理

植被护坡的机理主要是依靠植物的根系层和生长层的作用来实现的。

植物的生长层（包括花被、叶鞘、叶片、茎），通过自身致密的覆盖防止边坡表层土壤直接遭受雨水的冲蚀，降低暴雨径流的冲刷能量和地表径流速度，从而减少土壤的流失；涵水、吸水和防止水分蒸发。根系层对坡面的地表土壤起到加筋锚固的力学效应。这两种作用（效应）形成的护坡机理如图 6-25 所示。

3. 植被边坡稳定性分析

受外界不利因素的影响，边坡可能发生滑动、倾斜等破坏而失去稳定性。进行植被保护设计时，首先应分析判断边坡是否稳定。岩质边坡和土质边坡的失稳形式各不相同，岩质边坡主要发生平面破坏、楔形破坏、曲面破坏和倾倒破坏。平面破坏、楔形破坏、曲面破坏属

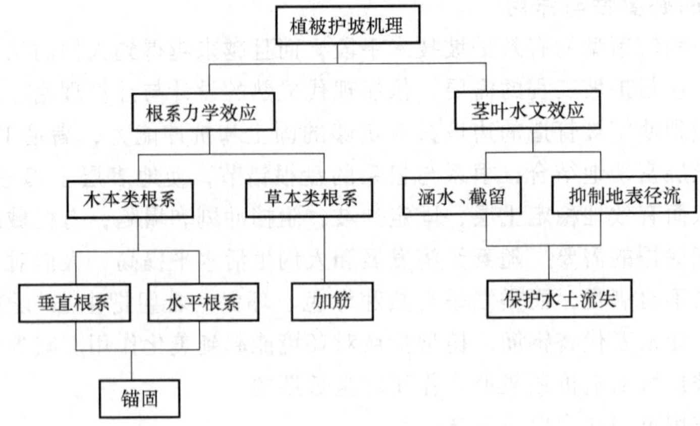

图 6-25　植被护坡机理

于深层失稳破坏，一般在坡面 2m 以下深处沿滑移面产生剪切滑移破坏（滑移面分为平面、圆面、楔形面或曲面），这种破坏造成坡面植被较大范围内的破坏，进行植被护坡时必须避免出现这种破坏。倾倒破坏一般发生在陡峭层状岩坡，这种岩坡一般不做植被护坡。另外还有一类边坡的破坏即浅层破坏，一般发生在坡面表层或坡面下不足 2m 的范围内，这种破坏造成的破坏相对较小，对于这种破坏也应引起足够重视。

在确定边坡滑面位置及滑移面形状后，需对边坡进行稳定性分析，下面主要对平面破坏、圆弧滑面破坏边坡稳定性分析方法进行介绍。

（1）平面破坏的边坡稳定性分析

1）无张裂隙坡体的稳定性分析。无张裂隙破坏分析图如图 6-26 所示。此时滑面为 AC，滑体 ABC 将沿 AC 发生滑移破坏。按照极限平衡法进行稳定性分析，单宽滑体体积 V_{ABC} 为

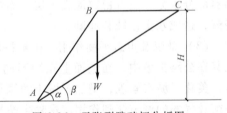

图 6-26　无张裂隙破坏分析图

$$V_{ABC}=\frac{H^2\sin(\alpha-\beta)}{2\sin\alpha\sin\beta} \tag{6-29}$$

式中　H——破坡体的高度（m）；

α——坡脚；

β——滑面倾角。

单宽滑体中 W 则为

$$W=\frac{\gamma H^2\sin(\alpha-\beta)}{2\sin\alpha\sin\beta} \tag{6-30}$$

稳定系数 W 是抗滑力与滑动力之比，小于 1 时坡体失稳，等于 1 时坡体处于临界状态，大于 1 时坡体处于稳定状态，抗滑力与滑动力按式（7-33）计算。

抗滑力　$$T_f=N\tan\varphi+cA=W\cos\beta\tan\varphi+cH/\sin\beta \tag{6-31}$$

滑动力　$$T=W\sin\beta \tag{6-32}$$

所以　$$F_s=\frac{T_f}{T}=\frac{2c\sin\alpha}{\gamma H\sin(\alpha-\beta)\sin\beta}+\frac{\tan\varphi}{\tan\beta} \tag{6-33}$$

式中　γ——岩石天然重度（N/m^3）；

φ——结构的内摩擦角；

c——结构面的黏聚力（kPa）。

2）有张裂缝隙坡体的稳定性分析 由于收缩及张拉应力的作用，在边坡的坡顶附近或坡面可能发生张裂缝，如图 6-27 所示。此时，单宽滑体重力 W 可按下面两种情况计算。

① 当张裂隙位于坡顶面时，

$$W=\frac{1}{2}\gamma H^2\{[1-(Z/H)^2]\cot\beta-\cot\alpha\} \tag{6-34}$$

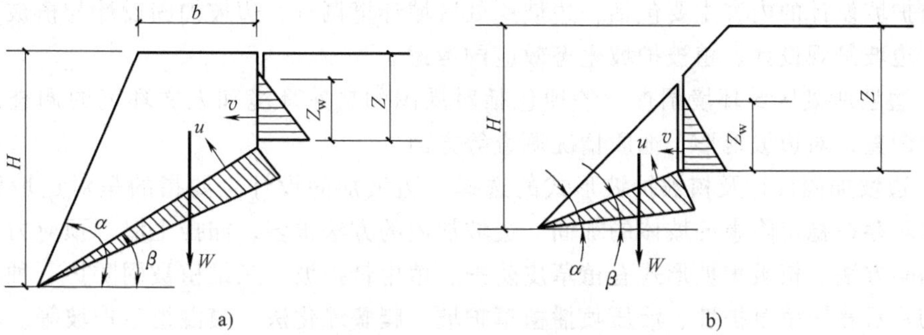

图 6-27 有张裂缝坡体发生平面破坏的两种情况

a）张裂缝在坡顶 b）张裂缝在坡面

② 当张裂隙位于坡面时

$$W=\frac{1}{2}\gamma H^2\{[1-(Z/H)^2]\cot\beta(\cot\beta\tan\alpha-1)\} \tag{6-35}$$

稳定系数为

$$F_s=\frac{cA+(W\cos\beta-U-V\sin\beta)\tan\varphi}{W\sin\beta+V\cos\beta} \tag{6-36}$$

式中 A——单宽滑动面面积，$A=(H-Z)\csc\beta$；

U——滑动面上水压力所产生的上举力，$U=\frac{1}{2}\gamma_w Z_w(H-Z)\csc\beta$；

V——张裂隙中水平方向的体积，$V=\frac{1}{2}\gamma_w Z_w^2$；

γ_w、Z——水的容重和张裂隙中水的深度；

c、β——滑面的黏聚力和内摩擦角。

张裂隙位置 b 为

$$b=H(\sqrt{\cot\alpha\cdot\cot\beta}-\cot\alpha) \tag{6-37}$$

$$Z=H(1-\sqrt{\cot\alpha\cdot\tan\beta}) \tag{6-38}$$

（2）圆弧滑面的稳定性分析

1）瑞典圆弧法。瑞典 Fellenius 提出的圆弧滑面法是边坡稳定分析的一种基本方法。该法假定土坡稳定分析是一个平面应变问题，滑面是圆弧形。将滑动土体分为若干土条，取任一条分析其手里情况，忽略图条两侧面上的作用力，利用土条底面法向力平衡和整个滑动土条力矩平衡条件求出各土条底面法向力的大小和土坡的稳定安全系数。

2）毕肖普法。瑞典圆弧法略去了条间力的作用，严格地说，它对每一土条力平衡条件是不满足的。对土条本身的力矩平衡也不满足，只满足整个滑动土体的力矩平衡。对此，在工程实践中引起了不少争论。毕肖普1955年提出了一个考虑条件力的作用求算稳定安全系数的方法，该法称为毕肖普法，也适用于滑面为圆弧面的情况。假定各土条底部滑动面上的抗滑安全系数均相同，即等于整个滑动面的平均安全系数，取单位长度土坡按平面问题计算。将滑动土体分成若干土条，取其中任一土条分析其受力情况，求出土坡安全系数的普遍公式。

4. 植被护坡设计

植被护坡设计的内容主要包括：边坡所处区域环境调查、边坡加固设计与植被护坡形式的选择、边坡景观设计、植被护坡生态效应的考虑。

（1）边坡所处区域环境调查　该项包括对周围的自然环境和人文环境的调查，对周边乡土植被调查，对边坡地形、地质情况调查等方面。

（2）边坡加固设计及植被护坡形式的选择　边坡加固设计主要指的是对边坡稳定性的分析以及对存在稳定隐患的坡体的加固。边坡加固的方法很多，如挡土墙、预应力锚杆、土钉墙加固等方法。植被护坡形式有植草皮防护、植生带护坡、三维植被网防护、种植草篱护坡、浆砌片石骨架植草护坡、液压喷播植草护坡、爬藤绿化法、喷混植生护坡等。坡面植被防护应根据坡面土石构成状况、坡体的高度和坡比，同时应考虑选用与景观和生态效应相应的植被防护形式。

（3）植被护坡景观设计　植被护坡景观设计主要包括三方面的内容：边坡坡型几何设计、边坡绿化植被物种的选择、边坡景观综合设计。

边坡景观设计应从整体出发，把边坡、公路及临近地形（如山体）看成一个环境整体，全盘考虑，统一布局。景观设计应因地制宜，把边坡加固与植被护坡紧密结合起来，表现自己的特色。例如，在植被护坡中引种乡土植被，能使边坡绿化带有浓郁的地方特色，这种特色让人感到亲切，成为其他地区所没有的独特景观。景观设计应以不破坏周围的环境为前提。景观设计强调美学特色，但如果只追求设计的美感而忽略了环境的效应，就违背了景观设计的初衷，优秀的景观设计既能保护环境又能美化周围的环境。坡面植被应尽量选用多种物种，避免单一。同时，护坡植物应错落有序，不是完全在同一高度上，以体现出立体感，实现物种的多样性和多层次性。

（4）植被护坡中的生态效应　为达到植被护坡的生态效应，植被护坡设计应遵循以下几个原则：

1）尊重自然的原则。建立正确的人与自然的关系，尊重自然、保护自然，尽量小的对原始自然环境进行变动。

2）整体优先原则。局部利益必须服从整体利益，一时性的利益必须服从长远的、持续性的利益。

3）经济性原则，即对资源的充分利用和循环利用，减少各种资源的消耗。

4）乡土化原则。延续地方文化和民俗，充分利用当地植被，结合地域气候和地形地貌。

5）安全性原则。植被护坡设计不仅要保证正常情况下的安全，还应考虑突发情况下的安全。

5. 植被护坡施工

根据选择的边坡加固方式及植被护坡形式的不同，可以采用不同的施工方法，常用的方法有混凝土块铺面框格法、植生卷铺盖法、客土植生带法、纤维绿化法、生态多孔混凝土绿化法、厚层基材喷射绿化法等。其中客土植生带法、纤维绿化法、生态多孔混凝土绿化法、厚层基材喷射绿化法可用于岩石边坡种植植被。对于混凝土块铺面框格法根据预制混凝土块铺面的连接方式的不同又可分为铰接式生态护坡和连锁式生态护坡。此处以预制混凝土块铰接式生态护坡为例说明其施工过程。铰接式护坡是一种连锁型高强度预制混凝土块铺面系统，是由一组尺寸、形状和重量一致的预制混凝土块，用镀锌的钢缆或聚酯缆绳相互连接而形成的连锁型矩阵（见图 6-28），主要包括如下步骤：

a)　　b)

图 6-28　预制混凝土块铺面的连接方式

a）中间开孔式混凝土块　b）铰接式生态护坡的坡面

1）准备场地：铺放垫子前土基表面必须压实整平，若场地土质较差，不好压实或整平，则可用一层碎石垫层。

2）铺设土工布：铺放垫子前必须要铺设符合当地土质要求的反滤土工布，最好用编织的土工布。

3）铺设块体：为提高施工精度和速度，一般在生产厂或就地把混凝土块用绳索连接成适合本工程大小的垫子，并利用起重机和专用展延栅一次性安装到已准备好的土基上。

4）填缝：铺好块体后应在空隙内填满级配碎石，可大大提高铺面系统的稳定性。

5）植草：正常水面以上块体表面可以摊铺一层天然土然后种植适合当地气候环境的花草。

历年注册土木工程师（岩土）考试真题精选

1. 为增加土质路堤边坡的整体稳定性，采取（　　）的效果是不明显的。(2007 年)

(A) 放缓边坡坡率　　(B) 提高填筑土体的压实度

(C) 用土工格栅对边坡加筋　　(D) 坡面植草防护

【答案】: D

2. 在下列的土工合成材料产品中，哪些可用于作为加筋土结构物的常用加筋材料？(2008 年)

(A) 土工带　　(B) 土工网

(C) 土工膜袋　　(D) 土工格栅

【答案】: AD

3. 输水渠道采用土工膜技术进行防渗设计，下述哪个符合《土工合成材料应用技术规

范》的要求？（2009 年）

（A）渠道边坡土工膜铺设高度应达到与最高水位平齐

（B）在季节冻土地区对防渗结构可不再采取防冻措施

（C）土工膜厚度不应小于 0.25mm

（D）防渗结构中的下垫层材料应选用渗透性较好的碎石

【答案】：C

4. 某建筑浆砌石挡土墙重度 22kN/m^3，墙高 6m，底宽 2.5m，顶宽 1m，墙后填料重度 19kN/m^3，黏聚力 20kPa，内摩擦角 15°如图 6-29 所示，忽略墙背与填土的摩阻力，地表均布荷载 25kPa。问该挡土墙的抗倾覆稳定安全系数最接近下列哪个选项？（2012 年）

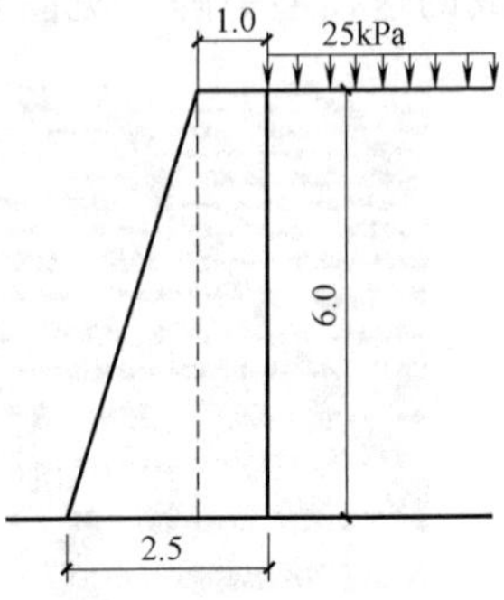

图 6-29

（A）1.5　　（B）1.8

（C）2.0　　（D）2.2

【答案】：C

【解答】：

$$K_a = \left[\tan\left(45° - \frac{15°}{2}\right)\right]^2 = 0.59$$

$$Z_O = \frac{2c}{\gamma\sqrt{K_a}} - \frac{q}{\gamma} = \frac{20 \times 20}{19\sqrt{0.59}} - \frac{25}{19} = 1.42\text{m}$$

$$\begin{aligned} e_a &= (\gamma h + q)K_a - 2c\sqrt{K_a} = (19 \times 6 + 25) \times 0.59 - 2 \times 20 \times \sqrt{0.59} \\ &= (82.01 - 30.72)\text{kPa} = 51.29\text{kPa} \end{aligned}$$

$$E_a = \frac{1}{2}e_a(h - Z_O) = \frac{1}{2} \times 51.29 \times (6 - 1.42)\text{kPa} = 117\text{kPa}$$

作用点距墙底高度 $z = \dfrac{h - z_O}{3} = \dfrac{6 - 1.42}{3}\text{m} = 1.53\text{m}$

$$K = \frac{0.5 \times 1.5 \times 6 \times 22 \times 1 + 6 \times 1 \times 22 \times (1.5 = 0.5)}{117 \times 1.53} = \frac{363}{179.01} = 2.03$$

5. 下列哪个选项不得用于加筋土挡土墙的填料？（2010 年）

（A）砂土　　（B）块石土　　（C）砾石土　　（D）碎石土

【答案】：B

6. 如图 6-30 所示挡土墙，墙背竖直光滑，墙后填土水平，上层填 3m 厚的中砂，土的重度为 18kN/m^3，内摩擦角 28°；下层填 5m 厚的粗砂，重度为 19kN/m^3，内摩擦角 32°，砂层作用在挡墙上的总主动土压力最接近于下列哪个选项？（2010 年）

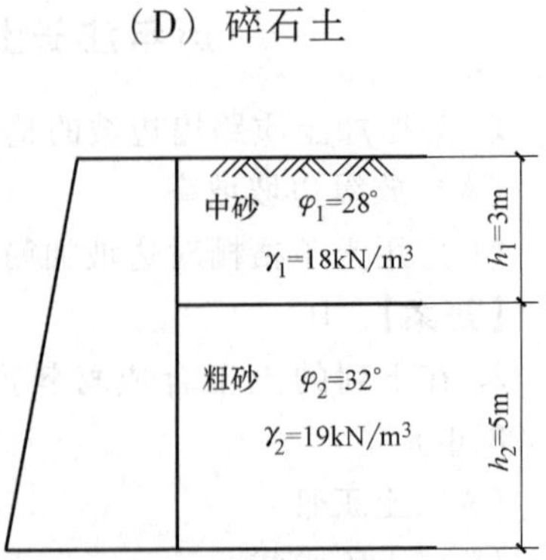

图 6-30

（A）172kN/m　　（B）168kN/m

（C）162kN/m　　（D）156kN/m

【答案】：D

【解析】：

粗砂层顶部的竖向应力 $\sigma_z = r_1 h_1 = 18 \times 3\text{kPa} = 54\text{kPa}$

粗砂层的主动土压力系数 $K_{a2} = [\tan(45° - 0.5\varphi_2)]^2 = 0.307$

粗砂层顶部土压应力 $P_{a2上} = r_1 h_1 K_{a2} = 54 \times 0.307\text{kPa} = 16.6\text{kPa}$

粗砂层底部土压应力

$$P_{a2下} = (r_1 h_1 + r_2 h_2) K_{a2} = (18 \times 3 + 19 \times 5) \times 0.307\text{kPa} = 45.7\text{kPa}$$

粗砂层作用在挡墙上的土应力

$$E_{a2} = 0.5(P_{a2上} + P_{a2下}) h_2 = 0.5 \times (16.6 + 45.7) \times 5\text{kPa} = 156\text{kPa}$$

7. 如图 6-31 所示，一锚杆挡土墙肋柱的某支点处垂直于挡土墙面的反力 R_n 为 250kN，锚杆对水平方向的倾角 $\beta = 25°$，肋柱的竖直倾角 α 为 15°，锚孔直径 D 为 108mm，砂浆与岩层面的极限剪应力 $\tau = 0.4\text{MPa}$，计算安全系数 $K = 2.5$，当该锚杆非锚固段长度为 2.0m 时，锚杆设计长度满足的关系式为（　　）。(2014 年)

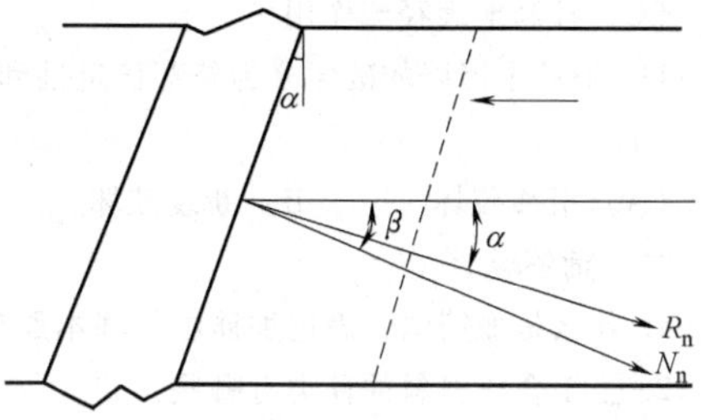

图 6-31

(A) $l \geqslant 1.9\text{m}$　(B) $l \geqslant 3.9\text{m}$

(C) $l \geqslant 4.7\text{m}$　(D) $l \geqslant 6.7\text{m}$

【答案】：D

【解析】：据《铁路路基支挡结构设计规范》第 6.2.6 条计算

$$N_n = R_n / \cos(\beta - \alpha) = 250/\cos(25° - 15°)\text{kN} = 253.9\text{kN}$$

$$l_{总} = l + 2 \geqslant 4.68 + 2 \approx 6.7\text{m}$$

习　　题

一、单选题

1. 下列（　　）土工合成材料不适用于土体的加筋。

(A) 土工格栅　(B) 土工塑料排水板

(C) 土工带　(D) 土工格室

2. 下列（　　）不是表征土工合成材料耐久性能的指标。

(A) 抗老化能力　(B) 疲劳

(C) 抗化学、生物稳定性　(D) 抗磨性

3. 检查加筋土挡墙中加筋材料铺设的均匀性和平展性时，每层按照每（　　）抽检 1 个结点。

(A) 10m　(B) 12m　(C) 15m　(D) 20m

4. 研究表明土钉在其加强的复合土体中起箍束骨架的作用，提高了土坡的（　　）。

(A) 整体刚度和稳定性　(B) 内部稳定性

(C) 外部稳定性　(D) 局部刚度

5. 工程中土钉实际长度 L（　　）土坡的垂直高度。

(A) 小于　(B) 不小于　(C) 等于　(D) 不大于

6. 一般情况下，土钉头部的合理变形量应控制在坡高的（　　）以内。

(A) 2%　(B) 5%　(C) 3%　(D) 4%

7. 树根桩的成孔方法主要有旋转、冲击钻、泥浆护壁套管成孔和人工洛阳铲成孔。对于混凝土、硬土或冻层土，最适宜采用的钻头为（　　）

（A）平底钻头　　（B）一般尖底钻头

（C）耙式钻头　　（D）刃口焊有硬质合金刀头的尖底钻头

8. 树根桩不适用于（　　）地基上既有建筑的修复和加固。

（A）淤泥　（B）淤泥质土　（C）岩石　（D）人工填土

9. 树根桩的直径一般为（　　）。

（A）100～300mm　（B）200～400mm　（C）50～200mm　（D）300～500mm

10. 下列植被的水文效应中，不包括（　　）。

（A）加筋锚固作用　　（B）降雨截留作用

（C）抑制地表径流作用　　（D）削弱溅蚀作用

11. 加筋土挡墙的破坏分为外部稳定性和内部稳定性破坏，下面哪个不是外部稳定性可能的破坏形式？（　　）。

（A）滑移破坏　（B）断裂破坏　（C）倾覆破坏　（D）倾斜破坏

二、简答题

1. 什么是加筋法，简述加筋法的基本原理？

2. 土工合成材料的种类有哪些？

3. 简要概括土工合成材料的主要功能与作用？

4. 简述土工合成材料的物理与力学特性？

5. 简述加筋土挡墙的概念及加固原理？

6. 加筋土挡墙的内外部可能产生的破坏形式有哪些？简述各自破坏机理。

7. 加筋土挡墙的设计计算中，应考虑哪些主要内容？

8. 简述土钉提高土体强度的加固机理？

9. 简述树根桩的施工工艺？

10. 植被是如何影响边坡稳定性的？

三、计算题

某岩石边坡，坡高 $H=15\text{m}$，坡面倾角 $\alpha=60°$，测得一滑面 AC，其倾角 $\beta=40°$，滑面材料的黏聚力 $c=60\text{kPa}$，内摩擦角 $\varphi=31°$，岩土容重 $\gamma=25\text{kN/m}^3$。求此边坡的稳定性系数 F_s。

第7章　复合地基处理技术

7.1　复合地基理论

7.1.1　复合地基的定义

复合地基是指天然地基在地基处理过程中，部分土体被增强，或被置换，或在天然地基中设置加筋材料，由天然地基土和增强体两部分组成共同承担荷载的人工地基，如图 7-1 所示。工程实践中通过形成复合地基达到提高人工地基承载力及减小沉降的目的。

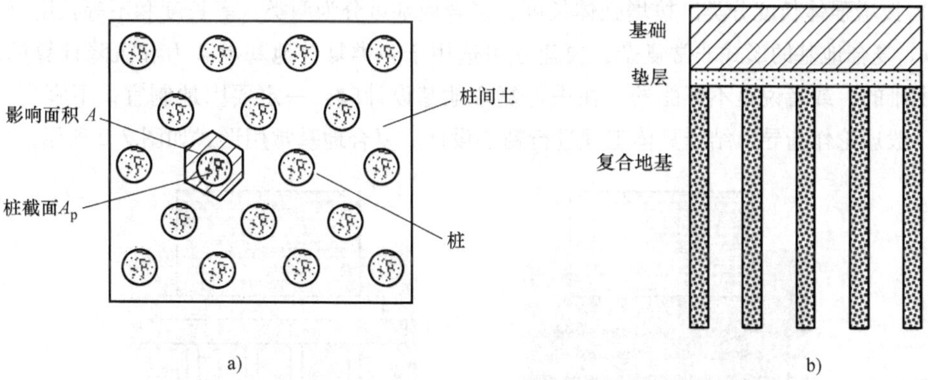

图 7-1　复合地基示意图

自从复合地基概念在国际上于 1962 年首次提出以来，其涵义随着工程应用和理论研究而不断丰富和发展。最初，复合地基主要是指碎石桩复合地基，随着深层搅拌法和高压喷射注浆法在地基处理中的推广应用，人们开始重视水泥土桩复合地基的研究。于是，复合地基由散体材料桩复合地基逐步扩展到粘结材料桩复合地基，概念发生了变化；后来，减少沉降量桩、低强度混凝土桩和土工合成材料在地基基础工程中的应用将复合地基概念进一步拓宽。目前，我国应用的复合地基类型主要有：由多种施工方法形成的各类砂石桩复合地基、水泥土桩复合地基、低强度桩复合地基、土桩、灰土桩复合地基、钢筋混凝土桩复合地基、薄壁筒桩复合地基及加筋土地基等。

近年来，随着地基处理技术和复合地基理论的发展，复合地基技术在我国房屋建筑、高等级公路、铁路、堆场、机场和堤坝等工程中得到广泛应用，并取得了良好的社会效益和经济效益，复合地基在我国已成为一种常用的地基处理形式。

7.1.2　复合地基的分类

（1）按增强体设置方向分类　复合地基分为竖向增强体复合地基和水平向增强体复合地基两大类。水平向增强体多采用土工合成材料，如土工格栅、土工织物等；竖向增强体可采用砂石桩、水泥土桩、土桩、灰土桩、渣土桩、低强度混凝土桩、钢筋混凝土桩、管桩、薄壁筒桩等。竖向增强体复合地基通常也称为桩体复合地基。

（2）根据桩体材料性质分类　桩体复合地基可分为散体材料桩复合地基和黏结材料桩复合地基两大类。散体材料桩复合地基如碎石桩复合地基、砂桩复合地基等，其桩体由散体材料组成，没有黏聚力，单独不能成桩，只有依靠周围土体的围箍作用才能形成桩体。黏结材料桩复合地基根据桩体刚度大小分为柔性桩复合地基、半刚性桩复合地基和刚性桩复合地基三类。如水泥土桩、土桩、灰土桩、渣土桩主要形成柔性桩复合地基；各类钢筋混凝土桩主要形成刚性桩复合地基；各类低强度桩复合地基（粉煤灰碎石桩、石灰粉煤灰桩、素混凝土桩），刚度较一般柔性桩大，但明显小于钢筋混凝土桩，称为半刚性桩复合地基。

（3）按基础刚度和垫层设置分类　按基础刚度和垫层设置情况，复合地基可分为四类：刚性基础，设垫层；刚性基础，不设垫层；柔性基础，设垫层；柔性基础，不设垫层。刚性基础与柔性基础下复合地基承载性状不同，柔性基础下复合地基的桩土荷载分担比要比刚性基础下的复合地基小，而其沉降要比刚性基础大。

（4）按增强体长度分类　按增强体长度，复合地基可分为两类：等长度和不等长度（长短复合地基）。复合地基的形式非常复杂，要建立可适用于各类复合地基承载力和沉降计算的统一公式是很困难的，或者说是不可能的。在进行复合地基设计时，一定要因地制宜，不宜盲目套用，应该用一般理论作指导，结合具体工程进行精心设计。复合地基常用形式如图 7-2 所示。

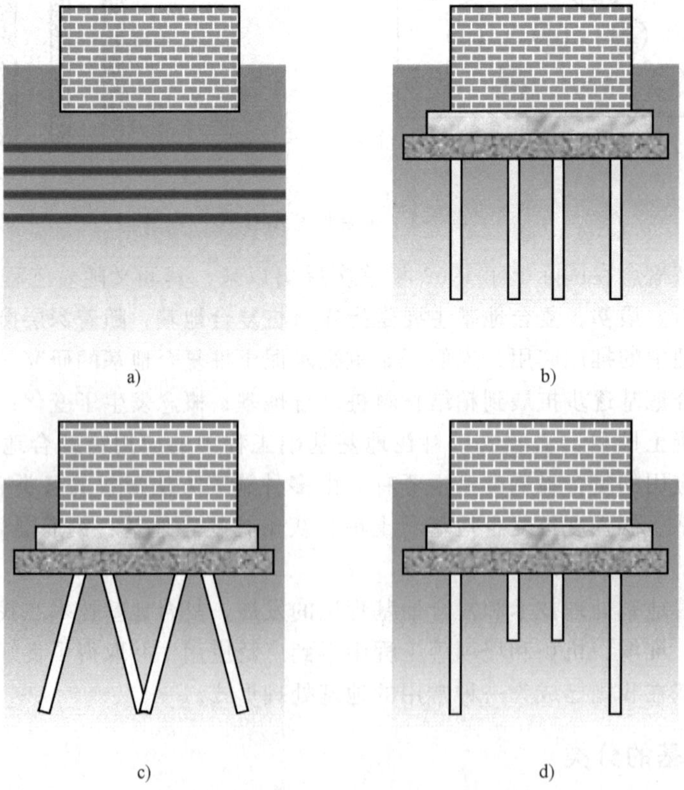

图 7-2　复合地基常用的形式

a）水平向增强复合地基　b）竖直向增强复合地基　c）斜向增强复合地基　d）长短桩复合地基

7.1.3　复合地基的基本特点和形成条件

复合地基有两个基本特点：①加固区是由基体和增强体两部分组成，是非均质和各向异性的；②在荷载作用下，基体和增强体共同承担荷载的作用并协调变形。前者使得它区别于均质地基，后者使它区别于桩基础。

复合地基的形成条件：在荷载作用下，增强体与天然地基土体通过变形协调共同承担荷载作用。如何设置增强体以保证增强体与天然地基土体能够共同承担上部结构荷载是有条件的，这也是在地基中设置增强体能否形成复合地基的条件。

一般情况下，对于散体材料增强体，在荷载作用下，桩体产生侧向膨胀变形，桩土和桩间土的变形可以保证桩体和桩间土共同承担荷载，因此均可形成复合地基。也就是说采用散体材料桩在各种情况下可形成复合地基而不需要考虑形成复合地基的条件。而采用黏结材料桩，特别是刚性桩复合地基需要重视复合地基的形成条件。一般由于土体产生蠕变，土中应力不断减小，而增强体应力不断增加，荷载向增强体上转移，导致两者不能协同工作，在这种情况下增强体与桩间土体难以形成复合地基共同承担上部荷载。因此，实际工程中，为了有效减小沉降，复合地基中增强体设置一般都穿透最薄弱的土层，落在相对较好的土层上，以保证增强体与桩间土体形成复合地基。

7.1.4　复合地基的常用术语

1. 面积置换率 *m*

面积置换率是复合地基设计的一个基本参数。若单桩桩身横截面面积为 A_p，该桩体所承担的复合地基面积为 A，则面积置换率 m 定义为

$$m=\frac{A_p}{A} \tag{7-1}$$

桩位常见的平面布置形式有：正方形、等边三角形和矩形等，如图 7-3 所示。以圆形桩为例，若桩身直径为 d，单根桩承担的等效圆直径为 d_e，桩间距为 S，则 $m=A_p/A=d^2/d_e^2$，其中 $d_e=1.13S$（正方形），$d_e=1.05S$（等边三角形），$d_e=1.13\sqrt{S_1S_2}$（矩形）。面积置换率按下列各式计算

正方形布桩
$$m=\frac{\pi d^2}{4S^2} \tag{7-2}$$

等边三角形布桩
$$m=\frac{\pi d^2}{2\sqrt{3}S^2} \tag{7-3}$$

矩形布桩
$$m=\frac{\pi d^2}{4S_1S_2} \tag{7-4}$$

2. 桩土应力比 *n*

复合地基中用桩土应力比或荷载分担比来定性地反映复合地基的工作状况。

桩土受力示意如图 7-4 所示，在荷载作用下，复合地基桩体竖向应力 σ_p 和桩间土的竖向应力 σ_s 之比，称为桩土应力比，用 n 表示，即

$$n=\frac{\sigma_p}{\sigma_s} \tag{7-5}$$

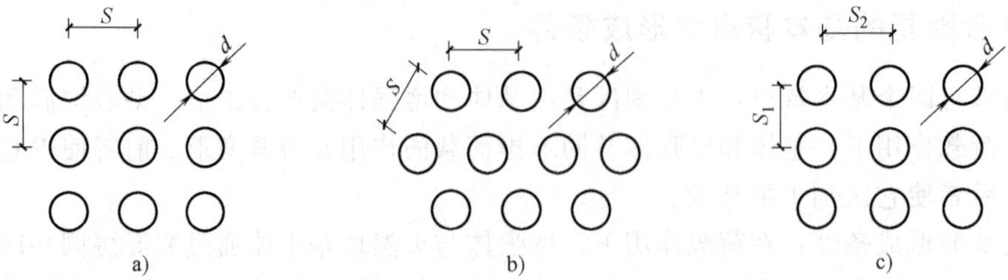

图 7-3　桩位平面布置形式

a）正方形布置　b）等边三角形布置　c）矩形布置

桩体承担的荷载 P_p 与桩间土承担的荷载 P_s 之比称为桩土荷载分担比，用 N 表示，即

$$N=\frac{P_p}{P_s} \tag{7-6}$$

桩土荷载分担比和桩土应力比之间可通过下式换算

$$N=\frac{mn}{1-m} \tag{7-7}$$

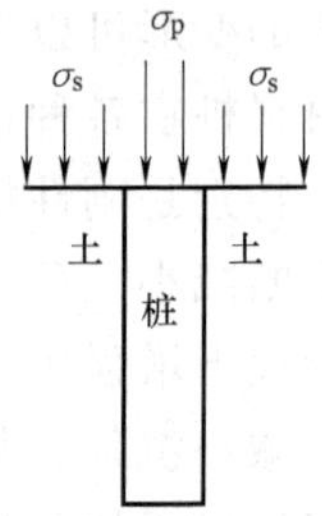

图 7-4　桩土受力示意

各类桩的桩土应力比见表 7-1（供设计参考）。

表 7-1　各类桩的桩土应力比

钢或钢筋混凝土桩	水泥粉煤灰碎石桩（CFG 桩）	水泥搅拌桩（含水泥 5% ~12%）	石灰桩	碎石桩
>50	20 ~ 50	3 ~ 12	2.5 ~ 5	1.3 ~ 4.4

3. 复合模量 E_{sp}

复合地基加固区由增强体和天然土体两部分组成，是非均质的。在复合地基计算时，为简化计算，将加固区视作一均质的复合土体，用假想的、等价的均质复合土体来代替真实的非均质复合土体，这种等价的均质复合土体的模量称为复合地基土体的复合模量。

复合模量表征复合土体抵抗变形的能力，数值上等于某一应力水平时复合地基应力与复合地基相对变形之比。应用材料力学方法，由桩土变形协调条件推演得到复合模量 E_{sp} 的计算公式为

$$E_{sp}=mE_p+(1-m)E_s \tag{7-8}$$

式中　E_p——桩体压缩模量（MPa）；

E_s——桩间土压缩模量（MPa）。

7.1.5　复合地基作用机理与破坏模式

1. 复合地基的作用机理

（1）桩体作用　由于复合地基中桩体的刚度较周围土体的刚度大，在荷载作用下，桩体上产生应力集中现象，在刚性基础下尤其明显，此时桩体上的应力远大于桩间土上的应力。桩体上产生应力集中现象，大部分荷载将由桩体承担，桩间土所承受的应力和应变相应减小，这样使得复合地基承载力比原地基有所提高，而沉降量有所减小，随着复合地基中桩体刚度的增加，其桩体作用更为明显。

(2) 垫层作用　垫层作用主要是指在较厚的软弱土层中，桩体没有打穿该软弱土层，这样，整个复合地基对于没有加固的下卧层起到垫层的作用，经垫层的扩散作用将建筑物传到地基上的附加应力减小，作用于下卧层的附加应力趋于均匀，从而使下卧层的附加应力在允许范围之内，这样就提高了地基的整体抵抗力，减少了沉降。

(3) 挤密作用　砂桩、土桩、石灰桩、碎石桩等在施工过程中，由于振动、挤压、排土等原因，可对桩间土起到一定的密实作用。石灰桩具有吸水、发热和膨胀特性，对桩间土同样起到挤密作用。

(4) 加速固结作用　碎石桩、砂桩具有良好的透水性，可以加速地基的固结，水泥土类和混凝土类桩在一定程度上也可以加速地基固结。因为地基固结不仅与地基土的排水性能有关，而且还与地基土的变形特征有关。

(5) 加筋作用　加筋作用主要是指厚度不大的软弱土层，桩体可穿过整个软弱土层达到其下的硬层上面。此时，桩体在外荷载的作用下就会产生一定的应力集中现象，从而使桩间土承担的压力相应减小。与天然地基相比，复合地基的承载力会提高，压缩量会减小，稳定性会得到加强，沉降速率会加快，可用来改善土体的抗剪强度。加固后的复合桩土层将可以改善土坡的稳定性，这种加固作用即通常所说的加筋作用。

2. 复合地基的破坏模式

复合地基破坏模式与复合地基的桩身材料、桩体强度、桩型、地质条件、荷载形式、上部结构形式等因素密切相关。复合地基的破坏模式是建立复合地基承载力和沉降计算理论的依据。

竖向增强体复合地基的破坏模式首先可以分成下述两种情况：一种是桩间土首先破坏进而复合地基全面破坏；另一种是桩体首先破坏进而发生复合地基全面破坏。在实际工程中，桩间土和桩体同时达到破坏是很偶然的。大多数情况下，都是桩体先破坏，继而引起复合地基全面破坏。

竖向增强体复合地基可能的破坏形式有以下四种：刺入破坏、鼓胀破坏、桩体剪切破坏和整体滑动破坏。

1) 刺入破坏。如图 7-5a 所示，在桩体刚度较大，地基土强度较低的情况下较易发生桩体刺入破坏。桩体发生刺入破坏后，不能承担荷载，进而引起复合地基桩间土破坏，造成复合地基全面破坏。刚性桩复合地基较易发生刺入破坏模式。

2) 鼓胀破坏模式。如图 7-5b 所示，在荷载作用下，桩间土不能提供足够的围压来防止桩体发生过大的侧向变形，从而产生桩体鼓胀破坏。散体材料桩复合地基较易发生鼓胀破坏模式。在一定条件下，柔性桩复合地基也可能发生桩体鼓胀破坏。

3) 桩体剪切破坏模式。如图 7-5c 所示，在荷载作用下，复合地基中桩体发生剪切破坏，进而引起复合地基全面破坏。低强度的柔性桩复合地基较容易发生桩体剪切破坏。

4) 整体滑动破坏模式。如图 7-5d 所示，在水平和竖向荷载作用下，复合地基沿某一滑动面产生滑动破坏。在滑动面上，桩体和桩间土均发生剪切破坏。各种复合地基均可能发生滑动破坏模式。

7.1.6　复合地基设计

1. 复合地基的设计参数

复合地基的设计参数主要有处理范围，处理深度，桩体直径、间距、布置方式，增强体

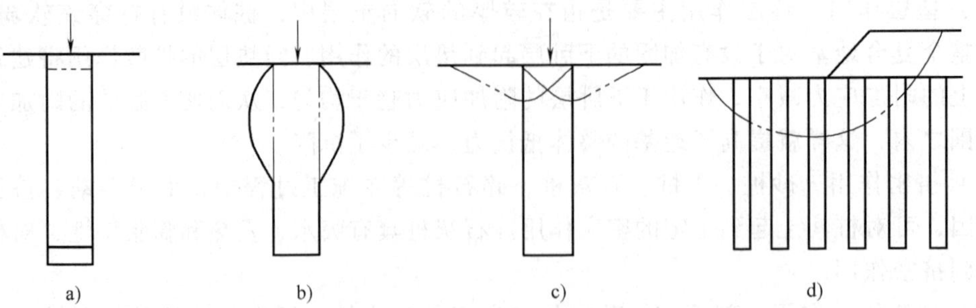

图 7-5　竖向增强体破坏模式

a）刺入破坏　b）鼓胀破坏　c）桩体剪切破坏　d）整体滑动破坏

材料，面积置换率，配合比和桩土应力比等，其中面积置换率和桩土应力比是复合地基承载力确定和沉降计算的两个基本参数。

（1）处理范围　地基处理范围应根据建筑物的重要性、平面布置、地基土质条件和增强体的类型确定。一般应大于基础底面积，满足应力扩散的要求。对于刚性桩和部分半刚性桩，由于基础荷载主要由桩体承担，并通过桩体传到地基深处，桩可只布置在基础底面。

（2）处理深度　地基处理深度可根据地基处理目的、要求和地基土的性质确定。地基处理目的包括提高地基承载力、稳定性、降低地基压缩性、减小渗透性、特殊目的（全部或部分消除液化、湿陷性等）。柔性桩和半刚性桩易发生鼓胀破坏。就承载力而言存在着一个有效桩长，桩长大于有效桩长后，承载力不再随桩长的增加而增加或增加的幅度很小，故桩长不宜过长。但增加桩长对减少基础沉降是有利的。

原则上，当土层厚度不大时，一般应达松软土层底面；当松软土层厚度较大时，对按稳定性控制的工程，应达最危险滑动面以下 2m 以上；对按变形控制的工程，应满足处理后的地基变形量不超过建筑物的地基变形允许值并满足软弱下卧层承载力的要求；在可液化地基中，应按要求的抗震处理深度确定。

（3）桩体直径　桩体直径可根据地基土的性质、处理深度、桩的类别及作用、当地经验和选用的施工机械确定。桩体直径选择过小，施工质量不易控制；桩体直径过大，需增大褥垫层厚度，以保证桩土共同承担荷载。当地基处理深度大时，桩体直径应大些；挤密桩直径应大些；以承载为主的桩直径应大些；兼有排水固结的桩直径宜小些。

（4）桩间距　桩间距应根据设计要求的复合地基承载力、建筑物控制沉降量、土的性质、施工工艺等确定。一般取桩径的 3 ~ 5 倍。从施工考虑，尽量选择较大的桩间距，以免新打桩对已打桩产生不良影响。按挤密性，土分为易挤密土，如松散的粉细砂、粉土、人工填土；可挤密土，如不太密实的非饱和粉质黏土；不可挤密土，如饱和软黏土或密实性很高的黏性土、砂土。对于不可挤密土和挤土成桩工艺宜采用较大的桩间距。

（5）布置方式　常用布置方式有等边三角形、等腰三角形、正方形和矩形。

（6）增强体材料和配合比　增强体材料应根据当地材料供应，处理方案、目的和要求，本着就地取材，充分利用工业废料的原则，选择强度高、性能稳定、透水性好或具有胶结性的材料，如砂石、粉煤灰、矿渣、石灰、灰土、水泥等。对于湿陷性的黄土地基处理，应选择透水性低的灰土或素土，以防水渗入地基，引起附加的湿陷沉降。配合比一般应根据增强体的强度要求，由试验确定。

2. 复合地基的设计原则

1）在桩体复合地基设计过程中，应保证复合地基中桩体和桩间土在荷载作用下能够共同直接承担荷载。

2）复合地基宜按沉降控制设计思路进行设计。

3）在设计过程中应重视基础刚度对复合地基性能的影响。

4）刚性基础下的复合地基宜设置柔性垫层，以改善地基和基础底板受力性能。

5）柔性基础下的复合地基应设置加筋碎石垫层等刚度加大的褥垫层，柔性基础下不宜采用不设褥垫层的桩体复合地基。

7.1.7　复合地基承载力计算

复合地基承载力的计算思路：先分别确定桩体的承载力和桩间土承载力，然后根据一定的原则叠加这两部分承载力得到复合地基的承载力。

1. 竖向增强体复合地基极限承载力

竖向增强体复合地基极限承载力 p_{cf} 可用下式表示

$$p_{cf} = K_1\lambda_1 m p_{pf} + K_2\lambda_2(1-m)p_{sf} \tag{7-9}$$

式中　p_{cf}——复合地基极限承载力（kPa）；

p_{pf}——单桩极限承载力（kPa）；

p_{sf}——天然地基极限承载力（kPa）；

K_1——反映复合地基中桩体实际极限承载力与单桩极限承载力不同的修正系数；

K_2——反映复合地基中桩间土实际极限承载力与天然地基极限承载力不同的修正系数；

λ_1——复合地基破坏时，桩体发挥其极限强度的比例，称为桩体极限强度发挥度；

λ_2——复合地基破坏时，桩间土发挥其极限强度的比例，称为桩间土极限强度发挥度；

m——复合地基面积置换率。

复合地基中桩体实际极限承载力与自由单桩荷载试验测得的极限承载力，主要由系数 K_1（一般大于 1.0）反映其区别。由于上部结构荷载对桩间土的压力作用，使得桩间土对桩体的侧压力增加，复合地基中桩体的实际极限承载力提高。特别对散体材料桩，其影响效果较大。

复合地基中桩间土实际极限承载力与天然地基极限承载力的区别，主要由系数 K_2 反映。桩体设置方法、桩体材料、土体性质等都对系数 K_2 产生影响。

若能有效地确定复合地基中桩体和桩间土的实际极限承载力，且破坏模式是桩体先破坏，进而引起复合地基全面破坏，则式（7-9）可改写为

$$p_{cf} = m p_{pf} + \lambda(1-m)p_{sf} \tag{7-10}$$

式中　p_{pf}——桩体实际极限承载力（kPa）；

p_{sf}——桩间土实际极限承载力（kPa）；

λ——桩体破坏时，桩间土的极限强度发挥度。

若取安全系数为 K，则复合地基允许承载力 p_{cc} 计算公式为

$$p_{cc} = \frac{p_{cf}}{K} \tag{7-11}$$

2. 复合地基承载力特征值

复合地基承载力特征值应通过复合地基竖向抗压载荷试验或综合桩体竖向抗压载荷试验和桩间土地基竖向抗压载荷试验，并结合工程实践经验综合确定。初步设计时，复合地基承载力特征值也可按下列公式估算：

1）对散体材料增强体复合地基应按下式计算

$$f_{spk} = [1 + m(n-1)]f_{sk} \tag{7-12}$$

式中 f_{spk}——复合地基的承载力特征值（kPa）；

f_{sk}——桩间土加固后承载力特征值（kPa）；

n——复合地基桩土应力比；

m——面积置换率。

2）对有黏结强度增强体复合地基应按下式计算

$$f_{spk} = \lambda m \frac{R_a}{A_p} + \beta(1-m)f_{sk} \tag{7-13}$$

式中 λ——单桩承载力发挥系数；

R_a——单桩竖向承载力特征值（kN）；

A_p——桩的截面积（m^2）；

β——桩间土承载力折减系数。

表 7-2 所列为桩间土承载力折减系数 β。

表 7-2　桩间土承载力折减系数 β

石灰桩	振冲桩碎石桩	夯实水泥土桩	水泥土搅拌桩	高压喷射注浆法	水泥粉煤灰碎石桩
1.05～1.20	1.0	0.9～1.0	0.1～0.4（桩端土好） 0.5～0.9（桩端土差）	0.5～0.9（摩擦桩） 0.0～0.5（端承桩）	0.75～0.95

3. 桩体承载力特征值的确定

对刚性桩复合地基和柔性桩复合地基，桩体承载力特征值可采用类似摩擦桩承载力特征值以及根据桩身材料强度分别计算，取小值。

$$R_a = u_p \sum q_{si} l_i + \alpha q_p A_p \tag{7-14}$$

$$R_a = \eta f_{cu} A_p \tag{7-15}$$

式中 R_a——单桩竖向承载力特征值（kN）；

q_{si}——桩周摩阻力特征值（kPa）；

u_p——桩身周边长度（m）；

A_p——桩身横断面面积（m^2）；

q_p——桩端阻力特征值（kPa）；

f_{cu}——桩体混合料试块标准养护 28d 立方体抗压强度平均值（kPa）；

α——桩端天然地基土的承载力折减系数，α 可取 0.4～0.6；

l_i——按土层划分的各段桩长，对柔性桩，桩长大于临界桩长时，计算桩长取临界桩长值（m）；

η——桩身强度折减系数，可取 0.20～0.33。

对散体材料桩复合地基，桩体极限承载力主要取决于桩侧土体所能提供的最大侧限力。散体材料桩在荷载作用下，桩体发生鼓胀，桩周土进入塑性状态，可通过计算桩间土侧向极限应力计算单桩极限承载力。一般其表达式可表示为

$$R_a = \sigma_{ru} K_p A_p \tag{7-16}$$

式中　R_a——单桩竖向承载力特征值（kN）；

A_p——单桩截面积（m^2）；

K_p——桩体材料的被动土压力系数；

σ_{ru}——桩间土能提供的侧向极限应力（kPa）。

4. 软弱下卧层验算

当复合地基加固区下卧层为软弱土层时，尚需对下卧层承载力进行验算。要求作用在下卧层顶面处的基础附加应力 p_0 和自重应力 σ_{cz} 之和不超过下卧层的允许承载力，即

$$p = p_0 + \sigma_{cz} \leqslant f_{az} \tag{7-17}$$

式中　p_0——相应于荷载效应标准组合时，软弱下卧层顶面处的附加压力，可采用压力扩散法计算（kPa）；

σ_{cz}——软弱下卧层顶面处土的自重应力（kPa）；

f_{az}——软弱下卧层顶面处经深度修正后的地基承载力特征值（kPa）。

5. 复合地基承载力修正

处理后的地基，按照地基承载力确定基础底面积及埋深，需要对地基承载力特征值进行修正时，修正系数按下述要求取值：基础宽度的地基承载力修正系数取零；基础埋深的地基承载力修正系数取 1.0。

7.1.8　复合地基变形和沉降计算

在各类复合地基沉降实用计算方法中，通常把复合地基的沉降量分为复合地基加固区和加固区下卧层两部分的沉降量，如图 7-6 所示。加固区土体的压缩量记为 s_1；加固区下卧层土体的压缩量记为 s_2，则复合地基总沉降量 s 的表达式为

$$s = s_1 + s_2 \tag{7-18}$$

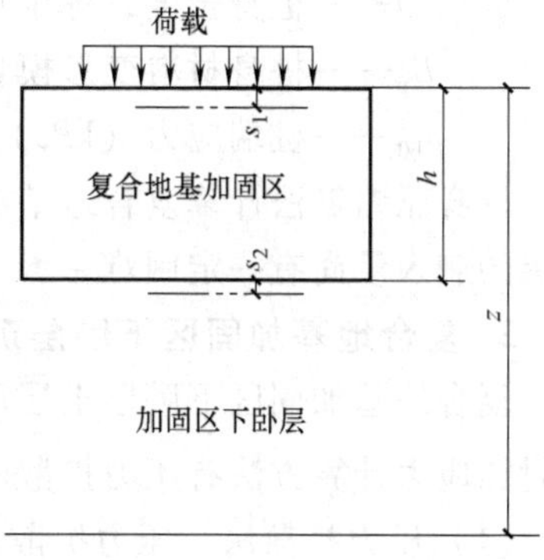

图 7-6　复合地基沉降示意图

1. 复合地基加固区变形计算

加固区土层压缩量可采用复合模量法、应力修正法或桩身压缩量法进行计算。

（1）复合模量法　将复合地基加固区中增强体和地基土体视为一复合土体，采用复合压缩模量 E_{sp} 来评价复合土体的压缩性，并采用分层总和法计算加固区土层压缩量。将加固区分成 n 层，加固区土层压缩量 s_1 的计算表达式为

$$s_1 = \sum_{i=1}^{n} \frac{\Delta P_i}{E_{spi}} h_i \tag{7-19}$$

式中　ΔP_i——第 i 层复合土层上附加应力增量（kPa）；

h_i——第 i 层复合土层的厚度（m）；

E_{spi}——第 i 层复合土层的复合压缩模量（kPa）。

（2）应力修正法　根据桩间土分担的荷载，按照桩间土的压缩模量，采用分层总和法计算桩间土的压缩量，将计算得到的桩间土的压缩量视为加固区土层的压缩量。

具体计算方法如下：将未加固地基（天然地基）在荷载 p 作用下相应厚度内的压缩量 s_{1s} 乘以应力修正系数 μ_s，得到复合地基沉降量。计算公式为

$$s_1 = \sum_{i=1}^{n} \frac{\Delta p_{si}}{E_{si}} h_i = \mu_s \sum_{i=1}^{n} \frac{\Delta p_i}{E_{si}} h_i = \mu_s s_{1s} \tag{7-20}$$

式中　E_{si}——未加固地基第 i 层土的压缩模量（kPa）；

Δp_i——未加固地基（天然地基）在荷载 p 作用下第 i 层土上的附加应力增量（kPa）；

Δp_{si}——复合地基中第 i 层桩间土上的附加应力增量（kPa）；

h_i——第 i 层土层厚度（m）；

μ_s——应力修正系数，$\mu_s = \dfrac{1}{1+m(n-1)}$；

n、m——复合地基桩体应力比和复合地基面积置换率。

（3）桩身压缩量法　在荷载作用下，桩身的压缩量 s_p 可用下式计算

$$s_p = \frac{(\mu_p p - p_{b0})}{2E_p} l \tag{7-21}$$

设桩底端刺入下卧层的沉降变形量为 Δ，则相应加固区土层的压缩量 s_1 的计算式为

$$s_1 = s_p + \Delta \tag{7-22}$$

式中　μ_p——应力修正系数，$\mu_p = \dfrac{n}{1+m(n-1)}$；

l——桩身长度，等于加固区厚度 h（m）；

E_p——桩身材料变形模量（kPa）；

p_{b0}——桩端应力（kPa）。

桩身压缩量法计算复合地基沉降量的思路清晰，但准确计算桩身压缩量和桩底端刺入下卧层的刺入量尚有一定困难。

2. 复合地基加固区下卧层沉降计算

复合地基加固区下卧层土层压缩量 s_2，通常采用分层总和法计算。作用在下卧层土体上的附加应力计算方法有压力扩散法、等效实体法和改进 Geddes 法。

（1）压力扩散法　压力扩散法计算加固区下卧层上附加应力如图 7-7a 所示，复合地基上荷载作用长度为 L、宽度为 B，荷载密度为 p，加固区厚度为 h，复合地基压力扩散角为 β，则作用在下卧层上的荷载 p_b 为

$$p_b = \frac{BLp}{(B+2h\tan\beta)(L+2h\tan\beta)} \tag{7-23}$$

（2）等效实体法　等效实体法计算加固区下卧层上附加应力如图 7-7b 所示，复合地基上荷载作用长度为 L、宽度为 B，荷载密度为 p，加固区厚度为 h，f 为等效实体侧平均摩阻力密度，则作用在下卧层上的荷载 p_b 为

$$p_b = \frac{BLp - (2B+2L)hf}{BL} \tag{7-24}$$

（3）改进 Geddes 法　设复合地基总荷载为 p，桩体承担荷载 p_b，桩间土承担荷载 $p_s =$

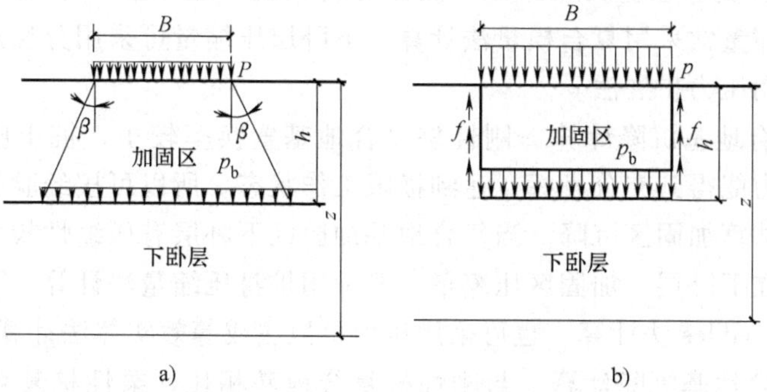

图 7-7　压力扩散法和等效实体法

a）压力扩散法　b）等效实体法

$p-p_b$。桩间土承载荷载 p_s 在地基中产生的竖向应力为 σ_{z,p_s}，其计算方法和天然地基中应力计算方法相同。桩体承担的荷载 p_p 在地基中产生的竖向应力 σ_{z,p_p} 采用 Geddes 法计算。然后叠加两部分的应力得到地基中总的竖向应力，即

$$\sigma=\sigma_{z,p_s}+\sigma_{z,p_p} \tag{7-25}$$

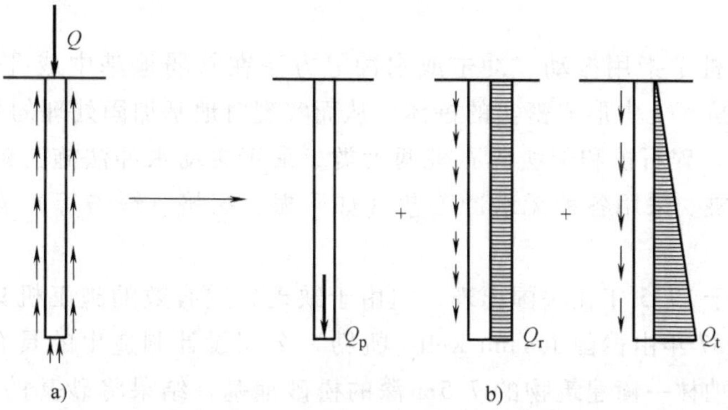

图 7-8　单桩荷载分解为三种形式荷载组合

a）桩受力示意图　b）桩作用于土上的 Q_p、Q_r、Q_t

S. D. Geddes（1966 年）认为长度为 L 的单桩在荷载 Q 作用下对地基土产生的作用力，可近似视作如图 7-8 所示的桩端集中力 Q_p，桩侧均分布的摩阻力 Q_r 和桩侧随深度线性增长的分布摩阻力 Q_t 等三种形式荷载的组合。S. D. Geddes 根据弹性理论半无限体中作用一集中力的 Mindlin 应力解积分，导出了单桩的上述三种形式荷载在地基中产生的应力计算式。地基中的竖向应力 $\sigma_{z,Q}$ 可按下式计算

$$\sigma_{z,Q}=\sigma_{z,Q_p}+\sigma_{z,Q_r}+\sigma_{z,Q_t}=\frac{Q_pK_p}{L^2}+\frac{Q_rK_r}{L^2}+\frac{Q_tK_t}{L^2} \tag{7-26}$$

式中　K_p，K_r 和 K_t——竖向应力系数。

3. 复合地基沉降计算方法的选择

上述复合地基沉降计算的每一种方法都有一定的适用条件，设计中应根据复合地基桩体材料及地质条件的不同，分别选择最合适的计算方法。

(1) 散体材料桩复合地基沉降计算　散体材料桩复合地基置换率较大，桩土应力比较小，因此加固区压缩量常采用复合模量法计算，下卧层压缩量可采用分层总和法计算，地基附加应力计算常采用压力扩展法。

(2) 刚性桩复合地基沉降计算　刚性桩复合地基置换率较小、桩土应力比较高，在荷载作用下桩的承载力能得到充分发挥，达到极限工作状态。所以可按经验根据桩体达到极限状态时所需沉降来估算加固区沉降。当复合地基加固区下卧层有压缩性较大的土层时，复合地基沉降主要发生在下卧层。加固区压缩量一般采用桩身压缩量法计算，下卧层地基中附加应力可采用改进的 Geddes 法计算，也可采用压力扩散法或等效实体法计算。

(3) 柔性桩复合地基沉降计算　与刚性桩复合地基相比，柔性桩复合地基置换率一般较高，桩土应力比较小，沉降计算方法与散体材料桩类似。加固区压缩量一般可采用复合模量法计算，下卧层压缩量采用分层总和法计算，地基中附加应力采用压力扩散法或等效实体法计算。

7.2　碎（砂）石桩

7.2.1　概述

碎（砂）石桩是指用振动、冲击或水冲等方法在软弱地基中成孔后，再将砂、卵石、碎石等散体材料挤入土中形成密实的桩体，从而实现对地基加固处理的目的。按其制桩工艺分为振冲（湿法）碎石桩和干法碎石桩两大类。采用振动水冲法施工的碎石桩称为振冲碎石桩或湿法碎石桩。采用各种无水冲工艺（如干振、振挤、锤击等）施工的碎石桩称为干法碎石桩。

碎石桩最早于1935年在法国出现，但由于缺乏先进有效的施工机具和工艺而未得到推广应用。直到1937年由德国 Johann Kell（凯勒）公司设计制造出的具有现代振冲器雏形的机具，用于处理柏林一幢建筑物的7.5m深的松砂地基，结果将砂基的承载力提高了一倍，相对密度由原来的45%提高到80%，取得了显著的加固效果，此方法才得以推广。1957年，振冲法被引入英国。英国的工程师把电动振冲器改为水力驱动，并用它加固垃圾、碎砖瓦和粉煤灰。日本在20世纪50年代引进振冲法后用它加固油罐的松砂地基，目的在于提高砂基的抗液化能力。新的工艺技术不断得到开发利用，使碎（砂）石桩法得到进一步发展，加固和处理的深度都得到显著的提高。

砂桩技术于1959年首次应用于上海重型机器厂的地基，之后逐步在工业民用建筑、水利水电、交通土建工程等工程建设中得到应用，我国应用振冲法始于1977年，近年来，国内研制成功的振冲器最大功率已达到180kW。用130～150kW的振冲器处理的最大深度已达到25m。

碎（砂）石桩适用于处理松散砂土、粉土、黏性土、素填土、杂填土等地基。饱和黏土地基上，对变形控制要求不严的工程，也可采用砂石桩置换处理。砂石桩法还可用于处理可液化地基。对于处理不排水抗剪强度不小于20kPa的饱和黏性土和饱和黄土地基，应在施工前通过现场试验确定其适用性。不加填料振冲加密适用于处理黏粒含量不大于10%的中砂、粗砂地基。

砂石桩法工程实践表明，砂石桩用于处理松散砂土和塑性指数不高的非饱和黏性土地基，其挤密（或振密）效果较好，不仅可以提高地基的承载力、减少地基的固结沉降，而且可以防止砂土由于振动或地震所产生的液化。

7.2.2　加固机理

1. 在松散砂土和粉土地基中的加固机理

碎（砂）石桩法在松散砂土和粉土地基中的加固机理主要体现在挤密作用、振密作用、和抗液化作用。

（1）挤密作用　砂土和粉土属于单粒结构，其组成单元为散粒状体。单粒结构在松散状态时，颗粒的排列位置是很不稳定的，在动力和静力作用下会重新排列，趋于较稳定的状态。松散砂土在振动力作用下，其体积缩小可达 20%。

采用冲击法或振动法往砂土中下沉桩管和一次拔管成桩时，由于桩管下沉对周围砂土产生很大的横向挤压力，桩管将地基中同体积的砂挤向周围的砂层，使其孔隙比减小，密度增大，这就是挤密作用，有效挤密范围可达 3 ~4 倍桩直径，且地基承载力可提高 2 ~5 倍。这就是通常所谓的“挤密砂桩”。

（2）振密作用　沉管特别是采用垂直振动的激振力沉管时，桩管四周的土体受到挤压，同时，桩管的振动能量以波的形式在土体中传播，引起桩四周土体的振动，在挤压和振动作用下，土的结构逐渐破坏，孔隙水压力逐渐增大。由于土结构的破坏，土颗粒重新进行排列，向具有较低势能的位置移动，从而使土由较松散状态变为密实状态。振动作用的大小不仅与砂土的性质，如起始密实度、湿度、颗粒大小、应力状态有关，还与振动成桩机械的性能，如振动力、振动频率、振动持续时间等有关。

采用振动法往砂土中下沉桩管和逐步拔出桩管成桩时，下沉桩管对周围砂层产生挤密作用，拔起桩管对周围砂层产生振密作用，有效振密范围可达 6 倍桩直径左右。振密作用比挤密作用更显著，其主要特点是砂桩周围一定距离内地面发生较大的下沉。采用这种成桩方法的砂桩称为“振密砂桩”。

（3）抗液化作用　在地震作用或振动作用下，饱和砂土和粉土的结构受到破坏，土中的孔隙水压力升高，从而使土的抗剪强度降低。当土的抗剪强度完全丧失，或者土的抗剪强度降低，使土不再能抵抗它原来所能承受的剪应力时，土体就发生液化流动破坏。

碎（砂）石桩法形成的复合地基，其抗液化作用主要有两个方面：

1）桩间可液化土层受到挤密和振密作用。土层的密实度增加，结构强度提高，表现在土层标准贯入锤击数的增加，从而提高土层本身的抗液化能力。

2）碎（砂）石桩的排水通道作用。碎（砂）石桩为良好的排水通道，可以加速挤压和振动作用产生的超孔隙水压力的消散，降低孔隙水压力上升的幅度，因而提高桩间土的抗液化能力。受适度水平的循环应力预振的砂土，将具有较大的抗液化强度。由于振动成桩过程中，桩间土受到了多次预振作用，因此使地基土的抗液化能力得到提高。

2. 在黏性土地基中的加固机理

碎（砂）石桩对黏性土地基的主要作用是置换，桩与桩间土形成复合地基。此外，碎（砂）石桩具有良好的排水特性，对饱和软黏土地基还有排水固结的作用。

（1）置换作用　碎（砂）石桩在软弱黏性土中成桩以后与桩间土共同组成复合地基。

由密实的碎（砂）石桩桩体取代了与桩体体积相同的软弱土，即桩位处原来性能较差的土被置换为密实碎（砂）石桩体，同时碎（砂）石桩的强度和抗变形性能等均优于其周围的土，形成的复合地基的承载力、模量就比原来天然地基的承载力、模量大，从而提高了地基的整体稳定性，减小了地基的沉降量。

砂桩复合地基承受外荷载时，地基中应力按材料变形模量进行重新分配，应力向砂桩集中，大部分荷载将由碎（砂）石桩承担。砂桩复合地基与天然的软弱黏性土地基相比，承载力增大率和沉降减小率都与置换率成正比关系。根据载荷试验，在同等荷载作用下，其沉降可比天然地基减小 20% ~30% 。

如果软弱土层厚度不大，则桩可穿透整个软弱土层达到其下的相对硬层上面，此时，桩体在荷载作用下就会产生应力集中，从而使软土地基承担的应力相应减小，其结果与天然地基相比，复合地基承载力会提高，压缩量会减小，稳定性会增加，沉降速率会加快，还可用来改善土体抗剪强度，加固后的复合桩土层还能大大改善土坡的稳定性。如果软弱土层较厚，则桩体不可能穿透整个土层，此时，加固过的复合桩土层能起到垫层作用，垫层将荷载扩散，使扩散到下卧层顶面的应力减弱并使分布趋于均匀，从而提高地基的整体抵抗力，减小其沉降量。

（2）排水固结作用　在软弱黏性土地基中，砂桩可以像砂井一样起排水作用，从而加快地基的固结沉降速率。加速地基土的沉降稳定。加固结果使有效应力增加，强度恢复并提高，甚至超过原土强度。砂桩复合地基与天然地基载荷试验的对比表明，在荷载相同的条件下，前者的沉降稳定时间比后者短得多。以上海宝山钢铁总厂的对比试验为例，在承压板面积影响范围内存在饱和的粉质黏土和淤泥质粉质黏土，在荷载约为 160kPa 时，砂桩复合地基沉降稳定时间为 69 ~70h，而天然地基为 190h，说明砂桩对促进地基固结沉降有十分显著的作用。

7.2.3　设计计算

碎（砂）石桩的设计计算包括桩体材料的选择，桩体直径的大小、布桩形式、桩距、桩长的选择，碎（砂）石桩复合地基稳定性验算及地基沉降的计算。

1. 一般原则

（1）加固范围　结合上部建筑物的重要性、基础的形式、荷载条件和场地条件确定，通常都大于基底面积。复合地基的宽度应超出基础的宽度，每边放宽不少于 1 ~3 排桩；当用于消除地基液化沉陷时，每边放宽不小于处理深度的 1/2，并不小于 5m。当可液化层上覆盖厚度大于 3m 非液化层时，每边放宽不小于液化层厚度的 1/2，并不小于 3m。

（2）桩体材料　碎（砂）石桩桩体材料可使用砾砂、粗砂、中砂、圆砾、角砾、卵石、碎石等，这些材料可单独使用，也可根据颗粒级配配合使用，以提高桩体的密实度。碎（砂）石填料中含泥量不得大于 5%，并且不含有粒径大于 50mm 的颗粒。

（3）桩体直径　碎（砂）石桩的直径取决于成桩设备的能力、处理的目的和地基土类型等因素。目前，国内振冲桩直径可达 1.2m，可按每根桩所用填料量计算，对饱和黏性土地基应采用较大的直径。非振冲桩的桩径一般为 0.30 ~0.70m。

（4）桩体长度　当地基中松软土层厚度较大时，对于按稳定性控制的建筑物来说，桩的长度应不小于最危险滑动面的深度，其长度可以通过复合地基的滑动计算来确定；对于按沉降变形控制的建筑物，桩的长度应满足复合地基的沉降量不超过建筑物的允许沉降量的要求，并同时满足软弱下卧层承载力的要求；当松软土层厚度不大时，桩长宜穿过松软土层；对于可液化地基，桩长应按要求的抗震处理深度确定；设计桩长应大于主要受荷深度，桩长不宜小于 4.0m。

(5) 桩位布置　砂石桩的平面布置形式要根据基础的形式确定，对大面积满堂处理，桩位宜用等边三角形布置；对独立或条形基础，桩位宜用正方形、矩形或等腰三角形布置；对于圆形或环形基础（如油罐基础）宜用放射形布置。

(6) 垫层　碎（砂）石桩施工之后，桩顶 1.0m 左右长度的桩体是松散的，密实度较小，此部分应当挖除，或者采取碾压或夯实等方法使之密实，然后再铺设垫层。地面应铺设 30～50cm 厚的砂垫层或砂石垫层，要分层铺设并用平板振动器振实。在地面很软不能保证施工机械正常行驶和操作时，可以在砂桩施工前铺设垫层。垫层材料选用中、粗砂或砂与碎石的混合料。

2. 桩孔间距的确定

(1) 砂土和粉土地基　考虑振密和挤密两种作用，平面布置一般为正三角形和正方形，如图 7-9 所示。

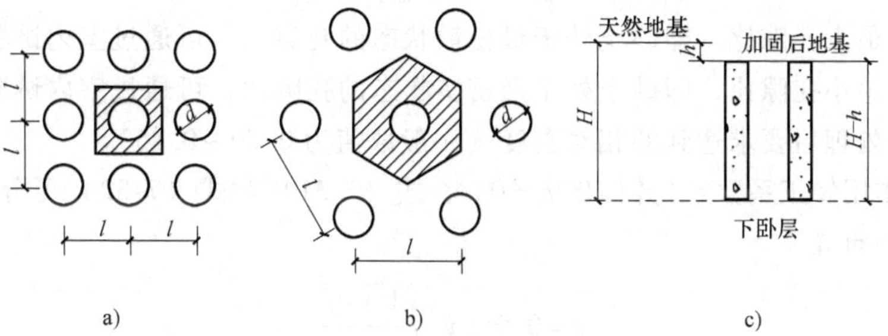

图 7-9　砂石桩的布置

a) 正方形　b) 正三角形　c) 加密效果

对于正三角形布置，则一根桩所处理的范围为六边形，如图 7-9b 中阴影部分所示，加固处理后的土体体积应变为

$$\varepsilon_V = \frac{\Delta V}{V_0} = \frac{e_0 - e_1}{1 + e_0} \tag{7-27}$$

式中　e_0——地基土天然孔隙比；

e_1——处理后要求达到的孔隙比。

一根桩处理范围为

$$V_0 = \frac{\sqrt{3}}{2} S^2 H \tag{7-28}$$

式中　S——桩间距；

H——欲处理的天然土层厚度。

$$\Delta V = \varepsilon_V V_0 = \left(\frac{e_0 - e_1}{1 + e_0}\right) \frac{\sqrt{3}}{2} S^2 H \tag{7-29}$$

实际上，ΔV 又等于碎（砂）石桩体向四周挤排土的挤密作用引起的体积减小和土体在振动作用下发生竖向的振密变形引起的体积减小之和，即

$$\Delta V=\frac{\pi}{4}d^2(H-h)+\frac{\sqrt{3}}{2}S^2H \tag{7-30}$$

式中　d——桩直径；

h——竖向变形（下降时取正值；隆起时取负值）。

整理后得

$$S=0.95d\sqrt{\frac{H-h}{\dfrac{e_0-e_1}{1+e_0}H-h}} \tag{7-31}$$

同理，正方形布桩时

$$S=0.89d\sqrt{\frac{H-h}{\dfrac{e_0-e_1}{1+e_0}H-h}} \tag{7-32}$$

处理后土的孔隙比 e_1 为

$$e_1=e_{\max}-D_{r1}(e_{\max}-e_{\min}) \tag{7-33}$$

式中　$e_{\max}$——最大孔隙比，即砂土处于最松散状态的孔隙比，可通过室内试验测得；

$e_{\min}$——最小孔隙比，即砂土处于最密实状态的孔隙比，可通过室内试验测得；

D_{r1}——处理后要求达到的相对密度（一般取值为 0.70～0.85）。

引入振密作用修正系数 ξ（并假定 $h=0$），式（7-31）和式（7-32）可分别写成

等边三角形布置

$$s=0.95\xi d\sqrt{\frac{1+e_0}{e_0-e_1}} \tag{7-34}$$

正方形布置

$$s=0.89\xi d\sqrt{\frac{1+e_0}{e_0-e_1}} \tag{7-35}$$

式中　ξ——修正系数，当考虑振动下沉密实作用时，可取 $\xi=1.1\sim1.2$；不考虑振动下沉密实作用时，可取 $\xi=1.0$。

（2）黏性土地基 只考虑置换作用时，正三角形布桩，一根砂桩的处理面积 A_e 为

$$A_e=\frac{\sqrt{3}}{2}S^2 \tag{7-36}$$

即

$$S=\sqrt{\frac{2}{\sqrt{3}}A_e}=1.08\sqrt{A_e} \tag{7-37}$$

正方形布置时，$A_e=S^2$，即有

$$S=\sqrt{A_e} \tag{7-38}$$

式中　A_e——一根碎（砂）石桩承担的处理面积，$A_e=A_p/m$；

A_p——碎（砂）石桩的截面积；

m——面积置换率，一般情况下，$m=0.10\sim0.30$。

3. 复合地基承载力计算

振冲桩复合地基承载力特征值应通过现场复合地基载荷试验确定，初步设计时也可用单桩和处理后桩间土承载力特征值按下式估算

$$f_{spk} = mf_{pk} + (1 - m)f_{sk} \tag{7-39}$$

式中　f_{spk}——振冲桩复合地基承载力特征值（kPa）；

f_{pk}——桩体承载力特征值（kPa），宜通过单桩载荷试验确定；

f_{sk}——处理后桩间土承载力特征值（kPa），宜按当地经验取值，如无经验时，可取天然地基承载力特征值；

m、d——桩土面积置换率和桩身平均直径（m），$m = d^2/d_e^2$；

d_e——一根桩分担的处理地基面积的等效圆直径（m），等边三角形布桩 $d_e = 1.05S$，正方形布桩 $d_e = 1.13S$，矩形布桩 $d_e = 1.13\sqrt{S_1S_2}$；

S、S_1、S_2——桩间距、纵向间距和横向间距（m）。

对小型工程的黏性土地基如无现场载荷试验资料，初步设计时复合地基的承载力特征值也可按下式估算

$$f_{spk} = [1 + m(n - 1)]f_{sk} \tag{7-40}$$

式中　n——桩土应力比，无实测值时，对黏性土可取 2～4，粉土和砂土取 1.5～3.0；原土强度低取大值，原土强度高取小值。

4. 复合地基沉降计算

复合地基沉降量为加固区压缩量 S_1 和加固区下卧层压缩量 S_2 之和。可将加固区视为一复合土体。复合土体的压缩模量可以通过碎（砂）石桩的压缩模量 E_p 和桩间土的压缩模量 E_s 在面积上进行加权平均的方法求得，即

$$E_{sp} = [1 + m(n - 1)]E_s \tag{7-41}$$

式中　E_{sp}——复合土层压缩模量（MPa）；

E_s——桩间土压缩模量（MPa），宜按当地经验取值，如无经验时，可取天然地基压缩模量。

5. 稳定分析

若碎（砂）石桩用于改善天然地基整体稳定性时，可利用复合地基的抗剪特性，再使用圆弧滑动法来进行计算。

7.2.4　质量检验

碎（砂）石桩处理软弱地基效果的检验方法主要有：载荷试验、室内土工试验、静力触探和标准贯入试验、波动试验等。

（1）载荷试验　试验类型有单桩复合地基载荷试验和多桩复合地基载荷试验两种。由于制桩过程对地基土的扰动，使其强度暂时有所降低，对饱和土还产生较高的超孔隙水压力。因此，制桩结束后要静置一段时间，使强度恢复，超孔隙水压消散以后进行载荷试验。对粉质黏土恢复期不宜少于 3 周，对粉土地基不宜少于 2 周，对砂土和杂填土地基不宜少于 1 周。

载荷试验点数量不应少于总桩数的 1%，且每个单位建筑不应少于 3 点。当缺乏大型复

合地基载荷试验条件时，可以利用单桩载荷试验或桩间土载荷试验所得的承载力值计算复合地基承载力值。

（2）室内土工试验　通过地基处理前后桩间土的物理力学性质指标的变化来验证处理的效果。试验项目有含水量、重度、孔隙比、压缩模量和抗剪强度指标值等。

（3）静力触探和标准贯入试验　用于检验桩间土的加固效果，也可用于检验碎（砂）石桩桩身的施工质量。用重型动力触探检验碎（砂）石桩的桩身密实度和桩长等。

（4）波动试验　通过测定土的波速确定土的动弹性模量和动剪切模量。通过测定地基处理前后波速的变化来判断处理的效果。

（5）其他专门测试　对重要工程，为了给设计、施工或研究提供可靠数据，还要进行一些专门的测试。针对不同目的，分别有超孔隙水压力、复合地基应力分布和桩土应力比等。

7.3 石灰桩

7.3.1 概述

石灰桩是以生石灰为主要固化剂，与粉煤灰或火山灰、炉渣、矿渣、黏性土等掺和料按一定比例均匀混合后，在桩孔中经机械或人工分层振压或夯实所形成的密实桩体。由于生石灰与地基中的水、土产生一系列的化学及物理作用，使得土体结构得到改善，土中的含水率大大降低，并伴随膨胀压力而挤密土体。又由于桩体本身硬化后的强度要远高于桩间土，故使得桩与桩间土形成了复合地基，使其承载力提高，沉降量减少。

为提高桩身强度，还可掺加石膏、水泥等外加剂。石灰桩与经改良的桩周土共同组成石灰桩复合地基。在生石灰块中掺入粉煤灰所形成的桩被称为“二灰桩”，掺入砂子的桩被称为“石灰砂桩”。石灰桩属复合地基中的低黏结强度的柔性桩。

石灰桩法按用料特征和施工工艺可将石灰桩分为石灰桩法、石灰柱法、石灰浆压力喷注法三大类：

（1）石灰桩法（或称石灰块灌入法）　采用钢套管成孔，然后在孔中灌入新鲜生石灰块，或在石灰块中掺入适量水硬性掺和料粉煤灰和火山灰，一般配合比为8:2或7:3。在拔管的同时进行振密和捣密。利用生石灰吸收桩周土体中的水分发生水化反应。生石灰的吸水、膨胀、发热以及离子交换作用，使桩周土体含水量降低、孔隙比减小，土体挤密和桩柱体硬化，形成由桩和桩间土共同承担外荷载的一种复合地基。

（2）石灰柱法（也称粉灰搅拌法）　属于粉体喷射搅拌法的一种，所用的原材料是石灰粉。通过特制的搅拌机将石灰粉加固料与原位软土搅拌均匀，促使软土硬结，形成力学性能较强的石灰土柱。

（3）石灰浆压力喷注法　采用压力将石灰浆或石灰-粉煤灰（二灰）浆喷射注于地基土的孔隙内或预先钻进桩孔内，使灰浆在地基土中扩散和硬凝，形成不透水的网状结构层，从而达到加固的目的。此法可用于处理膨胀土，以减少膨胀潜势和隆起。该处理方法实质是高压喷射注浆法的一种。

石灰桩法适用于加固杂填土、素填土、饱和黏土、淤泥质土、淤泥和透水性小的粉土地基，特别是适用于新填土和淤泥地基。用于地下水位以上的土层时，宜增加掺和料的含水量并减少生石灰用量，或采取土层浸水等措施。采用石灰桩法，可提高地基的承载力，减少沉降量，提高稳定性。

7.3.2　加固机理

石灰桩既有别于砂桩、碎石桩等散体材料桩，又与混凝土桩等刚性桩不同，其主要特点是在形成桩身强度的同时也加固了桩间土。石灰柱主要有桩间土作用、桩身作用和复合地基作用。

1. 桩间土作用

（1）挤密作用

1）成桩挤密。石灰桩施工时是由振动钢管下沉而成孔，使桩间土产生挤压和排土作用，其挤密效果与土质、上覆压力及地下水状况等有密切关联。一般地基土的渗透性越大，挤密效果越好，且地下水位以上比地下水位以下好。

2）膨胀挤密。生石灰桩打入土中后，首先发生水化反应，吸水、发热、发生体积膨胀，直到桩内的毛细吸力达到平衡为止，使桩间土产生强大的挤压力，这对地下水位以下软黏土的挤密起主导作用。

3）脱水挤密。石灰桩的吸水量包括两部分，其一为CaO消解水化所需的吸水量，其二为桩身孔隙吸水量，总吸水量越大，桩间土的改善就越好，但桩身强度却受到影响。另一方面，生石灰消化反应后产生的热效应，提高了地基土的温度，使土体产生一定的汽化脱水。吸水和升温脱水，使土体含水量下降，土体产生固结，孔隙减小，土体颗粒靠拢挤密，加固区的地下水位也有一定的下降，桩间土的抗剪强度得到提高。

（2）胶凝作用　生石灰生成的$Ca(OH)_2$中一部分与土中二氧化硅和氧化铝产生化学反应，生成水化硅酸钙、水化铝酸钙等水化产物。水化物对土颗粒产生胶结作用，使土聚集体积增大，即加固前颗粒排列松散，加固后趋于紧密。

（3）置换作用　由于石灰桩桩体具有比桩间土更大的强度（抗压强度为0.5～1MPa），通过这种置换作用，形成复合地基，从而达到提高地基承载力和减小沉降的目的。

（4）排水固结作用　试验分析结果表明，石灰桩桩体的渗透系数一般为10^{-5}～10^{-3} cm/s，相当于细砂。由于其桩间距较小（一般为2～3倍桩径），水平排水路径很短，具有较好的排水固结作用。建筑物沉降记录表明，建筑竣工开始，其沉降已基本稳定。

（5）加固层的减载作用　石灰桩的重度为$8kN/m^3$，显著小于土的密度，即使桩体饱和后，其密度也小于土的天然密度。当采用排土成桩时，加固层的自重减小，作用在桩底平面的自重应力显著减小，即减小了下卧层顶面的附加应力。采用不排土成桩时，对于杂填土和砂类土等，由于成孔挤密了桩间土，加固层的重量变化不大。对于饱和黏性土，成孔时土体将隆起或侧向挤出，加固层的减载作用仍可考虑。

2. 桩身作用

对单一生石灰作原料的石灰桩，当生石灰水化后，石灰桩的直径可膨胀到原来所填的生石灰块屑体积的二倍，如充填密实且纯氧化钙的含量较高，则生石灰密度可达1.1～1.2t/m^3。

在石灰桩硬化加固地基的过程中桩身常常会出现“软心”现象，石灰桩的脱水挤密作用使桩周土的孔隙比减少，含水量降低，加上石灰桩和桩间土的化学作用，在桩周形成一圈类似空心桩的较硬土壳，它使土的强度提高，而自身不起承载作用。所以这类桩的作用是使土挤密加固，而不是承重。

为保证石灰桩桩身不产生软化，要求石灰桩必须具有一定的初始密度，而且吸水过程中有一定的压力限制其自由胀发。当填充初始密度为1.17t/m^3，上覆压力大于50kPa时，石灰吸水并不软化；采用较大的充盈系数，提高石灰含量或缩短桩距来进一步约束桩的胀发作用，也可提高桩身的密实度；用砂填充石灰桩的孔隙，使胀发后的石灰桩本身比胀发前密实；桩顶采用黏土封顶，可限制由于石灰膨胀而隆起，同样可起到提高桩身的密实度的作用。采用掺和料（粉煤灰、火山灰、钢渣或黏性土）也可防止石灰桩软心，粉煤灰的掺入量一般占石灰质量的15%～30%。

3. 复合地基作用

由于石灰和掺和料的密度明显小于土的密度，即便桩体饱和后，其密度也小于土的天然密度。所以，当采用排土桩时，虽然挤密效果相对较差，但由于石灰桩的桩数较多，加固层的自重就会减轻；当采用不排土成桩时，对于杂填土、砂性土等，由于成孔挤密了桩间土，加固层的重力变化不大。同时桩体具有较桩间土更大的强度（抗压强度约为500kPa），在与桩间土形成的复合地基中具有桩体作用。当承受荷载时，桩上将产生应力集中现象。国内实测数据显示，石灰桩复合地基的桩土应力比一般为2.5～5.0。

7.3.3 设计计算

石灰桩可使桩间土得到挤密和固结，石灰桩身比桩间土有更高的强度和刚度。因此，石灰桩与桩间土共同形成承载力较高的复合地基。由于施工材料、施工工艺和被加固土类各地差异较大，设计计算所用参数根据各地的工程经验或通过试验实测采用。

1. 一般原则

（1）桩身材料配合比　石灰桩的材料以生石灰为主，生石灰选用现烧的并过筛，粒径一般为50mm以下，含粉量不得超过总质量的20%，CaO含量不低于80%，其中夹石或其他杂物不大于5%。石灰桩的主要固化剂为生石灰，掺和料宜优先选用粉煤灰、火山灰、炉渣等工业废料。生石灰与掺和料的配合比通过试验确定。桩身材料的无限侧抗压强度根据土质及荷载要求，一般情况下为0.3～1.0MPa。

（2）桩径及桩距　石灰桩成孔直径应根据设计要求及所选用的成孔方法确定，常用300～400mm，可按等边三角形或矩形布桩，桩中心距可取2.5～3.5倍成孔直径。

（3）垫层　石灰桩属可压缩性桩，一般情况下桩顶可不设垫层。当地基需要排水通道时，可在桩顶以上设200～500mm厚的砂石垫层。由于石灰桩的膨胀作用，桩顶覆盖压力不够时，易引起桩顶土隆起，增加再沉降。为此，应保持一定的覆盖压力，石灰桩宜留500mm以上的孔口高度，并用含水量适当的黏性土封口，封口材料必须夯实，封口标高略高于原地面。桩顶施工标高应高出设计标高100mm以上。

（4）石灰桩加固范围　宜大于基础宽度，当大面积满堂布桩时，一般在基础外缘增布1～2排石灰桩。

（5）桩长　桩的长度取决于石灰桩的加固目的和上部结构的条件。若石灰桩加固只是为了形成一个压缩性较小的垫层，则桩长可较小，一般可取2～4m；若加固目的是减小沉降，则就需要较长的桩。如果为了解决深层滑动问题，也需较长的桩保证桩长穿过滑动面。根据加固区下卧层承载力要求和建筑物沉降来确定，还取决于施工机具及施工工艺水平，一般小于 8m。

2. 复合地基承载力计算

石灰桩在软土中桩身强度多为 0.3 ~ 1.0MPa，强度较低。因此，石灰桩复合地基承载力特征值不宜超过 170kPa，当土质较好并且已采取保证桩身强度的措施时，经过试验后可适当提高。

石灰桩复合地基承载力特征值应通过单桩或多桩复合地基载荷试验确定。试验研究证明，当石灰桩复合地基荷载达到其承载力特征值时，具有以下特征：

1）沿桩长范围内各点桩和土的相对位移很小（2mm 以内），桩土变形谐调。

2）土的接触压力接近达到桩间土承载力特征值，即桩间土发挥度系数为 1。

3）桩顶接触压力达到桩体比例极限，桩顶出现塑性变形。

4）桩土应力比趋于稳定，其值为 2.5 ~ 5.0。

5）桩土的接触压力可采用平均压力进行计算。

初步设计时，可采用单桩和处理后桩间土承载力特征值来估算。

大量试验研究表明，生石灰对桩周边厚 0.3d 左右的环状土体显示了明显的加固效果，强度提高系数达 1.4 ~ 1.7，圆环以外的土体加固效果不明显。因此，可采用下式计算桩间土承载力

$$f_{sk}=\left[\frac{(K-1)d^2}{A_e(1-m)}+1\right]\mu f_{ak} \tag{7-42}$$

式中　f_{ak}——天然地基承载力特征值；

A_e——一根桩分担的处理地基面积；

m——面积置换率；

K——桩边土强度提高系数，取 1.4 ~ 1.7，软土取高值；

d——计算桩直径；

μ——成桩中挤压系数，排土成孔时 $\mu=1$，挤土成孔时 $\mu=1\sim1.3$（可挤密土取高值，饱和软土取 1）。

根据大量实测和计算结果显示，加固后桩间土的承载力 f_{sk} 和天然地基承载力 f_{ak} 存在如下关系

$$f_{sk}=(1.05\sim1.20)f_{ak} \tag{7-43}$$

通常情况下，土较软时取高值，反之取低值。

当石灰桩复合地基存在软弱下卧层时，应按下式验算下卧层的地基承载力。

$$p_z+p_{cz}\leqslant f_{ak} \tag{7-44}$$

式中　p_z——相应于荷载效应标准组合时，软弱下卧层顶面处的附加压力值（kPa）；

p_{cz}——软弱下卧层顶面处的自重压力值（kPa）；

f_{ak}——软弱下卧层顶面经深度修正后的地基承载力特征值。

3. 复合地基沉降计算

（1）复合地基的变形特征

1）石灰桩复合地基桩、土变形协调，桩与土之间无滑移现象。基础下桩、土在荷载作

用下变形相等。

2）可以按桩间土分担的荷载，用天然地基的计算方法计算复合地基加固层的沉降。

3）可以按复合地基中荷载，用天然地基的计算方法计算复合地基加固层以下的下卧层沉降。

（2）复合地基变形的计算方法　处理后地基变形应按《建筑地基基础设计规范》有关规定进行计算。变形经验系数 ψ_s 可按地区沉降观测资料及经验确定。

石灰桩复合土层压缩模量宜通过桩身及桩间土压缩试验确定，初步设计时可按下式估算

$$E_{sp} = \alpha[1 + m(n-1)]E_s \tag{7-45}$$

式中　E_{sp}——复合土层的压缩模量（MPa）；

E_s——天然土的压缩模量（MPa）；

n——桩土应力比，可取 3～4，长桩取大值；

α——系数，可取 1.1～1.3，成孔对桩周土挤密效应好或置换率大时取高值。

7.3.4　质量检测

石灰桩加固方法主要是对软弱地基起到加固作用，目前其质量检验主要指的是加固效果的检验。内容主要包括桩位布置、填料质量和桩体密实度的检测。桩体密实度可采用轻便触探检验，也可取样进行室内土工试验检验。

整个复合地基的处理效果，可以采用载荷试验，也可采用十字板剪切试验、轻便触探或静力触探试验来检验。石灰桩施工检测宜在施工 7～10d 后进行；竣工验收检测宜在施工 28d 后进行。施工检测可采用静力触探、动力触探或标准贯入试验。检测部位为桩中心及桩间土，每两点为一组。检测组数不少于总桩数的 1%。

石灰桩地基竣工验收时，承载力检验应采用复合地基载荷试验。载荷试验数量宜为地基处理面积每 200m² 左右布置一个点，且每一单体工程不应少于 3 点。

7.4　灰土挤密桩和土挤密桩

7.4.1　概述

灰土挤密桩（简称灰土桩）和土挤密桩（简称土桩）是通过成孔过程中横向挤压作用，桩孔内的土被挤向周围，使桩间土得以挤密，然后将备好的灰土或素土（黏性土）分层填入桩孔内，并分层捣实至设计标高。用灰土分层夯实的桩体，称为灰土挤密桩；用素土分层夯实的桩，称为土挤密桩。二者均属柔性桩，其本身承载能力比刚性桩要小得多，挤密后桩与桩间土共同组成复合地基，一起承受基础传来的上部荷载。

土桩和灰土桩法具有原位处理、深层挤密、就地取材、施工工艺多样、施工速度快、造价低廉的特点，多用于处理厚度较大的湿陷性黄土或填土地基，具有显著的技术经济效益，因此在我国西北和华北等地区已广泛应用。

土挤密桩法于 1934 年由前苏联首创，至今仍是俄罗斯和东欧国家处理湿陷性黄土地基的一种主要方法。我国自 20 世纪 50 年代中期开始，在西北黄土地区多次进行土桩挤密地基的试验研究和应用。60 年代中期，西安地区为解决杂填土地基的深层处理问题，在土桩挤密法的基础上成功试验了灰土桩挤密法，并自 70 年代初期逐步推广应用。甘肃、陕西、山

西、河南等黄土地区都先后开展了土桩或灰土桩挤密法的试验研究和推广应用，取得了丰富的科研资料和实践经验。

土桩和灰土桩法适用于处理地下水位以上的湿陷性黄土。素填土和杂填土地基。处理深度宜为 5 ~ 15m。当以消除地基的湿陷性为主要目的时，宜选用土挤密桩法；当以提高地基的承载力为主要目的时，宜选用灰土挤密桩法。在有条件和有经验的地区，也可就近利用工业废料（如粉煤灰、矿渣或其他废渣）夯填桩孔，一般宜掺入少量石灰或水泥作为胶结料，以提高桩体的强度和水稳定性。大量的试验研究资料和工程实践表明，灰土挤密桩和土挤密桩用于处理地下水位以上的湿陷性黄土、素填土、杂填土等地基，不论是消除土的湿陷性还是提高承载力都是有效的。但当土的含水量大于 24% 及饱和度大于 0.65 时，在成孔及拔管过程中，桩孔及其周围容易缩颈和隆起，挤密效果差，故上述方法不适用于处理地下水位以下及毛细饱和带的土层。

7.4.2 加固机理

（1）挤密作用 土桩挤密法将土料填入桩孔内并进行夯实，最终形成的地基是由土桩和桩间挤密土体组成。桩孔内夯填的土料多为就近挖运的土，其土质及夯实的标准与桩间挤密土质量基本一致，因此，它们的物理力学性质指标也无明显的差异。土桩挤密地基的加固作用主要是增加土的密实度，降低土中孔隙率，从而达到消除地基湿陷性和提高水稳定性的目的。

灰土挤密桩和土挤密桩挤密作用与砂桩类似。当桩的含水量接近最优含水量时，土呈塑性状态，挤密效果最佳；当含水量偏低，土呈坚硬状态时，有效挤密区变小；当含水量过高时，超静孔隙水压力导致土体难以挤密，且孔壁附近土的强度因受扰动而降低，拔管时容易出现缩颈等情况。土的天然干密度越大，有效挤密范围越大，反之亦然。

（2）灰土性质作用 灰土桩是用石灰和土按一定体积比例（2:8 或 3:7）拌和，并在桩孔内夯实加密后形成的桩，这种材料在化学性能上具有气硬性和水硬性，由于石灰内带正电荷钙离子与带负电荷黏土颗粒相互吸附，形成胶体凝聚，并随灰土龄期增长，土体固化作用提高，使灰土逐渐增加强度。它可达到挤密地基，提高地基承载力，消除湿陷性，使沉降均匀和沉降量减小的效果。

（3）桩体作用 灰土桩具有一定的胶凝强度，其变形模量约为桩间土的 10 倍，因而，在刚性基底下灰土桩面上的应力约为桩间土的 10 倍，桩体承担着荷载的 50% 左右。由于总荷载的一半由灰土桩承担，从而降低了基础底面下一定深度内土中的应力，消除了持力层内产生大量压缩变形和湿陷变形的不利因素。

灰土桩在桩顶段分担荷载的作用十分显著，$1.5d$ 深度以下桩身应力逐层降低，而土中应力相应增加，直到 $6d$ 深度以下，桩土应力基本均匀，但这时土中应力已因向外围扩散而逐步减小。

此外，具有一定刚度的灰土桩体，对桩间土有侧向约束作用，约束桩间土受压时产生的侧向挤出变形并使其强度增大，使压力与沉降始终呈线性关系。

7.4.3 设计计算

1. 一般原则

土桩和灰土桩挤密地基设计时，应根据下列资料和条件：

1）场地工程地质勘查报告。重点掌握地基湿陷性类型、等级和湿陷性土层的深度，了解地基土的干密度和含水量，对填土应查明其分布范围、成分和均匀性，并应确定填土地基的承载力和湿陷性能。

2）建筑结构的类型、用途和荷载。根据有关规范确定建筑物的等级。初步设计出基础的构造、平面尺寸和埋深，提供对地基承载力及变形的要求。

3）建筑场地和环境条件。着重了解场地范围内地面和地下障碍物，施工对相邻建筑可能造成的影响。

4）当地应用土桩、灰土桩的施工条件和经验资料等。

采用灰土挤密桩或土挤密桩处理后形成的复合地基的承载力特征值，应通过现场单桩或多桩复合地基载荷试验确定。初步设计时，如无试验资料，可按当地经验确定，但对灰土挤密桩复合地基的承载力特征值，不宜大于处理前的2.0倍，并不宜大于250kPa；对土挤密桩复合地基的承载力特征值，不宜大于处理前的1.4倍，并不宜大于180kPa。

2. 桩径、桩间距、排距的确定

（1）桩孔直径　桩孔直径宜为300～450mm，设计桩径时，应根据成孔机械、施工工艺和场地土质等因素确定桩径的大小。桩径过小，则桩数增多，增加成孔和回填的工作量。桩径过大，则对桩间土挤密不够，不能完全消除黄土的湿陷性，也会影响挤密后土的均匀性。桩位易按等边三角形布置，以便使桩间土的挤密效果趋于均匀。

（2）桩孔间距　桩孔宜按等边三角形布置，桩孔之间的中心距离，可为桩孔直径的2.0～2.5倍，也可按下式估算

$$s = 0.95d\sqrt{\frac{\overline{\eta}_c \rho_{dmax}}{\overline{\eta}_c \rho_{dmax} - \overline{\rho}_d}} \tag{7-46}$$

式中　s——桩孔之间的中心距离（m）；

d——桩孔直径（m）；

ρ_{dmax}——桩间土的最大干密度（t/m^3）；

$\overline{\rho}_d$——地基处理前土的平均干密度（t/m^3）；

$\overline{\eta}_c$——桩间土经成孔挤密后的平均挤密系数，不宜小于0.93，$\overline{\eta}_c = \overline{\rho}_{d1}/\rho_{dmax}$；

$\overline{\rho}_{d1}$——成孔挤密深度内桩间土的平均干密度（t/m^3），平均试样数不应少于6组。

处理填土地基时，鉴于其干密度值变动较大，一般不容易按式（7-46）计算桩孔间距。为此，可接下式计算桩孔间距

$$s = 0.95d\sqrt{\frac{f_{pk} - f_{sk}}{f_{spk} - f_{sk}}} \tag{7-47}$$

式中　f_{pk}——灰土桩体的承载力特征值（宜取$f_{pk} = 500kPa$）；

f_{sk}——挤密前填土地基的承载力特征值（应通过现场测试确定）；

f_{spk}——处理后要求的复合地基承载力特征值。

对重要工程或缺乏经验的地区，应通过现场成孔挤密试验，按照不同桩距时的实测挤密效果确定桩间距。

（3）桩孔排距　桩孔间距确定之后，可计算桩孔排距l。等边三角形布桩，$l = 0.87s$；正方形布桩，$l = s$。

3. 处理范围

（1）处理地基的面积 灰土挤密桩和土挤密桩处理地基的面积，应大于基础或建筑物底层平面的面积，以保证地基的稳定性，并应符合下列规定：

1）局部处理一般用于消除地基的全部或部分湿陷量或用于提高地基的承载力，通常不考虑防渗隔水作用。当采用局部处理时，超出基础底面的宽度。对非自重湿陷性黄土、素填土和杂填土等地基，每边不应小于基底宽度的0.25倍，并不应小于0.50m；对自重湿陷性黄土地基，每边不应小于基底宽度的0.75倍，并不应小于1.0m。

2）整片处理用于Ⅲ级、Ⅳ级自重湿陷性黄土场地，除了要消除土层的湿陷性外，还要求具有防渗隔水的作用。当采用整片处理时，超出建筑物外墙基础底面外缘的宽度，每边不宜小于处理土层厚的1/2，并不应小于2.0m。

（2）处理地基的深度 灰土挤密桩和土挤密桩处理地基的深度应根据土质情况、建筑物对地基的要求、成孔设备等因素综合考虑确定。对湿陷性黄土地基，应按《湿陷性黄土地区建筑规范》规定的原则确定土桩或灰土桩挤密地基的深度。

消除地基全部湿陷量的处理厚度，应符合下列要求：在自重湿陷性土层，应处理基础以下的全部湿陷性土层；非自重湿陷性黄土地基，应将基础下湿陷起始压力小于附加压力与上覆土的饱和自重压力之和的所有土层进行处理或处理至基础下的压缩层下限为止。

消除地基部分湿陷量，自基础底面算起，对乙类建筑，在自重湿陷性黄土场地，不应小于湿陷性土层厚度的2/3，并应控制剩余湿陷量不大于20cm；在非自重湿陷性黄土场地，不应小于压缩层厚度的2/3，且不应小于4m。

当以提高地基承载力为主要目的时，对基底下持力层范围内的低承载力和高压缩性土层应进行处理，并应通过下卧层承载力验算来确定地基的处理深度。桩长从基础算起一般不宜小于5m，当处理深度过小时，采用土桩挤密是不经济的，桩孔深度目前施工可达12～15m。桩基施工后，宜挖去表面松动层，并在桩顶面上设置厚度0.3m以上的素土或灰土垫层。

4. 填料和压实系数

桩孔内的填料，应分层回填夯实，填料的平均压实系数$\bar{\lambda}_c$不应低于0.97，其中压实系数最小值不应低于0.93。桩顶标高以上应设置300～600mm厚的2:8或3:7灰土、水泥土垫层，其压实系数不应低于0.95。

5. 复合地基承载力计算

土桩和灰土挤密桩处理地基的承载力特征值应通过原位测试或当地经验确定。对于重大工程，一般应通过载荷试验确定其承载力。对一般工程可参照当地经验确定挤密地基土的承载力设计值。当缺乏经验时，灰土挤密桩复合地基的承载力特征值，不宜大于处理前的2.0倍，并不宜大于250kPa；土挤密桩复合地基的承载力特征值，不宜大于处理前的1.4倍，并不宜大于180kPa；对于填土场地，可适当降低上述标准。

若已知桩体的承载力特征值f_{pk}和桩间土的承载力特征值f_{sk}，处理地基中桩的置换率为m，可按下式计算复合地基承载力f_{spk}

$$f_{spk} = mf_{pk} + (1-m)f_{sk}, m = d^2/d_e^2 \tag{7-48}$$

式中 m、d ——桩土面积置换率和桩身平均直径（m）；

d_e——等效圆直径（m）。

6. 复合地基变形计算

灰土挤密桩或土挤密桩复合地基的变形，包括桩和桩间土及其下卧未处理土层的变形。前者通过挤密，桩间土的物理力学性质明显改善，即土的干密度增大、压缩性降低、承载力提高、湿陷性消除，故桩和桩间土（复合土层）的变形可不计算，但应计算下卧未处理土层的变形。灰土挤密桩和土挤密桩复合土层的压缩模量，可采用载荷试验的变形模量代替。

7.4.4 质量检测

桩孔质量检验应在成孔后及时进行，所有桩孔均需检验并作出记录，检验合格或经处理后可进行夯填施工。应随机抽样检测夯后桩长范围内灰土或填土的平均压实系数，抽检的数量不应少于总桩数的1%，且不得少于9根。对灰土桩桩身强度有怀疑时，还应检验消石灰与土的体积配合比。应抽样检验处理深度内桩间土的平均挤密系数，检测探井数不应少于总桩数的0.3%，且每个单体工程不得少于3个。灰土挤密桩或土挤密桩地基竣工验收时，承载力检验应采用复合地基载荷试验。承载力检验应在成桩后14~28d后进行，检验数量不应少于桩总数的1%，且每项单体工程不应少于3点。

1. 挤密效果检验

检验土桩与灰土桩对桩间土有挤密作用，通过挤密达到消除地基土湿陷性和提高强度的目的。挤密效果检验主要是通过现场试验性成孔，对不同桩间距的挤密土分层开剖取样，测试其干密度和压实系数，并以桩间土的平均压实系数作为评定挤密效果的指标。

2. 消除湿陷性检验

检验湿陷性消除的效果，可利用探井分层开剖取样，然后在试验室测定桩间土和桩孔夯实素土或灰土的湿陷系数及其他物理力学性质指标，并与天然地基土湿陷系数进行对比，了解湿陷性消除的程度；也可通过现场浸水载荷试验观测在一定压力下浸水后处理地基的湿陷量或相对湿陷量，综合检验湿陷性消除的效果。

3. 地基加固效果的综合检验

综合检验主要用于重要或大型工程、缺乏经验的地区和当一般检测结果难以确定地基的加固效果时，它通过现场载荷试验、浸水载荷试验或其他原位测试方法对地基的加固效果进行检测和评价。

7.5 水泥粉煤灰碎石桩法

7.5.1 概述

水泥粉煤灰碎石桩又称CFG桩，是由水泥、粉煤灰、碎石、石屑或砂等混合料加水拌和而成的高黏结强度桩。这种处理方法是通过在碎石桩体中添加以水泥为主要胶凝材料，并添加粉煤灰以增加混合料的和易性，同时还添加适量的石屑来改善级配后，利用各种成桩机械在地基中制成具有一定黏结强度的桩，并由桩体、桩间土和褥垫层一起构成复合地基，如图7-10所示。

大量工程实践表明，在塑性指数较大的黏性土中采用碎石桩加固基础时，地基承载力的提高幅度不大，原因在于：碎石桩属散体材料桩，本身没有黏结强度，主要靠周围土的约束来抵抗基础传来的竖向荷载。CFG 桩针对碎石桩承载特征的上述不足加以改进而发展起来，其机理在于：在碎石桩中掺入适量的水泥、粉煤灰、石屑等，后加水拌和形成一种黏结强度较高的桩体，其不仅可以发挥全桩的侧阻作用，而且当桩端落在较好的土层上时，还可以很好地发挥端阻的作用，从而使复合地基的承载力得到大大提高。

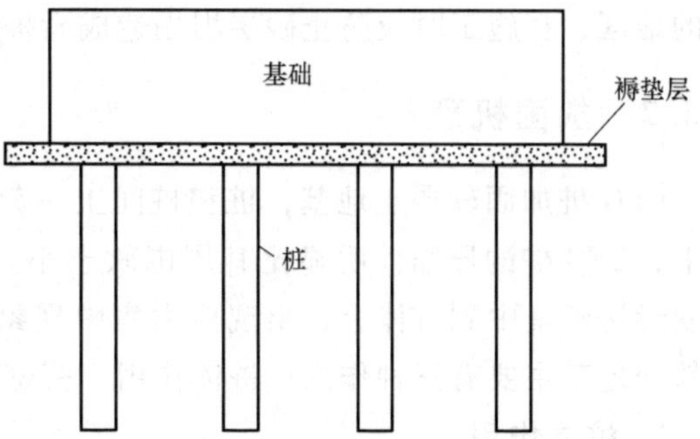

图 7-10　CFG 桩复合地基组成示意图

CFG 桩复合地基属于刚性桩复合地基，具有承载力提高幅度大、地基变形小等优点，主要适用于处理黏性土、粉土、砂土和已自重固结的素填土等地基。CFG 桩可全桩长发挥侧阻，桩端落在好的土层时可很好地发挥端阻作用，形成的复合地基置换作用强，复合地基承载力提高幅度大，符合模量高，地基变形小。由于 CFG 桩桩体材料可以掺入工业废料粉煤灰、不配钢筋，并可充分发挥桩间土的承载力，工程造价仅为桩基的 1/3 ~ 1/2，经济效益和社会效益显著。CFG 桩采用长螺旋钻孔内泵压成桩工艺，具有无泥浆污染、无振动、低噪声等特点，且施工速度快、工期短、质量容易控制。该地基处理方法目前已广泛应用于建筑和公路工程的地基加固处理。CFG 桩复合地基具有如下工程特性：

1）施工工艺与普通振动沉管灌注桩一样，工艺简单，与振动碎石桩相比，无场地污染，振动影响也较小。

2）所用材料仅需少量水泥，便于就地取材。

3）受力特性与水泥搅拌桩类似。

同时 CFG 桩与碎石桩也有差异，具体表现如下：

1）CFG 桩桩体材料除了碎石以外，还有水泥、粉煤灰的成分，桩身具有高黏结强度。

2）CFG 桩为复合地基刚性桩，桩身可在全长范围内受力，能充分发挥桩周摩阻力和端承力；碎石桩为散体材料桩，桩身无黏结强度，依靠周围土体的约束力来承受上部荷载。

3）CFG 桩用于加固填土、饱和及非饱和黏性土、松散的砂土、粉土等，对塑性指数高的饱和软黏土使用要慎重；碎石桩宜处理砂土、粉土、黏性土、填土以及软土，但对不排水抗剪强度小于 20kPa 的软土使用要慎重。

4）CFG 桩增加桩长可有效地减小变形，总的变形量小；碎石桩减小地基变形的幅度较小，总的变形量较大。

5）CFG 桩应力-应变曲线呈直线关系，围压对应力-应变曲线没有多大影响；碎石桩应力-应变曲线不呈直线关系，增加围压，破坏主应力差增大。

6）CFG 桩适用于多层和高层建筑物地基；碎石桩适用于多层建筑物地基。

CFG 桩法适用于处理黏性土、粉土、砂土和已自重固结的素填土等地基。对淤泥质土应按地区经验或通过现场试验确定其适用性。对塑性指数较高的饱和软黏土，由于桩间土承载力太小，土的荷载分担比太低，成桩质量也较难保证，使用应慎重。在含水丰富、砂层较厚的地区，在施工时应防止砂层坍塌造成断桩，必要时应采取降水措施。

7.5.2　加固机理

CFG 桩加固软弱土地基，桩和桩间土一起通过褥垫层形成 CFG 桩复合地基，在荷载作用下，CFG 桩的压缩性明显比其周围软土小。因此，基础传给复合地基的附加应力随地基的变形逐渐集中到桩体上，出现应力集中现象，复合地基的 CFG 桩起到了桩体作用。其加固软弱地基主要有三种作用：桩体作用、挤密作用及褥垫层作用。

1. 桩体作用

CFG 桩属于刚性桩，不仅可全桩长发挥桩的侧阻，当桩端落在较硬土层时也可发挥端阻作用。桩由于其周围土体密实度增大、侧应力增加而改善了受力性能，增加了桩体极限承载力，并大大提高了桩的延性。桩体强度特别是靠近桩端部分桩体强度对复合地基承载力起决定作用，增加桩体强度和桩长是提高复合地基承载力的有效途径。

根据桩体和加固后桩间土材料特性对比，CFG 桩桩体的弹性模量远大于桩间土弹性模量，可见 CFG 桩承担荷载远大于桩间土承担荷载，因此，土被 CFG 桩置换是复合地基承载力得到提高的主要原因。

2. 挤密作用

当 CFG 桩采用振动沉管成孔时，由于桩管振动和侧向挤压作用，可减小桩间土孔隙比，降低土的压缩性，提高土体承载力。特别是当 CFG 桩在处理饱和砂土或粉土地基时，由于施工中的振动使得土体内产生较大的超静孔隙水压力，而刚刚施工完成的 CFG 桩将是一个良好的排水通道，特别是在较好透水层上还有透水性比较差的土层覆盖时，这种排水作用更加明显，直到 CFG 桩桩体结硬为止。

CFG 桩由于在普通混凝土拌和料中掺入粉煤灰，因此具有很强的渗透性，有试验表明 CFG 桩桩体的渗透系数远大于桩间土层渗透系数。实际上，桩体相对于土体构成了固结排水通道，加速了土体的排水固结过程，有效提高了土体强度，尤其可明显改善黏性土和粉土的工程性质。

3. 褥垫层作用

褥垫层技术是 CFG 桩复合地基的一个核心技术，它是 CFG 桩复合地基的重要组成部分，其主要作用体现在以下几个方面：

（1）保证桩与土共同承担荷载　在 CFG 桩复合地基中，设置褥垫层，可以保证基础始终通过褥垫层的塑性调节作用把一部分荷载传到桩间土上，保证桩和桩间土始终参与工作并满足变形协调条件，从而达到桩土共同承担荷载的目的。

（2）减小基础底面的应力集中　当褥垫层厚度 $H=0$ 时，桩对基础底板的应力集中显著，基础设计时需考虑桩对基础底板的冲切破坏。随着褥垫层厚度的增加，这种应力集中现象越来越不明显，当褥垫层厚度增大到一定程度时，基础反力与天然地基的反力分布情况近似。试验研究表明，当褥垫层厚度 $H \geqslant 100\text{mm}$ 时，桩对基础产生的应力集中现象显著降低；当褥垫层厚度达到 $H=300\text{mm}$ 时，应力集中已经很小。也就是说，当褥垫层超过一定厚度，在基础底板设计时，可不考虑桩对基础应力集中的影响。

7.5.3 设计计算

1. 平面布置

CFG 桩可只在基础范围内布置。对可液化地基及饱和软黏土地基宜在基础处设 1 ~ 2 排砂石护桩。最外排桩中心至基础边缘距离不宜小于 1 倍桩径，且不大于 1.5 倍桩距。

2. 桩径

CFG 桩桩径宜取 350 ~ 600mm。桩径过小，施工质量不容易控制；桩径过大，需加大褥垫层厚度才能保证桩土共同承担上部结构传来的荷载。

3. 桩距

桩距 S 应根据复合地基承载力、土性、施工工艺等确定，宜取 3 ~ 6 倍桩径。CFG 桩桩距选择见表 7-3。

表 7-3　CFG 桩桩距选择

基础形式土性	挤密性好的土（如砂土、粉土、松散土等）	可挤密性土（如粉质黏土、非饱和黏土等）	不可挤密性土（如饱和黏土、淤泥质土等）
单、双排布桩的条基	$(3\sim5)d$	$(3.5\sim5)d$	$(4\sim5)d$
含 9 根以下独立基础	$(3\sim6)d$	$(3.5\sim6)d$	$(4\sim6)d$
满堂布桩	$(4\sim6)d$	$(4\sim6)d$	$(4.5\sim7)d$

1）对挤密性好的土，如砂土、粉土和松散填土等，桩距可取得较小。

2）对单双排布桩的条形基础和面积不大的独立基础等，桩距可取得较小，反之，满堂布桩的筏形基础、箱形基础以及多排布桩的条形基础、设备基础等，桩距应适当放大。

3）地下水位高、地下水丰富的建筑场地，桩距也应适当放大。

4）CFG 桩应选择承载力相对较高的土层作为桩端持力层，选择桩长时应考虑可作为桩端持力层的土层埋深。在满足承载力和变形要求的前提下，可以通过调整桩长来调整桩距，桩越长，桩间距可以越大。

4. 褥垫层设计

桩顶和基础之间应设置褥垫层，褥垫层厚度宜为桩径的 40% ~ 60%。当桩径、桩距较大时，褥垫层厚度应取高值。褥垫层材料宜用中、粗砂及碎石级配砂石，最大粒径不宜大于 30mm。由于卵石咬合力差，施工时扰动较大，褥垫层厚度不易保证均匀。因此，不宜采用卵石作为褥垫层材料。

5. CFG 桩复合地基承载力计算

CFG 桩复合地基是由桩间土和增强体共同承担的。目前，复合地基承载力计算公式比较多，但应用比较普遍的有两种：一种是由桩间土承载力和单桩承载力进行合理叠加；另一种将复合地基承载力用天然地基承载力扩大一个倍数来表示。

（1）复合地基承载力特征值　复合地基承载力不是天然地基承载力和单桩承载力的简单相加，需要考虑如下因素：

1）施工时对桩间土是否产生扰动或挤密，桩间土承载力有无降低或提高。

2）桩对桩间土有约束作用，使土的变形减小；在垂直方向上荷载不大时，起阻碍变形的作用，使土的变形减小；荷载较大时起增大变形的作用。

3）复合地基中桩的 P_p-s 曲线呈加工硬化型，比自由单桩的承载力要高。

4）桩和桩间土承载力的发挥都与变形有关，当变形小时，桩和桩间土承载力的发挥都不充分。

5）复合地基桩间土的发挥与褥垫层厚度有关。

CFG 桩复合地基承载力特征值，应通过现场复合地基载荷试验确定，初步设计时可按下式进行估算

$$f_{spk}=m\frac{R_a}{A_p}+\beta(1-m)f_{sk} \tag{7-49}$$

式中 f_{spk}——复合地基承载力特征值（kPa）；

m——桩土面积置换率；

R_a——CFG 桩单桩竖向承载力特征值（kN）；

A_p——CFG 桩单桩的截面面积（m^2）；

β——桩间土承载力折减系数，宜按地区经验取值，如无经验时可取 0.75～0.95，天然地基承载力较高时取大值；

f_{sk}——处理后桩间土承载力特征值（kPa），宜按当地经验取值，如无经验时，可取天然地基承载力特征值。

（2）单桩竖向承载力特征值

1）根据单桩载荷试验获得单桩竖向极限承载力 Q_u，将单桩竖向极限承载力除以安全系数 2，得单桩承载力特征值

$$R_a=\frac{Q_u}{2} \tag{7-50}$$

2）无单桩荷载试验资料时，CFG 桩单桩承载力特征值可按以下式计算，并取其较小值

$$R_a=u_p\sum_{i=1}^{n}q_{si}l_i+q_pA_p \tag{7-51}$$

$$R_a=\eta f_{cu}A_p \tag{7-52}$$

式中 u_p——桩的周长（m）；

n——桩长范围内所划分的土层数；

q_{si}、q_p——桩周第 i 层土的侧阻力特征值和桩端阻力特征值（kPa）；

l_i——第 i 层土的厚度（m）；

η——桩身强度折减系数，η 可取 0.33；

f_{cu}——桩体混合料试块标准养护 28d 立方体抗压强度平均值（kPa）。

7.5.4 CFG 桩复合地基沉降计算

1. 复合地基沉降计算公式

CFG 桩复合地基沉降量 s 由其加固区范围内土层压缩量 s_1 和下卧层压缩量 s_2 组成。

（1）分层计算法　对单、双排布桩的条形基础或桩数较少的独立基础，采用荷载 p_0

$$p_0=p-\gamma_d$$

式中 p——基底压力；

γ_d——基底自重应力。

在基底桩间土产生的附加应力 σ_{s0} 作为荷载计算加固区的压缩变形 s_1，用荷载 p_0 在下卧层产生的附加应力计算下卧层压缩量 s_2，计算值与实测值不会产生大的误差。置换率越低，桩数越少，两者的差异就越小。

当荷载不超过复合地基承载力时，可按下式计算复合地基沉降

$$s = s_1 + s_2 = \psi_s\left(\sum_{i=1}^{n_1}\frac{\Delta\sigma_{s0i}}{E_{si}}h_i + \sum_{j=1}^{n_2}\frac{\Delta p_{0j}}{E_{sj}}h_j\right) \tag{7-53}$$

式中　s——CFG 桩复合地基总沉降量（mm）；

n_1、n_2——加固区土分层数和下卧层土分层数；

$\Delta\sigma_{s0i}$——桩间土应力 $\Delta\sigma_{s0}$ 在加固区第 i 层土产生的平均附加应力（kPa）；

Δp_{0j}——荷载 Δp_0 在下卧层第 j 层土产生的平均附加应力（kPa）；

E_{si}——加固区第 i 层土的压缩模量（MPa）；

E_{sj}——下卧层第 j 层土的压缩模量（MPa）；

h_i、h_j——加固区第 i 层和下卧层第 j 层的分层厚度（m）；

ψ_s——变形计算经验系数，根据当地沉降观测资料及经验确定。

（2）复合模量法　假定加固区的复合土体是与天然地基分层相同的若干层均质地基，不同的是压缩模量都相应扩大 ξ 倍。这样，加固区和下卧层均按分层总和法进行沉降计算。

当荷载不大于复合地基承载力时，总沉降量 s 为

$$s = s_1 + s_2 = \psi_s\left(\sum_{i=1}^{n_1}\frac{\Delta p_{0i}}{E_{spi}}h_i + \sum_{j=1}^{n_2}\frac{\Delta p_{0j}}{E_{sj}}h_j\right) \tag{7-54}$$

式中　Δp_{0i}——荷载 p_0 在第 i 层复合土层产生的平均附加应力（kPa）；

E_{spi}——第 i 层复合土层的压缩模量（MPa）。

上述变形计算，可采用《建筑地基基础设计规范》中的沉降计算方法，即

$$s = \psi_s s' = \psi_s\sum_{i=1}^{n}\frac{p_0}{E_{si}}(z_i\bar{\alpha}_i - z_{i-1}\bar{\alpha}_{i-1}) \tag{7-55}$$

式中　p_0——对应于荷载效应标准组合时的基础底面处的附加压力（kPa）；

z_i、z_{i-1}——基础底面至第 i 层土、第 $i-1$ 层土底面的距离（m）；

$\bar{\alpha}_i$、$\bar{\alpha}_{i-1}$——基础底面计算点至第 i 层土、第 $i-1$ 层土底面范围内平均附加应力系数，可查《建筑地基基础设计规范》附录；

n——地基变形计算深度范围内所划分的土层数；

E_{si}——第 i 层土的压缩模量（MPa），对于加固区范围内土层，取复合土层的压缩模量 E_{sp}；对桩底下卧层土层，取天然土层的压缩模量 E_s。

2. 复合土层压缩模量 E_{sp}

《建筑地基基础设计规范》规定，复合土层压缩模量 E_{sp} 采用提高系数法计算。假定加固区土体与天然地基土体分层相同，各复合土层的压缩模量等于该层天然地基压缩模量的 ξ 倍，E_{sp} 即按下式计算

$$E_{sp} = \xi E_s = \frac{f_{spk}}{f_{ak}}E_s \tag{7-56}$$

式中　f_{ak}——基础底面下天然地基承载力特征值（kPa）；

f_{spk}——基础底面下复合地基承载力特征值（kPa）。

3. 地基变形计算深度 z_n

地基变形计算深度应符合下式要求

$$\Delta s'_n \leqslant 0.025 \sum_{i=1}^{n} \Delta s'_i \tag{7-57}$$

式中　$\Delta s'_i$——在计算深度范围内，第 i 层土的计算变形值；

$\Delta s'_n$——在由计算深度向上取厚度为 Δz 土层的计算变形值。

当无相邻荷载影响，基础宽度在 1 ~ 30m 范围内时，基础中点的地基变形计算深度可按下列公式计算

$$z_n = b(2.5 - 0.4\ln b) \tag{7-58}$$

式中　b——基础宽度（m）。

当计算深度范围内存在基岩时，z_n可取至基岩表面；当存在较厚的坚硬黏土层，其孔隙比小于 0.5、压缩模量大于 50MPa，或存在较厚的密实砂卵石层，其压缩模量大于 80MPa 时，计算深度可取至该层土表面。无论何种情况，复合地基变形计算深度必须大于复合土层厚度。

7.5.5　质量检验

CFG 桩处理效果一般采取现场抽取桩芯检验，桩间土进行室内物理力学性质试验、桩间土现场动力或静力触探试验，现场复合地基载荷试验。

（1）CFG 桩的检验　以单桩静载试验来测定桩的承载力，静载试验要求达到桩的极限承载力，对于 CFG 桩成桩质量也可采用可靠的动力检测方法抽取不少于总桩数 10% 的桩判断桩身完整性。

（2）桩间土的检验　桩间土通常通过以下方法检验：

1）室内土工试验，考察土的物理力学指标的变化。

2）现场静力触探和标准贯入试验，与地基处理前进行比较。

3）必要时做桩间土静载试验，确定桩间土承载力。

（3）复合地基检验　CFG 桩复合地基竣工验收时，应采用复合地基载荷试验进行承载力检验，其检验应在桩身强度满足试验荷载条件，一般在施工结束后 28d 进行，试验数量为总桩数的 0.5% ~1%，每个单体工程随机检验不应少于 3 点。

历年注册土木工程师（岩土）考试真题精选

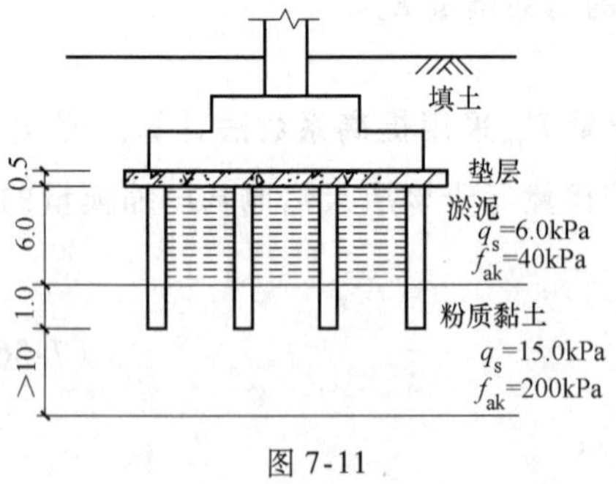

图 7-11

1. 已知独立柱基采用水泥搅拌桩复合地基，承台尺寸为 2.0m × 4.0m，布置 8 根桩，桩直径 ϕ600mm，桩长 7m，如图 7-11 所示如果桩身抗压强度取 0.8MPa，桩身强度折减系数 0.3，桩间土和桩端土承载力折减系数均为 0.4，不考虑深度修正，充分发挥复合地基承载力，求基础承台底最大荷载（荷载效应标准组合）？（2013 年）

【解答】：

$R_a = u_p \sum q_{si} l_i + \alpha q_p A_p$

$= 3.14 \times 0.6 \times (6.0 \times 6.0 + 15 \times 1.0)\text{kN} + 0.4 \times 200 \times 3.14 \times 0.3^2\text{kN} = 118.692\text{kN}$

$R_a = \eta f_{cu} A_p = 0.3 \times 0.8 \times 1000 \times 3.14 \times 0.3^2\text{kN} = 67.82\text{kN}$

取两者的小值 $R_a = 67.82\text{kN}$

$$m = \frac{8 \times 3.14 \times 0.3^2}{4 \times 2} = 0.2826$$

$$f_{spk} = \lambda m \frac{R_a}{A_p} + \beta(1-m) f_{sk} = 1.0 \times 0.283 \times \frac{67.8}{3.14 \times 0.3^2}\text{kPa} + 0.4 \times (1 - 0.283) \times 40\text{kPa} = 79.37\text{kPa}$$

荷载 $N = f_{spk} \times A = 79.37 \times 2 \times 4\text{kN} = 635\text{kN}$

2. 某建筑松散砂土地基，处理前现场测得砂土孔隙比 $e = 0.78$，砂土最大、最小孔隙比分别为 0.91 和 0.58，采用砂石桩法处理地基，要求挤密后砂土地基相对密实度达到 0.85，若桩径 0.8m，等边三角形布置，取修正系数 $\xi = 1.2$，试问砂石桩的间距？(2012 年)

【解答】:

等边三角形布置 $s = 0.95\xi d\sqrt{\dfrac{1+e_0}{e_0 - e_1}} = 0.95 \times 1.2 \times 0.8 \times \sqrt{\dfrac{1+0.78}{0.78 - e_1}}$

$e_1 = e_{max} - D_{r1}(e_{max} - e_{min}) = 0.91 - 0.85 \times (0.91 - 0.58) = 0.63$

$$s = 0.95 \times 1.2 \times 0.8 \times \sqrt{\frac{1+0.78}{0.78 - 0.63}}\text{m} = 3.14\text{m}$$

3. 某场地用振冲法复合地基加固，填料为砂土，桩径 0.8m，正方形布桩，桩距 2.0m，现场平板载荷试验测定复合地基承载力特征值为 200kPa，桩间土承载力特征值为 150kPa，试问估算的桩土应力比为何值？(2012 年)

【解答】:

桩土面积置换率 $m = \dfrac{d^2}{d_e^2} = \dfrac{0.8^2}{(1.13 \times 2)^2} = 0.125$

$f_{spk} = [1 + m(n-1)] f_{sk}$ 将 $f_{spk} = 200\text{kPa}$、$f_{sk} = 150\text{kPa}$ 代入上式得

$200 = [1 + 0.125(n-1)] \times 150$

解得 $n = 3.67$

4. 拟对某淤泥质软土地基采用石灰桩法进行加固，石灰桩直径为 350mm，间距为 900mm，正三角形布置，桩长为 7.0m，淤泥质土的压缩模量为 2.0MPa，根据《建筑地基处理技术规范》，加固后复合土层的压缩模量最接近以下哪个选项（系数 α 取 1.2，桩土应力比 n 取 3.0）？

(2013 年)

【解答】:

正三角形布置

$$d_e = 1.05s = 1.05 \times 0.9\text{m} = 0.945\text{m}$$

$$m = \frac{d^2}{d_e^2} = \frac{0.35^2}{0.945^2} = 0.137$$

$$E_{sp} = \alpha[1 + m(n-1)]E_s = 1.2 \times [1 + 0.137 \times (3-1)] \times 2.0\text{MPa} = 3.06\text{MPa}$$

习　题

1. 复合地基有哪些常用术语？试解释这些术语。
2. 如何确定复合地基承载力特征值？
3. 如何确定复合地基沉降量？
4. 试论述砂桩和碎石桩分别在黏性土和砂土中的加固机理和设计方法。
5. 影响碎（砂）石桩复合地基承载力的主要因素有哪些？
6. 试述石灰桩的加固机理。
7. 石灰桩的适用范围有哪些？
8. 如何克服石灰桩的“软心”现象？
9. 土桩和灰土桩分别适用于什么情况？
10. 简述土桩和灰土桩的加固机理。
11. 土桩和灰土桩设计主要有哪些方面？设计依据和要求是什么？
12. 简述水泥粉煤灰碎石桩的加固机理。
13. 采用水泥粉煤灰碎石桩加固地基时，设置褥垫层的作用？
14. 采用水泥粉煤灰碎石桩处理松散砂土地基，哪些方法适合于复合地基桩间土的承载力检测？

第 8 章　特殊土地基处理技术

8.1　软土地基

8.1.1　软土的分类及成因

软土包括淤泥、淤泥质土、泥炭、泥炭质土等。《建筑地基基础设计规范》对软土做了比较深入的界定：在静水或缓慢的流水中沉积并经生物化学作用形成，且天然含水量大于液限、天然孔隙比大于或等于 1.5 的黏性土为淤泥；天然含水量大于液限、天然孔隙比小于 1.5 且大于或等于 1.0 的黏性土或粉土为淤泥质土；未分解的腐殖质（有机质）含量大于 60% 的土为泥炭；有机质含量大于 10% 且不大于 60% 的土为泥炭质土。

软土广泛分布于我国沿海及内陆河流两岸和湖泊地区，按照沉积环境可分为以下几种类型。

（1）滨海沉积软土　滨海沉积软土是在软弱的海浪岸流及潮汐的水动力作用下，逐渐沉积淤成。表层广泛分布一层由近代各种营力作用生成的厚 0 ~ 3m、黄褐色黏性土的硬壳，下部为淤泥夹粉、细砂透镜体，淤泥厚 5 ~ 60m，多呈深灰色或灰绿色，常含有贝壳及海生物残骸。

（2）湖泊沉积软土　湖泊沉积软土是淡水湖盆沉积物在稳定的湖水期逐渐沉积形成。其物质来源与周围岩性基本一致，为有机质和矿物质的综合物，在稳定的湖水期逐渐沉积而成。沉积物中夹有粉砂颗粒，呈现明显的层理。淤泥结构松软，呈暗灰、灰绿或灰黑色，表层硬层不规律，厚为 0 ~ 4m，时而有泥炭透镜体。湖相沉积软土一般厚度较小，约为 10m，最厚可达 25m。

（3）河滩沉积软土　河滩沉积软土成层情况较复杂，成分不均一，走向和厚度变化大，平面分布不规则，常呈带状或透镜状，间与砂或泥炭互层，其厚度不大，一般小于 10m。

（4）沼泽沉积软土　沼泽是湖盆地、海滩，在地下水、地表水排泄不畅的低洼地带，因蒸发量不足以干化淹水地面，喜水植物滋生，常年淤积，逐渐衰退形成的一种沉积物，多以泥炭为主，且常出露于地表。下部分布有淤泥层或底部与泥炭互层。

8.1.2　软土的工程性质

软土的成因复杂，各地软土表现出的物理、力学指标也有所差异，各类软土的物理力学指标见表 8-1 所示。

由表 8-1 可见，软土具有如下工程性质：

1）天然含水量高，孔隙比大。天然含水量一般都大于 30%，有的超过 70%，甚至高达 120%，多呈软塑或半流塑状态。孔隙比都大于 1，孔隙比越大，说明土中孔隙所占体积越大，则土质越疏松，越易压缩，故软土地基变形特别大。

表 8-1　各类软土的物理力学指标统计值

成因类型	天然含水量 w(%)	天然重度 γ /(kN/m³)	天然孔隙比 e	塑性指数 I_P(%)	压缩系数 $a_{1\text{-}2}$ /MPa⁻¹	抗剪强度		垂直渗透系数 k /(cm/s)	灵敏度 S_t
						内摩擦角 φ (°)	黏聚力 c /kPa		
滨海沉积软土	40～100	15～18	1.0～2.3	14～29	1.2～3.5	1～7	2～20	$i\times(10^{-6}\sim10^{-8})$	2～7
湖泊沉积软土	30～60	15～19	0.8～1.8	13～19	0.8～3.0	0～10	5～30	$i\times(10^{-6}\sim10^{-7})$	4～8
河滩沉积软土	35～70	15～19	0.9～1.8	16～32	0.8～3.0	0～11	5～25	—	4～8
沼泽沉积软土	40～120	14～19	0.52～1.50	18～34	>0.5	0	5～19	—	2～10

2）压缩性高。软土的压缩系数一般都在 0.5～2.0MPa^{-1}，最大可达 3.5MPa^{-1}，属于高压缩性土，建筑物的沉降大。

3）抗剪强度低。黏聚力 c 一般在 5～20kPa，很少超过 30kPa，有的几乎为 0，抗剪强度和地基承载力都很低，软土边坡稳定性极差。

4）透水性低。软土的含水量虽然很高，但透水性差，特别是垂直方向透水性更差，垂直向渗透系数一般为 $i\times(10^{-8}\sim10^{-6})$cm/s，属微透水或不透水层，不利于软土地基排水固结，软土地基上建筑物沉降持续时间长，一般达数年以上。

5）触变性。软土具有触变特性，当原状土受到扰动后，破坏了结构连接，降低了土的强度或很快使土变成稀释状态。灵敏度 S_t 一般为 3～4，个别可达 8～10。当软土地基受到振动荷载后，易产生侧向滑动、沉降及基底面两侧挤出现象。若经受大的地震力作用，易产生较大的震陷。

6）流变性。软土除排水固结引起变形外，在剪应力作用下，土体还会发生缓慢而长期的剪切变形。这对建筑物地基的沉降有较大影响，对斜坡、堤岸、码头及地基稳定性不利。

7）不均匀性。由于沉积环境的变化，软土层具有良好的层理，层中常局部夹有厚薄不等少数较密实的较粗颗粒的粉土或砂层，使水平和垂直向分布有所差异，作为建筑物地基易产生差异沉降。

8.1.3　软土地基处理方法

软土地基只要存在以下问题就必须进行处理。

1）当地基的抗剪强度不足以支承上部结构的自重及外荷载时，地基就会产生局部或整体剪切破坏。

2）当地基在上部结构自重及外荷载作用下产生过大的变形，影响结构物的正常使用，特别是超过建筑物所允许的不均匀沉降时，结构可能开裂破坏。

3）地基的渗漏量或水力梯度超过允许值时，发生水量损失，或因潜蚀和管涌可能导致失事。

4）在动力荷载（包括地震、机器及车辆振动、波浪和爆破等）作用下，可能会引起软土地基失稳和震陷等危害。

按照加固机理，常用软土地基处理方法及简要原理见表 8-2。表中软土地基处理方法前面章节有详细介绍。

表 8-2　常用软土地基处理方法及简要原理

方　法	简 要 原 理	适 用 范 围
堆载预压法	在地基中设置竖向和水平排水通道，通过堆载加荷使地基土体中孔隙水排出，孔隙体积减小，地基承载力提高，压缩模量增大，工后沉降减小	软土、杂填土等
真空预压法	在软黏土中设置竖向和水平排水通道，通过覆盖薄膜等进行封闭，然后抽气使排水通道处于部分真空，利用压力差促使地基土体中孔隙水排出，孔隙体积减小，地基承载力提高，压缩模量增大，工后沉降减小	软土地基
真空堆载联合预压法	同时采用真空预压和堆载对地基进行预压	软土地基
换填法	挖去天然地基中的软弱土层，回填以物理力学性质较好的砂、砾石、混渣等岩土材料，形成双层地基。垫层能有效扩散基底应力，提高地基承载力，减小沉降	各类软土地基
强夯置换法	利用边填碎石边强夯的方法在地基中形成碎石墩体，由碎石墩、墩间土及碎石垫层形成复合地基，以提高承载力，减小沉降	粉砂土和软土地基
石灰桩法	通过机械或人工成孔，在软弱地基中加入生石灰块和其他掺和料，通过石灰的吸水膨胀、放热以及离子交换作用，改善桩与土的物理力学性质，形成石灰桩复合地基，以提高承载力，减小沉降	杂填土、软土地基
振冲挤密法	以振动或冲击的方法在饱和软土地基中成孔，在孔内填入砂、石、土、灰土或其他材料，并加以捣实成为桩体形成复合地基，以提高承载力，减小沉降	杂填土、软土地基
高压喷射注浆法	利用高压喷射专用机械，在地基中通过高压喷射流冲切土体，将浆液置换部分土体，形成水泥增强体，形成复合地基以提高承载力，减少沉降	软土、有机质含量较高时需试验确定其适用性
深层搅拌法	利用深层搅拌机将水泥或水泥粉和地基土原位搅拌形成圆柱形、格栅状或连续墙式的水泥土墙体，形成复合地基以提高地基承载力，减小沉降	软土、有机质含量较高时需试验确定其适用性
土工合成材料加筋法	在地基中铺设土工合成材料形成加筋垫层，以增大压力扩散角，提高地基稳定性	各类软弱地基
长短桩复合地基	由长桩和短桩与桩间土形成复合地基，提高地基承载力和减小沉降。通常长桩采用刚度较大的桩型，短桩采用柔性桩或散体材料桩	各类深厚软弱地基

8.2　膨胀土地基

8.2.1　膨胀土的分布

GB 50112—2013《膨胀土地区建筑技术规范》中定义膨胀土为：土中黏粒成分主要由亲水性矿物（伊利石和蒙脱石）组成，同时具有显著的吸水膨胀和失水收缩特性的黏性土。膨胀土在我国主要成岛状分布，资料表明，广西、云南、湖北、安徽、四川、河南、河北、陕西、江苏、广东、山东等 20 多个省、市、自治区均有膨胀土。国外也一样，美国 50 个州中有膨胀土的占 40 个州，此外在印度、澳大利亚、南美洲、非洲和中东广大地区，也都有不同程度的分布。世界上已经有 40 多个国家遭受过膨胀土造成的危害，每年因膨胀土造成的经济损失是洪水、飓风及地震造成的经济损失总和的两倍多。因此，膨胀土的工程问题已在世界范围内得到充分重视，成为世界性的研究课题。

8.2.2　膨胀土的工程性质

1. 膨胀土的物理力学性质

膨胀土物理力学指标的主要特征是：

1）粒度组成中黏粒（<2μm）含量大于 30%，有的甚至高达 70%。

2）黏土矿物成分中，以伊利石、蒙脱石等强亲水性矿物为主，原生矿物以石英为主，其次是长石、云母等。

3）土体湿度增高时，体积膨胀并形成膨胀压力；土体干燥失水时，体积收缩并形成收缩裂缝。

4）膨胀、收缩变形随环境变化往复发生，导致土的强度衰减。

5）膨胀土的塑性指数大都大于 17，多数为 22～35，属液限大于 40% 的高塑性土。

我国有关地区膨胀土的物理力学指标见表 8-3。

表 8-3　膨胀土的物理力学指标

地　区	天然含水量 w(%)	天然重度 γ /(kN/m³)	孔隙比 e	塑性指数 I_P(%)	液性指数 I_L	黏粒含量 <2μm (%)	自由膨胀率 δ_{ef}(%)	膨胀率 δ_{ep}(%)	膨胀力 P_e /kPa
云南鸡街	24.0	20.2	0.68	25.0	<0.00	48.0	79.0		103.0
广西宁明	27.4	19.3	0.79	28.9	0.07	53.0	68.0	5.01	175.0
广西田阳	21.5	20.2	0.64	23.9	0.09	45.0			98.0
云南蒙自	39.4	17.8	1.15	34.0	0.03	42.0	81.0		50.0
云南文山	37.3	17.7	1.13	27.0	0.29	45.0	52.0	9.55	62.0
云南建水	32.5	18.3	0.99	29.0	0.06	50.0	52.0		40.0
河北邯郸	23.0	20.0	0.67	26.7	0.05	31.0	80.0		56.0
河南平顶山	20.8	20.3	0.61	26.4	<0.00	30.0	62.0	3.01	137.0
湖北襄樊	22.4	20.0	0.65	24.3	<0.00	32.0	112.0		30.0
山东临沂	34.8	18.2	1.05	29.2	0.33		61.0		7.0
广西南宁	35.0	18.6	0.98	33.2	0.15	61.0	56.0	2.60	34.0
安徽合肥工大	23.4	20.1	0.68	23.2	0.09	30.0	64.0		59.0
江苏六合马集	22.1	20.6	0.62	19.8	0.05		56.0		85.0
江苏南京卫岗	21.7	20.4	0.63	21.2	0.07	24.5			
四川成都川师	21.8	20.2	0.64	22.2	0.05	40.0	61.0	2.19	33.0
成都龙潭寺	23.3	19.9	0.61	20.9	0.01	38.0	90.0		39.0
湖北枝江	22.0	20.1	0.66	20.5	0.03	31.0	51.0		94.0
湖北荆门	17.9	20.7	0.56	24.2	0.02	30.0	64.0		56.0
湖北郧县	20.6	20.1	0.63	22.3	<0.00		53.0	4.43	26.0
陕西安康	20.4	20.2	0.62	20.3	0.00	25.8	57.0	2.07	37.0
陕西汉中	22.2	20.1	0.68	21.3	0.10	24.3	58.0	1.66	27.0
山东泰安	22.3	19.6	0.71	20.2	0.12		65.0	0.09	14.0
广西金光农场	40.0	17.8	1.15	14.0	0.02	63.0	30.0	0.65	10.0
桂林奇峰镇	37.0	18.2	1.13	13.0	<0.00		24.0		47.0

（续）

地　区	天然含水量 w（%）	天然重度 γ /（kN/m^3）	孔隙比 e	塑性指数 I_P（%）	液性指数 I_L	黏粒含量 <2μm（%）	自由膨胀率 δ_{ef}（%）	膨胀率 δ_{ep}（%）	膨胀力 P_e /kPa
贵州贵阳	52.7	16.8	1.57	4.6	0.13	54.5	33.3	0.76	14.7
广西武宜	36.0	18.3	0.99	26.0	<0.00		25.0		
广西来宾县	29.0	18.5	0.89	30.0	0.04	30.0	44.0	0.42	9.0
广西贵县	32.0	19.2	0.91	25.0	<0.00	67.0	50.0		43.0
广西武鸣	27.0	18.5	0.90	15.0	<0.00	42.0	46.0		190.0

2. 膨胀土的工程特性

（1）胀缩性　膨胀土吸水体积膨胀，使其上的建筑物隆起，如果膨胀受阻即产生膨胀力；失水体积收缩，造成土体开裂，使其上的建筑物下沉。土中蒙脱石含量越多，初始含水量越低，膨胀变形量和膨胀力越大。

（2）多裂隙性　膨胀土中各种特定形态的裂隙，是在一定的成土过程和风化作用下形成的。由于膨胀土的胀缩特性，即吸水膨胀失水干缩，往复周期变化，导致膨胀土土体结构松散，形成许多不规则的裂隙。裂隙主要分为垂直裂隙、水平裂隙和斜交裂隙三种。这些裂隙的存在，将土层分割成具有一定几何形状的块体，破坏了膨胀土的均一性和连续性，导致抗剪强度产生各向异性特征，易在浅层或局部形成应力集中分布区，产生一定深度的强度软弱带，容易造成边坡塌滑。

（3）崩解性　膨胀土浸水后体积膨胀，发生崩解。强膨胀土浸水后几分钟就完全崩解，弱膨胀土崩解缓慢且不完全。

（4）超固结特性　膨胀土大多具有超固结性，天然孔隙比小，密实度大，初始结构强度高。

（5）风化特性　膨胀土受气候因素影响很敏感，极易产生风化破坏作用。基坑开挖后，在风化营力作用下，土体很快产生碎裂、剥落，结构破坏，强度降低。

（6）强度衰减性　膨胀土的抗剪强度为典型的变动强度，具有峰值极高、残余强度极低的特性。由于膨胀土的超固结特性，初始强度极高，现场开挖很困难。然而由于胀缩效应和风化作用时间的增加，抗剪强度大幅度衰减。在风化带内，湿胀干缩效应显著，经过多次湿胀干缩循环后，黏聚力大幅度下降，内摩擦角变化不大，一般循环 2~3 次后趋于稳定。

8.2.3　膨胀土地基的评价

1. 野外判别

《膨胀土地区建筑技术规范》规定，凡具有下列工程地质特征的场地，且土的自由膨胀率大于等于 40% 的黏性土应判定为膨胀土。

1）土的裂隙发育，常有光滑面和擦痕，有的裂隙中有灰白、灰绿等杂色黏土，在自然条件下呈坚硬或硬塑状态。

2）多出露于二级或二级以上阶地、山前和盆地边缘的丘陵地带，地形较平缓，无明显自然陡坎。

3）常见浅层滑坡、地裂，新开挖坑（槽）壁易发生坍塌等现象。

4）建筑物多呈“倒八字”、“X”或水平裂缝，裂缝随气候变化而张开和闭合。

按场地的地形地貌条件，将膨胀土建筑场地分为两类：①平坦场地：地形坡度小于5°，或地形坡度为5°～14°且距坡肩水平距离大于10m的坡顶地带。②坡地场地：地形坡度大于等于5°，或地形坡度小于5°且同一建筑物范围内局部地形高差大于1m的场地。

2. 膨胀土的工程特性指标

（1）自由膨胀率δ_{ef}　将人工制备的磨细烘干土样，经无颈漏斗注入量杯，量其体积，然后倒入盛水的量筒中，经充分吸水膨胀稳定后，再测其体积。增加的体积与原体积的比值称为自由膨胀率δ_{ef}。

$$\delta_{ef}=\frac{V_w-V_0}{V_0} \tag{8-1}$$

式中　V_0——土样原有体积（ml）；

V_w——土样在水中膨胀稳定后的体积（ml）。

自由膨胀率与矿物成分有关。通常情况下，土中黏粒含量大于30%，主要黏土矿物为蒙脱石时，δ_{ef}在80%以上；为伊利石，少量蒙脱石时，δ_{ef}为50%～80%；为高岭石时，δ_{ef}小于40%。当δ_{ef}小于40%，一般应视为非膨胀土。根据自由膨胀率δ_{ef}划分膨胀土的膨胀潜势，如表8-4所示。

表8-4　膨胀土的膨胀潜势分类

自由膨胀率δ_{ef}(%)	膨胀潜势
$40\leqslant\delta_{ef}<65$	弱
$65\leqslant\delta_{ef}<90$	中
$\delta_{ef}\geqslant90$	强

（2）膨胀率δ_{ep}　膨胀率指固结仪中的环刀土样，在一定压力作用下浸水膨胀稳定后，其高度增加值与原高度之比，某级压力下膨胀土的膨胀率按下式计算

$$\delta_{ep}=\frac{h_w-h_0}{h_0} \tag{8-2}$$

式中　h_0——土样原始高度（mm）；

h_w——某级压力下土样浸水膨胀稳定后的高度（mm）。

膨胀率可用于评价地基的胀缩等级，计算膨胀土地基的变形量以及测定其膨胀力。

（3）膨胀力P_e　膨胀力P_e表示固结仪中的环刀土样，在体积不变时浸水膨胀产生的最大内应力。以各级压力下的膨胀率δ_{ep}作为纵坐标，压力p为横坐标，绘制$p-\delta_{ep}$关系曲线，该曲线与横坐标的交点即为膨胀力P_e。

膨胀力与土的初始密度有密切关系，初始密度越大，膨胀力就越大。当外力小于膨胀力时，土样浸水后膨胀；当外力大于膨胀力时，土样压缩。

（4）线缩率δ_s和收缩系数λ_s　膨胀土失水收缩，其收缩性可用线缩率δ_s与收缩系数λ_s表示。线缩率δ_s是指土的竖向收缩变形与原状土样高度之比，按下式计算

$$\delta_s=\frac{h_0-h_i}{h_0} \tag{8-3}$$

式中　h_0——土样的原始高度（mm）；

h_i——某含水量 w_i 时的土样高度（mm）。

根据不同时刻的线缩率及含水量，可绘制成收缩曲线如图 8-1 所示。由图中可知，土的收缩过程分成三个阶段：直线收缩阶段（ab 直线段），过渡阶段（bc 曲线段）及微缩阶段（cd 直线段）。

收缩系数 λ_s 定义为：环刀土样在直线收缩阶段含水量每减少 1% 时的竖向线缩率，即

$$\lambda_s = \frac{\Delta\delta_s}{\Delta w} \tag{8-4}$$

式中　Δw——收缩过程中，直线收缩阶段两点含水量之差（%）；

$\Delta\delta_s$——两点含水量之差对应的竖向线缩率之差（%）。

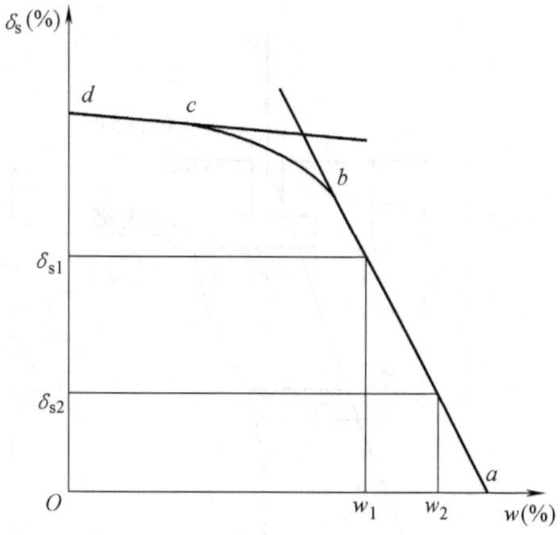

图 8-1　收缩曲线

3. 膨胀土地基变形量

膨胀土地基变形量，可按下列 3 种变形特征分别计算：①场地天然地表下 1m 处土的含水量等于或接近最小值或地面有覆盖且无蒸发可能，以及建筑物在使用期间，经常受水浸湿的地基，可按膨胀变形量计算；②天然地表下 1m 处土的含水量大于 1.2 倍塑限含水量或直接受高温作用的地基，可按收缩变形量计算；③其他情况下可按胀缩变形量计算。

（1）地基土的膨胀变形量 s_e

$$s_e = \psi_e \sum_{i=1}^{n} \delta_{epi} h_i \tag{8-5}$$

式中　ψ_e——计算膨胀变形量的经验系数，宜根据当地经验确定，若无可依据经验时，三层及三层以下建筑物可采用 0.6；

δ_{epi}——基础底面下第 i 层土在平均自重应力与平均附加应力之和作用下的膨胀率（用小数计），由室内试验确定；

h_i——第 i 层土的计算厚度（mm）；

n——基础底面至计算深度内所划分的土层数（见图 8-2a），计算深度应根据大气影响深度确定，有浸水可能时可按浸水影响深度确定。

（2）地基土的收缩变形量 s_s

$$s_s = \psi_s \sum_{i=1}^{n} \lambda_{si} \Delta w_i h_i \tag{8-6}$$

式中　ψ_s——计算收缩变形量的经验系数，宜根据当地经验确定。若无可依据经验时，三层及三层以下建筑物可采用 0.8；

λ_{si}——基础底面下第 i 层土的收缩系数，由室内试验确定；

Δw_i——地基土收缩过程中，第 i 层土可能发生的含水量变化的平均值（小数表示）；

n——基础底面至计算深度内所划分的土层数（见图 8-2a）。计算深度应根据大气影响深度确定；当有热源影响时，可按热源影响深度确定。在计算深度内有稳定地下水位时，可计算至水位以上 3m。

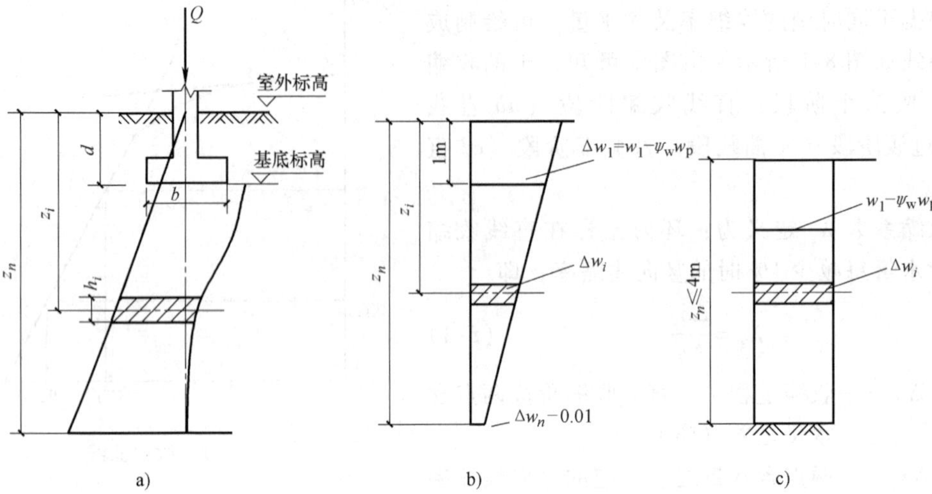

图 8-2　地基土变形计算示意图

各土层的含水量变化值 Δw_i（见图 8-2b）应按下式计算。地表下 4m 深度内存在不透水基岩时，可假定含水量变化为常数（见图 8-2c）。

$$\Delta w_i = \Delta w_1 - (\Delta w_1 - 0.01)\frac{z_{i-1}}{z_{n-1}} \tag{8-7}$$

$$\Delta w_1 = w_1 - w_w w_p \tag{8-8}$$

式中　w_1、w_p——地表下 1m 处土的天然含水量和塑限（以小数表示）；

ψ_w——土的湿度系数，在自然气候影响下，地表下 1m 处土层含水量可能达到的最小值与其塑限值之比；

z_i——第 i 层土的深度（m）；

z_n——计算深度，可取大气影响深度（m），大气影响深度应由各气候地区土的深层变形观测或含水量观测及低温观测资料确定，无此资料时可按表 8-5 确定。

表 8-5　大气影响深度

土的湿度系数 ψ_w	大气影响深度 d_a/m
0.6	5.0
0.7	4.0
0.8	3.5
0.9	3.0

如没有土的湿度系数资料时，可根据当地有关气象资料按下式计算

$$\psi_w = 1.152 - 0.72\alpha - 0.00107c \tag{8-9}$$

式中　α——当地 9 月至次年 2 月的蒸发力之和与全年蒸发力之比；

c——全年中干燥度大于 1.00 的月份的蒸发力与降水量差值之总和（mm），干燥度

为蒸发力与降水量之比值。

大气影响急剧层深度按照大气影响深度值乘以 0.45 采用。

（3）地基土的胀缩变形量 s

$$s = \psi \sum_{i=1}^{n} (\delta_{\text{ep}i} + \lambda_{si} \Delta w_i) h_i \tag{8-10}$$

式中 ψ——计算胀缩变形量的经验系数，可取 0.7。

4. 膨胀土地基承载力

膨胀土地基承载力特征值可用下列方法确定：对于荷载较大的重要建筑物，宜采用现场浸水载荷试验确定地基承载力特征值；对于已有大量试验资料和工程经验的地区，可按当地经验确定地基承载力特征值。

5. 膨胀土地基的胀缩等级

《膨胀土地区建筑技术规范》规定，以 50kPa 压力下测定土的膨胀率计算地基分级变形量，作为划分胀缩等级的标准，表 8-6 给出了膨胀土地基的胀缩等级。

表 8-6 膨胀土地基的胀缩等级

地基分级变形量 s_e/mm	级别	破坏程度
$15 \leqslant s_e < 35$	Ⅰ	轻微
$35 \leqslant s_e < 70$	Ⅱ	中等
$s_e \geqslant 70$	Ⅲ	严重

注：地基分级变形量 s_e 应根据膨胀土地基的变形特征确定，可分别按式（8-5）、式（8-6）、式（8-10）进行计算，膨胀率采用的压力应为 50kPa。

8.2.4 膨胀土地基处理方法

膨胀土地基处理可采用换填法、改良土性法、桩基础或墩基础等方法。应根据土的胀缩等级、地方材料及施工工艺等，进行综合技术经济比较确定膨胀土地基处理方法。

1. 换填法

换填法是指将地基范围内的浅层膨胀土挖除，用稳定性好的土、石回填并压实或夯实，从而消除地基胀缩性，提高地基承载力和抗变形及稳定能力。按换填材料的不同，垫层可以采用砂、砂卵石、碎石、灰土或素土、煤渣、矿渣及其他性能稳定、无侵蚀性的材料。换填法的设计与施工具体要求见第 2 章。

2. 改良土性法

改良土性法是在膨胀土中掺入石灰、水泥、粉煤灰、氯化钙和磷酸等。通过土与掺加剂之间的化学反应，改变土体的膨胀性，提高其强度，达到稳定的目的。常用的掺加剂为石灰和水泥。

当膨胀土中掺入石灰后，主要物理与化学反应包括离子交换、$Ca(OH)_2$ 结晶、碳酸化和火山灰反应。$Ca(OH)_2$ 离解后的 Ca^{2+} 与黏土胶体颗粒反应离子层上的 K^+、Na^+ 离子交换后，使得胶体吸附层减弱，胶体颗粒发生聚结，形成石灰土早期强度。$Ca(OH)_2$ 与水作用形成的含水晶体把土粒胶结成整体，从而提高石灰土的水稳定性。形成 $CaCO_3$ 过程的碳酸化反应及形成硅酸钙与铝酸钙过程的火山灰反应是石灰土强度和稳定性提高的决定性因素。

当膨胀土中掺入水泥后，生成硅酸钙水化物、铝酸钙水化物和水硬性石灰，降低了土的膨胀性；同时，水泥与土混合生成水泥土，增强了土的强度。

3. 桩基础

膨胀土层较厚时，应采用桩基，桩尖支承在非膨胀土层上，或支承在大气影响层以下的稳定层上。灰土桩法常用来加固处理弱膨胀土地基。灰土桩法在桩管入土时产生水平挤压位移，桩周形成硬壳。桩管拔出后，桩间土部分松弛回弹。在桩孔填料夯实后，对桩壁再次产生水平挤压，使回弹土体再次挤回到硬壳层内。加之石灰与挤密土接触面凹凸不平，且硬化后的灰土具有一定的抗剪强度和抗弯强度。灰土桩在沉管挤密成孔、分层夯实灰土成桩过程中，灰土置换了天然土，对提高地基承载力起到了补强作用。

8.3　湿陷性黄土地基

8.3.1　湿陷性黄土的成因特征及分布

黄土是一种产生于第四世纪，以粉粒为主的黄色或褐黄色沉积物，往往具有肉眼可见的大孔隙。在一定压力下受水浸湿，土结构迅速破坏，并产生显著附加下沉的黄土称为湿陷性黄土，包括晚更新世（Q_3）的马兰黄土和全新世（Q_4）的次生黄土。这类黄土土质均匀或较均匀，结构疏松，大孔隙发育，一般都具有较强烈的湿陷性。在一定压力下受水浸湿，无显著附加下沉的黄土称为非湿陷性黄土，包括中更新世（Q_2）的离石黄土和早更新世（Q_1）的午城黄土，这类黄土土质密实，颗粒均匀，无大孔隙或略见大孔隙，一般不具有湿陷性。

黄土的成因特征主要是以风化搬运堆积为主。我国黄土广泛分布于北纬30°~48°之间，总面积约64万km^2，其中湿陷性黄土主要分布在山西、陕西、甘肃大部分地区，河南西部和宁夏、青海、河北部分地区。此外，新疆、内蒙古、山东、辽宁以及黑龙江的部分地区也有分布。

8.3.2　湿陷性黄土的工程性质

1. 湿陷性黄土的物理性质

（1）颗粒组成　我国一些主要湿陷性黄土地区黄土的颗粒组成见表8-7所示。

表8-7　湿陷性黄土的颗粒组成（%）

地　区	粒径/mm		
	砂粒(>0.05)	粉粒(0.05~0.005)	黏粒(<0.005)
陇西	20~29	58~72	8~14
陕北	16~27	59~74	12~22
关中	11~25	52~64	19~24
山西	17~25	55~65	18~20
豫西	11~18	53~66	19~26
总体	11~29	52~74	8~26

（2）孔隙比　孔隙比的变化范围为 0.85 ~ 1.24，大多数湿陷性黄土的孔隙比为 1.0 ~ 1.1。孔隙比是影响黄土湿陷性的主要指标之一。西安地区的黄土孔隙比 $e<0.9$，兰州地区的黄土孔隙比 $e<0.86$，一般不具有湿陷性或湿陷性很弱。

（3）天然含水量　黄土的天然含水量与湿陷性关系密切。例如，三门峡地区黄土含水量 $w>23\%$、西安地区黄土含水量 $w>25\%$ 时，一般就不具有湿陷性。

（4）饱和度　饱和度越小，黄土的湿陷系数越大。西安地区饱和度 $S_r>70\%$ 时，只有 3% 左右的黄土具有轻微湿陷性。当 $S_r>75\%$ 时，黄土已不具湿陷性。

（5）液限　液限是决定黄土性质的另一个重要指标。当液限 $w_L>30\%$ 时，黄土的湿陷性一般较弱。

2. 湿陷性黄土的力学性质

（1）结构性　湿陷性黄土在一定条件下具有保持土的原始基本结构形式不被破坏的能力。这是由于黄土在沉积过程中的物理化学因素促使颗粒相互接触处产生了固化联结键，这种固化联结键使土骨架具有一定的结构强度，使得湿陷性黄土的应力应变关系和强度特性表现出与其他土类明显不同的特征。湿陷性黄土在其结构强度未被破坏或软化的压力范围内，表现出压缩性低、强度高等特性。但当结构性一旦遭受破坏，其力学性质将呈现屈服、软化、湿陷等性状。

（2）欠压密性　湿陷性黄土由于特殊的地质环境条件，沉积过程一般比较缓慢，在此漫长过程中上覆压力增长速率始终比颗粒间固化键强度的增长速率缓慢得多，使得黄土颗粒间保持着比较疏松的高孔隙比度组构而未在上覆荷重作用下被固结压密，处于欠压密状态。

（3）压缩性　湿陷性黄土的压缩系数一般为 0.1 ~ 1.0MPa^{-1}。压缩模量一般为 2.0 ~ 20.0MPa，在结构强度被破坏后，压缩模量一般随着作用压力的增大而增大。试验结果表明，湿陷性黄土通过载荷试验结果按弹性理论公式算得的变形模量 E_0 比由压缩试验得出的压缩模量大得多，两者比值在25之间。由于黄土结构的复杂性和影响压缩变形的因素较多，所以黄土的压缩性和其物理性质之间没有很明显的对应关系。

（4）抗剪强度　黄土的抗剪强度除与土的颗粒组成、矿物成分、黏粒和可溶盐含量有关外，主要取决于土的含水量和密实程度。

当黄土的含水量低于塑限时，水分变化对强度的影响较大，直剪仪中用慢剪法得出的试验结果表明，对于塑限为 18.2% ~20.7% 的黄土，当含水量由 7.8% 增加到 18.2% 时，内摩擦角和黏聚力都降低了约 1/4 左右；当含水量超过塑限时，抗剪强度降低幅度相对较小；而超过饱和含水量后，抗剪强度变化不大。

当含水量相同时，土的干密度越大，抗剪强度就越大。

8.3.3　湿陷性黄土地基的评价

黄土地基的湿陷性评价，包括三方面的内容：首先，判别黄土在一定压力下浸水后是否具有湿陷性；其次，判别湿陷类型，是自重湿陷性还是非自重湿陷性黄土；最后，判定湿陷黄土地基的湿陷等级。黄土地基湿陷性的评价标准，世界各国不尽相同。这里介绍 GB 50025—2004《湿陷性黄土地区建筑规范》中规定。

1. 湿陷系数 δ_s

湿陷系数是指土试样在一定压力作用下变形稳定后，浸水饱和时单位厚度所产生的附加

变形，通过室内浸水试验确定，可按下式计算

$$\delta_s = \frac{h_p - h'_p}{h_0} = \frac{e_p - e'_p}{1 + e_0} \tag{8-11}$$

式中 h_p、e_p——保持天然湿度和结构的土试样，加至一定压力时，变形稳定后的高度（mm）与孔隙比；

h'_p、e'_p——上述加压变形稳定后的土试样，在浸水（饱和）作用下，附加变形稳定后的高度（mm）与孔隙比；

h_0、e_0——土试样的原始高度（mm）与孔隙比。

测定湿陷系数 δ_s 的试验压力，应自基础底面（如基底标高不确定时，自地面下 1.5m）算起。基底下 10m 以内的土层应用 200kPa，10m 以下至非湿陷性黄土层顶面，应用其上覆土的饱和自重压力（当大于 300kPa 压力时，仍应用 300kPa）；当基底压力大于 300kPa 时，宜用实际压力；对压缩性较高的新近堆积黄土；基底下 5m 以内的土层宜用 100～150kPa 压力，5～10m 和 10m 以下至非湿陷性黄土层顶面，应分别用 200kPa 和上覆土的饱和自重压力。

湿陷系数主要用于判别湿陷性黄土的湿陷程度，预估湿陷量。当 $\delta_s \geq 0.015$ 时，定为湿陷性黄土；当 $\delta_s < 0.015$ 时，定为非湿陷性黄土；当 $0.015 \leq \delta_s \leq 0.03$ 时，湿陷性轻微；当 $0.03 < \delta_s \leq 0.07$ 时，湿陷性中等；当 $\delta_s > 0.07$ 时，湿陷性强烈。

2. 自重湿陷系数 δ_{sz}

自重湿陷系数是土试样在上覆土饱和自重压力作用下变形稳定后，浸水饱和时单位厚度所产生的附加变形，可按下式计算

$$\delta_{sz} = \frac{h_z - h'_z}{h_0} \tag{8-12}$$

式中 h_z——保持天然湿度和结构的试样，加压该试样上覆土的饱和自重压力时，变形稳定后的高度（mm）；

h'_z——上述加压稳定后的试样，浸水（饱和）作用下，附加变形稳定后的高度（mm）。

其中，试样上覆土的饱和密度，可按下式计算

$$\rho_s = \rho_d\left(1 + \frac{S_r e}{d_s}\right) \tag{8-13}$$

式中 ρ_s——土的饱和密度（g/cm^3）；

ρ_d——土的干密度（g/cm^3）；

S_r——土的饱和度，可取 85%；

e——土的孔隙比；

d_s——土粒相对密度。

3. 湿陷起始压力 p_{sh}

湿陷起始压力是指湿陷性黄土在某一压力下浸水饱和后开始出现湿陷时的压力。如果实际作用于地基上的压力小于湿陷起始压力，即使地基浸水，也不会发生湿陷。

湿陷起始压力可通过室内压缩试验或现场静载荷试验确定。无论是室内或现场试验，都分单线法静载荷试验和双线法静载荷试验。单线法静载荷试验是在同一场地的相邻地段和相

同标高，在天然湿度的土层上设 3 个或 3 个以上静载荷试验，分级加压，分别加至规定压力，下沉稳定后，向试坑内浸水至饱和，附加下沉稳定后，试验终止；双线法静载荷试验是在同一场地的相邻地段和相同标高，设 2 个静载荷试验。其中一个设在天然湿度的土层上分级加压，加至稳定压力，下沉稳定后，试验终止，另 1 个在浸水饱和的土层上分级加压，加至规定压力，附加下沉稳定后，试验终止。

一般认为，单线法试验结果较符合实际，但单线法的试验工作量较大，双线法试验相对简单，已有的研究资料表明，只要对试样及试验过程控制得当，两种方法得到的湿陷起始压力试验结果基本一致。

当按现场静载荷试验确定湿陷起始压力时，应在 $p-s_s$（压力与浸水下沉量）曲线上，取其转折点所对应的压力为湿陷起始压力值。如转折点不明显时，可取 s_s与承压板直径 d 或宽度 b 之比等于 0.017 所对应的压力作为湿陷起始压力值。当按室内压缩试验确定时，在 $p-\delta_s$（压力与湿陷系数）曲线上宜取 $\delta_s=0.015$ 所对应的压力作为湿陷起始压力。

4. 湿陷性黄土场地湿陷类型

湿陷性黄土场地的湿陷类型，应按自重湿陷量实测值 Δ'_{zs}或计算值 Δ_{zs}判定，其中自重湿陷量的计算值 Δ_{zs}按下式计算

$$\Delta_{zs}=\beta_0\sum_{i=1}^{n}\delta_{zsi}h_i \tag{8-14}$$

式中　δ_{zsi}——第 i 层土的自重湿陷系数；

β_0——因土质地区而异的修正系数，陇西地区取 1.50，陇东-陕北-晋西地区取 1.20，关中地区取 0.90，其他地区取 0.50；

h_i——第 i 层土的厚度（mm）；

n——计算厚度内土层数，总计算厚度应自天然地面（当挖、填方的厚度和面积较大时，应自设计地面）算起，至其下非湿陷性黄土层的顶面止，其中自重湿陷系数 δ_{zs}值小于 0.015 的土层不累计。

当自重湿陷量的实测值 Δ'_{zs}或计算值 Δ_{zs}小于或等于 70mm 时，应定为非自重湿陷性黄土场地；当自重湿陷量的实测值 Δ'_{zs}或计算值 Δ_{zs}大于 70mm 时，应定为自重湿陷性黄土场地；当自重湿陷量的实测值和计算值出现矛盾时，应按自重湿陷量实测值判定。

5. 湿陷性黄土地基湿陷等级

湿陷性黄土地基湿陷等级，应根据基底下各土层累计总湿陷量和自重湿陷量计算值的大小等因素按表 8-8 确定。

表 8-8　湿陷性黄土地基的湿陷等级

自重湿陷量 / 总湿陷量	非自重湿陷性场地	非自重湿陷性场地	
	$\Delta_{zs}\leqslant 70$	$70<\Delta_{zs}\leqslant 350$	$\Delta_{zs}>350$
$\Delta_s\leqslant 300$	Ⅰ（轻微）	Ⅱ（中等）	—
$300<\Delta_s\leqslant 700$	Ⅱ（中等）	Ⅱ（中等）或Ⅲ（严重）	Ⅲ（严重）
$\Delta_s>700$	Ⅱ（中等）	Ⅲ（严重）	Ⅳ（很严重）

注：当湿陷量的计算值 $\Delta_s>600$mm、自重湿陷量的计算值 $\Delta_{zs}>300$mm 时，可判为Ⅲ级，其他情况可判为Ⅱ级。

总湿陷量 Δ_s可按下式计算

$$\Delta_s = \sum_{i=1}^{n} \beta \delta_{si} h_i \tag{8-15}$$

式中　δ_{si}——第 i 层土的湿陷系数；

h_i——第 i 层土的厚度（mm）；

β——考虑基底下地基土的受水浸湿可能性和侧向挤出等因素的修正系数，在缺乏实测资料时，可按下列规定取值：①基底下 5m 深度内，取 $\beta=1.50$；②基底下 5～10m 深度内，取 $\beta=1$；③基底下 10m 以下至非湿陷性黄土层顶面，在自重湿陷性黄土场地，可取工程所在地区的 β_0 值。

湿陷量的计算值 Δ_s 的计算深度，应自基础底面（如基底标高不确定时，自地面下 1.50m）算起；在非自重湿陷性黄土场地，累计至基底下 10m（或地基压缩层）深度止；在自重湿陷性黄土场地，累计至非湿陷黄土层的顶面止。其中湿陷系数 δ_s（10m 以下为 δ_{zs}）小于 0.015 的土层不累计。

8.3.4　湿陷性黄土地基处理方法

湿陷性黄土地基处理的基本思路不外乎以下几种：

1）全部消除基础以下的湿陷性黄土，这对于湿陷性黄土土层厚度在 15m 以内时容易达到，其常用方法有换填法（处理深度 1～3m）、强夯法（处理深度 3～12m）、挤密法（处理深度 5～15m）等。

2）部分消除基础以下湿陷性黄土，根据建（构）筑物的重要性及分类，限定最小处理厚度，严格控制剩余湿陷量。

3）基础穿透湿陷性黄土层，传力于非湿陷性土层或可靠的持力层，常用方法就是桩基。这种方法被广泛应用于比较重要的建（构）筑物基础。

4）充分做好建（构）筑物基础的防水、排水措施，使基础下湿陷性黄土地基无法浸水，以达到避免地基湿陷的目的。

应根据建（构）筑物的类别和湿陷性黄土的特性，考虑施工设备、施工进度、材料来源和当地环境等因素，经技术经济综合分析比较后确定地基处理方法。湿陷性黄土常用的地基处理方法及简要原理与适用范围如表 8-9 所示。

表 8-9　湿陷性黄土地基处理方法及简要原理与适用范围

方　法	简 要 原 理	适用条件、适用范围
换填法	先将基础下的湿陷性黄土一部分或全部挖除，然后用素土或灰土分层夯实做成垫层，以便消除地基的部分或全部湿陷量，并可减小地基的压缩变形，提高地基承载力	地下水位以上，基底 1～3m 湿陷性黄土
土桩或灰土桩	在基础平面桩位布置处成孔，将素土（粉质黏土或粉土）或灰土在最优含水量状态下分层填入桩孔并分层回填（压）实至设计标高，通过成孔或桩体夯实过程中的横向挤压作用，使桩间土得以挤密，从而形成复合地基	地下水位以上，饱和度不大于 60%，5～15m 湿陷性黄土
强夯法	将一定质量的重锤以一定落距给予地基冲击和振动，达到增大压实度，改善土的振动液化条件，消除湿陷性黄土湿陷性等目的	地下水位以上，饱和度不大于 60%，3～12m 湿陷性黄土

（续）

方　　法	简　要　原　理	适用条件、适用范围
预浸水法	修建建筑物前预先对湿陷性黄土场地浸水，使土体在饱和自重压力作用下，发生湿陷产生压密，以消除全部土层的自重湿陷性和深部土层的外荷湿陷性	自重湿陷性黄土场地，地基湿陷等级为Ⅲ级或Ⅳ级，地面下 6m 以下湿陷性黄土
硅化加固法	将硅酸钠溶液通过压力灌注或自渗进入黄土孔隙中，溶液中的胶凝物一方面充填了土中的孔隙，另一方面对土颗粒起到胶结作用，同时还能起到一定的止水作用，从而消除或减轻黄土的湿陷性	一般湿陷性黄土
桩基础法	将桩穿透湿陷性黄土层，在非自重湿陷性黄土地区，桩底端应支承在压缩性较低的非湿陷性土层中；在自重湿陷性黄土场地，桩底端应支承在可靠的持力层，地基受水浸湿后完全能保证建筑物的安全，消除黄土湿陷性	深厚湿陷性黄土

8.4　红黏土地基

8.4.1　红黏土的形成及分布

红黏土分为原生红黏土和次生红黏土，颜色为棕红或褐黄，覆盖于碳酸盐岩系之上。液限大于或等于 50% 的高塑性黏土为原生红黏土。原生红黏土经搬运、沉积后，仍保留其基本特征，且其液限大于 45% 的黏土称为次生红黏土。

1. 形成条件

（1）岩性条件　在碳酸盐类岩石分布区内，经常夹杂着一些非碳酸盐类岩石，它们的风化物与碳酸盐类岩石的风化物混杂在一起，构成了这些地段红黏土成土的物质来源。故红黏土的母岩石包括夹在其间的非碳酸盐类岩石的碳酸盐岩系。

（2）气候条件　红黏土是红土的一个亚类。红土化作用是在炎热湿润气候条件下进行的一种特定的化学风化成土作用。在这种气候条件下，年降水量大于蒸发量，形成酸性介质环境。红土化过程是一系列由岩变土和成土之后新生黏土矿物再演变的过程。

2. 分布规律

（1）红黏土分布的地域性　我国红黏土主要分布在南方，以贵州、云南和广西最为典型和广泛；其次，在四川盆地南缘和东部、鄂西、湘西、湘南、粤北、皖南和浙西等地也有分布。在西部，主要分布在较低的溶蚀夷平面及岩溶洼地、谷地；在中部，主要分布在峰林谷地、孤峰准平面及丘陵洼地；在东部，主要分布在高阶地以上的丘陵区。

（2）红黏土土性的变化规律　各地红黏土不论在外观颜色、土性上都有一定的变化规律，一般具有自西向东土的塑性和黏粒含量逐渐降低、土中粉粒和砂粒含量逐渐增高的趋势。

有的地区基岩之上全部为原生红黏土所覆盖；有的地区则常见到红黏土被泥砾堆积物及更新世后期各类堆积物所覆盖。在河流冲积区低洼处，常见有经过迁移和再搬运的次生红黏土覆盖于基岩或其他沉积物之上；在岩溶洼地、谷地、准平面及丘陵斜坡地带，当受片状及间歇性水流冲蚀时，红黏土的土粒被带到低洼处堆积成新的土层——次生红黏土，其颜色浅于未搬运的红黏土，常见粗颗粒，但总体上仍保持红黏土的基本特征，而明显有别于一般黏性土。这类土分布在鄂西、湘西、粤北和广西等山地丘陵区，远较原生红黏土广泛。次生红黏土的分布面积约占红黏土总面积的 10% ~40%，由西部向东部逐渐增多。

8.4.2　红黏土的工程性质

1. 红黏土的组分构成

红黏土的矿物成分除含有一定数量的石英颗粒外，黏土颗粒主要为水高岭石、蒙脱石、水云母类、胶体二氧化硅及赤铁矿、三水铝土矿等，不含或极少含有机质。一般情况下，红黏土矿物中石英和高岭石的含量大于 80%，SiO_2 与 Al_2O_3 含量为 70% ~76%。黏土矿物具有稳定的结晶格架、细粒组结成稳固的团粒结构、土体近于两相体且土中水大多数为结合水，这三者是构成红黏土良好力学性能的基本因素。

红黏土的颗粒组构决定了红黏土具有含水量高、孔隙比大，塑性强等物理特性，与软土相似。但其具有较高的力学强度和较低的压缩性，工程性质却远比软土要好，这一特性是红黏土被视为特殊土的主要原因。

2. 红黏土的工程特性

（1）厚度变化特征　红黏土的厚度与所处地貌、基岩的岩性与岩溶发育程度有关。石灰岩、白云岩易于岩溶化，岩体表面起伏剧烈，上覆红黏土层厚度变化很大，泥灰岩、泥质灰岩岩溶化较弱，表面较平整，上覆红黏土层的厚度变化较小。

（2）由硬变软特征　红黏土地层从地表向下由硬变软，相应地，土的强度逐渐降低，压缩性逐渐增大。红黏土的软硬程度多以含水比 α_w 或液性指数 I_L 来划分，分为坚硬、硬塑、可塑、软塑、流塑五类，分类标准如表 8-10 所示。

表 8-10　红黏土按状态分类

指标 \ 状态	坚硬	硬塑	可塑	软塑	流塑
I_L	≤0	$0 < I_L \leq 0.33$	$0.33 < I_L \leq 0.67$	$0.67 < I_L \leq 1.0$	>1.0
α_w	0.55	$0.55 < \alpha_w \leq 0.70$	$0.70 < \alpha_w \leq 0.85$	$0.85 < \alpha_w \leq 1.0$	>1.0

注：含水比 α_w 为天然含水量与液限含水量之比。

（3）裂隙性　坚硬和硬塑状态的红黏土由于胀缩作用形成大量裂隙。裂隙发育深度一般为 3 ~4m，最深者达 6m。裂隙面光滑，有的带擦痕、有的被铁锰质浸染。裂隙的发生和发展速度极快，在干旱气候条件下，新挖坡面数日内便可被收缩裂隙切割得支离破碎，使地面水易侵入，土的抗剪强度降低，常造成边坡变形和失稳。

（4）胀缩性　红黏土的组成矿物亲水性不强，交换容量不高，交换阳离子以 Ca^{2+}、Mg^{2+} 为主，天然含水量接近缩限，孔隙水呈饱水状态，以致表现在胀缩性能上以收缩为主，在天然状态下膨胀量很小，收缩量较高；红黏土的膨胀势能主要表现在失水后复浸水的过程中，一部分表现出缩后膨胀，另一部分则无此现象。因此，不宜将红黏土与膨胀土混同。

（5）地下水特征　红黏土透水性弱，其中的地下水多为裂隙性潜水和上层滞水，它的补给来源主要是大气降水、基岩岩溶裂隙水和地表水，水量一般均很小。在地势低洼地段的土层裂隙中或软塑、流塑状态。红黏土中的地下水水质属重碳酸钙型水，对混凝土一般不具腐蚀性。

8.4.3　红黏土地基处理方法

（1）晾晒法　通过晾晒处理，可以降低红黏土的含水量，达到增加强度的目的。

（2）换填法　选取低液限、低塑性土或采用碎石土、矿渣等符合要求的材料，将红黏土置换，再按照设计的压实度进行碾压处理。

（3）深层搅拌法　深层搅拌法是利用深层搅拌机械在红黏土地基内，边钻进边往红黏土中喷射浆液或雾状粉体，借助搅拌轴旋转搅拌，使喷入的浆液或粉体与红黏土充分拌和在一起，形成抗压强度比天然土高很多，具有整体性、水稳性的桩柱体。针对红黏土的不良工程性质，通过外掺剂与土壤中阳离子进行离子交换，将这些原本吸附在土颗粒表面、亲水性高的阳离子代之以亲水性较低、黏结力较强的离子及其水合物而改善土体的物理力学性质。

（4）土工合成材料加筋法　通过在红黏土地基中分层铺设土工合成材料，充分利用土工合成材料与红黏土之间的摩擦力和咬合力，增大红黏土抗压强度，约束其变形，隔断外界因素影响，以达到稳定地基的目的。

（5）强夯法及强夯置换法　强夯法又名动力固结法或动力压实法，是反复将夯锤提高使其自由落下，给地基以冲击和振动能量，从而提高地基承载力并降低其压缩性，改善地基性能。在需要加固的红黏土地基中强行夯入块碎石，可视为块碎石墩（柱）体嵌入地基土中，块碎石墩（柱）体具有很高的强度，与周围的红黏土地基构成复合地基。通过碎石墩（柱）体的置换、排水以及强夯挤密的共同作用，使红黏土地基与块碎石墩（柱）体构成一个硬壳层，提高地基承载力。

8.5　盐渍土地基

8.5.1　盐渍土的形成条件及分布

SY/T 0371—2012《盐渍土地区建筑规范》中定义：盐渍土是指易溶盐含量（土中所含易溶盐质量与土颗粒质量之比）大于或等于 0.3%，并具有溶陷、盐胀、腐蚀等工程特性的土。土中的易溶盐种类很多，如氯化钠、氯化钾、氯化钙、氯化镁、碳酸氢钠、碳酸氢钙、碳酸钠、硫酸镁以及硫酸钠等。

1. 盐渍土的形成条件

盐渍土是地下水沿土层的毛细管升高至地表或接近地表，经蒸发作用水中盐分被析出并聚集于地表或地下土层中形成的，一般形成于下列地区：

（1）干旱半干旱地区　因蒸发量大，降水量小，毛细作用强，极利于盐分在地表聚集。

（2）内陆盆地　因地势低洼，周围封闭，排水不畅，地下水位高，利于水分蒸发盐分聚集。

（3）农田、渠道　农田洗盐、压盐，灌溉退水，渠道渗漏等，也会使土地盐渍化。

2. 盐渍土的分布

盐渍土在我国分布较广，主要在西部干旱地区，如新疆、青海、甘肃、宁夏、内蒙古等地势低平的盆地和平原。其次，在华北平原、松辽平原、大同盆地以及青藏高原的一些湖盆洼地中，也有分布。另外，滨海地区的辽东湾、渤海湾、莱州湾、海州湾、杭州湾以及包括台湾在内的诸海岛沿岸，也有相当面积的盐渍土存在。

8.5.2 盐渍土的分类

1. 盐渍土按含盐化学成分分类

盐渍土中各种易溶盐类具有不同的化学特性，从而影响了盐渍土的物理力学特性。这些盐类极少单一存在于土壤中，而是混杂共存的。但其对工程的影响，大多数受土体中所含占主导成分盐的性质影响。盐渍土按含盐化学成分分类见表 8-11。

表 8-11 盐渍土按盐的化学成分分类

盐渍土名称	离子含量比值/%	
	$\frac{c(Cl^-)}{2c(SO_4^{2-})}$	$\frac{2c(CO_3^{2-})+c(HCO_3^-)}{c(Cl^-)+2c(SO_4^{2-})}$
氯盐渍土	>2.0	—
亚氯盐渍土	2.0～1.0	—
亚硫酸盐渍土	1.0～0.3	—
硫酸盐渍土	<0.3	—
碳酸盐渍土	—	>0.3

注：表中 $c(Cl^-)$表示氯离子在 100g 土中所含摩尔数（mmol/100g），其他离子同。

2. 盐渍土按其含盐量（盐渍化程度）分类

盐渍土对工程的危害程度与盐渍化程度密切相关，同时也与土体中含盐的类型有关。因此工程中也常以土体盐渍化程度作为盐渍土的分类依据。盐渍土按其含盐量（盐渍化程度）的分类见表 8-12。

表 8-12 盐渍土按含盐量分类（盐渍化程度）

盐渍土名称	含盐量(%)(以质量百分数计)		
	氯盐渍土及亚氯盐渍土	硫酸盐渍土及亚硫酸盐渍土	碱性盐渍土
弱盐渍土	0.3～1.0	—	—
中盐渍土	1.0～5.0	0.3～2.0	0.3～1.0
强盐渍土	5.0～8.0	2.0～5.0	1.0～2.0
超盐渍土	≥8.0	≥5.0	≥2.0

3. 盐渍土按盐的溶解度的分类

盐渍土中盐分在水中的可溶程度与盐的种类及环境温度紧密相关，各种盐在水中溶解的难易程度的评定，通常可用一定温度下 100g 水中能溶解多少克盐来表示，并以此定义盐的溶解度。工程中按盐的溶解度，将盐渍土分成了易溶盐、中溶盐及难溶盐三种，具体分类方法见表 8-13。

表 8-13 盐渍土按盐的溶解度分类

盐渍土名称	含 盐 成 分	t=20℃时的溶解度(%)
易溶盐渍土	氯化钠、氯化钾、氯化钙、硫酸钠、硫酸镁、碳酸钠、碳酸氢钠	9.60～42.7
中溶盐渍土	硫酸钙、石膏	0.200
难溶盐渍土	硫酸钙、碳酸镁	0.0014

注：盐的溶解度为 100g 水中能溶解该盐的克数。

8.5.3 盐渍土的工程特征

（1）盐渍土的溶陷性 盐渍土中的可溶盐经水浸泡后溶解、流失，致使土体结构松散，在饱和自重压力下出现溶陷；有的盐渍土浸水后，需在一定压力作用下，才会产生溶陷。盐渍土溶陷性的大小与易溶盐的性质、含量、赋存状态和水的径流条件以及浸水时间的长短等有关。

（2）盐渍土的盐胀性 硫酸（亚硫酸）盐渍土中的无水芒硝（Na_2SO_4）的含量较多，无水芒硝（Na_2SO_4）在 32.4℃以上时为无水晶体，体积较小；当温度下降至 32.4℃时，吸收 10 个水分子的结晶水，成为芒硝（$Na_2SO_4 \cdot 10H_2O$）晶体，使体积增大，如此不断地循环反复作用，使土体变松。盐胀作用是盐渍土由于昼夜温差大引起的，多出现在地表下不太深的地方，一般约为 0.3m。碳酸盐渍土中含有大量吸附阳离子，遇水时与胶体颗粒作用，在胶体颗粒和黏土颗粒周围形成结合水薄膜，减少了各颗粒间的黏聚力，使其互相分离，引起土体盐胀。资料表明，当土中的 Na_2CO_3 含量超过 0.5% 时，其盐胀量即显著增大。

（3）盐渍土的腐蚀性 盐渍土均具有腐蚀性。硫酸盐盐渍土具有较强的腐蚀性，当硫酸盐含量超过 1% 时，对混凝土产生有害影响，对其他建筑材料，也有不同程度的腐蚀作用。氯盐渍土具有一定的腐蚀性，当氯盐含量大于 4% 时，对混凝土产生不良影响，对钢铁、木材、砖等建筑材料也具有不同程度的腐蚀性。碳酸盐渍土对各种建筑材料也有不同程度的腐蚀性。

（4）盐渍土的吸湿性 氯盐渍土含有较多的一价钠离子，由于其水解半径大，水化胀力强，故在其周围形成较厚的水化薄膜，使氯盐渍土具有较强的吸湿性和保水性，使氯盐渍土在潮湿地区土体极易吸湿软化，强度降低；而在干旱地区，使土体容易压实。氯盐渍土吸湿的深度，一般限于地表，深度约为 10cm。

（5）有害毛细作用 盐渍土有害毛细水上升能引起地基土的浸湿软化和造成次生盐渍土，使地基土强度降低，产生盐胀、冻胀等不良作用。影响毛细水上升高度和上升速度的因素，主要有土的矿物成分、粒度成分、土颗粒的排列、孔隙的大小和水溶液的成分、浓度、温度等。

8.5.4 盐渍土地基评价

1. 溶陷性评价

溶陷性的判定应先进行初步判定。当盐渍土符合下列条件之一时，可初步判别为不具溶陷性或可不考虑溶陷性的影响：

1）碎石类盐渍土中洗盐后粒径大于 2mm 的颗粒超过全重的 70%，且土层中不含层状或团块状结晶盐时，可判为不具溶陷性。

2）建（构）筑物基础常年处于地下水位以下，或当水位以上的粉土湿度为很湿、黏性土状态为软塑至流塑时，可判为不具溶陷性。

当需进一步进行判别时，可采用溶陷系数 δ 进行评价。

（1）溶陷系数的确定 溶陷系数可由室内压缩试验或现场浸水载荷试验求得。室内试验测定溶陷系数的方法与湿陷系数试验相同，宜用于土质比较均匀、不含粗砾石，能采取不扰动土样的黏性土、粉土和含黏粒的砂土；现场浸水载荷试验宜用于各类土层，得到的平均

溶陷系数 $\bar{\delta}$ 可按下式计算

$$\bar{\delta}=\frac{S_{\delta}}{H_{s}} \tag{8-16}$$

式中　$\bar{\delta}$——平均溶陷系数；

S_{δ}——承压板在一定压力时，盐渍土层浸水后的溶陷量（mm）；

H_s——承压板下盐渍土的湿润深度（mm）。

当溶陷系数 δ 大于或等于 0.01 时，应判定具有溶陷性，并根据溶陷系数 δ 的大小分为以下三类：①当 $0.01\leqslant\delta\leqslant0.03$ 时，具有轻微溶陷性。②当 $0.03\leqslant\delta\leqslant0.05$ 时，具有中等溶陷性。③当 $\delta>0.05$ 时，具有强溶陷性。

（2）地基溶陷量的计算和溶陷等级的确定　盐渍土地基的总溶陷量按下式计算

$$S_{\delta0}=\sum_{i=1}^{n}\delta_i H_i \tag{8-17}$$

式中　$S_{\delta0}$——盐渍土地基的总溶陷量（mm）；

δ_i——第 i 层土的溶陷系数；

H_i——第 i 层土的厚度（mm）；

n——基础底面以下全部溶陷性盐渍土的层数。

根据总溶陷量 $S_{\delta0}$ 将地基划分为三个溶陷等级，见表 8-14。

表 8-14　盐渍土地基的溶陷等级

溶陷等级	总溶陷量 $S_{\delta0}$/mm
弱溶陷，Ⅰ级	$70<S_{\delta0}\leqslant150$
中溶陷，Ⅱ级	$150<S_{\delta0}\leqslant400$
强溶陷，Ⅲ级	$S_{\delta0}>400$

2. 盐胀性评价

盐渍土地基的盐胀性宜根据现场试验测定的有效盐胀区厚度 H 及总盐胀量 $S_{\eta0}$ 确定。当盐渍土地基符合下列条件之一时，可初步判定为非盐胀性地基或可不考虑盐胀性对建（构）筑物的影响：①土中硫酸钠（Na_2SO_4）含量小于 0.5% 时。②环境温度变化不大（如埋深大于 2.0m 的基础）。

（1）盐胀系数及盐胀性　盐胀系数定义为最大盐胀量与有效盐胀区厚度之比，按下式计算

$$\eta=\frac{S_{\eta m}}{H} \tag{8-18}$$

式中　η——盐胀系数；

$S_{\eta m}$——最大盐胀量（mm），测试方法有野外测试和室内测试方法两种；

H——有效盐胀区厚度（mm）。

根据盐胀系数的大小，盐渍土的盐胀性分类见表 8-15。

表 8-15　盐渍土盐胀性分类

指标	非盐胀性	弱盐胀性	中盐胀性	强盐胀性
盐胀系数 η	$\eta\leqslant0.01$	$0.01<\eta\leqslant0.02$	$0.02<\eta\leqslant0.04$	$\eta>0.04$

（2）总盐胀量及盐胀等级　盐渍土地基的总盐胀量按下式计算

$$S_{\eta 0} = \eta \cdot H \tag{8-19}$$

式中　$S_{\eta 0}$——盐渍土地基的总盐胀量（mm）。

根据总盐胀量 $S_{\eta 0}$ 将地基划分为三个盐胀等级，见表 8-16。

表 8-16　盐渍土地基的盐胀等级

盐胀等级	总盐胀量 $S_{\eta 0}$/mm	
	道路	建(构)筑物
弱盐胀，Ⅰ级	$20 < S_{\eta 0} \leqslant 60$	$30 < S_{\eta 0} \leqslant 70$
中盐胀，Ⅱ级	$60 < S_{\eta 0} \leqslant 120$	$70 < S_{\eta 0} \leqslant 150$
强盐胀，Ⅲ级	$S_{\eta 0} > 120$	$S_{\eta 0} > 150$

3. 腐蚀性评价

盐渍土的腐蚀性主要表现在对混凝土和金属材料的腐蚀。由于我国盐渍土中的含盐成分主要是氯盐和硫酸盐。因此，腐蚀性的评价，以 Cl^-、SO_4^{2-} 作为主要腐蚀性离子。对钢筋混凝土，Mg^{2+}、NH^{4+} 和水（土）的酸碱度（pH）也对腐蚀性有重要影响，也可作为评价指标。其他离子以总盐量表示。腐蚀性等级分为强腐蚀、中等腐蚀、弱腐蚀、无腐蚀，腐蚀性评价参见 SY/T 0371—2012《盐渍土地区建筑规范》。

8.5.5　盐渍土的处理方法

盐渍土地基的处理方法选择基于以下两个方面：消除或减弱盐渍土的溶陷性或盐胀性危害；兼顾变形及地基承载力要求。与一般地基不同的是，盐渍土地基处理的范围和厚度应根据其含盐成分、含盐量、溶陷等级、盐胀性以及结构物类型等因素确定。

（1）换填法　换填法适用于盐渍土层不厚、基础面积不大的盐渍土地基处理。将基础以下一定深度范围内的盐渍土挖除，然后回填不含盐的砂、石或其他材料（如灰土等），再分层压实。换土的厚度宜超过有效的溶陷性（或盐胀性）土层厚度，保证残留的盐渍土的溶陷量或盐胀量不超过上部结构允许的变形值。换填法对处理盐渍土地基盐胀尤为适宜，因为盐胀的有效深度不大，比较经济合理，特别是室内外地坪、散水、台阶、道路灯对盐胀敏感的设施。

（2）预压法　预压法适用于处理盐渍土地区的淤泥质土、淤泥和冲填土等饱和软土地基。采用预压法处理盐渍软土地基之前，应查明场地的水文地质条件和工程地质条件，确定有关岩土参数。

（3）强夯法　单纯的强夯法对含盐结晶较多的碎石类土，效果不好。但对于含结晶盐不多、孔隙比较大的非饱和低塑性盐渍土，结构松散，抗剪强度不高，采用强夯法是降低地基溶陷性的一种有效方法。

（4）浸水预溶法　该法是对拟建的结构物地基预先浸水，使土中的易溶盐溶解，并渗入到较深的土层中。易溶盐的溶解破坏了土颗粒之间的原有结构，使其在自重应力下压密。可以在建造建（构）筑物之前消除大部分或一部分溶陷量，即改善地基的溶陷等级。

浸水预溶法适用于厚度较大、表层土中含易溶盐多、渗透性较好的盐渍土。对于渗透性较差的粉土和黏性土，预溶效果不好。浸水预溶法可与强夯法、预压法等其他地基处理方法结合使用。

（5）砂（碎）石桩法　砂（碎）石桩法适用于处理盐渍土地区的砂土、碎石土、粉土、黏性土、素填土和杂填土等地基。

（6）盐化处理方法　对于干旱地区含盐量较多、盐渍土很厚的地基土，可采用盐化处理方法。该法是在结构物地基中注入饱和或过饱和的盐溶液，形成一定厚度的盐饱和土，从而使地基土体发生下列变化：

1）饱和盐溶液注入地基后随着水分的蒸发，盐结晶析出，填充了原来土体中的孔隙并起到土粒骨架的作用。

2）饱和盐溶液注入地基并析出盐结晶后，土体的孔隙比变小，使盐渍土渗透性降低。

地基土体经盐化处理后，由于土体的密实性提高及渗透性降低，提高了土体的结构强度，又使地基受到水浸时也不会发生较大的溶陷。在地下水位较低、气候干旱的地区，可将这种方法与地基防水措施结合使用。

（7）隔断法　隔断法是指在地基一定深度内设置隔断层，以阻断水分和盐分向上迁移，防止地基产生盐胀、翻浆及湿陷的一种地基处理方法。

隔断层按其材料的透水性可分为透水隔断层与不透水隔断层。透水隔断层主要包括砾（碎）石、砂砾、砂等；不透水隔断层主要包括土工膜（布）、复合土工膜、复合防水板等。

8.6　冻土地基

8.6.1　冻土的特征及分布

冻土是指具有负温或零温并含有冰的土（岩）。按冻结状态持续时间，分为季节冻土和多年冻土两大类。

1. 季节冻土

季节冻土是地表层寒季冻结、暖季全部融化的土（岩石）。在我国主要分布在东北、华北及西北的广大地区。自长江流域以北向东北、西北方向，随着纬度及地面高度的增加，厚度自南向北越来越大。因其随季节变化而周期性的冻结、融化，故对地基的稳定性影响较大。

季节性冻土的主要工程地质问题是冻结时膨胀，融化时下沉。从工程性质来看，液态水转化为冰，体积增大，产生类似于膨胀土的性质；夏季融化时由于含水量分布不均匀，局部土中含水量增大，土呈软塑或流塑状态，出现融沉，使边坡土体开裂，路面下凹，出现翻浆冒泥。

2. 多年冻土

多年冻土指冻结状态持续二年或二年以上的土（岩石）。根据形成与存在的自然条件不同，将多年冻土分为高纬度多年冻土和高海拔多年冻土。高纬度多年冻土主要分布在我国东北大小兴安岭地区，面积（380～390）$\times 10^3 km^2$；高海拔多年冻土主要分布在青藏高原和喜马拉雅山、祁连山、天山和阿尔泰山、长白山等高山地区，面积 $1769 \times 10^3 km^2$，其中青藏高原多年冻土面积 $1500 \times 10^3 km^2$。

由于多年冻土的冻结时间长、厚度大，对地基稳定性和建筑物安全使用有较大影响且难于处理，所以冻土的危害及防治主要针对多年冻土而言。

8.6.2　冻土的物理力学性质

1. 物理特性

（1）冻土的结构特征　冻土是由土颗粒、水、冰、气体等组成的多相成分的复杂体系。与普通土不同的是，冻土的结构一般分为整体结构、层状结构和网状结构三种类型，如图 8-3所示。

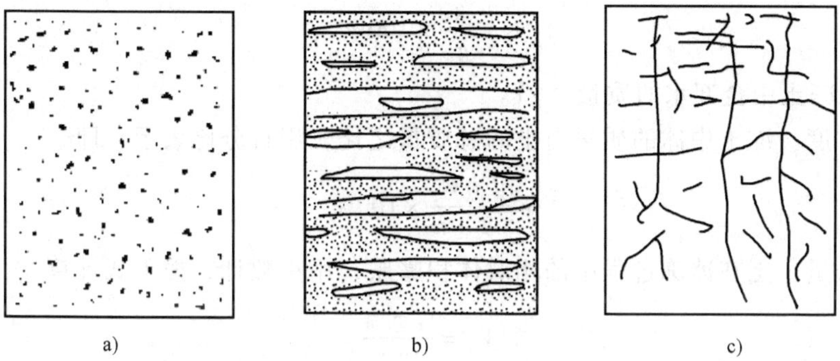

图 8-3　冻土的结构类型

a）整体结构　b）层状结构　c）网状结构

整体结构是指土在冻结时，水分在原来的孔隙中结成晶粒状的冰晶，一般的砂土或含水量小的黏性土具有这种结构。土在单向冻结并有水分转移时，形成层状结构，在饱和黏性土与粉土中常见。土在多向冻结条件下，水分转移形成网状结构，也称蜂窝状结构。

冻土的结构形式对其融沉性有很大影响。一般来说，整体结构的冻土融沉性不大，层状结构和网状结构的冻土，融化时产生很大的融沉量。

（2）冻土总含水率　冻土中所含冰和未冻水的总质量与土骨架质量之比，用百分比表示。即

$$w = w_i + w'_{\mathrm{w}} = \frac{m_{\mathrm{w}}}{m_{\mathrm{d}}} \times 100\% \tag{8-20}$$

式中　w——冻土总含水率（%）；

w_i——冻土中冰的质量与土骨架质量之比（%）；

w'_{w}——冻土中未冻水的质量与土骨架质量之比（%）；

m_{w}——冻土中冰加未冻结水的质量（g）；

m_{d}——冻土烘干后干土的质量（g）。

（3）冻土的体积含冰量　冻土中冰的体积和冻土总体积之比，用百分比表示，即

$$i_{\mathrm{v}} = \frac{V_i}{V} \times 100\% \tag{8-21}$$

式中　i_{v}——冻土的体积含冰率；

V_i——冻土中冰的体积（cm^3）；

V——冻土的体积（包括冰）（cm^3）。

（4）冻土的质量含冰量　冻土中冰的质量与冻土中土骨架质量之比，用百分比表示，即

$$i_g = \frac{g_i}{g_s} \times 100\% \tag{8-22}$$

式中　g_i——冻土中冰的质量（g）；

g_s——冻土中土骨架质量（g）；

（5）冻土的相对含冰量　冻土中冰的质量与全部水的质量之比，用百分比表示，即

$$i_0 = \frac{g_i}{g_w} \times 100\% \tag{8-23}$$

式中　g_w——冻土中全部水的质量（g）。

（6）饱冰度　冻土中冰的质量与土的总质量之比，用百分比表示，即

$$v = \frac{i_0 w}{1 + w} \times 100\% \tag{8-24}$$

（7）冻胀量　土在冰冻过程中的相对体积膨胀，用小数计，按下式计算

$$V_p = \frac{r_r - r_d}{r_r} \tag{8-25}$$

式中　r_r、r_d——冻土融化后和融化前的干容重（kN/m^3）。

根据冻胀量的大小，可将冻土分为三类：$V_p < 0$，为不冻胀土；$0 \leqslant V_p \leqslant 0.22$，为弱冻胀土；$V_p > 0.22$，为冻胀土。

2. 力学性质

（1）冻土的抗压强度与抗剪强度　冻土的抗压强度主要取决于温度及加荷时间。温度越低，抗压强度越高；加荷时间越短，抗压强度越高。如瞬时加荷，抗压强度可高达30～40MPa；长期加荷，其抗压强度减少至1/15～1/10。在长期荷载下，冻土的抗剪强度低于瞬时荷载的强度。融化后土的黏聚力仅为冻结时的1/10。

（2）冻胀力　冻胀力指土的冻胀受到约束时产生的力。冻胀力按照作用方向可分为作用在基础底面的法向冻胀力和作用在侧面的切向冻胀力。冻胀力的大小除与土质、温度、水文地质条件和冻结速度有密切关系外，还与基础埋深、材料侧面的粗糙程度有关。在无水源补给的封闭系统，冻胀力一般不大；当有水源补给的敞开系统，冻胀力就成倍增加。

法向冻胀力一般都很大，并不是建筑物自重能够克服的，所以一般要求基础埋置在冻结深度以下，或采取消除的措施。切向冻胀力可按如下几种方法确定：室内模拟试验；现场原型试验；利用有冻胀隆起的实际建筑物反算得到；按照有关规范求得，如JTG D63—2007《公路桥涵地基与基础设计规范》中关于地基冻胀力的计算。

（3）冻结力　土中水冻结时，产生胶结力，将土与建筑物基础胶结在一起，这种胶结力称为冻结力，也称冻结强度。冻结力的作用方向总是与外荷的总作用方向相反。在冻土的融化层回冻期间，冻结力起抗冻胀的锚固作用；而当季节融化层融化时，位于多年冻土中的基础侧面相应产生方向向上的冻结力，它又起了抗下沉的承载作用。影响冻结力的因素很多，除了温度与含水量外，还与基础材料表面的粗糙度有关。表面粗糙度越高，冻结力也高。所以多年冻土地基设计中应考虑冻结力 S_d 的作用，其数值选用见表8-17。基础侧面总的长期冻结力 Q_d 按下式计算

$$Q_d = \sum_{i=1}^{n} S_{di}F_{di} \tag{8-26}$$

式中　Q_d——长期冻胀力（kN）；

F_{di}——第 i 层冻土与基础侧面的接触面积（m^2）；

n——冻土与基础侧面接触的土层数。

表 8-17　冻土与混凝土、木质基础表面的长期冻胀力 S_d　（单位：kPa）

土的名称	土的平均温度/℃						
	-0.5	-1.0	-1.5	-2.0	-2.5	-3.0	-4.0
黏性土及粉土	60	90	120	150	180	210	280
砂土	80	130	170	210	250	290	380
碎石土	70	110	150	190	230	270	350

8.6.3　冻土地基的评价

1. 冻土的融化下沉与融化压缩

（1）融化下沉　冻土在融化过程中，在自重作用下产生的沉降称为融化下沉或融陷。融陷的大小常用平均融化下沉系数 δ_0 表示，按下式计算

$$\delta_0 = \frac{h_1 - h_2}{h_1} = \frac{e_1 - e_2}{1 + e_1} \times 100\% \tag{8-27}$$

式中　h_1、e_1——冻土试样融化前的高度（mm）和孔隙比；

h_2、e_2——冻土试样融化后的高度（mm）和孔隙比。

（2）融化压缩　冻土融化后，在外荷作用下产生的压缩变形称为融化压缩，其压缩特性采用融化压缩系数 a_0 表示，可按下式计算

$$a_0 = \frac{\dfrac{s_2 - s_1}{h}}{p_2 - p_1} \tag{8-28}$$

式中　p_1、p_2——分级荷载（MPa）；

s_1、s_2——相应于 p_1、p_2 荷载下的稳定下沉量（mm）；

h——试样高度（mm）。

2. 冻胀性评价

季节冻土和多年冻土季节融化层土，根据土的平均冻胀率 η 的大小可分为不冻胀土、弱冻胀土、冻胀土、强冻胀土和特强冻胀土五类，分类时还应符合表 8-18 的规定。冻土层的平均冻胀率 η 按下式计算

$$\eta = \frac{\Delta z}{h' - \Delta z} \times 100\% \tag{8-29}$$

式中　Δz——地表冻胀量（mm）；

h'——冻土层厚度（mm）。

3. 溶陷性评价

根据土的融化下沉系数 δ_0 的大小，多年冻土可分为不融沉、弱融沉、融沉、强融沉和融陷土五类，分类时应符合表 8-19 的规定。

表 8-18　季节冻土与季节融化层土的冻胀性分类

土的名称	冻前天然含水率 w(%)	冻前地下水位距设计冻深的最小距离 h_w/m	平均冻胀率 η(%)	冻胀等级	冻胀类别
碎(卵)石,砾,粗、中砂(粒径小于 0.075mm 的颗粒含量大于 15%),细砂(粒径小于 0.075mm 的颗粒含量大于 10%)	不饱和	不考虑	$\eta \leqslant 1$	Ⅰ	不冻胀
	饱和含水	无隔水层	$1 < \eta \leqslant 3.5$	Ⅱ	弱冻胀
	饱和含水	有隔水层	$\eta > 3.5$	Ⅲ	冻胀
	$w \leqslant 12$	>1.0	$\eta \leqslant 1$	Ⅰ	不冻胀
		$\leqslant 1.0$	$1 < \eta \leqslant 3.5$	Ⅱ	弱冻胀
	$12 < w \leqslant 18$	>1.0			
		$\leqslant 1.0$	$3.5 < \eta \leqslant 6$	Ⅲ	冻胀
	$w > 18$	>0.5			
		$\leqslant 0.5$	$6 < \eta \leqslant 12$	Ⅳ	强冻胀
粉砂	$w \leqslant 14$	>1.0	$\eta \leqslant 1$	Ⅰ	不冻胀
		$\leqslant 1.0$	$1 < \eta \leqslant 3.5$	Ⅱ	弱冻胀
	$14 < w \leqslant 19$	>1.0			
		$\leqslant 1.0$	$3.5 < \eta \leqslant 6$	Ⅲ	冻胀
	$19 < w \leqslant 23$	>1.0			
		$\leqslant 1.0$	$6 < \eta \leqslant 12$	Ⅳ	强冻胀
	$w > 23$	不考虑	$\eta > 12$	Ⅴ	特强冻胀
粉土	$w \leqslant 19$	>1.5	$\eta \leqslant 1$	Ⅰ	不冻胀
		$\leqslant 1.5$	$1 < \eta \leqslant 3.5$	Ⅱ	弱冻胀
	$19 < w \leqslant 22$	>1.5			
		$\leqslant 1.5$	$3.5 < \eta \leqslant 6$	Ⅲ	冻胀
	$22 < w \leqslant 26$	>1.5			
		$\leqslant 1.5$	$6 < \eta \leqslant 12$	Ⅳ	强冻胀
	$26 < w \leqslant 30$	>1.5			
		$\leqslant 1.5$	$\eta > 12$	Ⅴ	特强冻胀
	$w > 30$	不考虑			
黏性土	$w \leqslant w_p + 2$	>2.0	$\eta \leqslant 1$	Ⅰ	不冻胀
		$\leqslant 2.0$	$1 < \eta \leqslant 3.5$	Ⅱ	弱冻胀
	$w_p + 2 < w \leqslant w_p + 5$	>2.0			
		$\leqslant 2.0$	$3.5 < \eta \leqslant 6$	Ⅲ	冻胀
	$w_p + 5 < w \leqslant w_p + 9$	>2.0			
		$\leqslant 2.0$	$6 < \eta \leqslant 12$	Ⅳ	强冻胀
	$w_p + 9 < w \leqslant w_p + 15$	>2.0			
		$\leqslant 2.0$	$\eta > 12$	Ⅴ	特强冻胀

注：1. w_p——塑限含水率（%）；w——冻前天然含水率在冻层内的平均值。
2. 盐渍化冻土不在表列。
3. 塑性指数大于 22 时，冻胀性降低一级。
4. 粒径小于 0.005mm 的颗粒含量大于 60% 时为不冻胀土。
5. 碎石类土当填充物大于全部质量的 40% 时，其冻胀性按充填物土的类别判定。
6. 隔水层指季节冻结层底部及以上的隔水层。

表 8-19　多年冻土的融沉性分类

土的名称	总含水率 w(%)	平均融沉系数 δ_0	融沉等级	融沉类别	冻胀类型
碎(卵)石,砾,粗、中砂(粒径小于 0.075mm 的颗粒含量不大于 15%)	$w<10$	$\delta_0 \leqslant 1$	Ⅰ	不融沉	少冰冻土
	$w \geqslant 10$	$1<\delta_0 \leqslant 3$	Ⅱ	弱融沉	多冰冻土
碎(卵)石,砾,粗、中砂(粒径小于 0.075mm 的颗粒含量大于 15%)	$w<12$	$\delta_0 \leqslant 1$	Ⅰ	不融沉	少冰冻土
	$12 \leqslant w<15$	$1<\delta_0 \leqslant 3$	Ⅱ	弱融沉	多冰冻土
	$15 \leqslant w<25$	$3<\delta_0 \leqslant 10$	Ⅲ	融沉	富冰冻土
	$w \geqslant 25$	$10<\delta_0 \leqslant 25$	Ⅳ	强融沉	饱冰冻土
粉、细砂	$w<14$	$\delta_0 \leqslant 1$	Ⅰ	不融沉	少冰冻土
	$14 \leqslant w<18$	$1<\delta_0 \leqslant 3$	Ⅱ	弱融沉	多冰冻土
	$18 \leqslant w<28$	$3<\delta_0 \leqslant 10$	Ⅲ	融沉	富冰冻土
	$w \geqslant 28$	$10<\delta_0 \leqslant 25$	Ⅳ	强融沉	饱冰冻土
粉土	$w<17$	$\delta_0 \leqslant 1$	Ⅰ	不融沉	少冰冻土
	$17 \leqslant w<21$	$1<\delta_0 \leqslant 3$	Ⅱ	弱融沉	多冰冻土
	$21 \leqslant w<32$	$3<\delta_0 \leqslant 10$	Ⅲ	融沉	富冰冻土
	$w \geqslant 32$	$10<\delta_0 \leqslant 25$	Ⅳ	强融沉	饱冰冻土
黏性土	$w<w_p$	$\delta_0 \leqslant 1$	Ⅰ	不融沉	少冰冻土
	$w_p \leqslant w<w_p+4$	$1<\delta_0 \leqslant 3$	Ⅱ	弱融沉	多冰冻土
	$w_p+4 \leqslant w<w_p+15$	$3<\delta_0 \leqslant 10$	Ⅲ	融沉	富冰冻土
	$w_p+15 \leqslant w<w_p+35$	$10<\delta_0 \leqslant 25$	Ⅳ	强融沉	饱冰冻土
含土冰层	$w \geqslant w_p+35$	$\delta_0>25$	Ⅴ	融陷	含土冰层

注：1. 总含水率 w，包括冰和未冻水。
2. 盐渍化冻土、冻结泥炭化土、腐殖土、高塑性黏土不在表列。
3. 粗颗粒土用起始融化下沉含水率代替 w_p。

【例 8-1】　某季节性冻土层为黏性土，厚度为 2.0m，地下水位埋深 3m，地表标高 160.391 m，已测得地表冻胀前标高为 160.231m，土层冻前天然含水率 $w=30\%$，塑限 $w_p=22\%$，液限 $w_L=45\%$，评价该土层的冻胀类别。

解：(1) 地表冻胀量 Δz

$$\Delta z=(160.391-160.231)\mathrm{m}=0.16\mathrm{m}$$

(2) 平均冻胀率 η

$$\eta=\frac{0.16}{2.0-0.16}\times 100\%=8.7\%$$

(3) 评价　由 $w_p+5=27<w=30<w_p+9=31$，地下水距冻结面距离 1 ~ 2m，平均冻胀率 8.7%，划分为Ⅳ级，强冻胀，另由，当塑性指数大于 22 时，冻胀性降低一级，最后划分为Ⅲ级，冻胀。

8.6.4　多年冻土地基防冻害的工程措施

冻土未融化时，强度较高，可作为天然地基，而融化后的冻土应进行处理或采取相应措施后才能作为建筑物的地基。因此，多年冻土地区的地基，应根据冻土的稳定状态和修筑结构物后地基地温、冻深等可能发生的变化，采取保持冻结和允许融化两种不同的设计原则。

保持冻结，即多年冻土在施工和使用期间始终保持冻结状态，适用于多年冻土较厚，地温较低和冻土比较稳定的地基或地基土为融沉、强融沉时，特别是对那些不采暖房屋的建筑物最为适宜。允许融化，即允许多年冻土在施工和使用期间融化。融化方式有自然融化（按逐渐融化状态设计）和人工融化（按预先融化状态设计）。对厚度不大、地温较高的不稳定状态冻土及地基土为不融沉或弱融沉冻土时，宜采用自然融化原则；对较薄的、不稳定状态融沉和强融沉冻土地基，在砌筑基础前宜采用人工融化冻土，然后挖除换填。

对于多年冻土地基，工程上应尽量减少其冻胀力和改善冻土的冻胀性，可采取如下措施：

（1）换填法　采用较纯净的粗砂、砾石等粗颗粒非冻胀性土换填基础四周冻土，以削弱或基本消除地基土的冻胀。换填法的效果与换填深度、换填材料的排水条件、地基土质、地下水位及建筑物适应不均匀冻胀变形能力等因素有关。

（2）物理化学法　通过人工盐渍化、添加憎水物质等方式处理地基土，以改变土粒与水之间的相互作用，使土体中的水分迁移强度及其冰点发生变化，从而达到削弱冻胀的目的。

（3）排水隔水法　通过在建筑物周围设置排水沟，阻断外水补给来源和排除地表水渗入地基。

（4）保温法　在建筑物基础底部或四周设置隔热层，增大热阻，以延缓地基土的冻结，提高土中温度，减少冻结深度。

（5）改善基础形式　改善基础断面形状，利用冻胀反力的自锚作用增加基础抗冻拔的能力。通过在基础侧面涂刷工业凡士林、渣油等方式改善基础侧面平滑度，减少切向冻胀力。

在冻土地基场地进行施工，还应根据设计原则，选择好施工季节。采用保持冻结原则时，基础宜在冬期施工；采用允许融化原则时，最好在夏期施工。

8.7　地震区地基

8.7.1　地震的概念

1. 地震的类型

地震是由内力和外力地质作用引起的地壳振动现象的总称。引起地震的原因很多，根据其成因，可分为下列四类：

（1）构造地震　地壳的构造运动使岩层变形，当产生的应力达到岩层的极限强度时，地壳发生断裂，积累的大量能量骤然释放出来，并以地震波的形式传至地表，引起地壳振动，称为构造地震。构造地震是天然地震中最常见、灾害性最大的一类，它占地震总数的90%，而且震级强度大。

（2）火山地震　由于火山活动时，岩浆喷发冲击或热力作用而引起的地震称火山地震，只有在火山活动区才可能发生火山地震。这种地震能量有限，强度不大，影响范围小，约占地震总数的 7% 左右。火山地震多分布于日本、意大利和印尼等国家，我国黑龙江、吉林和云南等省也有分布。

（3）塌陷地震　由于地下岩洞或矿井顶部塌陷而引起的地震称为塌陷地震。这类地震的规模比较小，次数也很少，只占世界地震总数的 3% 左右。塌陷地震多发生在溶洞密布的石灰岩地区或大规模地下开采的矿区。

（4）激发地震　由于人为因素破坏了地层原来的相对稳定性引起的地震，称为激发地震。例如，水库渗漏、深井注水以及炸药爆破、核爆炸等所引起的地震。

2. 地震波

地壳内部由于岩层开始发生断裂和错动，突然释放出大量机械能的中心区域称为“震源”。震源到地面的垂直距离称为“震源深度”，震源深度在 60km 以内的地震为“浅源地震”。世界上绝大多数破坏性地震属于浅源地震，其震源深度在 5 ~ 20km。震源在地面的正投影称为“震中”。地震破坏最严重的地区为“震中区”。

震源的震动是以弹性波的形式沿各个不同方向传到地表各点，这种波称为地震波。地震波在传播过程中，能量是逐渐消耗的，离震源越远，震动越弱。地震波可分以下两类：

（1）体波　体波包括纵波和横波。纵波又称为压缩波或 P 波，其质点的振动方向与波的传播方向一致，一般表现为周期短、振幅小，在地面上引起上下颠簸。纵波传播速度快，约 5 ~ 6km/s，衰减快，破坏力较小。横波又称为剪切波或 S 波，其质点的振动方向与波的前进方向垂直，一般表现为周期较长、振幅较大，引起地面水平晃动。横波传播速度较小，约 3 ~ 4km/s，破坏力较大。

（2）面波　面波只限在地面附近传播，包括瑞利波（R 波）和勒夫波（L 波）。R 波传播时，质点在波的传播方向和地面法线方向所组成的平面内做椭圆运动；L 波则在地面上呈蛇形运动形式。面波传播速度小，约 3km/s，振幅很大，破坏力也很大。

3. 震级

震级是地震本身强度的衡量尺度，反映一次地震所释放能量的大小。震源释放的能量越大，震级越高。目前通用的里氏震级由里希特（Richter）1935 年定义。里氏震级

$$M = \lg A \tag{8-30}$$

式中 A——指用一种特定的伍德-安特生（Wood-Anderson）标准地震仪在震中距为 100km 处所测得的最大水平振幅（单幅，以微米为单位）。

根据地震台站实际测得的振幅值，经过仪器和震中距的校正，即可按式（8-30）定出该次地震的里氏震级。震级每增加一级，能量增大约 32 倍。一般来说，小于 2.5 级的地震，人们感觉不到；5 级以上的地震开始引起不同程度的破坏，称为破坏性地震或强震；7 级以上的地震称为大震。地震震级、能量与分类见表 8-20。

表 8-20　地震震级、能量与分类

地震震级	1	2	3	4	5	6	7	8	8.5	8.9
能量/J	2.0×10^{6}	6.3×10^{7}	2.0×10^{9}	6.3×10^{10}	2.0×10^{12}	6.3×10^{13}	2.0×10^{15}	6.3×10^{15}	3.6×10^{17}	1.4×10^{18}
分类	微小地震			小地震		中地震			大地震	

4. 烈度

烈度是指某一地区遭受某次地震影响的程度，根据地震造成的地面破坏、建筑物破坏和

人的感觉、反应等宏观现象来综合评定。地震烈度大小取决于震源释放能量的大小，并与震源深度、距震中的远近、地震波传播的介质性质以及场地岩土情况等因素有关。为确定各地区的地震烈度，各国均制定了“地震烈度表”，作为划分烈度的标准。烈度表是根据地震最大加速度、地震系数、人的感觉、器物动态、建筑物损坏情况及地表现象等宏观标志制定的。除日本地震烈度按0~7度分成8级，我国和美国、俄罗斯等绝大多数国家的地震烈度按12度划分。

各地区的实际烈度受到各种复杂因素的影响，故《建筑抗震设计规范》在上述烈度基础上，结合时间、地点和建筑物的重要性等条件进一步提出了“基本烈度”和“设防烈度”两个概念。

(1) 基本烈度　基本烈度是指我国不同地区在今后一定时期内，在一般场地条件下可能遭遇的最大地震烈度。它是根据当地的地质地形条件、历史地震情况和长期地震预报由专业部门确定。所谓“一定时期”是以100年为期限，也就是一般建筑物的使用年限。

(2) 设防烈度　按国家规定的权限批准作为一个地区抗震设防依据的地震烈度称为抗震设防烈度。一般情况下，抗震设防烈度可采用中国地震动参数区划图的地震基本烈度，对已编制抗震设防区划的城市，可按批准的抗震设防烈度或设计地震动参数进行抗震设防。

5. 地基震害

宏观震害资料表明，地基失效的主要表现形式为：砂土液化、震陷、滑坡和地裂等。

(1) 砂土液化　在地震作用下，地表裂缝中喷水冒砂，地面下陷，建筑物产生较大沉降和严重倾斜，开裂甚至倒塌，这种现象称为砂土液化。砂土液化是造成地震灾害的重要原因，如唐山大地震时，液化区喷水高度达8m，厂房沉降达1m。地震时饱和砂土受到振动，颗粒之间发生相互错动而重新排列，其结构趋于密实。如果砂土为颗粒细小的粉细砂，则因透水性较弱而导致孔隙水压力增大，颗粒间有效应力减小，从而降低土体的抗剪强度。在周期性地震荷载作用下，孔隙水压力逐渐增加，甚至可以完全抵消有效应力，将使砂土颗粒处于悬浮状态而接近液体的特性。此时，地基完全丧失承载力而导致建筑物破坏。影响砂土液化的主要因素包括地震烈度、振动持续时间、土的粒径组成、密实程度、饱和度、土中黏粒含量以及土层埋深等。

(2) 震陷　发生强烈地震时，如果地基由软土或松散砂土构成，其结构受到扰动和破坏，强度降低，在重力和基础荷载的作用下会产生附加的沉陷，称为震陷。若地基土质不均，则地面变形起伏，将使建筑物发生较大的差异沉降和倾斜，从而影响建筑物的安全和正常使用。

在我国沿海地区及较大河流的下游软土地区，震陷往往是主要的地基震害。当地基土级配较差、含水量较高、孔隙比较大时震陷也大。砂土的液化也往往引起地表较大范围的震陷。此外，在溶洞发育和地下存在大面积采空区的地区，在强烈地震作用下也容易诱发震陷。

(3) 滑坡　在山区和陡峭的河谷区域，强烈地震可能引起诸如山崩、滑坡、泥石流等大规模的岩土体运动，从而导致地基、基础和建筑物上部结构的破坏。地震导致滑坡的原因，一方面在于地震时边坡滑楔体承受了附加惯性力而使下滑力加大；另一方面，土体有效应力降低，从而减少了阻止滑动的内摩擦力。

(4) 地裂　地震导致岩面和地面的突然破裂，地表出现的大量裂缝称为地裂。地裂与地震滑坡引起的地层相对错动有密切关系。地裂会引起位于附近的或横跨断层的建筑物的变形和破坏。唐山地震时，地面出现一条长 10km、水平错动 1.25m、垂直错动 0.6m 的大地裂，错动带宽约 2.5m，致使在该断裂带附近的房屋、道路、地下管道等遭到极其严重的破坏，民用建筑几乎全部倒塌。

由地震引起的震害现象会导致建筑物基础出现不均匀沉降、水平位移、倾斜以及受拉破坏，情况严重的会造成建筑物上部结构破坏。

8.7.2　地基基础抗震设计原则

1. 抗震设计的基本原则

根据《抗震规范》规定，建筑抗震设防类别分为甲、乙、丙、丁四类。甲类建筑应属于重大建筑工程和地震时可能发生严重次生灾害的建筑；乙类建筑应属于地震时使用功能不能中断或需尽快恢复的建筑；丙类建筑应属于除甲、乙、丁类以外的一般建筑；丁类建筑应属于抗震次要建筑。抗震设计的基本原则包括：

（1）选择有利的建筑场地　选择建筑场地时，尽量选择对抗震有利的地段，避开不利的地段，禁止在危险地段建设。有利、一般、不利和危险的地段的划分见表 8-21。

表 8-21　有利、一般、不利和危险地段的划分

地段类别	地质、地形、地貌
有利地段	稳定基岩，坚硬土，开阔、平坦、密实、均匀的中硬土等
一般地段	不属于有利、不利和危险的地段
不利地段	软弱土，液化土，条状突出的山嘴，高耸孤立的山丘，陡坡，陡坎，河岸和边坡边缘，平面分布上成因、岩性、状态明显不均匀的土层（如故河道、疏松的断层破碎带、暗埋的塘浜沟谷和半填半挖地基），高含水量的可塑黄土，地表存在结构性裂缝等
危险地段	地震时可能发生滑坡、崩塌、地陷、地裂、泥石流等及发震断裂带上可能发生地表位错的部位

（2）合理选择基础方案

1）正确选择基础类型。不同的基础类型对于抗震的效果是不同的。软土地基上应该选择刚度大、整体性好的箱形基础或筏板基础，此类基础能有效地调整、减轻地震引起的不均匀沉降，从而减轻对上部结构的破坏。此外，桩基础也是一种良好的抗震基础形式，设计时应注意使桩基插入非液化的坚实土层一定深度。

2）合理加大基础埋深。加大基础埋深，可以增加基础侧面土体对建筑物的约束作用，从而减小建筑物的振幅，减轻震害。在条件允许时，可结合建造地下室以加深基础。

（3）增强建筑物整体刚度和强度　可在基础底部配置构造钢筋，加强基础整体刚度，抵抗地基的不均匀沉降。对于一般砖混结构的防潮层宜采用防水砂浆代替油毡。当上部结构采用组合柱时，柱的下端应与地梁牢固连接。

2. 天然地基抗震验算

天然地基基础抗震验算时，应采用地震作用效应标准组合，且地基抗震承载力应取地基承载力特征值乘以地基抗震承载力调整系数计算

$$f_{aE} = \zeta_a f_a \qquad (8\text{-}31)$$

式中　f_{aE}——调整后的地基抗震承载力；

ζ_a——地基抗震承载力调整系数，按表 8-22 采用；

f_a——深宽修正后的地基承载力特征值。

表 8-22　地基抗震承载力调整系数

岩土名称和性状	ζ_a
岩石，密实的碎石土，密实的砾、粗、中砂，$f_{ak} \geqslant 300$kPa 的黏性土和粉土	1.5
中密、稍密的碎石土，中密和稍密的砾，粗、中砂，密实和中密的细、粉砂，150kPa$\leqslant f_{ak} \leqslant$300kPa 的黏性土和粉土，坚硬黄土	1.3
稍密的细、粉砂，100kPa$\leqslant f_{ak} \leqslant$150kPa 的黏性土和粉土，可塑黄土	1.1
淤泥，淤泥质土，松散的砂，杂填土，新近沉积黄土和流塑黄土	1.0

验算天然地基地震作用下的竖向承载力时，按地震作用效应标准组合的基底平均压力和边缘最大压力应符合下列各式要求

$$p \leqslant f_{aE} \tag{8-32}$$

$$p_{max} \leqslant 1.2 f_{aE} \tag{8-33}$$

式中　p——地震作用效应标准组合的基础底面平均压力；

p_{max}——地震作用效应标准组合的基础边缘的最大压力。

对于高宽比大于 4 的高层建筑，在地震作用下基础底面不宜出现脱离区（零应力区）；其他建筑，基础底面与地基土之间脱离区（零应力区）面积不应超过基础底面面积的 15%。

8.7.3　地基基础抗震措施

对建筑物及基础采取有针对性的抗震措施，在抗震工程中也是十分重要的，而且往往能起到事半功倍的效果。地基基础中常用的抗震措施如下：

（1）软弱地基　若建筑物地基主要受力层范围内存在软弱土，应结合建筑物重要程度、以往震害经验等采取相应措施。可以通过地基处理等方式，改善土的物理力学性质，提高地基抗震性能；也可以采用桩基础、沉井基础或者改进基础和上部结构设计，来增强建筑物的抗震效果。

（2）不均匀地基　不均匀地基包括土质明显不均、有故河道或暗沟通过及半挖半填地带。在抗震设计时，应尽量避开这些地段。无法避开时，应详细勘察、查明不均匀地基的范围和性质；尽量填平不必要的残存沟渠。对于不均匀性过大的地基，可采用局部换土、重锤夯实等方式，必要时可设置沉降缝，以避免地震作用下基础断裂事故的发生。

（3）可液化地基　液化是地震中造成地基失效的主要原因，要减轻这种危害，应根据地基液化等级和结构特点等采取相应措施。这些措施可分为全部或部分消除液化沉陷、基础和上部结构处理等。

1）全部消除液化沉陷。采用非液化土替换全部液化土层。采用桩基时，桩端伸入液化深度以下稳定土层中的长度，应按计算确定，且对碎石土，砾、粗、中砂和坚硬黏性土尚不应小于 0.5m，对其他非岩石土不宜小于 1.5m。采用深基础时，基础底面应埋入液化深度以下的稳定土层中，其深度不应小于 0.5m。采用加密法（如振冲、振动加密、挤密碎石桩、强夯等）加固时，应处理至液化深度下界，且处理后土层的标准贯入锤击数的实测值不宜小于相应的临界值。

2）部分消除液化沉陷。部分消除地基液化沉陷的措施应使处理后的地基液化等级为“轻微”。在处理深度范围内，应挖除其液化土层或采用加密法加固，且桩间土的标准贯入锤击数实测值不宜小于相应的临界值。

3）基础和上部结构处理。减轻液化影响的基础和上部结构处理，需要选择合适的基础埋置深度；调整基础底面积，减少基础偏心；加强基础的整体性和刚度，如采用箱基、筏基或钢筋混凝土交叉条形基础，加设基础圈梁等；减轻荷载，增强上部结构的整体刚度和均匀对称性，合理设置沉降缝，避免采用对不均匀沉降敏感的结构形式等；管道穿过建筑处应预留足够尺寸或采用柔性接头等。

历年注册土木工程师（岩土）考试真题精选

1. 某不扰动膨胀土试样在室内试验后得到含水量 w 与竖向线缩率 δ_s 的一组数据见表 8-23，求该试样的收缩系数 λ_s？（2008 年）

表 8-23

试验次序	含水量 w(%)	竖向线缩率 δ_s(%)
1	7.2	6.4
2	12.0	5.8
3	16.1	5.0
4	18.6	4.0
5	22.1	2.6
6	25.1	1.4

【解答】：收缩系数为直线收缩阶段含水量减少 1% 时的竖向线缩率，见表 8-24。

表 8-24

试验次序	含水量 w(%)	竖向线缩率 δ_s(%)	含水量减小 1% 时的竖向线缩率(收缩系数)
1	7.2	6.4	0.125
2	12.0	5.8	0.195
3	16.1	5.0	0.4
4	18.6	4.0	0.4
5	22.1	2.6	0.4
6	25.1	1.4	—

例如：含水量由 25.1% 减小到 22.1% 时，含水量变化 1% 的竖向线缩率为：

$\frac{2.6-1.4}{25.1-22.1}=0.4$，其他计算同理，从表 8-24 中可以看出，直线收缩段内含水量减小 1% 的竖向线缩率为 0.4%。

2. 某膨胀土地区的多年平均蒸发力和降水量值详见表 8-25，确定该地区大气影响急剧层深度？（2010 年）

表 8-25

项目	月份											
	1 月	2 月	3 月	4 月	5 月	6 月	7 月	8 月	9 月	10 月	11 月	12 月
蒸发力/mm	14.2	20.6	43.6	60.3	94.1	114.8	121.5	118.1	57.4	39.0	17.6	8.9
降水量/mm	7.5	10.7	32.2	68.1	86.6	110.2	158.0	141.7	146.9	80.3	38.0	9.3

【解答】：$\alpha = \dfrac{57.4+39.0+17.6+11.9+14.2+20.6}{57.4+39.0+17.6+11.9+14.2+20.6+43.6+60.3+94.1+114.8+121.5+118.1}$

$= 0.22535$

$c = (14.2-7.5)+(20.6-10.7)+(43.6-32.2)+(94.1-86.6)+(114.8-110.2)+(11.9-9.3)$

$= 42.7$

$$\psi_w = 1.152 - 0.72\alpha - 0.00107c$$
$$= 1.152 - 0.72 \times 0.22535 - 0.00107 \times 42.7$$
$$= 0.9427 \approx 0.9$$

大气影响深度 d_a 最接近 3.0m，大气影响急剧层深度为 $0.45d_a = 1.35\text{m}$。

3. 某膨胀土场地有关资料见表 8-26，若大气影响深度为 0.4m，拟建建筑物为两层，基础埋深为 1.2m，按《膨胀土地区建筑技术规范》的规定，试算膨胀土地基胀缩变形量。(2006 年)

表 8-26

分层号	层底深度 z_i /m	天然含水量 w (%)	塑限含水量 w_p (%)	含水量变化值 Δw_i(%)	膨胀率 δ_{epi}	收缩系数 λ_{si}
1	1.8	23	18	0.0298	0.0006	0.50
2	2.5			0.0250	0.0265	0.46
3	3.2			0.0185	0.0200	0.40
4	4.0			0.0125	0.0180	0.30

【解答】：当天然地表 1m 处地基土的天然含水量大于 1.2 倍塑限含水量时，可按收缩变形量计算，即 $1.2w_p = 1.2 \times 18\% = 21.6\% < w = 23\%$，收缩变形量按照下式计算

$$s_s = \psi_s \sum_{i=1}^{n} \lambda_{si} \Delta w_i h_i$$

式中，ψ_s 取 0.8，则

$s_s = 0.8 \times (0.5 \times 0.0298 \times 0.6 \times 10^3 + 0.46 \times 0.025 \times 0.7 \times 10^3 + 0.4 \times 0.0185 \times 0.7 \times 10^3 +$

$0.3 \times 0.0125 \times 0.8 \times 10^3)\text{mm}$

$= 20.136\text{mm}$

4. 某湿陷性黄土试样取样深度 8.0m，此深度以上土的天然含水量为 19.8%，天然密度为 1.57g/cm^3，土粒相对密度 2.70，在测定土样的自重湿陷系数时施加的最大压力为多少？(2009 年)

【解答】：测定自重湿陷系数时，荷载应加至上覆土的饱和自重压力。干密度 ρ_d 为

$$\rho_d = \frac{\rho}{1+w} = \frac{1.57}{1+0.198}\text{g/cm}^3 = 1.31\text{g/cm}^3$$

$$e = \frac{d_s \rho_w (1+w)}{\rho} - 1 = \frac{2.7 \times 1.0 \times (1+0.198)}{1.57} - 1 = 1.06$$

土的饱和密度 ρ_s 为：(取 $S_r = 85\%$)

$$\rho_s=\rho_d\left(1+\frac{S_r e}{d_s}\right)=1.31\times\left(1+\frac{0.85\times1.06}{2.7}\right)\text{g/cm}^3=1.75\text{g/cm}^3$$

上覆土层的饱和自重压力 P 为

$$P=\rho_s h=17.5\times8\text{kPa}=140\text{kPa}$$

5. 某黄土试样的室内双线法压缩试验数据见表 8-27，其中一个试样保持在天然湿度下分级加荷至 200kPa，下沉稳定后浸水饱和；另一个试样在浸水饱和状态下分级加荷至 200kPa。按此表计算黄土湿陷起始压力。（2011 年注册岩土工程师考试题）

表 8-27

压力 P/kPa	0	50	100	150	200	200（浸水饱和）
天然湿度下试样高度 h_p/mm	20.00	19.79	19.53	19.25	19.00	18.60
浸水饱和状态下试样高度 h'_p/mm	20.00	19.58	19.26	18.92	18.60	—

【解答】：湿陷起始压力下的湿陷系数

$$\delta_s=\frac{h_p-h'_p}{h_0}=0.015,h_p-h'_p=0.015\times20\text{mm}=0.3\text{mm}$$

当压力 $P=100\text{kPa}$ 时，$h_p-h'_p=0.27\text{mm}$；当压力 $P=150\text{kPa}$ 时，$h_p-h'_p=0.33\text{mm}$。

$\dfrac{p_{sh}-100}{0.30-0.27}=\dfrac{150-100}{0.33-0.27}$，解得 $p_{sh}=125\text{kPa}$。

6. 某季节性冻土地基冻土层冻后的实测厚度为 2.0m，冻前原地面标高为 195.426m，冻后实测地面标高为 195.586m，确定该土层平均冻胀率。（2011 年）

【解答】：（1）地表冻胀量 Δz　$\Delta z=(195.586-195.426)\text{m}=0.16\text{m}$

（2）平均冻胀率 η

$$\eta=\frac{0.16}{2.0-0.16}\times100\%=8.7\%$$

习　题

一、简答题

1. 简述我国软土的成因类型。哪些情况下软土必须经处理后才能作为建（构）筑物地基？
2. 何谓膨胀土？它有哪些工程特性？
3. 膨胀土的工程特性指标有哪些？如何计算？
4. 膨胀土地基的胀缩等级是如何划分的？
5. 何谓湿陷性、自重湿陷与非自重湿陷？
6. 黄土地基的湿陷等级是如何划分的？
7. 如何确定湿陷性黄土场地的湿陷类型？
8. 红黏土的分布有何特点？
9. 衡量红黏土软硬程度的指标有哪些？如何划分其软硬程度？
10. 盐渍土为何具有盐胀性这一工程特性？
11. 如何评价盐渍土地基的溶陷性及溶陷等级？
12. 如何评价盐渍土地基的盐胀性及盐胀等级？
13. 何谓冻结力，对工程有何影响？
14. 多年冻土的溶陷性等级时如何划分的？

15. 地震基本烈度和设防烈度有何区别?

二、单项选择

1. 关于膨胀土原状土样在直线收缩阶段的收缩系数，下列哪一种认识是正确的？(　　)

(A) 它是在50kPa的固结压力下，含水量减少1%时的竖向线缩率

(B) 它是在50kPa的固结压力下，含水量减少1%时的体缩率

(C) 它是含水量减少1%时的竖向线缩率

(D) 它是含水量减少1%时的体缩率

2. 膨胀土地基的胀缩变形与下列哪一选项无明显关系？(　　)

(A) 地基土的矿物成分　　(B) 场地的大气影响深度

(C) 地基土的含水量变化　　(D) 地基土的剪胀性及压缩性

3. 某建筑物基底压力为350kPa，建于湿陷性黄土地基上，为测定基底下12m处黄土的湿陷系数，其浸水压力应采用下列哪一个值：(　　)

(A) 200kPa　　(B) 300kPa

(C) 上覆土的饱和自重压力　　(D) 上覆土的饱和自重压力加附加压力

4. 判定建筑场地的湿陷类型时，下列哪一条是定为自重湿陷性黄土场地的充分必要条件？(　　)

(A) 湿陷系数大于或等于0.015　　(B) 自重湿陷系数大于或等于0.015

(C) 实测或计算自重湿陷量大于7cm　　(D) 总湿陷量大于30cm

5. 下列关于多年冻土地基季节融化层的融化下沉系数 δ_0 的几种说法中，哪一选项是错误的？(　　)

(A) 当黏性土的总含水率小于土的塑限含水量，且平均融化下沉系数 δ_0 不大于1时，可定为不融沉冻土

(B) 与 δ_0 有关的多年冻土总含水率是指土层中的未冻水

(C) 黏性土的 δ_0 值的大小与土的塑限含水量有关

(D) 根据平均融化下沉系数 δ_0 的大小可将多年冻土划分为五个融沉等级

6. 某多年冻土地区一层粉质黏性，塑限含水量 $w_p=18.2\%$，总含水率 $w_0=26.8\%$，请初判其融沉类别是下列选项中的哪一个？(　　)

(A) 不融沉　　(B) 弱融沉　　(C) 融沉　　(D) 强融沉

7. 当土颗粒越细，含水量越大，对土的冻胀性和融陷性的影响，下列哪个选项的说法是正确的？(　　)

(A) 土的冻胀性越大且融陷性越小　　(B) 土的冻胀性越小且融陷性越大

(C) 土的冻胀性越大且融陷性越大　　(D) 土的冻胀性越小且融陷性越小

8. 建筑应根据其使用功能的重要性分类，其中地震时使用功能不能中断的建筑应为(　　)

(A) 甲类建筑　　(B) 乙类建筑　　(C) 丙类建筑　　(D) 丁类建筑

9. 下列(　　)为对建筑抗震有利的地段。

(A) 条状突出的山嘴地段　　(B) 开阔、平坦、密实、均匀的中硬土地段

(C) 疏松的断层破碎带　　(D) 发震断裂上可能发生地表错位的地段

10. 对承载力特征值为200kPa的黏性土，进行抗震验算时，其地基土抗震承载力调整系数应为(　　)

(A) 1.0　　(B) 1.1　　(C) 1.3　　(D) 1.5

三、多项选择

1. 软土地基存在以下哪一类问题都必须进行处理？(　　)

(A) 软土地基因抗剪强度不足，难以支承上部结构的自重及外荷载而产生局部或整体剪切破坏

(B) 软土地基在上部结构自重及外荷载作用下产生过大的变形，影响结构物的正常使用

(C) 地基的渗漏量或水力比降超过允许值时，发生潜蚀和管涌现象

(D) 在地震作用下，引起软土地基失稳和震陷等危害

2. 下列哪些性状属于膨胀土的工程特性？(　　)

（A）多裂隙性　　（B）孔隙比高
（C）液性指数高　　（D）超固结
（E）胀缩性

3. 大气影响深度和大气影响急剧层深度是十分重要的设计参数，试问下列哪些认识是错误的？（　　）
（A）大气影响深度和大气影响急剧层深度同值　（B）可取后者为前者乘以 0.80
（C）可取后者为前者乘以 0.60　（D）可取后者为前者乘以 0.45

4. 计算膨胀土地基胀缩变形量时取下列哪些选项中的值是错误的？（　　）
（A）地基土膨胀变形量或收缩变形量
（B）地基土膨胀变形量和收缩变形量中两者中取大值
（C）膨胀变形量与收缩变形量二者之和
（D）膨胀变形量与收缩变形量二者之差

5. 膨胀土中的黏粒矿物成分以下列哪些选项为主？（　　）
（A）云母　（B）伊利石　（C）蒙脱石　（D）绿泥石

6. 采用换填法处理湿陷性黄土时，可采用下列哪些垫层？（　　）
（A）砂石垫层　（B）素土垫层　（C）矿渣垫层　（D）灰土垫层

7. 处理湿陷性黄土地基，下列哪些方法是不适用的？（　　）
（A）强夯法　（B）振冲碎石桩　（C）土挤密桩　（D）砂石垫层

8. 关于测定黄土湿陷起始压力的试验，下列哪些选项的说法是正确的？（　　）
（A）湿陷起始压力可通过室内压缩试验或现场静载荷试验测定
（B）与单线法相比，双线法试验的物理意义更明确，故试验结果更接近实际
（C）室内压缩试验或现场静载荷试验分级加载稳定标准均为每小时下沉量不大于 0.01mm
（D）室内压缩试验 $p\text{-}\delta_s$，曲线上湿陷系数为 0.015 所对应的压力即为湿陷起始压力值

9. 抗震承载力验算时，下述不正确的说法是（　　）
（A）天然地基基础抗震验算时，应采用地震作用效应基本组合值
（B）地基抗震承载力应取深宽修正后的地基承载力特征值乘以抗震承载力调整系数
（C）抗震承载力调整系数应根据建筑物的重要性级别确定
（D）抗震承载力调整系数应根据设计地震烈度确定，且不得小于 1.0

10. 场地和地基的地震破坏作用形式包括下列（　　）
（A）场地地面破裂　　（B）地震引发的滑坡及崩塌
（C）砂土的液化和软土的震陷　　（D）火山喷发

四、计算题

1. 试按表 8-28 中参数计算膨胀土地基的变形量。

表 8-28

层序	层厚 h_i/m	层底深度/m	含水量变化值 Δw_i	收缩系数 λ_{si}	50kPa 压力下的膨胀率 δ_{epi}
1	0.64	1.60	0.0273	0.28	0.0084
2	0.86	2.50	0.0211	0.48	0.0223
3	1.00	3.50	0.0140	0.35	0.0249

2. 某单层住宅楼位于一平坦场地，基础埋置深度 $d=1\text{m}$，各土层厚度及膨胀率、收缩系数列于表 8-29。已知地表下 1m 处土的天然含水量和塑限含水量分别为 $w_1=22\%$，$w_p=17\%$，按此场地的大气影响深度取胀缩变形计算深度 $z_n=3.6\text{m}$。计算地基土的胀缩变形量。

（2011 年注册岩土工程师考题）

表 8-29

层序	分层深度 Z_i/m	分层厚度 h_i /mm	各分层发生的含水量变化均值 Δw_i	膨胀率 δ_{epi}	收缩系数 λ_{si}
1	1.64	640	0.0285	0.0015	0.28
2	2.28	640	0.0272	0.0240	0.48
3	2.92	640	0.0179	0.0250	0.31
4	3.60	680	0.0128	0.0260	0.37

3. 对取自同一土样的五个环刀试样按单线法分别加压，待压缩稳定后浸水，由此测定相应的湿陷系数 δ_s 见表 8-30，试求湿陷起始压力。(2006 年考题)

表 8-30

试验压力/kPa	50	100	150	200	250
湿陷系数 δ_s	0.003	0.009	0.019	0.035	0.060

4. 晋西地区某建筑场地，工程地质勘探中某探坑每隔 1m 取土样，其土工试验资料见表 8-31，试确定该场地的湿陷类型和地基的湿陷等级。

表 8-31

土样编号	δ_{szi}	δ_{si}
2-1	0.002	0.065
2-2	0.013	0.070
2-3	0.024	0.037
2-4	0.014	0.071
2-5	0.026	0.088
2-6	0.050	0.090
2-7	0.003	0.038
2-8	0.031	0.020
2-9	0.066	0.002
2-10	0.012	0.001

注：δ_{szi}或 δ_{si} < 0.015 时属非湿陷性土层，不参加累计。

5. 某铁路路基通过多年冻土区，地基为粉质黏土，$d_s = 2.7$，$\rho = 2.0\text{g/cm}^3$，冻土总含水率 $w_0 = 40\%$，起始融沉含水率 $w = 21\%$，塑限 $w_P = 20\%$，试计算该段多年冻土融化下沉系数及融沉等级。

6. 某季节性冻土地基实测冻土厚度为 2.0m，冻前原地面标高为 186.128m，冻后实测地面标高 186.288m，求土层的平均冻胀率。(2009 年考题)

7. 某建筑物按地震作用效应标准组合的基础底面边缘最大压力 $p_{max} = 380\text{kPa}$，地基土为中密状态的中砂，问该建筑物基础深、宽修正后的地基承载力特征值 f_a 至少应达到多少，才能满足验收天然地基地震作用下的竖向承载力要求？

第9章　基坑工程

随着我国城市建设迅猛发展，基坑工程越来越受到重视，包括基坑的支护结构、稳定性分析、基坑开挖与回填、地下水处理、基坑工程监测及安全事故防范等，基坑工程的设计与施工水平得到了逐渐提高。

基坑工程是一项复杂的系统工程，同时又是一个综合性的岩土工程问题，涉及土力学中典型的强度、稳定与变形问题，又涉及岩土体与支护结构的共同作用问题。当前，我国基坑工程数量、开挖深度、平面尺寸及使用领域都得到高速发展，更加需要系统的基坑工程理论知识和技术以满足设计和施工需求。

近几十年来，世界上很多国家，如美国、日本、法国、意大利、德国和瑞典等，先后发展了多种深基坑开挖支护的施工技术、专用设备或专门工艺，对此类工程问题制定了国家级的规程规范。一些国家先后成功地进行了在各种复杂的条件下深度较大（有些深度大于30m）的基坑开挖，取得了宝贵的经验。近年来，随着城市建设的发展，在我国的若干大城市中，也先后进行了一些不同的深基坑的开挖与支护工程。住房和城乡建设部编制的JGJ120—2012《建筑基坑支护技术规程》、GB 50021—2001《岩土工程勘察规范》和 GB 50007—2011《建筑地基基础设计规范》，也编入了基坑工程的相关内容。

9.1　基坑工程的特点

在建筑密集的城市中兴建高层建筑、地下车库、地下铁道或地下车站时，往往需要在狭窄的场地上进行深基坑的开挖。由于场地的局限性，在基坑平面以外没有足够的空间安全放坡，人们不得不设计规模较大的开挖支护系统，以保证施工的顺利进行。这种开挖与支护工程虽然也属于土木工程、岩土工程的范畴。但是，它具有以下一些基本特点：

1）基坑工程受地域性影响较大，不同地区地质条件、水文条件、自然条件及土性指标的差异影响基坑的设计。

2）为了节约土地，在工程建设中要充分利用基地面积，地下建筑物一般占基地面积的90%，紧靠邻近建筑，要充分利用地下空间，设置人防、车库、机房、仓库等各种设施。基础深度越来越大，地下基坑的开挖深度由一层发展到二层，甚至三层，越来越深。因此，深基坑开挖与支护工程的施工难度往往比较大。

3）深基坑的施工，对周围环境势必有所影响。因此，除了确保深基坑的自身安全外，还要尽量减小对周围环境的影响。这是深基坑施工中的一个很大的难题，不但要考虑对邻近建筑物的影响，还要考虑对周围地下的煤气、上下水、电信、电缆等管线的影响。

4）深基坑支护工程大多为临时性支护工程，不应有大的安全储备，在实际处理这个问题时，常常得不到建设方应有的重视，基坑工程具有风险性。

因此，基坑工程是基坑开挖与支护工程是一个系统工程，不仅涉及工程地质和水文地质、工程力学与工程结构、土力学与基础工程、还涉及工程施工与组织管理，是融合多学科知识于一体的综合性科学。

9.2 基坑支护结构形式与计算

为适应不同的地质及环境条件，设计者针对不同的工程实际，往往会根据当地建筑材料、施工条件等设计出不同的结构形式。支护结构选型时，应综合考虑下列因素：基坑深度、土的性状、地下水条件、基坑周边环境对基坑变形的承受能力及支护结构一旦失效可能产生的后果、主体地下结构及其基础形式、基坑平面尺寸及形状、支护结构施工工艺的可行性、施工场地条件及施工季节、经济指标、环保性能和施工工期等。

根据支挡结构和土体的关系，把基坑支护结构分为：被动式支挡结构和主动式支挡结构。根据基坑支护结构的受力性能可将其分为：悬臂式支护结构、单（多）支点混合结构、重力式挡土结构及拱式支护结构三类。

9.2.1 被动式支挡结构

由于土体的抗剪强度较小，因而自然土坡只能以较小的临界高度保持直立。当土坡直立高度超过临界高度，或坡面有较大超载以及环境因素等的改变，都会引起土坡的失稳。被动式支挡结构是经常采用的支护方式，它是采用支挡结构承受侧压力并限制其变形发展。其主要结构形式有排桩、地下连续墙、逆作拱墙等。

1. 排桩（见图 9-1）

（1）稀疏排桩　当边坡土质较好、地下水位较低时，可利用土拱作用，以稀疏排桩支挡边坡。

（2）连续排桩　对于不能形成土拱作用的软土边坡，支护桩必须连续密排。密排的钻孔桩可以互相搭接，或在桩身混凝土强度尚未形成时，在相邻桩之间做一根素混凝土和树根桩把钻孔桩连接起来，从而形成一种既能挡土又能防渗的简易连续墙。

图 9-1　基坑排桩支护

（3）双排桩　当土质软弱或开挖深度较大时，单排桩的横向刚度往往不能满足控制变形的要求。这时，可采用双排桩通过桩顶盖梁联成门式钢架式的整体，这种框架式排桩具有较大的侧向刚度，可以有效地限制边坡的侧向变形。

（4）组合式排桩

1）桩板组合。桩板组合也是一种稀疏排桩支挡，只是桩距较大，利用挡板把桩间土的侧压力传递给主桩，同时起到一定的防渗作用。

2）桩撑组合。当基坑开挖深度较大时，使用排桩或地下连续墙等悬臂结构会增加支护结构的工程量和造价，这种情况下，往往需要给悬臂结构以支撑而形成组合结构，固定排桩的方法有内支撑和土层锚杆，前者包括撑梁和支撑或斜撑；后者是加或者不加预应力的锚杆或锚索。

3）桩墙组合。在地下水位较高的软土地区，防渗是保证基坑支护成功的重要一环。采用稀疏排桩（单排或双排）挡土，水泥土搅拌桩防渗的组合结构被证明是经济有效的一种支护形式。

2. 地下连续墙（见图9-2）

地下连续墙的优点是对周围环境影响小、对地层条件适应性强、墙体长度可任意调节。它适用于各种深度的基坑开挖，即可将地下连续墙作为支护结构，也可作为主体结构，从而大大降低工程造价，还可采用逆作法施工，减少对环境和交通等的影响。地下连续墙作为支护结构，具有抗弯刚度、防渗性能和整体性好等优点，开挖深度可达30m。目前用于支护的地下连续墙，已从单一的一字型发展出折板型和Ⅱ型等多种形式，以获得更大的侧向刚度。

图9-2 地下连续墙支护

3. 逆作拱墙

逆作拱墙结构是利用基坑的弧状及拱式结构的受力特点，使以受弯矩为主的支护结构由于拱受力特性而改变为受压为主，大大改善了结构受力状态。其结构形式根据基坑平面形状可采用全封闭拱墙，也可采用局部拱墙。逆作拱墙截面构造如图9-3所示。

逆作拱墙支护技术是自上而下分多道分段逆作施工的水平闭合拱圈及非闭合拱圈挡土结构；当基坑的一边或多边不能够起拱时，可采用能够水平传力的钢筋混凝土直墙（水平向配置连通的主筋）加型钢内撑的混合支护体系。

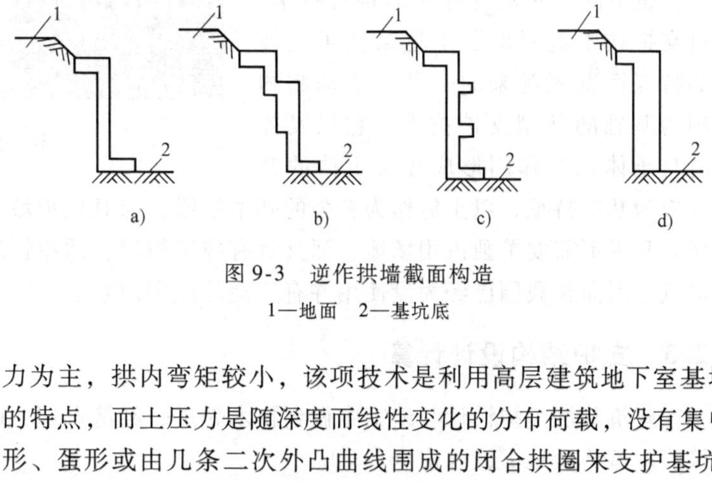

图9-3 逆作拱墙截面构造
1—地面 2—基坑底

拱形结构主要以承受压应力为主，拱内弯矩较小，该项技术是利用高层建筑地下室基坑平面形状通常是闭合的多边形的特点，而土压力是随深度而线性变化的分布荷载，没有集中力，因而可以采用圆形、椭圆形、蛋形或由几条二次外凸曲线围成的闭合拱圈来支护基坑，当基坑周边并非均有条件起拱的情况下，可在有条件起拱的坑边采用拱圈支护，在没有起拱的坑边处采用钢筋混凝土直墙加型钢内支撑支护结构。

9.2.2 主动式支挡结构

1. 水泥土墙

水泥土墙是由水泥土桩相互搭接形成的格栅桩、壁桩等形式的重力式结构，如图9-4所示。这里主要指的是水泥搅拌桩，其突出优点是：施工无环境污染（无噪声、无振动、无排污）、造价低廉及防渗性能好。加固机理为：利用具有一定强度的水泥搅拌桩相互搭接组成结构体系，从而使边坡滑动棱体范围内的土体得以加固，保持边坡稳定。加固体按重力式挡土墙验算，当稳定性不足时，可增加加固体的厚度和深度，直到满足稳定性。

图 9-4　水泥土墙支护

除了水泥搅拌桩外，还有粉喷水泥搅拌桩、高压旋喷桩、注浆加固法等，它们的共同特点是通过一定的施工工艺，把水泥浆或者其他化学溶液注入土体空隙中，改善地基土的物理力学性质，达到加固土体和防渗的目的。

2. 土钉墙

土钉墙也称插筋补强法，是通过在边坡土体中插入一定数量抗拉强度较大，并具有一定刚度的插筋锚体，使之与土体形成复合土体。土钉墙支护如图 9-5 所示。这种方法可提高边坡土体的结构强度和抗弯刚度，减小土体侧向变形，增强边坡整体稳定性。在工作机理及施工工艺上，它明显不同于在填土中铺设板带的加筋土技术，也不同于护坡支撑中的锚杆技术。土钉支护技术是吸取了上述某些工艺技术的特点而发展起来的一种以主动制约机制为基础的新型支护技术。它以发挥土钉与土体相互作用形成复合土体的补强效应为基本特征，以土钉作为补强的基本手段，与其他护坡技术相比，它不需要大型施工机械。几乎不需要单独占用场地，而且具有施工简便，适用性广泛，费用低，可以竖直开挖等优点。因而在我国已经大量使用并有广泛的应用前景。

图 9-5　土钉墙支护

9.2.3　支护结构设计计算

在建筑基坑支护设计与施工中做到技术先进、经济合理、确保基坑边坡稳定、基坑周围建筑物、道路及地下设施安全。

基坑支护设计与施工应综合考虑工程地质与水文地质条件、基础类型、基坑开挖深度、降排水条件、周边环境对基坑侧壁位移的要求、基坑周边载荷、施工季节、支护结构使用期限等因素，做到因地制宜、因时制宜、合理设计、精心施工、严格监控。

基坑支护结构是采用以分项系数表示的极限状态进行设计，其支护结构极限状态可分为：对应于支护结构达到最大承载能力或土体失稳、过大变形导致支护结构或基坑周边环境破坏，即承载能力极限状态；对应于支护结构的变形已妨碍地下结构施工或影响基坑周边环境的正常使用功能。

基坑支护安全等级按其破坏后果可分为一级、二级和三级，其对应的重要性系数依次为

1.10、1.00和0.90。

支护结构设计要考虑其结构水平变形、地下水的变化对周边环境的水平与竖向变形，对于安全等级为一级和对周边环境有限定要求的二级建筑基坑侧壁，要根据周边环境的重要性、对变形的适应能力及土的性质等确定支护结构的水平变形限制。

根据基坑极限状态设计要求，基坑支护应进行下列计算和验算：

1）基坑支护结构均应进行承载能力极限状态的计算，计算内容包括：①根据基坑支护形式及其受力特点进行土体稳定性计算；②基坑支护结构的受压、受弯、受剪承载力计算；③当有锚杆或支撑时，应对其进行承载力计算和稳定性验算。

2）对于安全等级为一级及对支护结构变形有限定的二级建筑基坑侧壁，尚应对基坑周边环境及支护结构变形进行验算。

9.2.4 悬臂式支护结构设计计算

1. 特点

悬臂式支护结构常采用钢筋混凝土桩排桩墙、木板桩、钢板桩、钢筋混凝土板桩、地下连续墙等形式。钢筋混凝土桩常采用钻孔灌注桩、人工挖孔灌注桩、沉管灌注桩及预制桩。悬臂式支护结构依靠足够的入土深度和结构的抗弯能力来维持整体稳定和结构的安全。悬臂式结构对开挖深度很敏感，容易产生较大的变形，对相邻建（构）筑物产生不良影响。悬臂式支护结构适用于土质较好、开挖深度较浅（一般在6m以内）的基坑工程。

悬臂式支护结构的设计过程一般是首先选定初步尺寸，然后按稳定性和结构要求进行计算分析，并根据需要修改。

在设计过程中，插入深度是关键。有了插入深度，就可以计算弯矩和位移。在土内固定的板桩墙按悬臂固定端易于计算。但弹性嵌固的板桩（如在砾石、砂或粉砂中），其桩脚部分在某一固定点上旋转，同时被动土压力形成一对力偶如图9-6所示。这种结构的合力大小及位置都是未知数，求板桩插入深度、弯矩很不容易。打入土内的无拉结自由板桩受到桩顶地面载荷连同它所围护的土的主动土压力发生向外倾斜，同时板桩在桩底地面下受到周围土

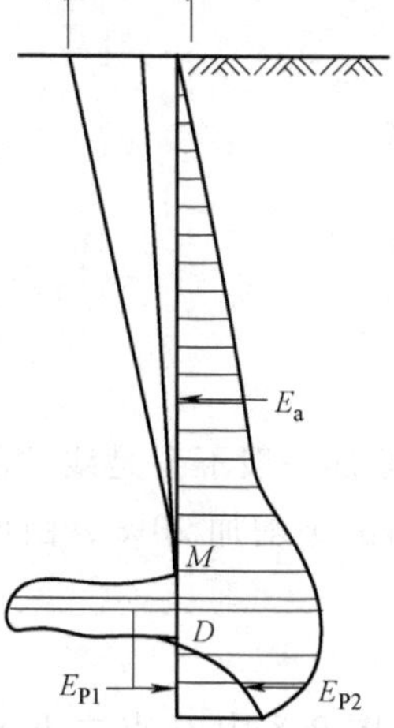

图9-6 弹性嵌固桩图

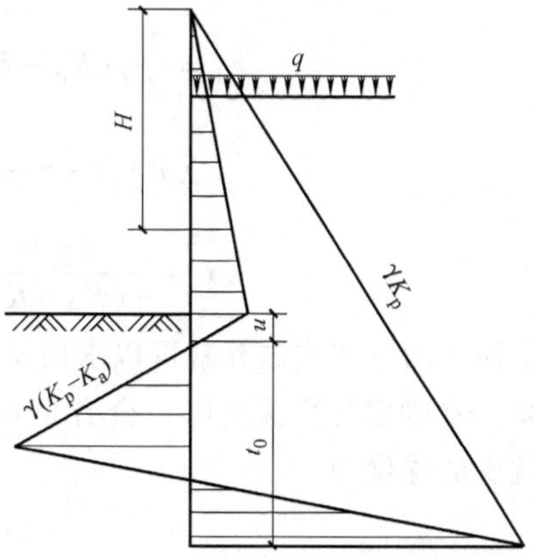

图9-7 板桩载荷示意图

的影响，即从桩底地面到反弯点 D 产生一种向右的，而从 D 到桩脚产生一种向左的被动土压力。由于这种影响，板桩维持了它的垂直地位，但主动土压力 E_a 在推动板桩的同时，在桩脚土中产生一种力，它的大小等于被动土压力和主动土压力之差，即 $E_a - E_p$，形成按土的深度成线性增加的主动土压力及被动土压力，其板桩载荷图形如图 9-7 所示。悬臂桩的计算方法较多，下面谈谈悬臂桩的一般数解法。

2. 悬臂桩的一般数解法（见图 9-8）

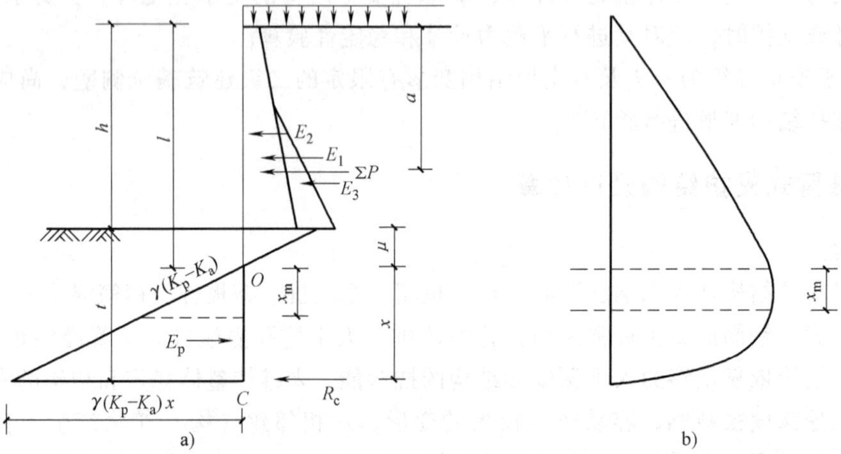

图 9-8 悬臂板桩计算简图

（1）求桩插入深度 先求坑底至土压力零点深度

$$E_a = \frac{e_{aH}}{\gamma(K_P - K_a)} \tag{9-1}$$

式中 e_{aH}——主动土压力；

K_a、K_P——主动土压力系数和被动土压力系数。

再由 $\sum M_C = 0$ 求土压力零点之下的深度

$$(\sum P)(l + x - a) - E_P \cdot \frac{x}{3} = 0 \tag{9-2}$$

又

$$E_P = \frac{1}{2}\gamma(K_P - K_a)x \cdot x = \frac{1}{2}\gamma(K_P - K_a)x^2 \tag{9-3}$$

得到

$$(\sum P)(l + x - a) - \frac{1}{6}\gamma(K_P - K_a)x^3 = 0 \tag{9-4}$$

简化后得

$$x^3 - \frac{6\sum P}{\gamma(K_P - K_a)}x - \frac{6(\sum P)(l - a)}{\gamma(K_P - K_a)} = 0 \tag{9-5}$$

从上面 x 的三次式试算就可以求出 x 值。但由于土体阻力的增加一般不会是线性的，在采用 $\sum M_C = 0$ 确定计算深度时，会有一点的误差，因此将计算出的 x 增加 20%，因而悬臂桩插入坑底的深度为

$$t = 1.2x + \mu \tag{9-6}$$

（2）求最大弯矩 最大弯矩应在剪力 $Q = 0$ 处，假设该点在图 9-8 中 O 点之下 xm 处，则该点之上土压力合力为零，即

$$\sum P-\frac{1}{2}\gamma(K_P-K_a)x_m^2=0 \tag{9-7}$$

得

$$x_m=\sqrt{\frac{2\sum P}{\gamma(K_P-K_a)}} \tag{9-8}$$

最大弯矩为

$$M_{max}=(l+x_m-a)\cdot\sum P-\frac{\gamma(K_P-K_a)x_m^3}{6} \tag{9-9}$$

（3）验算板桩强度　为了控制板桩变形，板桩应力应满足

$$\sigma-\frac{M_{min}}{w}\leqslant\frac{1}{2}[\sigma] \tag{9-10}$$

（4）计算板桩顶端的变形值　可按在最大弯矩处为固定端的悬臂梁进行计算，由于土体的变形，其结果应再乘2~5，变形值小于$h/100\sim h/200$。

（5）其他要求　悬臂桩桩顶端需设通长横梁，防止个别板桩发生过大变形。

【例9-1】　某工程基坑挖深8.4m，经各层土加权平均，得土的重度$\gamma=19.5\text{kN/m}^3$，$c=18\text{kPa}$，$\phi=25°$。地面超载20kN/m^2。根据资料，考虑到桩墙与土体之间的摩擦作用，将桩墙墙背与土体之间的摩擦角取为$\delta=(2/3)\phi=16.7°$，$q'=20\text{kN/m}^2$，无地下水。施工前先将基坑四周的土推去2m，在−2m处做ϕ800的钻孔灌注桩，中心距1.5m，如图9-9所示，求插入深度。

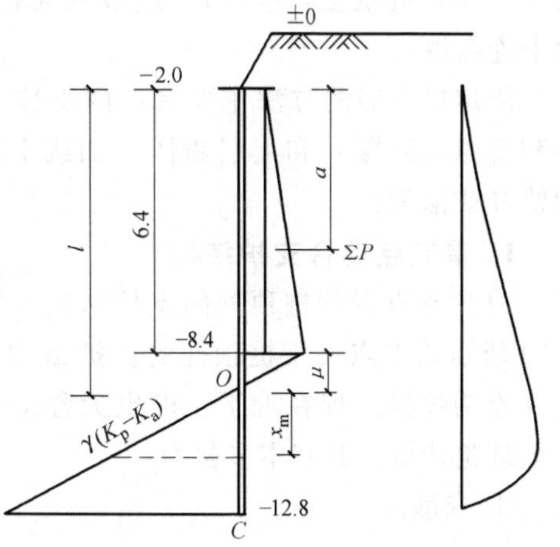

图9-9　【例9-1】图

解：求桩插入深度

顶面超载

$q=(20+19.5\times2)\text{kN/m}^2=59\text{kN/m}^2$

主动土压力系数

$K_a=\tan2(45°-\phi/2)=\tan2(45°-25°/2)=0.4$

计算被动土压力系数K_p

$$\gamma(K_p-K_a)=72.2\text{kN/m}^3$$

$$e_{aH1}=K_aq=23.6\text{kPa}$$

$$e_{aH2}=\gamma HK_a-2c\cdot\tan(45°-25°/2)=26.9\text{kPa}$$

$$e_{aH}=e_{aH1}+e_{aH2}=50.5\text{kPa}$$

$$\mu=\frac{e_{aH}}{\gamma(K_P-K_a)}=0.7\text{m}$$

$$l=h+\mu=(6.4+0.7)\text{m}=7.1\text{m}$$

$$\sum P=e_{aH1}H+\frac{1}{2}e_{aH2}H=237\text{kN/m}$$

$$a\cdot\sum P=e_{aH1}\cdot H\cdot\frac{H}{2}+\frac{1}{2}e_{aH1}\cdot H\cdot\frac{2}{3}H=850.83$$

$$a = 850.83/237\text{m} = 3.59\text{m}$$

$$l - a = (7.1 - 3.95)\text{m} = 3.51\text{m}$$

将上述有关数值带入式（3-18），得

$$x3 - 19.7x - 69.1 = 0$$

解得

$$x = 5.65\text{m}$$

埋深

$$t = (1.2 \times 5.65 + 0.7)\text{m} = 7.84\text{m}$$

9.2.5　单（多）支点混合结构设计计算

当基坑开挖深度较大时，使用悬臂结构会大大增加支护结构的工程量和造价，在这种情况下，往往需要给悬臂结构以支撑而形成混合支护结构，以便减少工程量和控制位移。混合支护结构就是挡土墙和固定挡墙就位的组合式挡土结构体系。混合支护结构中挡土墙可采用板桩（钢，混凝土和木桩）；挡板或无挡板的立柱（或桩）；钢筋混凝土灌注术（或墩）；地下连续墙。

固定挡土墙的方法主要有：内支撑（包括撑梁和支撑或斜撑）和上层锚杆（加或不加预应力的锚杆或锚索）。

1. 单支点混合支护结构

（1）支点设于桩顶处的支护结构　对于如图9-10所示的支点设于桩顶处的支护结构，一般假定 A 点为铰接，埋在地下，桩也无移动，则可按平衡理论计算，其基本步骤为：

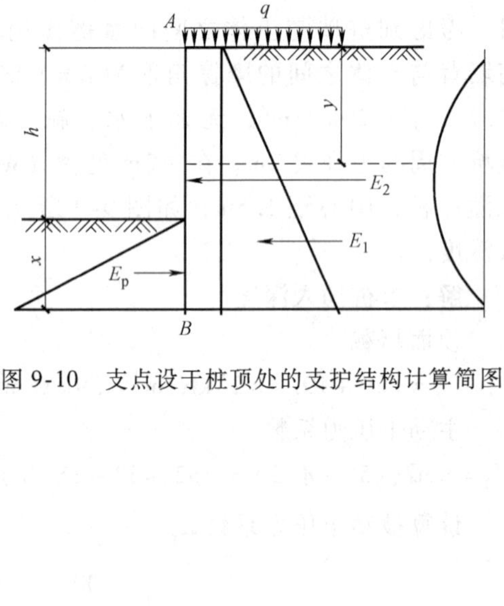

图 9-10　支点设于桩顶处的支护结构计算简图

① 求埋深 x

$$E_1 = \frac{1}{2}\gamma(h + x)^2 K_a$$

$$E_2 = q(h + x)K_a$$

$$E_p = \frac{1}{2}\gamma x^2 K_p$$

$$\sum M_A = 0,$$

则

$$\frac{2}{3}(h + x)E_1 + \frac{1}{2}(h + x)E_2 - (h + \frac{2}{3}x)E_p = 0 \tag{9-11}$$

将 E_1、E_2及 E_p代入式（9-11）

$$\frac{\gamma K_a(h + x)^3}{3} + \frac{qK_a(h + x)^2}{2} - \frac{\gamma K_p(h + \frac{2}{3}x)}{2} = 0 \tag{9-12}$$

式（9-12）是 x 的三次方程式，解方程则可求出埋入深度，一般可用电算解，如无电算时可用图表计算，方法如下

令 $\xi = \dfrac{x}{h}$，则 $x = \xi h$，将 x 代入式（9-12）得

$$\frac{\gamma K_{\mathrm{a}}(h+\xi h)^{3}}{3}+\frac{qK_{\mathrm{a}}(h+\xi h)^{2}}{2}-\frac{\gamma K_{\mathrm{p}}\left(h+\dfrac{2}{3}\xi h\right)}{2}=0 \tag{9-13}$$

地面荷载与 ξh 的关系

令 $\lambda = \dfrac{q}{\gamma h}$，式（9-13）可简化为

$$\frac{K_{\mathrm{a}}}{K_{\mathrm{p}}}=\frac{(1.5+\xi)\xi^{2}}{(1+\xi)^{2}(1+\xi+1.5\lambda)} \tag{9-14}$$

如地面荷载为 $q=0$，则 $\lambda=0$，

$$\frac{K_{\mathrm{a}}}{K_{\mathrm{p}}}=\frac{(1.5+\xi)\xi^{2}}{(1+\xi)^{3}} \tag{9-15}$$

根据 K_{a}，K_{p}，q 与 γh 的比值 λ，求出 ξ 值。由 $x=\xi h$，可求出插入深度。

② 求 T_{a} 及最大弯矩。已经求出桩的埋入深度 x，可按图9-10求出拉力 T_{a}。设 B 点无移动，则 $M_B=0$

$$(h+x)T_A+\frac{1}{3}xE_{\mathrm{p}}=\frac{1}{3}(h+x)E_1+\frac{1}{2}(h+x)E_2$$

$$T_A=\frac{\dfrac{1}{3}(h+x)E_1+\dfrac{1}{2}(h+x)E_2-\dfrac{1}{3}xE_{\mathrm{p}}}{(h+x)} \tag{9-16}$$

求出 T_{a} 后，再求最大弯矩。

最大弯矩应在剪力为零处（见图9-10中 y 所示）。

从顶部往下计算

$$\frac{y}{2}\gamma K_{\mathrm{a}}+qK_{\mathrm{a}}y-T_A=0 \tag{9-17}$$

解 y 的二次方程

$$y=\frac{-qK_{\mathrm{a}}\pm\sqrt{(qK_{\mathrm{a}})^{2}+2\gamma K_{\mathrm{a}}T_A}}{\gamma K_{\mathrm{a}}} \tag{9-18}$$

$$M_{\max}=T_Ay-q\frac{K_{\mathrm{a}}y^{2}}{2}-\frac{\gamma K_{\mathrm{a}}y^{3}}{6} \tag{9-19}$$

（2）上部支点在任意处，下部简支挡土桩支护结构　如图9-11所示，设拉杆离地面距离为 a 的 A 点，拉杆处为铰接，引入常数 $\varphi=\dfrac{a}{h}$，

令 $x=\xi h$，$\lambda=q/(\gamma h)$

则得下式

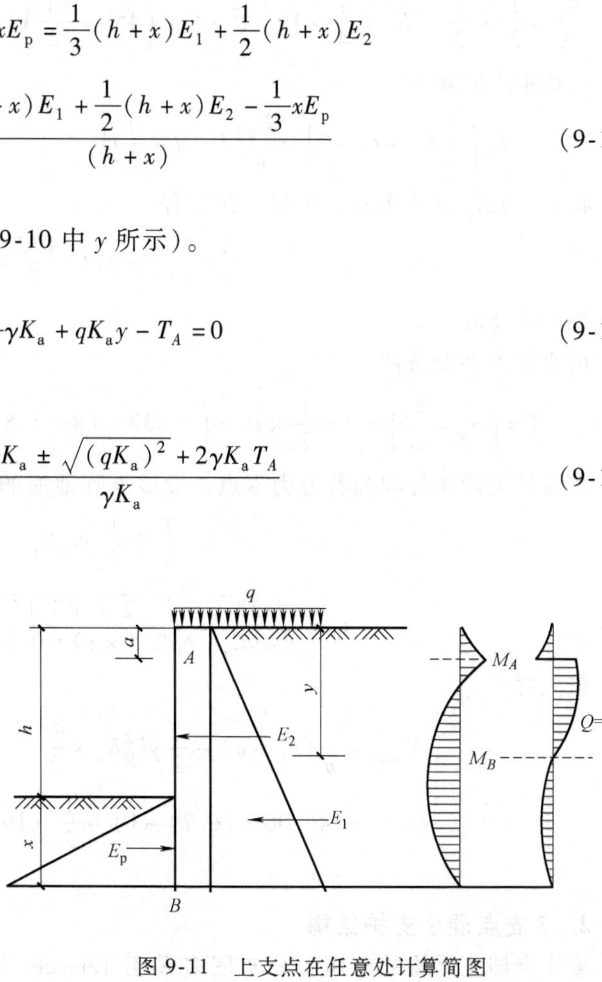

图9-11　上支点在任意处计算简图

$$\frac{K_a}{K_p}=\frac{\xi^2(3+2\xi-3\varphi)}{(1+\xi)^2\cdot(2+2\xi-3\varphi)+3\lambda(1+\xi)(1+\xi-2\varphi)} \tag{9-20}$$

简化上式得未知数 ξ 的三次方程式

$$2\left(1-\frac{K_a}{K_p}\right)\xi+3\left[(1-\varphi)-(2-\varphi-\lambda)\frac{K_a}{K_p}\right]\xi(1-\varphi)(1-\lambda)\frac{K_a}{K_p}\xi-[(2-3\varphi)+3(1-2\varphi)\lambda]\frac{K_a}{K_p}=0 \tag{9-21}$$

式中，K_a，K_p，φ，λ 皆为已知数，解三次方程式可求出 ξ，由 $x=\xi h$，可求出插入深度，但上述公式比较繁琐。

【例 9-2】 设计一下端自由支承，上部有一锚定拉杆的板桩挡土墙，如图 9-12 所示。周围土重度 $\gamma=19\text{kN/m}^3$，内摩擦角 $\phi=30°$，黏聚力 $c=0$。锚定拉杆距地面 1m，其水平间距 $a=2.5\text{m}$，基坑开挖深度 $h=8\text{m}$。

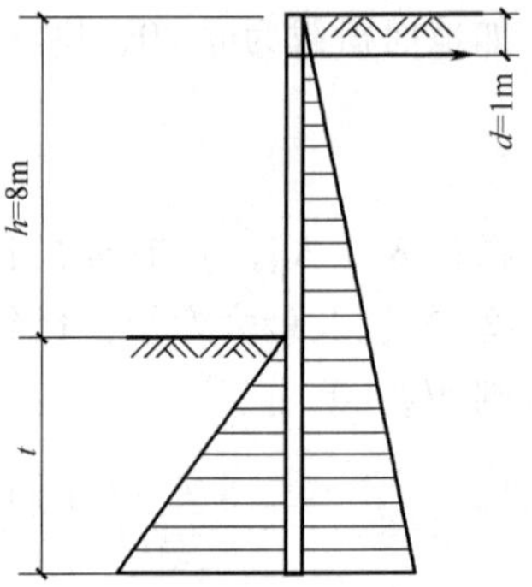

图 9-12 【例 9-2】图

解：由图可得

$$E_a=\frac{1}{2}\gamma(h+t)^2K_a=\frac{1}{2}\times19\times(8+t)^2\times\tan^2\left(45°-\frac{30°}{2}\right)$$

$$\frac{E_p}{K}=\frac{1}{2}\times\frac{1}{2}\gamma t^2K_p=\frac{1}{4}\times19\times t^2\times\tan^2\left(45°+\frac{30°}{2}\right)$$

对锚定点取矩有

$$E_a\left[\frac{2}{3}(h+t)-d\right]=\frac{E_p}{K}\left(h-d+\frac{2}{3}t\right)$$

将 E_a 和 E_p 代入上式，可得三次方程

$$t^3+\frac{99}{14}t^2-48t-\frac{832}{7}=0$$

得 $t=5.5\text{m}$。

由水平力平衡条件

$$T=\left(E_a-\frac{E_p}{K}\right)\times a=\frac{1}{2}\times19\times\left(0.333\times(8+5.5)^2-\frac{3\times5.5^2}{2}\right)\times2.5=365.15$$

桩身最大弯矩处即为剪力为零点，设该点到地面的距离为 h_0，有

$$\frac{T}{a}=\frac{1}{2}\gamma h_0^2K_a$$

$$h_0=\sqrt{\frac{2T}{a\gamma K_a}}=\sqrt{\frac{2\times365.15}{2.5\times19\times0.333}}\text{m}=6.79\text{m}$$

最大弯矩

$$M_{max}=\frac{T}{a}(h_0-d)-\frac{1}{2}\gamma h_0^2K_a\times\frac{h_0}{3}$$

$$=146.06\times(6.79-1)-\frac{1}{2}\times19\times6.79^2\times0.333\times\frac{6.79}{3}$$

$$=515.25$$

2. 多支点混合支护结构

多支点挡土结构的土压力分布图多采用 Terzaght 和 Peck 实测包络线近似梯形分布图。

由于施工条件和引起的变形不完全符合朗肯、库伦土压力理论，故很少采用朗肯、库伦土压力理论进行计算。

多支点挡土结构，一般在挡土墙完成后，先挖土到第一道锚杆（支撑能施工的深度），这个深度要满足挡土桩、墙的自立（悬臂）条件，即强度和位移要满足，钢板桩、H 型钢桩一定要考虑其位移，因此设计第一道锚杆（支撑）时一定要考虑其临界深度。

多支点支护结构的计算方法有：等值梁法、克兰茨代替墙计算法、太沙基法和二分之一分割法等。本节只介绍等值梁法和二分之一分割近似计算法，其他有关方法可查阅有关资料。目前多支点支护结构常用计算机编程，从而可以减少复杂的手算工作量。

（1）等值梁法　如图 9-13 所示，将土压力、水压力及地面超载视为荷载，多支点为连续梁支座。人工部分支座是关键，因而假设：①入土部分弯矩为零点处是假想铰点，可作支座；②土压力为零点处为假想铰点。根据这些假设，假想铰位置的确定方法有两种：其一是根据 φ 值与假想铰关系做图确定，如图 9-14 所示；另外一种是假想铰位置依据标准贯入度确定，见表 9-1。

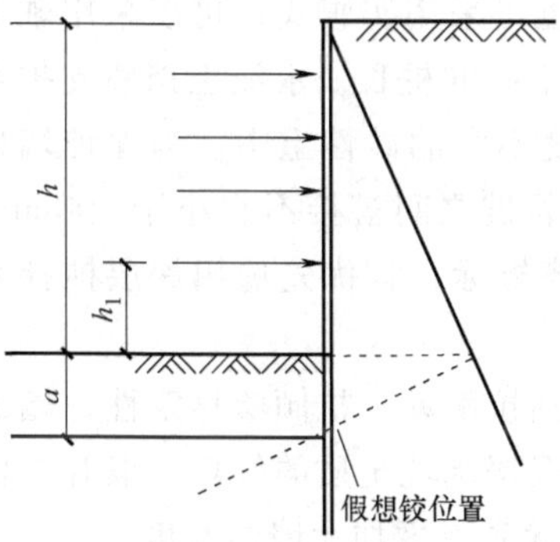

图 9-13　等值梁计算简图

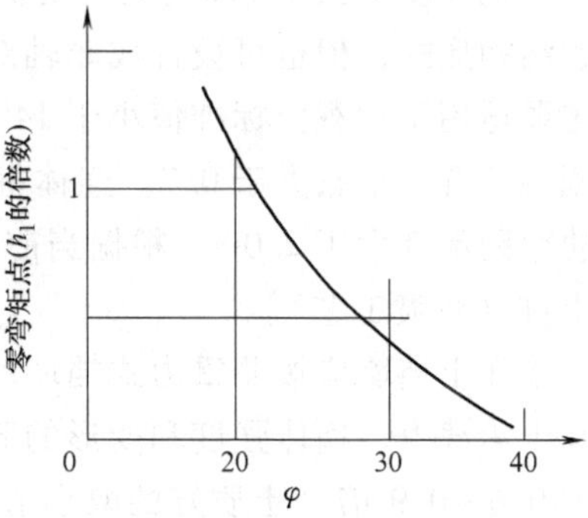

图 9-14　假想铰位置的确定

表 9-1　假想铰距离计算参考值表

砂质土	假想铰
$N<15$	$a=0.3h_i$
$15<N<30$	$a=0.2h_i$
$N>30$	$a=0.1h_i$

有了假想铰，可按连续梁三弯矩法求出最大弯矩及多支点反力，即可配置锚杆或支撑，挡墙体弯矩相差较大时应调整各支点距离或进行优选。

（2）二分之一分割法（近似法）　二分之一分割法是一种近似计算法，如图 9-15 所示。

1）基本假定：①假定地面超载是矩形分布，土压力是三角形分布，AB 处土压力为 e_0，CD 处为 e_1，入土部分为矩形，被动土压力为三角形分布；②假定 $ABCD$ 的土压力被 R_1 承担，$CDEF$ 为 R_2 承担，$EFGH$ 为 R_3 承担。

2）入土嵌固埋深 x，可令被动土压力等于 $GHIJ$ 而求出 $\frac{1}{2}\gamma K_p x^2 = e_3 \cdot x$

则

$$x = \frac{2e_3}{\gamma K_p} \tag{9-22}$$

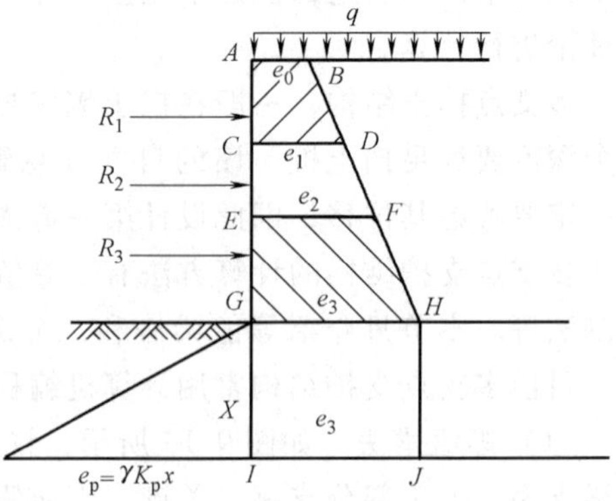

图 9-15 多拉顶杆的近似计算

9.2.6 重力式挡土结构设计计算

在深基坑支护结构中，加固基坑周边土体可形成重力式挡土结构。它类似于重力式挡土墙。重力式挡土结构主要有以下几种方式：①水泥搅拌桩加固法（水泥土挡墙）；②高压旋喷加固法；③注浆加固法；④网状树根桩加固法；⑤插筋补强法（土钉墙）。本节主要介绍水泥土挡墙，土钉墙支护结构的介绍见第 6.2.2 的内容。

水泥土挡墙是由深层搅拌（浆喷、粉喷）或高压旋喷桩与桩间土组成的复合支挡结构，具有挡土和隔渗的双重作用。水泥土挡墙一般适用于开挖深度不大于6m 的基坑支护工程，多采用格构式，也可采用实腹式；可以采用轴对称的结构形式，但也可设计成非轴对称形式，而且可以采用不同的桩长。水泥土挡墙支护结构主要适用于承载力标准值小于 140kPa 有软弱黏性土及厚度不大的砂性土中。为保证墙体的刚性，置换率宜大于 0.7。连体桩应采用梅花形布置。相邻桩之间搭接不宜小于 100mm。墙肋净距不宜大于 2.0m。根据当前各种水泥土桩的技术经济指标，宜优先选用深层搅拌水泥土桩（浆喷工艺）。

水泥土挡墙应按照重力式挡墙的设计原则进行验算，包括抗滑动、抗倾覆稳定性、墙底地基土承载力、墙体强度和变形的验算。墙体宽度的设计可根据基坑土质的好坏，取开挖深度的 0.6 ~0.9 倍（土质好的取小值）。为满足上述验算，应优先考虑加大墙体宽度。

墙体的入土深度应根据开挖深度、工程水文地质情况拟定，并应通过上述验算，墙底宜置于承载力较高的土层上。

计算格构式水泥土挡墙时，墙体重度取土的天然重度并不计格构中土的抗剪能力；计算实腹式水泥土挡墙时，重度取土的天然重度的 1.03 ~1.05 倍。

水泥土的抗压、抗剪、抗拉强度宜通过试验确定。当无试验资料时，可按以下各式估算

$$\begin{aligned} q_y &= (1/2 \sim 1/3) f_{cu,k} \\ q_j &= 1/3 q_y \\ q_l &= 0.15 q_y \end{aligned} \tag{9-23}$$

式中 q_y——水泥土抗压强度设计值（kPa）；

q_j——水泥土抗剪强度设计值（kPa）；

q_l——水泥土抗拉强度设计值（kPa），不得大于 200kPa；

$f_{cu,k}$——与搅拌桩身水泥土配比相同的室内水泥土试块（边长 70.7mm 的立方体或边长为 50mm 的立方体）龄期 90d 的无侧限抗压强度标准值，也可用 7d 龄期强度 $f_{cu,7}$ 推算 $f_{cu,k}$，$f_{cu,k} = f_{cu,7}/0.3$。

水泥土挡墙抗滑稳定性按下式验算

$$K_h = \frac{W \cdot \mu + E_p}{E_a} \geqslant 1.3 \tag{9-24}$$

式中 K_h——抗滑稳定安全系数；

W——墙体自重（kN/m）；

E_a——主动土压力合力（kN/m）；

E_p——被动土压力合力（kN/m）；

μ——墙体基与土的摩擦系数。淤泥质土取 $\mu=0.20\sim0.25$；一般黏性土取 $\mu=0.25\sim0.40$；砂类土取 $\mu=0.40\sim0.50$；岩石取 $\mu=0.50\sim0.70$。

水泥土挡墙抗倾覆稳定性按下式验算（见图9-16）

$$K_q=\frac{W\cdot b+E_p\cdot h_p}{E_a\cdot h_a}\geqslant 1.5 \qquad (9\text{-}25)$$

式中 K_q——抗倾覆稳定性安全系数；

b，h_p，h_a——W，E_p，E_a对墙趾的力臂（m）。

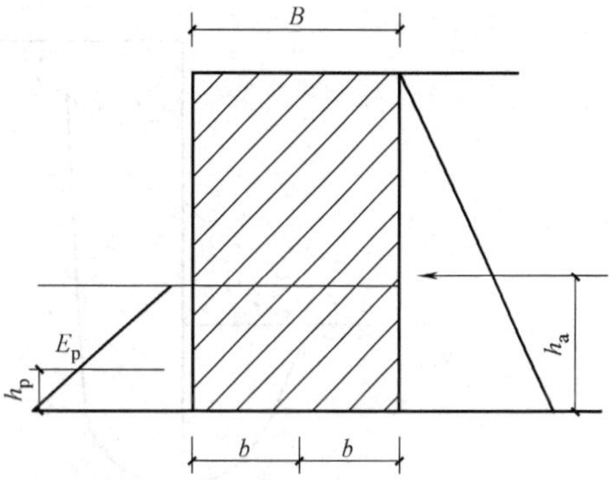

图9-16 水泥土挡墙抗倾覆稳定性计算简图

水泥土挡墙墙体应按下式验算：

正应力

$$\sigma_{max}或\sigma_m=\frac{W_l}{B}\left(1+\frac{6e_l}{B_l}\right)$$

$$\sigma_{max}=q_y/2$$

$$|\sigma_{min}|\leqslant q_l/2(\sigma_{min}\leqslant 0\text{ 时}) \qquad (9\text{-}26)$$

式中 e_l——荷载作用于验算截面上的偏心距（m）；

B_l——验算截面宽度（m）；

W_l——验算截面以上墙体重（kN/m）。

剪应力

$$\tau=\frac{E_{al}-W_l\mu_l}{B_l}<q_l/2 \qquad (9\text{-}27)$$

式中 E_{al}——验算截面以上的主动土压力（kN/m）；

μ_l——墙体材料抗剪断系数，取0.4～0.5。

挡墙基底地基承载力按下式验算

$$\sigma_{max}或\sigma_{min}=\frac{W_l}{B}\left(1+\frac{6e_l}{B}\right)$$

$$|\sigma_{min}|\leqslant q_l/2(\sigma_{min}\leqslant 0\text{ 时}) \qquad (9\text{-}28)$$

式中 e_l——荷载在墙基面上的偏心距（m）；

B——墙体宽度（m）。

在进行设计计算时，还应注意：当坑底存在软弱土层时，应进行坑底抗隆起稳定性验算；宜按圆弧滑动面法验算挡土墙的整体稳定性；水泥土挡墙的墙顶水平位移可采用“m法”计算；水泥土挡墙的所用土质参数和有关配合比强度的室内试验数据；在成桩过程中要求喷搅均匀，在含水量大、土质软弱的土层中，应增加水泥的掺入量，在淤泥中水泥掺入量不宜小于18%，经过试验可掺入一定量的粉煤灰；水泥土挡墙顶部宜设置0.1～0.2m的钢筋混凝土压顶，压顶与挡墙用插筋连接，插筋长度不宜小于1.0m，直径不宜小于ϕ12mm，每桩1根；水泥土挡墙应有28d以上的龄期方能进行基坑开挖。

9.3　基坑稳定性分析

开挖较深的软黏土基坑时，如果桩背后的土柱重力超过基坑底面以上地基的承载力时，地基中的平衡状态受到破坏，就会发生坑壁土流动、坑顶下陷、坑底隆起的现象，如图9-17a所示。为防止这种现象发生，需验算地基是否会产生隆起。

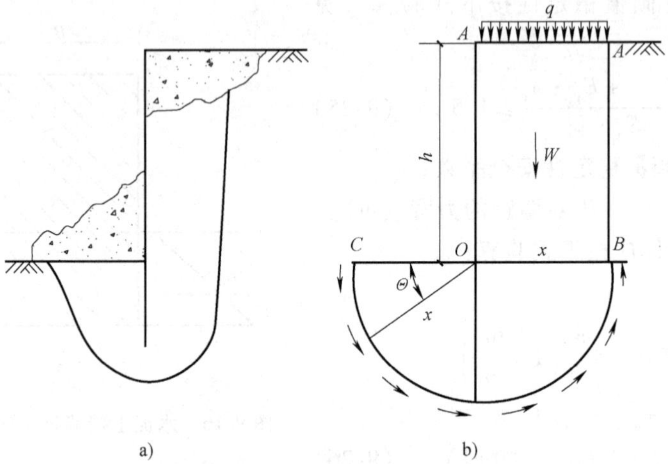

图 9-17　地基的隆起与验算

a）地基隆起现象　b）验算地基隆起的计算简图

9.3.1　地基稳定验算法

假定在重力为 W 的坑壁土作用下，其下的软土地基沿圆柱面 BC 发生破坏和产生滑动，失去稳定的地基绕圆柱面中心轴 O 转动，此时，

转动力矩

$$M_{\mathrm{d}} = W\frac{x}{2}$$

$$W = (q + \gamma h)x$$

稳定力矩

$$M_{\tau} = x \cdot \int_0^{x} \tau(x\mathrm{d}\theta)$$

当土层为均质土时，则

$$M_{\tau} = \pi \cdot \tau \cdot x^2$$

式中　τ——地基土不排水抗剪强度，在饱和软黏土中，$\tau = c$（c 为内聚力）。

要保证不发生隆起，则要求抗隆起安全系数

$$K = \frac{M_{\tau}}{M_{\mathrm{d}}} \geqslant 1.20 \tag{9-29}$$

上述验算方法中，未考虑土体与板桩间的摩擦力，也未考虑垂直面 AB 上土的抗剪强度对土体下滑的阻力，所以是偏安全的。

9.3.2　地基强度验算法

此法的计算简图如图 9-25 所示。在饱和软黏土中，内摩擦角 $\phi=0$，地基土不排水剪切的抗剪强度 $\tau=c$，土的单轴抗压强度 $q_u=2c$，地基土的极限承载力 $q_d=5.7c$。

无板桩时，在坑壁上柱重力 W 的作用下，下面的软土地基沿圆柱面 BD 及斜面 DO 产生滑动。

此时，坑底平面 OB 上的总压力 p_v 为

$$p_v=W-\tau h=(q+\gamma h)\frac{B}{\sqrt{2}}-ch$$

单位面积上的压力 p_d 为

$$p_d=\frac{p_v}{B\sqrt{2}}=q+\gamma h-\frac{\sqrt{2}ch}{B}$$

此压力与地基土的极限承载力的比值即抗滑动安全系数 K，如 K 满足下式，则地基土稳定，不会产生滑动和隆起

$$K=\frac{q_d}{q_v}\geqslant 1.5 \tag{9-30}$$

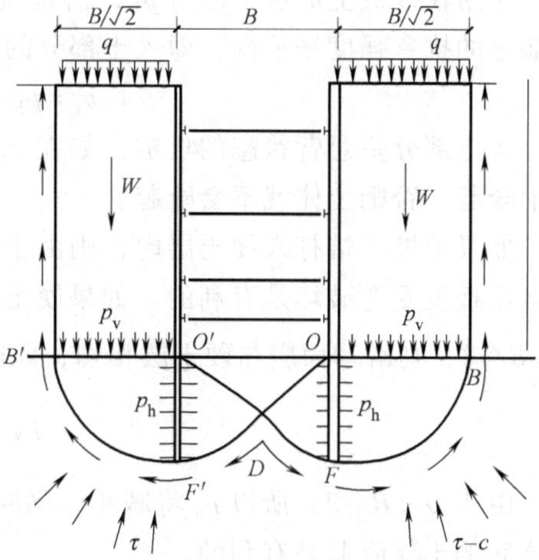

图 9-18　地基强度验算法的计算简图

因为 $q_d=5.7c$，所以保证不产生隆起，则要求

$$q_v\leqslant\frac{q_d}{K}=\frac{5.7c}{1.5}=3.8c$$

有板桩时，则地基土的破坏和滑动会受到板桩的阻碍和土体抗剪的阻止。取扇形土体 OBF 为自由体，对 O 点取矩，因此，滑动力矩为

$$p_v\cdot\frac{B}{\sqrt{2}}\cdot\frac{1}{2}\cdot\frac{B}{\sqrt{2}}$$

而稳定力矩则由板桩阻止滑动的力矩两部分组成

$$p_h\cdot\frac{B}{\sqrt{2}}\cdot\frac{1}{2}\cdot\frac{B}{\sqrt{2}}+\frac{\pi}{2}\cdot\frac{B}{\sqrt{2}}\cdot c\cdot\frac{B}{\sqrt{2}}$$

其平衡条件为

$$p_h\cdot\frac{B}{\sqrt{2}}\cdot\frac{1}{2}\cdot\frac{B}{\sqrt{2}}=p_v\cdot\frac{B}{\sqrt{2}}\cdot\frac{1}{2}\cdot\frac{B}{\sqrt{2}}-\frac{\pi}{2}\cdot\frac{B}{\sqrt{2}}\cdot c\cdot\frac{B}{\sqrt{2}}$$

即

$$p_h=p_v-\pi c \tag{9-31}$$

作用在板桩上的总压力

$$p_h=(p_v-\pi c)\frac{B}{\sqrt{2}}$$

如板桩的入土深度 $t<\overline{OF}\left(\overline{OF}=\dfrac{B}{\sqrt{2}}\right)$，则水平压力 p_h 一部分由板桩承受，另外一部分由板桩下面的土层承受；如板桩的入土深度 $t\geqslant 2/3\ \overline{OF}$，由于板桩的刚度较大，作用在板桩下

面土层上的水平压力将大部分转移到板桩上，因此可以认为板桩承担了全部的水平压力 p_d；如板桩的入土深度 $t \leqslant 2/3\ \overline{OF}$，则假定板桩承受的水平压力为

$$p_h = 1.5t(p_v - \pi c) \tag{9-32}$$

此部分水平压力，可以认为是均匀分布在入土部分的板状上。

作用在板桩上的水平压力 p_h，由基坑底下面位于板桩前面的土体的抗剪强度和板桩入土部分的抗弯强度来平衡，即入土部分的板桩承受的载荷为

$$p_t = p_h - q_u \cdot t = p_h - 2ct \tag{9-33}$$

入土部分呈悬臂状态的板桩，如在 p_t 作用下受弯破坏，则坑底以下的土体也将破坏而发生隆起，否则土体就不会隆起。

如果板桩下端打入硬土层内，则由于硬土层对板桩底端的支撑会使其最大弯矩减小，这对防止板桩受弯破坏是有利的。如果硬土层位于坑底之下深度为 D 的位置（见图 9-19），且 $D < B/\sqrt{2}$，则滑动面应与硬土层相切，此时

$$p_v = q + \gamma h - \frac{ch}{D} \tag{9-34}$$

由于 $D < B/\sqrt{2}$，所以 p_v 将减小，同时，板桩承受的水平压力 p_d 和 p_v 也将减小，这对防止坑底的土体隆起是有利的。

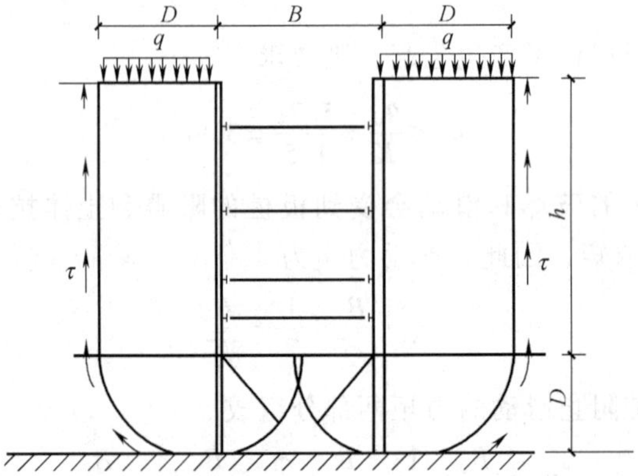

图 9-19　板桩打入硬土层时地基稳定验算的计算简图

9.3.3　管涌验算

基坑开挖后，地下水形成水头差 h'，使地下水由高处向低处渗流。因此，坑底下的土浸在水中，取有效重度 γ'。基坑管涌计算简图如图 9-20 所示。当地下水的向上渗流力（动力压力）$j \geqslant \gamma'$ 时，土粒则处于浮动状态，于是坑底产生管涌现象。要避免管涌现象产生，则要求

$$\gamma' \geqslant Kj$$

式中　K——坑管涌安全系数，$K = 1.5 \sim 2.0$。

试验证明，管涌首先发生在离坑壁大约等于板桩入土深度一半的范围内。为简化计算，近似地按紧贴板桩的最短路线来计算最大渗流力

$$j = i \cdot \gamma_w = \frac{h'}{h'+2t} \cdot \gamma_w \tag{9-35}$$

式中 i——水头梯度；

t——板桩的入土深度；

h'——地下水位至坑底的距离；

γ_w——地下水的重力密度。

不发生管涌的条件，应为

$$\gamma' \geqslant K \frac{h'}{h'+2t}\gamma_w \tag{9-36a}$$

也可改写为

$$t \geqslant \frac{Kh'\gamma_w - \gamma' h'}{2\gamma'} \tag{9-36b}$$

如坑底以上的土层为松散填土，多裂隙土层等透水性好的土层，则地下水流经此层的水头损失很小，可略去不计，此时不产生管涌的条件为

$$t \leqslant \frac{Kh'\gamma_w}{2\gamma'} 或 \frac{2\gamma' t}{h'\gamma_w} \leqslant K \tag{9-37}$$

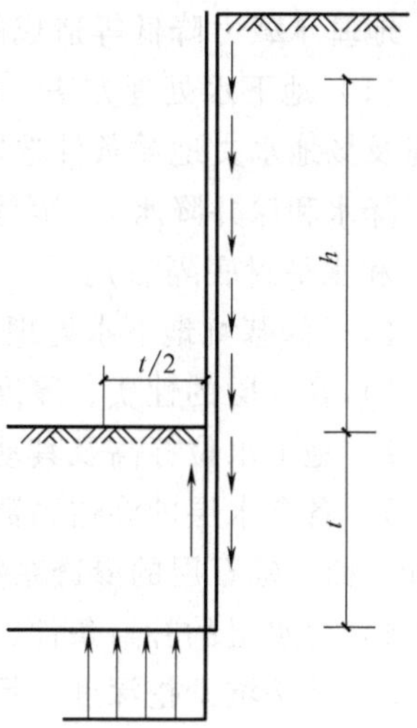

图9-20 基坑管涌的计算简图

9.3.4 基坑周围土体变形计算

在大、中城市内建筑物密集地区开挖深基坑时，若周围土体变形（沉降）过大，必然引起附近的地下管线、道路和建筑物产生过大的或不均匀的沉降，给市政、交通和公共安全带来危害。

基坑周围土体变形与支护结构横向变形、施工降低地下水位都有关。如开挖基坑时支护结构的支撑（拉锚）加设及时或施加预紧力，则支护结构横向变形较小，基坑周围地面沉降也就小；如开挖基坑时，支撑（拉锚）加设不及时，顶部无支撑（拉锚）或坑边有较大的地面载荷等，则支护结构横向变形较大，对周围地面沉降的影响也大，一般情况下，周围地面沉降与支护结构横向变形是成正比的。经过实例证明，在上海地区，如基坑刚开挖，土体中尚存在较高的孔隙水压力时，两者的关系如式（9-38）所示，开挖后经过一定时间，待孔隙水压力消散后，两者的关系则如式（9-39）所示。

$$\frac{F_s}{F_w} \approx 0.50 \tag{9-38}$$

$$\frac{F_s}{F_w} \approx 0.85 \tag{9-39}$$

式中 F_w——支护结构及其横向变形曲线包围的面积；

F_s——地面及其沉降曲线包围的面积。

9.4 基坑开挖及地下水处理

9.4.1 地下水处理方法与基本要求

在地下水位较高的地区开挖深基坑时，土的含水层被切断，地下水会不断地渗入到深基

坑内。若要为地下工程施工作业提供条件，防止因与地下水有关的涌砂、边坡失稳及地面变形、地基承载力降低等造成的危害，必须对地下水进行处理。

（1）地下水处理方法　深基坑工程中地下水的处理方法，应根据基坑开挖深度、周围环境及场地水文地质条件选取。一般可供选用的方法有：基坑明沟排水，降水（包括轻型井点降水和深井降水），隔渗（包括竖井隔渗（悬挂式竖向隔渗帷幕和落底式竖向隔渗帷幕）和水平封底隔渗）。

（2）深基坑地下水处理设计应具备的资料

1）含水层的性质、厚度及顶底板高程。

2）地下水位标高及其动态规律以及各层水之间的水力联系状况。

3）各含水层的渗透系数值。在采用深井井点降水和水平封底隔渗方法时，必须取得深部砂、卵、砾石层的渗透系数。

4）含水层的补给条件，深基坑与附近大型地表水源的距离关系及其水力联系。

5）深基坑开挖深度、尺寸范围，深基坑周围建筑物与地下管线的基础情况，深基坑支挡结构类型。

6）深基坑工程维持时间，以及在此季节内的气象资料。

（3）方案的选择与设计　深基坑工程中地下水处理方案的选择与设计，应满足：保证深基坑在开挖期间能获得干燥的作业空间；保证深基坑边坡的稳定和基坑底板的稳定；保证邻近深基坑的建筑物及地下管线的正常使用。

为达到上述要求，地下水处理设计中，必须包括变形观测设计、信息施工制度、信息反馈处理程序以及应急措施。

（4）地下水处理工程复杂程度的划分　编制地下水处理方案时，应考虑降水的复杂程度。一般可按基坑面积、降水深度和深基坑工程的安全等级分为简单、中等、复杂三个等级。

深基坑地下水处理的设计应与边坡支护结构的设计统一考虑，对降水引起的地面变形和支护结构水平位移引起的地面变形应有综合的预计，并判断其是否在允许限度内。

一般而言，隔渗所需代价较高，实施难度较大，但能较好地保护环境。降水则相反，费用相对较低，实施较易，对环境的影响较大，选择降水或隔渗应通过技术经济指标的全面权衡，做出抉择。

9.4.2　基坑明沟排水设计施工

明沟排水属于重力降水，是在基坑内沿坑底周围设置排水沟和集水井，用抽水设备将基坑中水从集水井排出，以达到疏干基坑内积水的目的。

在人工填土及浅层黏性土中赋存的上层滞水水量不大，或放坡开挖边坡较平缓，或坑壁被覆较好的条件下，一般可采用明沟排水方法。

排水沟和集水井应设置在地下室基础边线0.4m以外，沟底比基坑底至少低0.3m，集水井底比沟底至少低0.5m。随基坑开挖逐步加深，沟底和井底均保持这一深度差。沟、井平面布置、是否砌筑应视工程条件而定。

基坑明沟排水尚应重视环境排水，必须调查基坑周围地表水是否可能对基坑边坡产生冲刷潜蚀作用，必要时宜在基坑外采取截水、封堵、导流等措施。

9.4.3　降水设计施工要点

1. 降水的目的

1）当基坑底面深入到含水层中时，将基坑范围内的地下水位降低到基坑底面以下，保持基坑干燥。

2）当基坑底面下有一定厚度的隔水层时，将承压水降低一定高度，以减小承压水头压力，防止产生突涌。

2. 降水种类

降水包括轻型井点降水和深井降水。人工填土及浅层黏性土中赋存的上层滞水水量不大，可采用轻型井点降水，如图 9-21 所示。当地层为砂、卵、砾石层，一般含丰富的层间承压水，承压水头超过含水层顶板 8～10m，在此种条件下，宜采用深井降水，如图 9-22 所示。

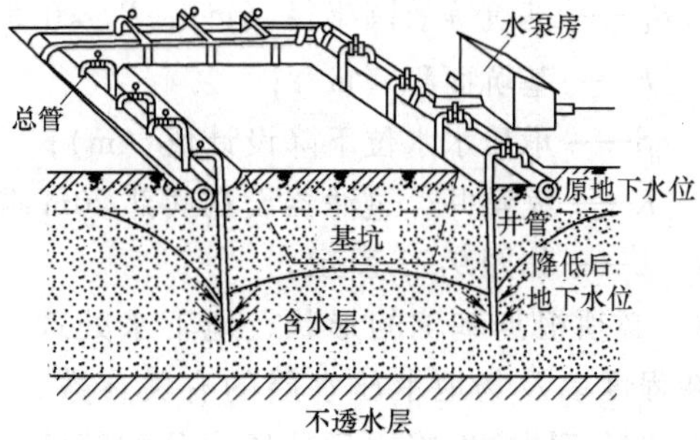

图 9-21　轻型井点降水

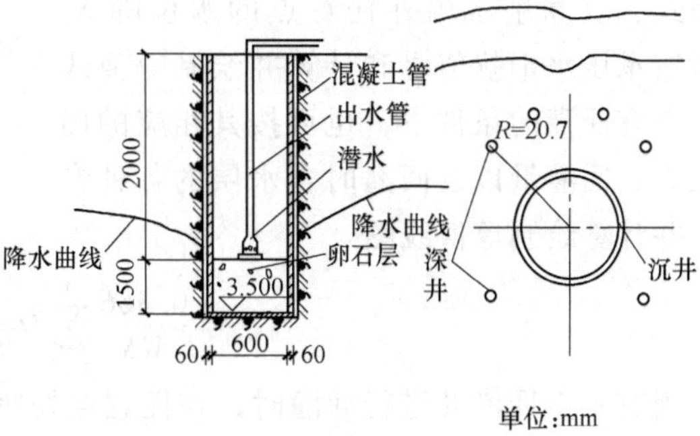

图 9-22　深井降水

轻型井点降水应按下述要求进行：

1）基坑开挖要求降低水位深度为 5～6m 时，宜慎重选用；要求降低水位超过 6m 时，不宜采用此法。

2）根据浅部地层性质，选择合适的泵抽水，如射流泵、隔膜泵、真空泵等。

3）轻型井点降水井的结构必须能防止涌砂。

深井降水工作应按以下要求进行：

1）当选取深井降水方案时，可根据水文地质条件、降水深度和环境保护要求采用完整井或非完整井。单井出水量一般为30～90m^2/h。

2）管井的施工按GB 50296—2014《管井技术规范》的有关技术规定进行。井管外围用黏土封闭时，应选用优质黏土做成球（块）状，大小宜为20～30mm，并应在半干（硬塑或可塑）状态下缓慢填入；抽水试验结束前，应对抽出井水的含砂量进行测定，供水管井的含砂量应小于1/200000；降水管井的井水含砂量应小于1/50000。

3）在管井降水时，基坑的总降水量可以用大井法进行估算，如下

$$Q = 2\pi K_0 S R_0$$

$$K_0 = \frac{(S-0.8L)}{H}K \tag{9-40}$$

式中　K_0——含水层渗透系数（m/d）如图9-21所示；

R_0——基坑等效圆半径（m），$R_0 = 0.565\sqrt{F}$；

F——基坑面积（m^2）；

S——承压水水位下降设计值（m）；

K——完整井，过滤器设在底部20m求算的渗透系数（m/d）；

H、L——如图9-23所示。

4）必须根据基坑的形状、地下水处理和复杂程度以及场地承压水层的有关参数、编制出选择不同方案降水后承压水位的等值线图及基坑周边地面沉降预测图。

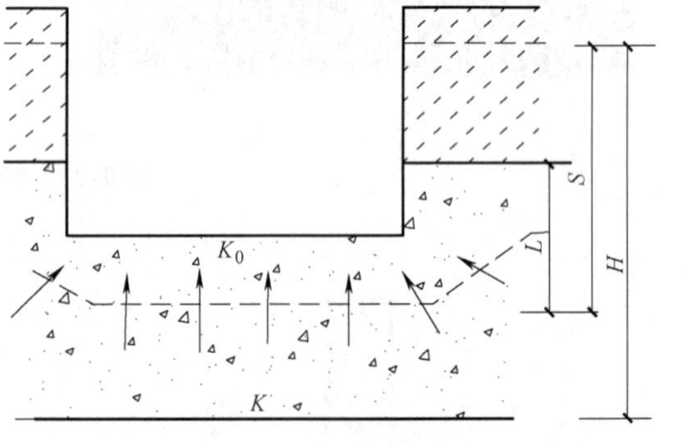

图9-23　K_0计算简图

对承压水含水层的完整井，可运用稳定流公式，求算基坑内外任意点的水位降S，然后按承压水干扰值之和计算并绘制等值线图。在有回灌的条件下，也可按其相应的回灌压力、回灌量以及回灌时含水层的各种参数，并计算绘制等值线图

$$S = \frac{0.366}{MK}\sum_{t=1}^{n} Q_T(\lg R - \lg r_t) \tag{9-41}$$

当有n'个回灌井进行回灌时，在任意点处使承压水的水位增加，此时S将为负值，写为S'，即代表水位升高，其计算公式为

$$S' = \frac{0.366}{MK'}\sum_{t=1}^{n} Q_T(\lg R' - \lg r'_t) \tag{9-42}$$

式中　M——含水层厚度（m）；

S，S'——任意点因n，n'口井抽水或回灌引起的水位下降或上升值（m）；

R，R'——抽水或灌水时承压水的引用影响半径（m）；

r，r'——任意点距抽水或回灌井的平面距离（m）；

K，K'——抽水或回灌时含水层的渗透系数（m/d）；

Q_T——抽水或灌水井的单井水量（m^3/d），此时 $S_n = S + S'$；

S_n——抽水和回灌时的任意点水位降（m）。

在按规定计算和绘制承压水位等值线图和流网图的基础上，绘制降低承压水时的地面附加沉降等值线预测图。

某点地面沉降量的计算公式如下

$$\Delta S_w = M_s \cdot \sum_{t=1}^{n} \sigma_{wt} \frac{\Delta h_r}{\Delta E_{sr}} \tag{9-43}$$

式中 ΔS_w——承压水水位下降引起的地面沉降（cm）；

M_s——经验系数（0.5～0.9）；

σ_{wt}——承压水水位下降引起的各计算分层有效应力增量（kPa）；

Δh_r——受降水影响地层的分层厚度（cm）；

E_{sr}——各分层的压缩模量（kPa）；

n——计算分层数。

5）回灌井的设置应因地制宜，避免因回灌形成局部反漏斗，增加基坑壁外侧的水头高度。

6）当选取管井降水方案时，基坑支护结构水平位移如果超过基坑安全等级要求，必须采取限制支护结构位移的措施。

3. 深井降水的工作程序

1）搜集资料。

2）工程降水水文地质勘探。

3）编制降水方案，除了按有关规范执行外，尚应注意：①多种方案的技术经济效益对比及其选择；②降水对周围环境影响的预测；③降水与护坡、支撑系统的相互影响的预测；④变形观测布置；⑤应急观测布置。

4）编制和审查工作纲要（施工组织设计）和实施细则。

5）施工、安装各项设施并验收。

6）按降水设计要求持续降水。在此期间必须保证：①降水设施正常运行，动力源不中断；②对基坑和环境的变形持续监控；③各项应变措施到位。

7）提交工程降水成果，除了规范及质检要求提供所需资料外，降水工程结束后，尚需对周围建筑物持续一段时间的沉降观测，直至确认不会因降水产生的滞后地面沉降而影响环境安全为止。

9.4.4 隔渗设计

用高压旋喷、深层搅拌或高压灌浆法形成具有一定强度和抗渗性能的水泥土墙或底板，阻止地下水深入基坑的方法，称之为隔渗。

1. 隔渗的一般规定

1）采用隔渗应因地制宜，对场区及邻近场地的地层结构、水文地质特征需有足够的确切资料。

2）在获得正确资料后，宜计算和绘制流网图，直观了解场地地下水渗透规律，较准确地预估基坑涌水量、隔渗帷幕内外的水压力差和坑底浮托力，以此作为隔渗帷幕或封底底板厚度计算的依据。

3）隔渗体抗压强度宜等于5MPa，渗透系数宜小于等于 1.0×10^{6}cm/s。

4）隔渗能否达到预期目的，只能在基坑开挖施工中予以检测，因此必须备有应急措施。对竖向帷幕隔渗，应备有灌浆补漏和明沟排水措施；对水平封底，应在坑内设置减压井。

5）隔渗体的厚度和密度应经过计算确定，并综合考虑环境安全。

2. 落底竖向隔渗设计施工要点

1）设置竖向隔渗帷幕一直深入到含水层底且进入下卧不透水层深度不大的帷幕，称为落底式竖向隔渗帷幕，一般适应于下卧不透水层深度不大的情况。

2）设置竖向落底式帷幕，会形成墙内外较大的水压力差。因此，对帷幕结构强度，水平方向变形及整体稳定性等，均需验算。

3）在含水埋深大，厚度大的情况下，落底式竖向隔渗帷幕的施工难度大，难以完全隔绝地下水入渗，故应在帷幕内设置一定数量的抽水井，抽排透过帷幕入渗的地下水流。

3. 悬挂式竖向隔渗设计施工要点

1）竖向隔渗帷幕未穿透含水层时，称为悬挂式隔渗帷幕，一般用于割断上层滞水（潜水），或延长承压水的渗透路径。

2）采用桩排支护结构，又需要隔渗时，需在支挡结构外侧设置旋喷桩，或垂向连续注浆充填桩间孔缝。

3）在场地狭窄且环境条件严峻时，宜选用既挡土又挡水且可纳入永久性地下工程的支护结构，如地下连续墙等。

4. 水平封底设计施工要点

1）以高压旋喷或其他合适的方法在基坑开挖深度以下一定位置形成足够强度的水泥土隔渗底板，以水平隔渗体自重，工程桩与底板之间的摩擦力和底板与坑底之间一定厚度的土自重，来平衡地下水的浮托力，以防止坑底产生突涌，这种方法称为水平封底隔渗。

2）水平封底一般与悬挂式竖向隔渗墙结合，形成五面隔渗（或称周底隔渗）的“浮箱”式建筑物，其受力状况需进行预估和验算，包括：①底板抗弯和抗冲切性能的验算；②底板抗渗性能的检验；③底板与工程桩结合处的摩阻力允许值验算；④按下列推荐式进行底板厚度验算

$$H\geqslant\frac{P_{\mathrm{b}}\cdot A_{\mathrm{c}}}{A_{\mathrm{c}}\cdot\gamma_{\mathrm{c}}+\mu f_{\mathrm{sp}}}\tag{9-44}$$

式中 H——底板厚度（m）；

A_{c}——每桩所负担的抗浮力面积（m^2）；

γ_{c}——旋喷水泥土混合体重度（$\mathrm{kN/m^3}$）；

μ——单桩周长（m）；

f_{sp}——桩与旋喷体之间的摩擦力（kPa）；

P_{b}——单位面积承受的浮托力（kPa）。

3）对水平封底可采用以下加强措施：①在场区内均匀布设减压孔（井），封底与导渗相结合，减少底板受力；②在工程桩与底板接触的桩段设置对鞘螺旋锚杆，加强工程桩的抗拉强度，从而增加底板浮托力；③水平封底的顶板低于基底标高，使封底体有一定厚度的土

层，以增加抗浮能力；④底板与支护系统结合处宜增加封底厚度，加强水平封底与垂直帷幕之间的紧密结合，以堵塞该部位易于留下的漏洞，并增加抗变形能力。

在工程地质水文条件适宜的场地可以采用悬挂式隔渗与坑内井点抽水相结合的方法，可在一定程度上减少对环境的影响。

9.5 基坑工程的监测、维护以及安全事故的防范措施

9.5.1 深基坑支护工程的监测

深基坑支护工程的监测工作应根据设计要求和场地情况事先制订方案，监测方案应具备的基本内容包括：监测项目及其监测方法与精度要求；各监测项目的实施细则，包括仪器设备、观测周期、工序管理和记录制度等；信息反馈体系。

监测内容包括：变形监测；应力、应变监测；地下水动态监测三个方面。

各种监测的具体对象、方法见表9-2。各种监测技术均应符合有关专业的规范、规程。深基坑工程监测应以获得定量数据的专门仪器测量或专用测试元件监测为主，同时辅以现场目测检查。采用仪器监测的项目的选择应根据工程的安全等级而定，可分为必须进行的项目和有条件（或为专门研究）进行的项目两类，监测项目的选择可参考表9-3。

表9-2 监测对象、方法与要求

项目	对象	方法
变形	地面、边坡、坑底土体，支护结构（桩、锚、内支撑、连续墙等）、建筑物（房屋、构筑物、地下设施等）	目测巡检；对倾斜、开裂、鼓凸等迹象进行丈量、记录、绘制图形或摄影；精密水准、导线测量水平和垂直位移，经纬仪投影测量倾斜；埋设测斜管、分层沉降仪测量深层土体变形
应力应变	支护结构中的受力构件、土体	预埋应力传感器，钢筋应力计，电阻应变片等测量元件；埋设土压力盒
地下水动态	地下水位、水压、抽（排）水量、含砂量	设置地下水位观测孔；埋设孔隙水压力计；对抽水流量、含砂量定期观测、记录

表9-3 监测项目的选择

监测项目	工程安全等级		
	一级	二级	三级
边坡土体位移观测（用测量仪器）	a	a	a
边坡土体位移观测（用测斜仪）	a	b	b
支护结构位移观测（用测量仪器）	a	a	a
支护结构位移观测（用测斜仪）	a	b	b
边坡土体沉降观测	a	b	b
支护结构沉降观测	a	a	a
边坡土体内部沉降观测	b	c	c
相邻建筑物变形观测	a	a	c
支护结构受力状态观测	b	c	c
土体的土压力及孔隙水压力观测	b	b	c
地下水动态观测	深层降水时必须进行		

在建筑密集的城区开挖深基坑，其四邻建筑物的变形的观测是必不可少的。基坑影响范围随其开挖深度的增加而增大，一般从基坑边缘 30 ~ 50m 的建筑物应是监测的主要考虑目标。至于监测对象，则须视建筑物的重要性及其可能受影响的程度来确定。监测要求包括：观测内容包括沉降、水平位移与倾斜；因变形产生裂缝时监测裂缝的变化；降水及开挖阶段应重点进行观测。

在基坑开挖施工过程中，如基坑突然发生异常情况（如严重的涌砂、冒水）、以及支护结构或邻近地面的建筑物与地下管线出现严重变形或其他突发事故时，应及时进行专门监测。

在进行深层降水的情况下，有形成大面积地面沉降的可能，监测范围有必要扩大到降水影响半径之外，观测对象以地面沉降和地下水动态为主，有条件时可设置若干分层沉降观测孔。采用分层沉降仪进行观测，或分层设置深层沉降标，用水准仪进行观测。

对土体和支护结构的沉降观测可按以下要求进行：

1）在基坑周边按一定间距布置观测点，数量不少于 6 个，采用精密水准仪按有关规范要求进行观测。

2）观测基准点要求稳固，应设在开挖和降水影响范围之外，数量不得少于 2 个。

3）观测精度分为二等、三等两种。二等水准测量闭合差应小于 $\pm 0.5\sqrt{n}$（mm）（n 为观测站数），三等水准测量的闭合差应小于 $\pm 1.0\sqrt{n}$（mm）。

4）工程有特殊要求时，应按相应要求进行观测。

5）沉降观测资料整理：①每次观测要求记录各个观测点的高程，本次沉降量，累计沉降量，沉降速率等；

②根据各阶段观测成果绘制沉降 S-时间 T 关系曲线图、沉降 S-水平位移 L-距离 H 关系展开曲线图。

深层土体内部的位移可利用钻孔测斜仪进行观测。具体做法是先设置所需数量的钻孔将专用柔性测斜管垂直设置在土层中，定期量测不同深度处的土体位移，绘制不同时间标高（深度）处的位移曲线。

支护桩的水平位移可通过埋设于桩体内的测斜管进行观测，观测点间距为 0.5 ~ 1.0m。并应进行相应资料整理。

土体应力与孔隙水压力应按下列要求监测：

1）土压力可通过预埋压力盒或直接使用应力铲进行测试，以土压力为纵坐标，时间为横坐标绘制土压力曲线。

2）孔隙水压力可用钻孔法或压入法埋设孔隙水压力计进行测试。

3）观测成果以压力与时间，压力与载荷关系曲线表示。

各项监测的时间间隔应根据施工进程确定。在开挖卸载急剧阶段，间隔时间不宜超过 3 ~ 5d，其余情况可延长至 5 ~ 7d，运行维护阶段可以为 10 ~ 15d。此外，监测频率尚应根据变形（或其他观测量）的发展趋势及时调整。当变形超过规定的或预估的标准时，应加密监测。如认为有发生危险事故的征兆，则须 24h 连续监测，并向有关部门发出警报。

9.5.2 深基坑支护工程的维护与加固

深基坑开挖后，土体与地下水的自然平衡状态会发生巨大的变化，对环境或多或少造成不可避免的影响，基坑自身的稳定程度则会随着暴露时间的延长而降低。因此应做好整个地下工程的计划安排，尽量缩短工期，减少暴露时间，及早回填。

必须重视科学管理、文明施工。土方开挖和地下结构施工时，不得碰撞损伤支护构件及降排水设施和观测标志、测量元件等。土方随挖随运，不得随意堆置于基坑周边。施工用料必须放置于坑边的，应均匀堆放，不得超过规定的载荷值。施工机械的行使路线和停放位置与坑边应保持一定的安全距离。

应做好基坑周边地表水的排泄和地下水的疏导，防止水对坑壁的冲涮、浸润。雨季可采取一定措施将坡面覆盖。

当基坑支护状况恶化时，应果断地采取加固措施。加固的方法有撑、拉、压、灌、堵、减等，以增加被动区压力，减少主动区载荷为原则。

当支护结构变形过大，明显倾斜时，可在坑底与坑壁之间加设斜撑。如基坑外缘有足够空间，可设置拉锚，因拉锚不占用坑内空间，故较坑内支撑有利。

如发现边坡土体严重变形，坑顶有连续裂缝且变形有加速趋势，则应视为整体滑移失稳的前兆，应立即采取紧急处理措施。可用土包或其他材料反压坡脚，同时尽可能在坡顶削载或削坡，保持稳定之后再做妥善处理。

当坑壁漏水流砂时，可用黏土或水泥土阻塞夯实再加混凝土封砌。情况严重时应灌注速凝浆液，阻止水土流失。

当基坑周边建筑物严重开裂、倾斜以致成为危房时，应立即补强、加固或拆除，以确保人身和施工安全。

9.5.3 深基坑安全事故防范措施

1. 典型基坑安全事故介绍

（1）喷锚支护安全事故 东莞石龙某基坑工程——该基坑周长约400m，开挖深度3.8m，采用搅拌桩结合喷锚支护方案，锚杆2排，长度为6～8m；实际施工3m；当基坑开挖至3.8m时，邻近马路一侧基坑产生滑塌破坏，市政水管爆裂破坏。

（2）桩锚（撑）支护安全事故 广州某基坑工程——该基坑长约1100m，基坑挖深约11m，采用钻孔桩结合双层钢支撑，钻孔桩桩间采用三重管旋喷止水方案。在施工过程中，由于施工单位未按设计要求设置二道支撑，当基坑开挖至设计标高时，在凌晨一点突然倒塌，造成一名路过摩托车手死亡，另两名摩托车手受伤。

（3）连续墙加支撑支护安全事故 广州某车站基坑工程——该基坑工程长约160m，基坑宽从20～30m不等，基坑开挖深度约18m。采用连续墙加钢管内支撑方案，由于支撑斜撑与腰梁之间连接不牢，当基坑开挖至近基坑底时，支撑滑落，连续墙倒塌，邻近民房倾斜。由于事故发生前监测工作做得到位，人员及时撤离，未造成人员伤亡。

（4）基坑降水安全事故 广州某基坑工程——该基坑长约130m，宽约50m，深约7m。采用搅拌桩结构喷锚支护方案，工程桩采用人工挖孔桩。在基坑施工完毕，人工挖孔桩施工过程中，邻近200m范围内地面下沉，民房开裂。

2. 基坑安全防范措施

基坑工程从勘察设计至使用完毕回填的全过程如图9-24所示。

（1）确保地质勘察资料的完整性、准确性 地质勘察资料不能仅利用为主体结构工程

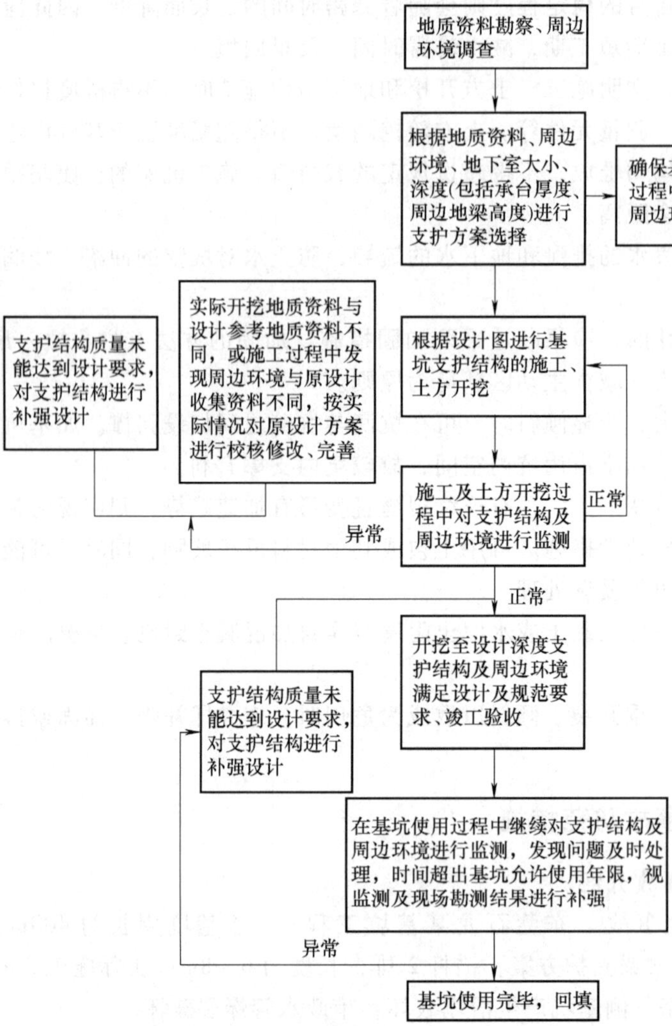

图 9-24　基坑工程勘察设计至使用完回填的全过程

而进行的勘察资料，还应根据基坑的平面位置，沿基坑周边布孔进行勘察。对深基坑，条件许可时，需对基坑外侧 10～30m 范围内的地质情况进行勘察，这主要是考虑采用喷锚或预应力锚索支护方案时，锚杆或锚索会延伸到基坑外一定范围。

另外，还要确保周边环境资料的准确性、完整性，周边环境资料包括：

1）周边建（构）筑物的基础形式、与基坑边的距离、埋深布置等。

2）地下建（构）筑物，如地铁、人防工程、河流（涌）、地下储水池、油库、化粪池等基础。

3）地下管线（电信电缆、供、排水管、煤气管）的类型、埋深，与基坑边的距离等。

（2）设计方案的针对性　基坑设计方案要根据基坑周边地质条件，环境条件（包括地上建（构）筑物、地下建（构）筑物、地下管线），基坑开挖深度的不同，分别按不同的支护剖面进行设计。以上三大要素中，任一条件变化，其支护方案都要相应变化，才能确保方案的合理性，安全性、可行性及经济性。

（3）基坑监测方案设计　监测方案的设计要考虑周边环境的允许位移及沉降，支护结构的形式（类型），基坑的安全等级来综合考虑。

1）一般而言，采用喷锚支护结构或桩、撑支护结构，需采用测斜管才能测到最大位移，仅采用桩顶或坡顶水平位移监测是不能测到基坑的实际最大位移的。

2）对桩、锚或喷锚支护结构，采用锚头应力计，可有效地监测预应力的施加及损失情况，对控制基坑位移有很好的参考价值。

3）所有监测的基准点必须在基坑位移影响范围之外。

4）在基坑开挖过程中，每开挖一层土，必须进行不少于一次的监测。

5）一般而言，按国家、省、市基坑规范进行基坑允许或报警值的进行控制，在报警值之内一般不会出现安全事故。

（4）动态设计的重要性　动态设计是指针对基坑支护结构施工过程情况，基坑开挖过程的地质情况及基坑开挖过程中监测数据所反映的情况，根据以上情况分析支护方案的安全性，对以上揭示情况与原设计依据的资料不符之处，或施工发现达不到设计要求之处，及时进行设计变更，确保支护结构及周边环境的安全。

1）由于地质钻孔是有限的，有限个孔所揭露的土层情况与实际开挖出的地质情况总有不符之处。由于地质情况与设计参考的地质资料不同，设计人员要及时验算在实际地质资料下，原设计方案是否安全，否则要及时进行变更设计，确保安全。

2）周边环境条件与原设计参考的周边环境资料也不一定完全相同，特别是一些地下建（构）筑物、地下管线等，发现不同，也要及时调整设计方案，确保安全。

3）基坑开挖深度是否随原地面标高变化，底板、地梁、承台厚度、标高等变化而变化？要根据实际基础开挖深度对设计方案进行复核。

4）支护结构的施工质量能否达到设计要求？若不能达到要求，必须及时补强。根据实际情况确定补锚杆（索）、支撑还是增设止水措施。

5）根据基坑开挖过程中的监测结果，对设计方案的安全性进行复核，若基坑未达到设计标高，位移或应力已达到或超过设计报警值，必须及时进行补强设计，确保基坑安全。

由于设计引起的安全事故的主要原因包括：

地质资料不齐、准确性差；周边环境未调查清楚，超载取值有误；设计未对支护结构的整体稳定进行验算；过分相信软件计算结果，未能根据实际地质情况做出判断；止水帷幕设计有误，施工质量难以达到设计要求；设计没有选取地质情况最差的钻孔进行设计；支撑与腰梁、腰梁与支护结构节点设计考虑不周导致局部破坏引起整体破坏；支护结构的设计未考虑工程桩施工的影响；未能及时根据监测结果调整设计方案。

3. 基坑施工过程的安全防范措施

（1）周边环境资料与设计图样是否一致

1）施工单位在基坑施工前，应先对周边环境资料按设计图样先核实，特别是地下建（构）筑物，地下管线，一旦发现与设计图样不符，应及时通知设计进行设计变更。

2）由于种种原因，部分地下建（构）筑物，地下管线在基坑施工前未能查清，则在施工过程中一旦发现或发现情况与设计图不同，应及时向设计反映，以便及时进行设计变更，确保基坑安全。

由于施工不慎引起基坑周边管线（包括给水排水管、电缆线、煤气管）等破坏，是基坑工程常见的事故之一。

3）设计参考的地质资料与实际开挖所揭露的地质资料是否一致。地质资料是支护方案设计的最重要的依据之一，同样的支护方案，地质条件不同，方案的安全度也不同。因此，在施工过程中，特别是基坑土方开挖过程中，若发现实际开挖所揭露的地质条件与设计所参考的地质资料有异，则必须及时向设计反映，若实际地质条件比设计所参考的资料好，则可对原方案进行优化；若变差，则需进行补强。

（2）支护结构施工质量能否满足设计要求

1）锚索（杆）抗拔力能否满足设计要求。所有预应力锚索都应按规范要求张拉至设计抗拔力的1.1~1.2倍后再进行预应力锁定作业；普通锚杆应按规范要求进行锚杆抗拔力的检验；对喷锚支护方案，普通锚杆的抗拔力试验的最大试验拉力要考虑为锚杆滑动面以内那部分的抗拔力加上滑动面之外部分的抗拔力之和。

2）预应力锚索（杆）的锁定力能否达到设计要求。大量的测试结果表明，采用预应力锚索支护的支护设计方案，预应力的锁定值只是设计值的50%左右。因此，如何施加预应力，包括锚具、夹片的选择，预应力的施加方法。

3）桩的嵌固深度及质量能否达到设计要求，若由于地质原因，桩的嵌固深度不能满足设计要求，则需在桩的端部增设锁脚锚杆；若桩身质量不能满足要求，或增加锚索，或增加支撑，目的是减少桩身的位移和应力。当然，条件允许的话，补桩更好。

（3）腰梁与支护结构的连接能否达到设计要求　腰梁与支护结构之间，既要保证腰梁能传递水平力，也要保证能传递剪力。因此，当腰梁采用钢筋混凝土腰梁时，腰梁与支护结构的接触面一定要打毛、植筋；当腰梁采用型钢时，型钢与支护结构的预埋件要焊接，或型钢与支护结构之间要采用混凝土填实，确保腰梁与支护结构之间的接触面的受力均匀。

（4）止水结构能否满足止水要求　止水结构能否满足止水要求是基坑施工及工程桩、承台、底板的施工能否顺利的重要因素之一，也是基坑施工过程中周边环境的安全与否的重要因素之一。目前基坑工程常用的止水结构为搅拌桩止水帷幕、旋喷桩止水帷幕、摆喷墙止水帷幕。一般说来，下列几种情况，止水帷幕的止水效果不容易达到设计要求：

1）砂层底下为强~中风化岩层。

2）砂层中含有较多的旧基础，特别是木桩基础。

3）砂层中的水为流动水，如一边抽水一边进行止水帷幕施工。

4）止水帷幕施工过程中，设备故障多，导致止水帷幕的施工搭接口较多。

（5）信息化施工　由于地质条件、周边环境、地下建（构）筑物、地下管线等因素都会影响到基坑的安全，而这些因素在施工前的调查是难以确保百分之百准确。因此，施工过程中发现上述条件发生变化时，及时与设计沟通，及时对设计方案进行修改，才能确保基坑施工的安全。

（6）施工过程中容易产生安全事故的情况

1）抢工期：支护结构，特别是锚杆（索）龄期未达到规范要求，强度未达到设计要求就开挖下一层土。

2）超挖：一次开挖深度超出设计要求，或实际开挖深度超过设计深度。

3）超载：坡顶堆载过高，超出设计允许超载。

4）周边环境调整不清楚，邻近水管爆裂，水压力剧增。

5）钢腰梁与斜撑连接点施工不牢靠，在支撑剪力作用下产生滑落破坏，支护结构倒塌。

6）止水帷幕漏水，导致基坑周边下沉，建筑物开裂。

7）施工不按设计要求的施工顺序施工或设计方案施工。

4. 基坑工程事故的抢险方法

（1）回填反压　当基坑位移突然急剧增大，坡顶开裂，产生滑动破坏的征兆时，最快也是最有效的方法是对支护结构进行回填反压，反压土高度应能保证基坑位移稳定，然后再考虑加固方案，这样可避免重大事故的发生。

（2）坡顶卸荷　在条件允许的前提下（如周边环境空旷）将坡顶一定范围内的土体挖除，减少坡顶荷载，也是有效的基坑抢险方案之一。

（3）基坑内临时支撑　在可以施工对撑或可以采用工程桩进行支撑的情况下，当支护结构位移较大时，采用临时钢支撑也是较常用的方法之一。

（4）双液灌浆堵水　在基坑开挖过程中，若发现止水帷幕止水效果达不到设计要求，应立即采取补救措施，对漏水量大，漏水点较深的情况，可采用双液灌浆的堵水方案，采用水泥浆和水玻璃的混合浆液进行堵漏，不仅速度快，而且效果好，但费用高。

（5）坡顶裂缝灌浆　当坡顶由于支护结构位移过大产生裂缝时，应及时采用水泥砂浆裂缝封堵，以免由于雨水溶入，土体软化，坡面水压力增大，导致支护结构位移进一步加大。

（6）坡顶裂缝灌浆　在不对支护结构采用防护措施（填土反压）的条件下，不要采用压力灌浆方法封堵，否则很容易使支护结构产生破坏。

（7）支护结构补强　当支护结构位移处于暂时稳定状态，但支护结构的施工质量未能达到设计要求时，可对支护结构进行补强施工，补强方法可采用增设锚索（杆）或增设支撑结构等。

9.6 基坑工程实例

9.6.1 某综合楼工程

1. 工程概况

场区自然地面标高39.18～39.30m，取39.50m处为±0.00。

（1）工程地质条件　勘察深度范围内，地基土层按形成时代、成因、岩性及物理力学性质划分为12层，由上至下分别为：

① 填土：位于地表，厚度为1.6～2.6m，稍湿、松散，主要成分为粉土，黄褐色，含根系、建筑垃圾、少量砖渣，上部为杂填土，下部为素填土。

② 砂质粉土：埋深为1.6～2.6m，厚度为1.9～3.0m，饱和，密实，褐黄色，含云母、氧化铁，局部夹粉质黏土及黏质粉土透镜体。

③ 粉质黏土：埋深为3.6～4.7m，厚度为1.9～2.7m，饱和，可塑，黄褐色，含云母、氧化铁，局部夹黏质粉土透镜体。

④ 砂质粉土：埋深为5.8～7.3m，厚度为1.0～2.7m，饱和，密实，褐黄色，分布不

均，局部呈透镜体。

⑤ 粉质黏土：埋深为 7.3 ~ 8.7m，厚度为 2.2 ~ 4.1m，饱和，可塑，黄褐色，含云母、氧化铁，局部夹黏质粉土透镜体。

⑥ 黏质粉土与粉质黏土互层：埋深为 10.5 ~ 10.8m，厚度为 2.2 ~ 4.1m，饱和，可塑，黄褐、褐灰色，含云母、氧化铁及绿色条带，上部含小姜石，局部夹砂质粉土透镜体。

⑦ 粉质黏土：埋深为 13.7 ~ 14.8m，厚度为 2.0 ~ 3.4m，饱和，可塑，褐灰色，含云母、氧化铁，局部夹黏质粉土透镜体，局部含小砾石和灰白斑点。

⑧ 黏土：埋深为 16.9 ~ 17.6m，厚度为 2.9 ~ 3.2m，湿，硬塑，黄褐色，含云母、氧化铁，局部夹粉质黏土透镜体。

⑨ 粉质黏土：埋深为 18.8 ~ 20.1m，厚度为 0.9 ~ 1.1m，饱和，可塑，黄褐色，含云母、氧化铁。

⑩ 细砂：埋深为 21.2 ~ 21.4m，厚度为 3.2 ~ 3.4m，饱和，密实，褐黄色，颗粒均匀，含云母、氧化铁。

⑪ 卵石：埋深为 24.6 ~ 24.8m，厚度为 1.1 ~ 1.2m，饱和，密实，杂色，砂质充填，含砂 20%，含圆砾约 10%，级配及磨圆度好。

⑫ 黏土：埋深为 25.8 ~ 25.9m，未穿透，湿，硬塑，黄褐色，含云母、氧化铁及姜石，夹粉质黏土透镜体。

（2）水文地质条件　勘察期间地下水为潜水，水位埋深为 2.4 ~ 3.2m（高程为 36.89 ~ 36.09m）。近三五年最高水位埋深为 2.0m（高程为 37m）。历史最高水位埋深为 0.3m（高程为 39m）。

地下水对混凝土及钢结构无腐蚀性，在干湿交替条件下对钢筋混凝土结构中的钢筋无腐蚀性。

2. 工程特点及主要对策

本工程的特点主要表现在距既有建（构）筑物较近、基坑跨度大（东西长近为 100m、南北宽约为 40m）、位于市区繁华地段、位于居民区、施工期为雨季。

针对本工程的特点，本着安全、经济、合理、高效的原则，在确保施工现场安全文明、工程保质保量完成的前提下，优化工程设计，采取如下主要对策：

（1）边坡及相邻建筑的安全　考虑建筑物（地下构筑物）较近，设计及施工要有针对性，适当提高安全系数，支护形式采用能够严格控制位移的桩锚支护；严格按照基坑支护设计施工，加强基坑边坡位移及建筑物邻近基坑一侧的沉降测量监测，发现边坡异常及时预警处理。

对地下电缆、供水管等构筑物，正式施工前要探明埋藏位置，并做好标记，施工时保留一定的距离，必要时与有关单位协商将其改变或移动，确保其安全稳定。

做好地面及坡面防水准备，坡顶围砌挡水墙，为暴雨期基坑内排水工作准备足够的水泵等配套设备（设施），确保基坑边坡稳定、暴雨期槽底不集水。

（2）优质快速完成本工程是关键

1）强化施工部署与施工场区规划，合理划分施工区域、施工流水段、场区循环道路、材料堆放区及加工区等。

2）选择长螺旋钻进成孔工艺，提高护坡桩施工效率。

3）做好施工场区循环道路的局部硬化，保证施工设备（土方）移动安全与效率。

4）加强施工设备、施工人员安全监督管理，强化施工现场的安全管理，保证设备安全与人员安全。

5）作好雨期施工、安全应急预案，确保雨期施工与消防安全。

6）做好各工序间的协作与配合，创造良好的施工外部环境，保障工程顺利进行。

3. 基坑支护方案

根据本工程场地周围环境条件、基坑深度以及岩土工程勘察报告和甲方要求，将基坑边坡分为6种工况，这里以南侧中部外凸部位、西侧、北侧西部二段剖面设计参数及支护形式说明如下：

该剖面基坑深度8.51m，考虑地面附加荷载或现有平房荷载为20kPa。该剖面土层参数取值如表9-4所示：

表9-4 土层参数表

层号	土类名称	层厚/m	重度/(kN/m^3)	黏聚力/kPa	内摩擦角/°	钉土摩阻力/kPa	锚杆土摩阻力/kPa
1	杂填土	1.70	19.0	10.00	15.00	60.0	30.0
2	粉土	1.90	20.1	15.00	28.60	60.0	70.0
3	黏性土	2.20	21.0	23.00	17.90	60.0	60.0
4	粉土	2.00	20.9	20.00	35.00	80.0	75.0
5	黏性土	2.70	20.6	35.00	14.90	80.0	60.0
6	黏性土	4.10	20.4	25.00	31.90	80.0	60.0

该剖面南侧建筑外皮距平房仅800mm，西侧地面堆放方木等材料，北侧紧邻配电室，受场地空间限制，只能施工微型护坡桩加预应力土钉墙。为确保边坡安全，减小边坡坡顶位移，该部位在微型护坡桩的基础上，配合预应力锚杆复合土钉墙来有效控制基坑边坡位移，桩顶位于地面。具体设计支护参数如下：

（1）微型桩　微型护坡桩桩径为ϕ150mm，桩间距为0.75m，桩顶位于地面，桩长为10.51m（嵌固深度2.0m）；居中配1根70mm（壁厚3.5mm）钢管，桩身灌注32.5级水泥浆，水胶比为0.5。

（2）预应力锚杆土钉墙　土钉（钢筋锚杆）间距为1.5m×1.3m，梅花状布置，倾角10°，钻孔直径为ϕ100mm，孔内注入32.5级水泥浆，水胶比为0.5。微型桩面挂Φ6@250×250钢筋网，土钉层位外压1Φ14水平加强筋，钢筋锚杆预加50kN力锁定在土钉墙面外的1-14a槽钢上。锚杆参数表见表9-5。混凝土层厚80mm，面层在微型护坡桩顶外翻1.0m，强度等级为C20。

表9-5 锚杆参数表

支锚道号	水平间距/m	竖向间距/m	入射角(°)	预加力/kN	锚固体直径/mm	总长/m	锚固段长度/m	配筋
1	1.5	1.3	10.00	0.00	100	8.80	8.80	1Φ18
2	1.5	1.3	10.00	50.00	100	11.00	10.00	1Φ20
3	1.5	1.3	10.00	0.00	100	9.80	9.80	1Φ18

（续）

支锚道号	水平间距/m	竖向间距/m	入射角(°)	预加力/kN	锚固体直径/mm	总长/m	锚固段长度/m	配筋
4	1.5	1.3	10.00	50.00	100	10.00	10.00	1Φ18
5	1.5	1.3	10.00	0.00	100	5.80	5.80	1Φ18
6	1.5	1.3	10.00	0.00	100	5.80	5.80	1Φ18

4. 土钉墙施工

（1）施工工艺　土钉墙施工是随土方开挖而进行的，采用人工成孔。孔内插筋后压灌水泥浆，挂网后喷混凝土，其工艺流程如：

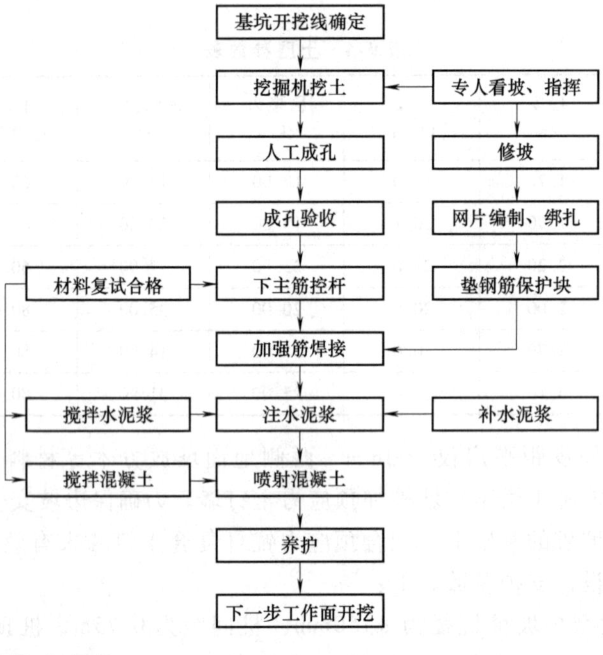

（2）土钉墙施工技术要求

1）成孔：孔径为 100mm，倾角为 10°，采用人工洛阳铲成孔，孔深允许偏差为 ±50mm，孔径允许偏差为 ±5mm，孔距允许偏差为 ±100mm，成孔倾角允许偏差为 ±5%。

2）插放土钉拉杆、灌浆：确保土钉钢筋拉杆在孔内居中，保护层厚度不小于 20mm。土钉拉杆端头预留出坡面 10cm，孔内长度不小于设计长度；注浆采用水胶比 0.5 的 32.5 级水泥浆。

3）挂网：挂网前坡面先由人工削坡整理，坡面平整度为 ±20mm；钢筋网为Φ6@ 250 × 250，网格允许偏差为 ±20mm，网片与网片之间重叠不少于 30cm，整个坡面挂网以后再进行加强筋的焊接，加强筋和非预应力土钉拉杆端头应焊接牢固。

4）喷射混凝土：挂网后立即进行喷混凝土施工，其配比为：水泥∶砂∶碎石∶水 = 1∶2∶2∶0.5（以试验室确定为准），碎石的最大粒径不超过 12mm，喷射混凝土机的工作压力为 0.3 ~ 0.4MPa。要求混凝土强度不低于 C20。

5）上层喷射混凝土和孔内浆体强度达到设计强度的 70%（夏天一般 3 ~ 7h）后，方可进行下层的工作。

（3）土钉墙施工质量保证措施

1）挖土：为确保边坡稳定，土方开挖需与土钉墙施工密切配合，规定挖土自上而下按土钉层高分步进行，而且每个工作段挖土后，辅以人工修坡。

2）成孔：孔径为100mm，倾角为10°，采用人工洛阳铲成孔。

3）插放土钉拉杆、灌浆：土钉拉杆主筋每隔2m设置一个对中支架，以确保钢筋在孔内居中。所有土钉拉杆端头预留一个20cm的直角弯钩与加强筋连接；注浆采用微压注浆，补浆在浆体初凝后进行，补浆次数根据现场实际情况确定。

4）挂网：在挂网之前坡面先由人工削坡整理，然后挂网，上下网片之间重叠不少于30cm，整个坡面挂网以后再进行加强筋的焊接，加强筋和土钉拉杆端头应焊接牢固。

5）喷射混凝土：挂网后立即进行喷混凝土施工，要求混凝土强度不低于C20。

6）所用材料钢筋、水泥、砂、石料等，均需按规定进行复试，合格后方可使用。

7）上述工作完成后，并且喷射混凝土和土钉孔内浆体强度达到70%后，方可进行下一阶段的工作。

8）所有面层在坡顶应外翻，且成外倾状，在基坑四周坡顶外须采取防止地表水渗水措施。

5. 工程监测

为确保工程及附近建筑和地下管线的安全，及时根据监测信息反馈指导施工，根据本工程结构特点，应对附近建筑进行沉降监测，对边坡坡顶进行水平位移监测。

在桩顶连梁与边坡顶部布置边坡位移监测点，布设间距25～30m，共布设位移监测点约12个。在基坑周现有保留建筑临基坑侧布设沉降监测点。监测点布设具体位置与数量可根据现场实际情况适当调整。

建筑沉降采用标高监测，边坡水平位移监测采用视准线法。工作基点应视现场情况布置在变形影响范围以外的稳定地点，以保证监测值的准确可靠。

变形监测工作从第一步挖土开始，基坑开挖期间，监测周期为1次/d。当发现相邻两次位移量大于10mm或总变形量达30mm时，缩短监测周期到2次/d，同时分析位移原因，并及时采取措施；当遇到雨天或地面荷载有重大变化时，应临时增加监测次数。当相邻两次位移量较小时，可将监测时间延长至1次/3d；挖土至槽底且位移稳定后，监测时间延长至1次/7d—1次/15d，基坑回填时方可停止监测。

如发现变形异常，应及时停止基坑内作业，分析原因，采取还土、坡顶卸载和增补锚杆等措施，确保边坡及周边建筑物的安全后，方可继续开挖土方。

9.6.2 某住宅楼工程

1. 工程概况

（1）工程地质条件　根据相邻场地的《岩土工程勘察报告》，场地地层及水文地质性状如下：

1）杂填土层：杂色，主要由砂质粉土和房渣土组成，含大量的建筑垃圾和少量的生活垃圾。结构松散，不均匀，欠固结，具有较大的湿陷性。

2）细砂：杂色-褐黄色，主要成分为长石、石英和云母等，稍湿，密实。

3）卵石：杂色，稍湿-饱和，粒径一般为 20～70mm，最大粒径为 100mm。中粗砂充填，密实。

（2）水文地质条件

相邻场地在勘探期间实测静止水位标高 31.53～31.59m。

2. 工程的特点、重点、难点分析

根据建设方提供的相关资料，经过现场踏勘，进行了认真的分析研究，总结出以下几点：

1）工程建设规模大，地理位置重要。

2）基础埋置深，属于深基坑，基坑支护结构应先进、经济，严防坍塌、流砂，确保边坡安全，并有效限制边坡位移。

3）施工场地周围地面下可能有许多管线，由于年久失修，地下管线可能渗漏严重；工程地质条件复杂，施工中的不可预见因素较多，施工难度较大。

4）工程对环境保护要求高，施工中应严格控制噪声、扬尘、振动、遗洒等环境要素，最大限度地减少污染。

3. 支护设计

基坑侧壁重要性系数取 1.0；基坑深度 $h=-13.27\text{m}$（-12.77m）；坑边荷载超载 $q=5\text{kPa}$；

基坑边坡按 1:0.5 放坡，采用土钉墙支护，土钉呈梅花形布置，土钉锚固体直径为 100mm，土钉钢筋为 1Φ20，土钉墙面层为Φ6.5@250mm×250mm 钢筋网和 1Φ14 横向压筋，喷射 80mm±20mm 厚的 C20 细石混凝土，混凝土配合比为水泥:砂子:石屑 =1:2.5:2；坡顶四周做 1.5m 宽散水，做法同土钉墙面层，坡比 0.02:1。

4. 施工工艺流程

开挖工作面→修整坡面→放线定位→用洛阳铲人工成孔→插筋→堵孔注浆→绑扎、固定钢筋网→压筋→喷射混凝土面层→混凝土面层养护。

5. 土钉施工

坡面经检查合格后，放线定锚孔位置，用洛阳铲人工成孔（直径 100mm）；检查孔深、孔径、锚筋长度合格后，及时插入锚筋和注浆管至距孔底 250～500mm 处，及时注水泥浆并二次压浆，孔口部位宜设置止浆塞；水泥浆水胶比宜为 0.45～0.50。

钢筋设计长度包括弯钩长度，弯钩长 20cm；弯钩处采用冷弯，与锚筋成 90°；锚筋沿长度方向每隔 2m 用Φ6.5 钢筋焊一个三角形托架，使土钉居于锚孔中心。

6. 技术质量要求

1）修坡应平整，在坡面喷射混凝土支护前，应清除坡面虚土。

2）土钉定位间距允许偏差控制在 ±150mm 范围。

3）成孔深度偏差控制在 +200mm～-50mm，成孔直径偏差控制在 +20mm ～ -5mm 范围。成孔倾角偏差一般情况不大于 3°。

4）喷射细石混凝土时，喷头与受喷面距离宜为 0.6～1.2m，自下而上垂直坡面喷射，一次喷射厚度不宜小于 40mm。

5）钢筋网保护层厚度不宜小于 20mm。

6）严格按施工程序逐层施工，严禁在面层养护期间抢挖下一步土方，面层养护 24h 后方可进行下步土方开挖。

历年注册土木工程师（岩土）考试真题精选

1. 已知基坑开挖深度10m，未见地下水，坑侧无地面超载，坑壁黏性土土性参数如下：重度$\gamma=18\text{kN/m}^3$，黏聚力$c=10\text{kPa}$，内摩擦角。则作用于每延米支护结构上的主动土压力（算至基坑底面）最接近多少？（2008年）

解：

据JGJ 120—99《建筑基坑支护技术规范》计算

坑底水平荷载

$$
\begin{aligned}
e_a &= \sigma_a K_a - 2c\sqrt{K_a} \\
&= 18\times10\times\tan^2(45^\circ-25^\circ/2)\text{kPa} - 2\times10\times\tan(45^\circ-25^\circ/2)\text{kPa} \\
&= 60.3\text{kPa}
\end{aligned}
$$

设土压力为零的距地表的距离为h_0

$$0=\gamma h_0 K_a - 2c\sqrt{K_a}$$

$$h_0=\frac{2c}{\gamma\sqrt{K_a}}=\frac{2\times10}{18\times\tan(45^\circ-25^\circ/2)}\text{m}=1.744\text{m}$$

$$E_a=\frac{1}{2}e_a(H-h_0)=\frac{1}{2}\times60.3\times(10-1.744)\text{kN}=248.9\text{kN}$$

2. 在基坑的地下连续墙后有一5m厚的含承重压水的砂层，承压水头高于砂层顶面3m。在该砂层厚度范围内作用在地下连续墙上单位长度的水压力合力最接近于下列哪个选项？（2013年）

（A）125kN/m （B）150kN/m （C）275kN/m （D）400kN/m

解：

据成层土中水压力理论计算，

$$P_{\text{W顶}}=\gamma_w h_1=10\times3\text{kPa}=30\text{kPa},$$

$$P_{\text{W底}}=\gamma_w h_1+R_W h_2=10\times3\text{kPa}+10\times5\text{kPa}=80\text{kPa}$$

$$P_w=\frac{1}{2}(P_{\text{w顶}}+P_{\text{w底}})\times h_2=\frac{1}{2}(30+80)\times5\text{kN/m}=275\text{kN/m}$$

故选C。

3. 重力式挡土墙如图9-25所示，挡土墙底面与土的摩擦系数$\mu=0.4$，墙背与填土间摩擦角$\delta=15^\circ$，则抗滑移稳定系数最接近（　　）。（2014年）

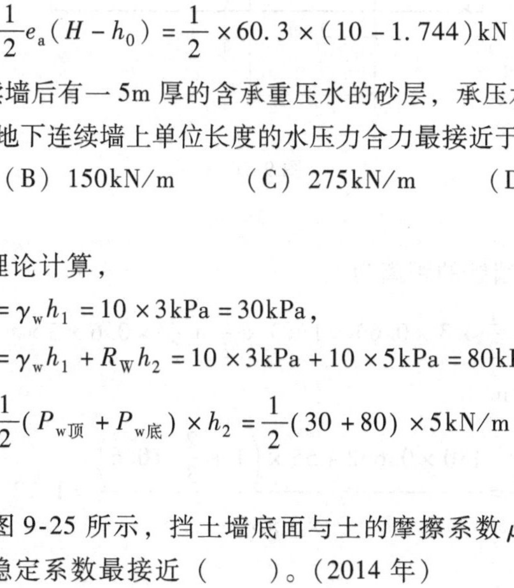

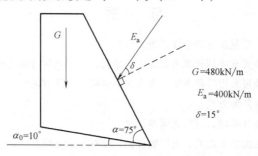

图9-25

解:

$G_n = G\cos a_0 = 480 \times \cos10°\text{kPa} = 472.7\text{kPa}$

$G_t = G\cos a_0 = 480 \times \sin10°\text{kPa} = 83.4\text{kPa}$

$E_{at} = E_a\sin(a - a_0 - \delta) = 480 \times \sin(75° - 10° - 15°)\text{kPa} = 306.4\text{kPa}$

$E_{an} = E_a\sin(a - a_0 - \delta) = 400 \times \cos(75° - 10° - 15°)\text{kPa} = 257.1\text{kPa}$

$$\frac{(G_n + E_{an})\mu}{E_{at} - G_t} = 1.3$$

4. 某一墙面直立、墙顶面与土堤顶面齐平的重力式挡土墙高 3.0m，顶宽 1.0m，底宽 1.6m，如图 9-26 所示。已知墙背主动土压力水平分力 $E_x = 175\text{kN/m}$，竖向分力 $E_y = 55\text{kN/m}$，墙身自重 $W = 180\text{kN/m}$，则挡土墙抗倾覆稳定性系数为？（2004 年）

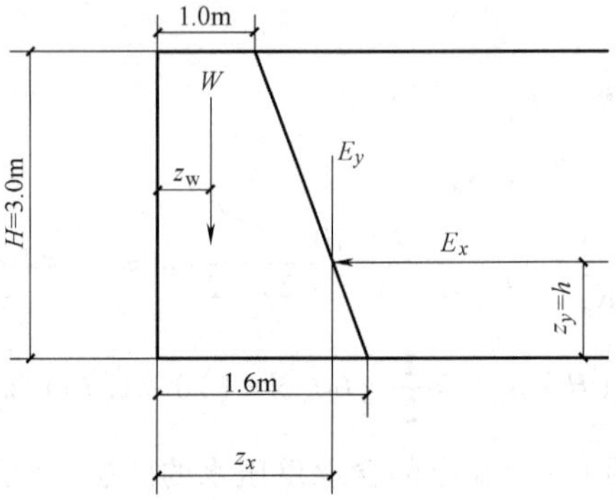

图 9-26

解:

设挡土墙截面重心距墙趾的距离为 z_w

$$z_w\left(1 \times 3 + \frac{1}{2} \times 3 \times 0.6\right) = 1 \times 3 \times \frac{1}{2} + \frac{1}{2} \times 0.6 \times 3 \times \left(1 + \frac{1}{3} \times 0.6\right)$$

$z_w = 0.662\text{m}$

$$K_0 = \frac{\sum M_y}{\sum M_0} = \frac{180 \times 0.662 + 55 \times \left(1 + \frac{2}{3} \times 0.6\right)}{\frac{1}{3} \times 3 \times 175} = 1.12$$

习　题

1. 为什么说基坑工程是一项复杂的综合性系统工程？
2. 基坑支护结构分为被动式支挡结构和主动式支挡结构，它们分别有哪几种结构形式？
3. 混合支护结构中挡土墙可采用哪些方法？多点支护有哪些计算方法？
4. 重力式挡土结构主要有几种方式？
5. 在进行水泥土挡墙设计计算时，应注意哪些问题？
6. 土钉的类型、特点及与加筋土挡墙、土层锚杆的比较有什么异同点？
7. 简述土钉支挡体系的设计步骤及施工技术。
8. 基坑工程地下水处理方法及降水设计施工要点有哪些？

9. 基坑工程的监测内容以及安全事故防范措施有哪些？

10. 图 9-27 所示挡土墙采用毛石砌体截面，砌体重度为 22kN/m^3，挡土墙下方为坚硬的黏性土，摩擦系数 $\mu=0.45$。$E_a=46.6\text{kN/m}$，作用方向水平，作用点距墙底 1.08m。试对该挡土墙进行抗倾覆和抗滑移稳定验算。

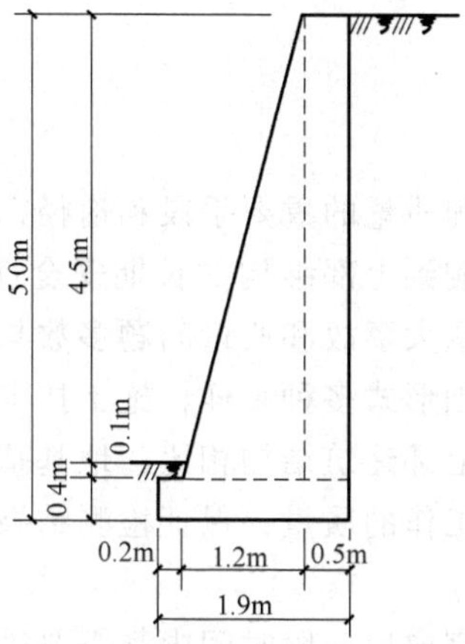

图 9-27

11. 某悬臂桩维护结构如图 9-28 所示，试计算板桩的长度及板桩内力。

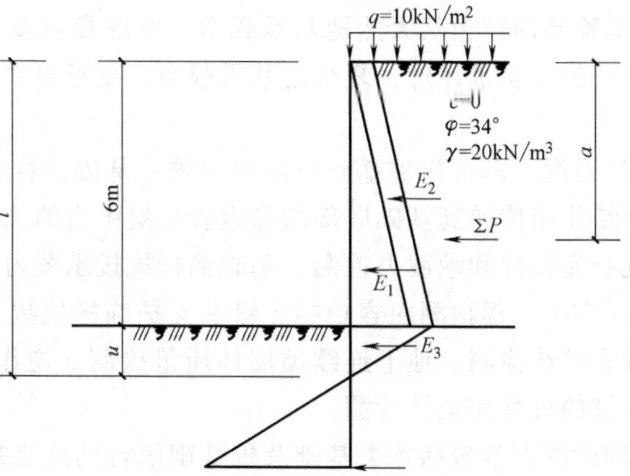

图 9-28

第10章　地基基础检测

10.1　概述

建筑工程质量检测是控制工程质量的重要手段和途径，而地基基础工程检测是其中主要项目之一。地基基础工程质量影响到上部结构的长期安全性，与人们的生命财产休戚相关。大量的工程实例表明，建筑工程重大事故和质量问题多数与地基基础工程相关。我国地质条件复杂，地基处理方法很多，基础形式多种多样，施工技术和管理水平参差不齐。而且地基基础工程具有较高的隐蔽性，与上部建筑结构相比，地基基础工程的质量控制尤为重要。实践表明，只有提高地基基础检测工作的质量，保证检测结果的可靠性，才能确保地基基础质量达到要求。

基坑工程施工过程甚至施工完成后一段时间内都需要进行监控量测，包括对基坑工程及其邻近建筑物的变形监测、支护结构及土体的应力应变、地下水的动态监测等方面的内容。

此外，关于基坑工程还需要展开对与基坑工程相联系的地基与基础工程的检测，其内容可以分为地基检测、基桩及基础锚杆检测、支护工程检测和基础检测。

1）地基检测。地基检测内容包括天然地基承载力、变形参数及岩土性状评价，处理土地基承载力、变形参数及施工质量评价，复合地基承载力、变形参数及复合地基增强体的施工质量评价。

2）基桩及基础锚杆检测。基桩指桩基础中的单根桩；基础锚杆指将基础承受的向上竖向荷载，通过锚杆的拉结作用传递到基础底部的稳定岩土层中去的锚杆。基桩及基础锚杆检测内容包括工程桩的桩身完整性和承载力检测、基础锚杆抗拔承载力检测。

3）支护工程检测。支护工程检测内容包括土钉和支护锚杆抗拔力检测、土钉墙施工质量检测、水泥土墙墙身完整性检测、地下连续墙墙体质量检测、逆作拱墙的施工质量检测、用于支护的混凝土灌注桩的桩身完整性检测。

4）基础检测。基础检测内容包括各类基础及桩基础承台的施工质量检测和建筑物沉降观测。

10.2　基本规定

10.2.1　一般规定

必要的工作程序有利于检测工作的顺利开展，有利于检测工作的有序性和严谨性。遵循检测工作程序，是提高检测机构管理水平的重要保障，也是我国质量保证体系的基本要求。地基基础检测工作程序如图10-1所示。

（1）接受委托　为了帮助了解工程概况，明确检测目的和工程量，减少不必要的纠纷，

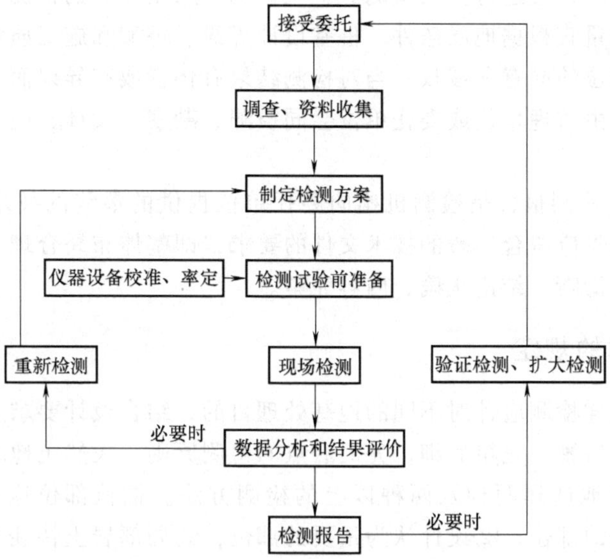

图 10-1　地基基础检测工作程序

在检测工作进行前，检测机构应当取得委托单位正式的委托函。

（2）调查、收集资料　为了进一步明确委托单位的具体要求和既有检测方法的可行性，了解工程设计要求、地质条件和施工技术，以及施工过程中存在的异常等情况，检测机构应当尽可能地收集相关技术资料，以便在检测过程中具有针对性，从而提高检测效率和检测质量。

（3）制定检测方案　检测方案主要内容包括工程概况、抽样方案、检测周期、仪器设备以及检测点的处理等。检测方案并非一成不变，实际执行过程中，由于不可预知的原因，如基坑雨水浸泡、委托要求发生变化和扩大检测范围等，都可能使原检测方案中的检测周期、抽检方案和检测方法发生更改，因此，要根据实际情况因势而变。

（4）检测试验前准备　根据不同的检测项目和不同的检测方法，配备相应的、合理的试验仪器设备，如承载力检测中千斤顶、压力传感器和位移传感器等，完整性检测中的加速度传感器和数据采集系统等。检测用计量器具应进行校准，仪器设备性能应符合相应的检测方法的技术要求。

（5）现场检测　对于一般的基桩检测项目，宜先进行完整性检测，再进行承载力检测。桩身完整性检测，具有效率高、费用低和抽检数量大等优点，容易发现基桩施工的整体质量问题，也可以为选择静载试验桩提供支持，所以，作为普查手段，完整性检测宜安排在静载荷试验之前。现场检测中，如果受外界环境干扰、人员操作失误或仪器设备故障等因素影响，测试数据异常时，应当及时排查具体原因，排除后再重新检测。

（6）数据分析和结果评价　检测结果评价应遵循以下原则：多种检测方法相互验证与补充；在充分考虑试验点数量及代表性基础上，结合设计要求、地质条件和施工质量可靠性，给出检测结论。

（7）验证检测、扩大检测　验证检测是针对检测中出现的缺乏依据、无法或难于定论的情况所进行的同类方法或不同类方法的核验过程，以做到结果评价的准确和可靠。当检测结果不满足设计要求时，应进行扩大检测。扩大检测应采用原有的检测方法或者准确度更高的检测方法，检测数量宜根据地质条件、桩基设计等级、桩型和施工质量变异性等因素合理确定，并征得委托单位的同意和授权。当对检测结果有怀疑或有异议而又不具备重新检测和验证检测条件时，应由监理单位或委托单位会同检测、勘察、设计、施工单位共同研究确定处理方案。

（8）检测报告　检测报告是检测机构向委托单位提供的最终的技术文件，是重要的技术档案资料。检测报告应符合一般的技术文件的要求，即整体布局合理、结构严谨、层次分明、用词规范、图表清晰、结论正确、内容完整。

10.2.2　地基检测的规定

地基质量验收抽样检测应针对不同的地基处理目的，结合设计要求采取合理、有效的检测手段，应符合先简后繁、先粗后细、先面后点的检测原则。天然土地基、处理土地基和复合地基的检测应合理地选择两种及两种以上的检测方法。抽检部位应根据情况综合确定：①施工出现异常情况的部位；②设计认为重要的部位；③局部岩土特性复杂可能影响施工质量的部位；④当采取两种或两种以上检测方法时，应根据前一种方法的检测结果确定后一种方法的抽检位置；⑤同类地基的抽检位置宜均匀分布。

对于处理土地基和复合地基，地基土的密实、土的触变效应、孔隙水压力的消散、水泥或化学浆液的固结等均需有一个期限，施工结束后立即进行验收检测难以反映地基处理的实际效果。因此，检测宜安排在合理间歇时间后进行。间歇时间应根据岩土工程勘察资料、地基处理方法，结合设计要求综合确定。当无工程实践经验时，可参照下列规定执行：①强夯处理地基，对碎石土和砂土间歇时间可取 7～14d，对黏土和黏性土间歇时间可取 14～28d；②不加填料振冲加密处理地基，间歇时间可取 7～14d；③注浆地基、水泥土搅拌桩复合地基、旋喷桩复合地基等，间歇时间不应少于 28d；④振冲桩复合地基，对粉质黏土间歇时间可取 21～28d，对粉土间歇时间可取 14～21d；⑤砂石桩复合地基，对饱和黏性土应待孔隙力压力消散后进行，间歇时间不宜少于 28d，对粉土、砂土和杂填土地基，不宜少于 7d；⑥强夯置换地基，间歇时间可取 28d。

天然岩石地基应采用钻芯法进行抽检，单位工程抽检数量不得少于 6 个孔，钻孔深度应满足设计要求，每孔芯样截取一组三个芯样试件。天然岩石地基特性复杂的工程应增加抽样孔数。当岩石芯样无法制作成芯样试件时，应进行岩基载荷试验，对强风化岩、全风化岩宜采用平板载荷试验，试验点数不应少于 3 点。天然土地基、处理土地基应进行平板载荷试验，单位工程抽检数量为每 $500m^2$ 不应少于 1 个点，且不得少于 3 点，对于复杂场地或重要建筑地基应增加抽检数量。

天然土地基、处理土地基在进行平板载荷试验前，应根据地基类型选择标准贯入试验、圆锥动力触探试验、静力触探试验、十字板剪切试验等一种或一种以上的方法对地基处理质量或天然地基土性状进行普查，单位工程抽检数量为每 $200m^2$ 不应少于 1 个孔，且不得少于 10 孔，每个独立柱基不得少于 1 孔，基槽每 20m 不得少于 1 孔。检测深度应满足设计要求。当无工程实践经验时，检测可按下列规定进行：①天然地基基槽（坑）开挖后，可采用标准贯入试验、圆锥动力触探试验、静力触探试验或其他方法对基槽（坑）进行检测；②换填地基可采用圆锥动力触探试验或标准贯入试验进行检测；③预压地基可采用十字板剪切试验和室内土工试验进行检测；④强夯处理地基可采用原位测试和室内土工试验进行检测。⑤不加填料振冲加密处理地基可采用动力触探、标准贯入试验或其他方法进行检测。⑥注浆地基可采用标准贯入试验、钻芯法进行检测。

复合地基及强夯置换墩应进行复合地基平板载荷试验，单位工程抽检平板载荷试验点数量应为总桩（墩）数的 0.5% ~1%，且不得少于 3 点。同一单位工程复合地基平板载荷试验形式可选择多桩复合地基平板载荷试验或单桩（墩）复合地基平板载荷试验，也可一部分试验点选择多桩复合地基平板载荷试验而另一部分试验点选择单桩复合地基平板载荷试验。复合地基及强夯置换墩在进行平板载荷试验前，应采用合适的检测方法对复合地基的桩体施工质量进行检测。抽检数量：当采用标准贯入试验、圆锥动力触探试验等方法时，单位工程抽检数量应为总桩（墩）数的 0.5% ~1%，且不得少于 3 根；当采用单桩竖向抗压载荷试验、钻芯法时，抽检数量不应少于总桩数的 0.5%，且不得少于 3 根。

检测方法和抽检数量还应符合下列规定：①水泥土搅拌桩应进行单桩竖向抗压载荷试验；②水泥土搅拌桩和高压喷射注浆加固体的施工质量应采用钻芯法进行检测；③水泥粉煤灰碎石桩应采用低应变法或钻芯法进行桩身完整性检测，低应变法的抽检数量不应少于总桩数的 10%；④振冲桩桩体质量应采用圆锥动力触探试验或单桩载荷试验等方法进行检测，对碎石桩桩体质量检测，应采用重型动力触探试验；⑤砂石桩桩体质量应采用圆锥动力触探试验等方法进行检测，砂石桩宜进行单桩载荷试验；⑥强夯置换地基应采用圆锥动力触探等方法进行检测；⑦当设计有要求时，应对复合地基桩间土和强夯置换墩墩间土进行抽检，检测方法和抽检数量宜与处理土地基相同。

10.2.3　基桩检测的规定

工程桩验收应进行桩身完整性检测和单桩承载力检测。当基础埋深较大时，桩身完整性检测宜在基坑开挖至基底标高后进行。从成桩到开始试验的间歇时间应符合下列规定：①当采用低应变法或声波透射法检测时，受检桩桩身混凝土强度不得低于设计强度等级的 70% 或预留立方体试块强度不得小于 15MPa；②当采用钻芯法检测时，受检桩的混凝土龄期不得小于 28d 或预留立方体试块强度不得低于设计强度等级；③高应变法和静载试验的间歇时间：混凝土灌注桩的混凝土龄期不得小于 28d。预制桩（钢桩）在施工成桩后，对于砂土，不宜少于 7d；对于粉土，不宜少于 10d；对于非饱和黏性土，不宜少于 15d；对于饱和黏性土，不宜少于 25d；对于桩端持力层为遇水易软化的风化岩层，不应少于 25d。

桩身完整性和单桩承载力抽样检测的受检桩宜按下列情况综合确定：①施工质量有疑问的桩；②设计认为重要的桩；③局部地质条件出现异常的桩；④当采用两种或两种以上检测方法时，宜根据前一种检测方法的检测结果来确定后一种检测方法的受检桩；⑤同类型桩宜均匀分布。

采用高应变法进行打桩过程监测的工程桩或施工前进行静载试验的试验桩，如果试验桩施工工艺与工程桩施工工艺相同，桩身未破坏且单桩竖向抗压承载力大于等于 2 倍单桩竖向抗压承载力特征值，这类桩的桩数的一半可计入同方法验收抽检数量。

对竖向抗拔承载力有设计要求的桩基工程，应进行单桩竖向抗拔静载试验。抽检桩数不应少于总桩数的 1%，且不得少于 3 根。对水平承载力有设计要求的桩基工程，应进行单桩水平荷载静载试验。抽检桩数不应少于总桩数的 1%，且不得少于 3 根。

10.3　地基检测方法

本节主要介绍天然土地基、处理土地基和复合地基的检测方法和技术，主要包括室内土工试验和原位测试，原位测试又包括标准贯入试验、圆锥动力触探试验、静力触探试验、十字板剪切试验、平板载荷试验和复合地基载荷试验等。

10.3.1　室内土工试验

室内土工试验主要包括土的物理性质试验和力学性质试验。此外，当工程设计要求测定土的动力性质时，可采用动三轴试验、动单剪试验或共振柱试验，测出在动荷载作用下试样的应力和应变等参数，测求动弹性模量、动阻尼比、动强度等动力性质指标。动力性质试验工程上做得不多。

1. 土的物理性质试验

土的物理性质试验包括：含水量试验、密度试验、相对密度试验、颗粒分析试验、界限含水量试验、砂的相对密实度试验、土的透水性试验、击实性试验和承载比试验。

以上的物理性质指标有的是通过室内试验直接测定，有的是通过试验指标计算得到。土的物理性质试验是土工试验最基本的试验项目，试验结果反映了土的基本属性。

2. 土的力学性质试验

土的力学性质试验主要包括土的压缩-固结试验、土的抗剪强度试验和无侧限抗压强度试验。

室内土工试验的项目、成果及其应用见表 10-1。

表 10-1　室内土工试验的项目、成果及其应用

种类	试验项目	试验成果	成果的应用
土的物理性试验	含水率试验	含水率	计算土的基本物理性指标
	液限试验 塑限试验 收缩试验	液限 塑限(塑性指数、液性指数) 缩限(收缩比、体缩、线缩)	土的工程分类 判断土的状态
	密度	土的密度、相对密度、干密度	计算土的基本物理性指标及土的压实性
	相对密度	土粒相对密度	计算土的基本物理性指标
	颗粒大小分析	颗粒大小分布曲线(有效粒径、不均匀系数、曲率系数)	土的工程分类
土的力学性试验	击实试验 CBR 试验	含水率与干密度曲线 CBR 值	用于地基处理施工方法的选择和质量控制 用于路面设计
	渗透试验	渗透系数	用于土渗透问题的设计和计算
	固结试验	压缩系数、压缩指数、回弹指数、先期压力、固结系数	计算黏土体的沉降量和沉降速率
	剪切试验 无侧限抗压试验 三轴剪切试验	抗剪强度参数(内摩擦角、凝聚力)、抗压强度、灵敏度、应力-应变关系曲线	用于计算地基、斜坡、挡土墙等的稳定性

10.3.2　标准贯入试验

标准贯入试验是，用质量为 63.5kg 的穿心锤，以 76cm 的落距，将标准规格的贯入器，自钻孔底部预打 15cm，记录再打入 30cm 的锤击数来判定土的物理力学特性的一种原位试验方法。该方法的主要优点：操作简便、设备简单、适应性广，通过贯入器可以采取扰动土样，进行直接鉴别描述和有关的室内土工试验。

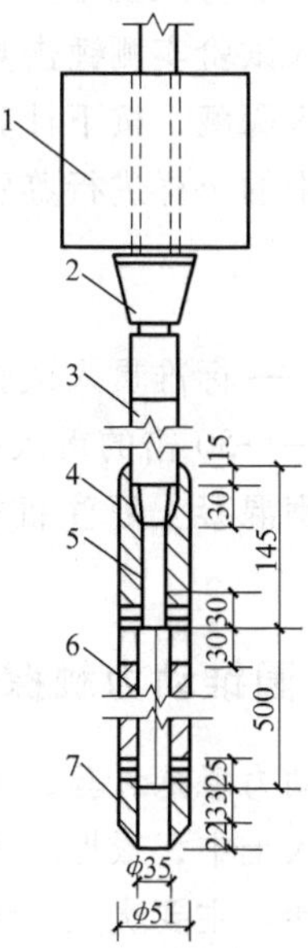

图 10-2　标准贯入试验设备（mm）
1—穿心锤　2—锤垫　3—触探杆
4—贯入器　5—出水孔　6—对开管
7—贯入器靴

1. 适用范围

不适用于碎石土处理土地基，可用于以下情况：①推定砂土、粉土、黏性土、花岗岩残积土等天然地基的地基承载力，鉴别其岩土性状；②推定非碎石土换填地基、强夯地基、预压地基、不加填料振冲加密处理地基、注浆处理地基等处理土地基的地基承载力，评价其地基处理效果。

标准贯入试验评价复合地基增强体的施工质量主要为高压喷射注浆加固体的施工质量检测。作为基桩钻芯法的辅助手段，可以用于鉴别混凝土灌注桩桩端持力层的岩土性状。

2. 仪器设备

主要由贯入器、接触探杆和穿心锤三等部分组成，如图 10-2 所示，应采用自动脱钩的自由落锤法进行试验，不得采用手拉落锤。

3. 现场检测

检测天然土地基、处理土地基，评价复合地基增强体的施工质量时，每个检测孔的标准贯入试验次数至少 3 次，否则，数据太少难以做出准确评价。同一检测孔的标准贯入试验点间距宜为等间距，深度间距宜为 1.0～1.5m。鉴别混凝土灌注桩桩端持力层岩土性状时，宜在距桩底 1m 内进行标准贯入试验，当桩端持力层为不同土层时，可对不同土层进行标准贯入试验。

标准贯入试验孔应采用回转钻进。标准贯入试验孔钻进时，应保持孔内水位略高于地下水位。当孔壁不稳定时，可用泥浆护壁。钻至试验标高以上 15cm 处，清除孔底残土后再进行试验。标准贯入试验需与钻探配合，以钻机设备为基础，如图 10-3 所示为标准贯入试验现场。

图 10-3　标准贯入试验现场

落锤高度为 76±2cm，锤击速率应小于 30 击/min。试验时，应保持贯入器、探杆、导向杆连接后的垂直度，减小导向杆与锤间的摩阻力，避免锤击偏心和侧向晃动。贯入器打入土中15cm后，开始记录每打入10cm的锤击数，累计打入30cm的锤击数为标准贯入试验实测锤击数N'。当锤击数已达50击，而贯入深度未达30cm时，应记录50击的总贯入深度，按下计算标准贯入试验实测锤击数N'，并终止试验，贯入器拔出后，应对贯入器中的土样进行鉴别描述

$$N' = 30 \times \frac{50}{\Delta S} \tag{10-1}$$

式中　N'——标准贯入试验实测锤击数；

ΔS——50击的贯入度（cm）。

当鉴别混凝土灌注桩桩端持力层岩土性状时，标准贯入锤击数应达100击方可终止试验。

10.3.3　圆锥动力触探试验

圆锥动力触探试验，是用标准质量的重锤，以一定高度的自由落距，将标准规格的圆锥形探头贯入土中，根据打入土中一定距离所需的锤击数，判定土的力学特性，具有勘探和测试双重功能。主要优点：设备轻巧、测试速度快、费用低，具有连续贯入的特性，可作为地基检测的普查手段。

1. 适用范围

圆锥动力触探试验有轻型、重型和超重型三种试验类型，应根据地质条件合理选择。轻型动力触探的优点是轻便，对于施工验槽、填土勘察、查明局部软弱土层、洞穴等分布，均有实用价值，可用于推定换填地基、黏性土、粉土、粉砂、细砂及其处理土地基的地基土承载力，鉴别地基土性状，评价处理土地基的施工效果。重型动力触探应用广泛，其规格标准与国际通用标准一致，可用于推定黏性土、粉土、砂土、中密以下的碎石土、极软岩及其处理土地基的地基土承载力，鉴别地基土岩土性状，评价处理土地基的施工效果；也可用于检验振冲桩、砂石桩的成桩质量。超重型动力触探的能量指数（落锤能量与探头截面积之比）与国际通用标不一致，但相近，可用于推定密实碎石土、极软岩和软岩等地基承载力。

2. 仪器设备

测试设备包括探杆（包括导向杆）、提引器（分内挂式和外挂式两种）、穿心锤、锤座（包括钢砧与锤垫）和探头，如图10-4所示。

重型及超重型圆锥动力触探的落锤应采用自动脱钩装置。触探杆顺直与否直接影响试验结果，因此触探杆应保持顺直，每节触探杆相对弯曲宜小于0.5%，丝扣完好无裂纹。

3. 现场检测

锤击能量是影响试验结果的最重要因素，为使锤击能量比较恒定，落锤方式采用控制落距的自动落锤。试验时，应防止锤击偏心和探杆晃动，注意保持杆件垂直，探杆偏斜度不超过2%。

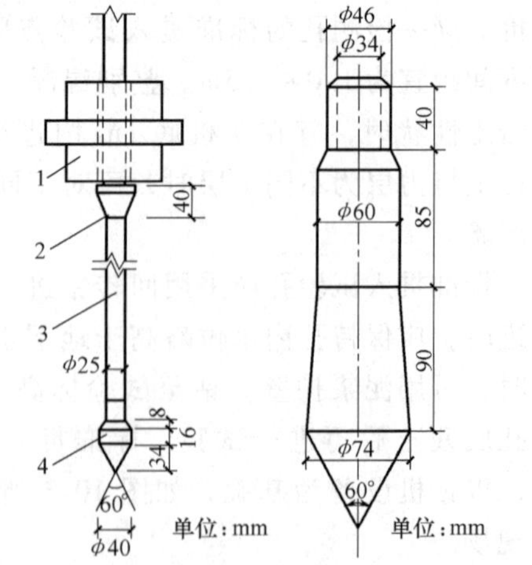

图10-4　轻型动力触探试验设备

1—穿心锤　2—锤垫　3—触探杆　4—圆锥头

应连续锤击贯入，锤击速率宜为 15 ~ 30 击/min。轻型动力触探锤的落距应为 50cm，重型动力触探锤的落距应为 76cm，超重型动力触探锤的落距应为 100cm。每贯入 1m，应将探杆转动一圈半。

轻型动力触探记录每贯入 30cm 的锤击数，记为 N_{10}；重型及超重型动力触探记录每贯入 10cm 的锤击数，分别记为 $N'_{63.5}$和 N'_{120}。对于轻型动力触探，当 $N_{10} > 100$ 或贯入 15cm 的锤击数超过 50 时，可终止试验。贯入 15cm 时锤击数超过 50 时，轻型动力触探锤击数取为 2 倍的实际锤击数。对于重型动力触探，当连续三次 $N'_{63.5} > 50$ 时，可终止试验或改用超重型动力触探。当有硬夹层时，宜穿过硬夹层后继续试验。当探头直径磨损大于 2mm 或锥尖高度磨损大于 5mm 时应及时更换探头。

10.3.4　静力触探试验

静力触探试验采用静力方式匀速将标准规格的探头压入土中，同时，量测探头贯入阻力，测定土的力学特性的原位测试方法。

1. 适用范围

静力触探试验可用于推定软土、一般黏性土、粉土、砂土和含少量碎石及其经过强夯处理、预压处理等地基（土）承载力。静力触探资料有地区局限性，应用时应充分考虑当地工程实践经验，并宜通过有统计意义的经验关系进行分析应用。对于含少量砾碎石的土密实砂土，静力触探的适用性应视砾碎石含量、粒径级配等条件而定。

2. 仪器设备

静力探触设备，一般由三部分构成：量测记录仪器、贯入系统和静力触探头及其标定设备。触探头根据其结构和功能，主要分为单桥触探头和双桥触探头两种。单桥触探可测定比贯入阻力，双桥触探可测定锥尖阻力和侧壁摩阻力。因仪器、电缆的不同，触探头的系统率定系数有所变化，因此，必须配套率定。室内探头率定的非线性误差、重复性误差、滞后误差、温度漂移、归零误差均应小于 1% FS。现场归零误差应小于 3%，绝缘电阻不小于 500MΩ。探头使用后，其整体性能也将会有所变化，因此，应定期进行率定。现场试验过程中，当探头返回地面时必须记录归零误差，这是试验数据质量好坏的重要标志。

量测仪器宜采用专用的静力触探试验记录仪，应保证在温度 -10 ~ 45℃ 的环境中工作，温度漂移误差应小于 0.01% FS/℃。信号传输线应采用屏蔽电缆，双桥触探头两组桥路的信号传输线宜分别屏蔽。为了减少探杆与孔壁的摩擦力，探杆的直径应小于锥底的直径。为了减少断杆事故的发生，探杆应有足够的强度，应采用高强度无缝管材，其屈服强度不宜小于 600MPa，探杆不得有裂纹和损伤。触探杆应顺直，每节触探杆相对弯曲宜小于 0.5%，丝扣完好无裂纹。

3. 现场检测

静力触探反力装置提供的反力应大于预估的最大贯入阻力，通常有三种方式：利用地锚作反力、利用重物作反力和利用车辆自重作反力。

仪器设备安装应平稳、牢固，检测孔应避开地下电缆、管线及其他地下设施，应根据检测深度和表面土层的性质，选择适应的反力装置。

为了保证静力触探的数据质量，触探头的率定应在每次试验前进行。应根据土层性质和预估贯入阻力，选择分辨率合适的静力触探头。试验前，触探头应连同仪器、电缆在室内进行率定。测试时间超过三个月时，每三个月应对静力触探头率定一次，当发现异常情况时，应重新率定。

现场操作应符合以下规定：

1）现场量测仪器应与率定触探头时的量测仪器相同。贯入前，应连接量测仪器对触探头进行试压，检查顶柱、锥头、摩擦筒是否能正常工作。

2）装卸触探头时，不应转动触探头。

3）先将触探头贯入土中0.5～1.0m，然后提升5～10cm，待量测仪器无明显零点漂移时，记录初始读数或调整零位，方能开始正式贯入。

4）触探的贯入速率应控制在（1.2±0.3）m/min范围内。在同一检测孔的试验过程中宜保持匀速贯入。

10.3.5 十字板剪切试验

十字板剪切试验，用插入土中的标准十字板探头，以一定速率扭转，量测土破坏时的抵抗力矩，测定土的不排水抗剪强度。

1. 适用范围

可用于检测软黏性土及其预压处理地基的不排水抗剪强度和灵敏度，软黏性土是指天然孔隙比大于或等于1.0，且天然含水量大于液限的细粒土。

2. 仪器设备

根据测力方式，十字板剪切仪主要分为机械式和电测式。机械式十字板剪切仪是利用蜗轮旋转插入土层中的十字板头，由开口钢环测出抵抗力矩，计算土的抗剪强度，其特点是施加的力偶对转杆不产生额外的推力。电测式十字板剪切仪是通过在十字板头上连接处贴有电阻片的受扭力矩的传感器，用电阻应变仪测剪切扭力，与机械式的主要区别在于测力装置不用钢环，而是在十字板头上端连接一个贴有电阻应变片的扭力传感器装置。

十字板形状宜为矩形，宽高比1:2，板厚宜为2～3mm；扭力测量设备需满足对测量量程的要求和对使用环境适应性的要求，才可能确保检测工作正常进行。量测仪器宜采用专用的试验记录仪，信号传输线应采用屏蔽电缆。触探杆应顺直，每节触探杆相对弯曲宜小于0.5%，丝扣完好无裂纹。

试验前，探头应连同量测仪器、电缆进行率定，室内探头率定测力传感器的非线性误差、重复性误差、滞后误差、归零误差均应小于1%FS，现场归零误差应小于3%，温度漂移应小于0.01%FS/℃，绝缘电阻不小于500MΩ。测量精度应达到1kPa。仪器应能在温度-10～45℃的环境中正常工作。

3. 现场检测

安装仪器设备，应保证平稳，检测孔应避开地下电缆、管线及其他地下设施，当检测附近处地面不平时，应平整场地。

机械式十字板剪切仪试验操作应符合下列规定：

1）利用钻孔辅助设备成孔，将套管下至欲测深度以上3～5倍套管直径处，并清除孔内残土。

2）将十字板头、轴杆与探杆逐节连接并拧紧，然后下放孔内至十字板头与孔底接触。

3）接上导杆，将底座穿过导杆固定在套管上，用制紧螺钉拧紧，然后将十字板头压入土内欲测深度处；当试验深度处为较硬夹层时，应穿过该层再进行试验。十字板插入至试验深度后，至少应静止 3min，方可开始试验。

4）先提升导杆 2 ~ 3cm，使离合器脱离，用旋转手柄快速旋转导杆十余圈，使轴杆摩擦减至最低值，然后再合上离合器。

5）安装扭力测量设备，测读初始读数。

6）施加扭力，以 6 ~ 12°/min 的转速旋转，每 1 ~ 2°测读数据一次。当出现峰值或稳定值后，再继续测读 1 min。其峰值或稳定值读数即为原状土剪切破坏时的读数。

7）松开导杆夹具，测读初始读数 或调整零位，再用扳手或管钳快速将钻杆反方向转动 6 圈，使十字板头周围土充分扰动，进行重塑土的试验，测得最大读数。

8）依次进行下一个测试深度处的剪切试验。

9）待全孔试验完毕后，逐节提取探杆与十字板头，清洗干净，检查各部件的完好程度，妥善保存，不应使板头暴晒。

电测式十字板剪切试验操作应符合下列规定：

1）十字板探头压入前，宜将探头的电缆线一次穿入需用的全部探杆。

2）现场量测仪器应与率定探头时的量测仪器相同。贯入前，应连接量测仪器对探头进行试力，检查探头是否能正常工作。

3）将十字板头直接缓慢贯入至欲测深度处，使用旋转装置卡盘卡住探杆；至少应静止 3min 后，测读初始读数或调整零位，方可开始正式试验。

以后各步操作同机械式十字板剪切仪试验操作注意：严禁用电缆线提拉探头。

每个检测孔的十字板剪切试验次数不应少于 3 次，同一检测孔的试验点的深度间距规定宜为 1.5 ~ 2.0m，当需要获得多个检测点的数据而土层厚度不够时，深度间距可放宽至 0.8m；当土层随深度的变化复杂时，可根据工程实际需要，选择有代表性的位置布置试验点，不一定均匀间隔布置试验点，遇到变层，要增加检测点。当出现下列情况之一时，可终止试验：①达到检测要求的测试深度；②十字探头的阻力达到额定荷载值；③电信号陡变或消失；④探杆倾斜度超过 2%。

10.3.6 平板载荷试验

平板载荷试验，是对天然地基、处理土地基、复合地基的表面逐级施加竖向压力，测量其沉降随时间的变化，以确定其承载能力的试验方法。

1. 适用范围

可确定承压板下应力主要影响范围内天然地基、处理土地基和复合地基的承载力特征值和变形参数。地基承载力特征值指由荷载试验测定的地基土压力变形曲线线性段内规定的变形所对应的压力值，其最大值为比例界限值。变形参数主要是指地基的变形模量。

2. 仪器设备

承压板应有足够刚度，可采用圆形、正方形、矩形钢板或钢筋混凝土板。在软土上进行平板载荷试验时，如果承压板尺寸较小，承压板易发生倾斜，试验荷载太小时难以配备相应的千斤顶和油压表，因此要求承压板面积不应小于 $0.5m^2$，软土不应小于 $1.0m^2$。

当采用两台及两台以上千斤顶加载时，为防止偏心受荷，要求千斤顶活塞直径应一样且应并联同步工作。在设备安装时，千斤顶的合力中心、承压板中心、反力装置重心、拟试验区域的中心应在同一铅垂线上。当采用两台及两台以上千斤顶加载时，千斤顶的规格、型号应相同，千斤顶的合力中心、承压板中心应在同一铅垂线上，千斤顶应并联同步工作，如图10-5所示。

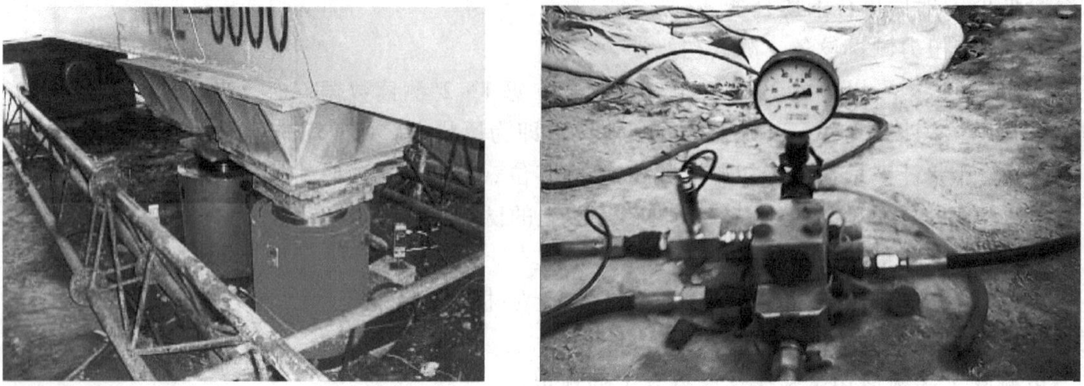

a)　　b)

图 10-5　千斤顶并联
a）千斤顶并联　b）千斤顶油管并联

平板载荷试验装置示意如图10-6所示，加载反力装置宜选择压重平台等反力装置，应能提供的反力不得小于最大试验荷载的1.2倍，应对主要受力构件进行强度设计和变形验算，试验前压重应一次加足，均匀稳固地放置于平台上，压重平台支墩施加于地基土上的压应力不宜大于地基土承载力特征值的1.5倍。

荷载测量可用放置在千斤顶上的荷重传感器直接测定，也可采用并联于千斤顶油路的压力表或压力传感器测定油压，根据千斤顶校准结果换算荷载。宜采用位移传感器或大量程百分表进行承压板沉降测量，承压板面积大于等于1 m^2时，应在其两个方向对称安置4个位移测量仪表，承压板面积小于1m^2时，可对称安置2个位移测量仪表。位移测量仪表应安装在承压板上。各位移测量仪表在承压板上的安装点距承压板边缘的距离应一致，宜为25～50mm。应牢固设置基准桩，基准桩和基准梁应具有一定的刚度，梁的一端应固定在基准桩上，另一端应简支于基准桩上；基准桩、基准梁和固定沉降测量仪表的夹具应避免太阳照射、振动及其他外界因素的影响。

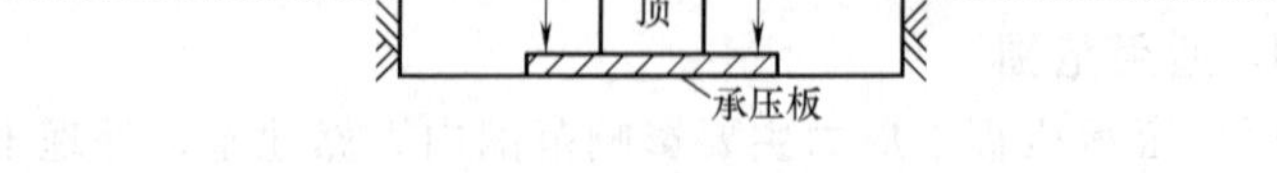

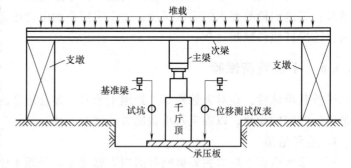

图 10-6　平板载荷试验装置示意图

选择仪器设备时应注意，压力传感器的测量误差不应大于1%，压力表精度应优于或等于0.4级；在最大试验荷载时，试验用液压泵、油管的压力不应超过规定工作压力的80%；荷重传感器、千斤顶、压力表或压力传感器的量程不应大于最大试验荷载的2.5倍，且不应小于最大试验荷载的 1.2 倍；位移测量仪表的测量误差不大于 0.1% FS，分辨力优于或等于 0.01mm。

试坑宽度或直径不应小于承压板宽度或直径的三倍。试坑试验标高应与地基土基底设计标高或复合地基桩顶设计标高一致。天然地基和处理土地基试验时，承压板底面下宜用中粗砂找平，其厚度不超过 20mm。承压板、压重平台支墩和基准桩之间的距离应符合相关的规定。试验前应采取措施，防止试验过程中场地地基土含水量的变化或地基土的扰动，影响试验效果。必要时，承压板周边应覆盖防水布。

3. 现场检测

最大试验荷载等于最大试验压力与承压板面积的乘积，最大试验压力应不小于设计要求的地基承载力特征值的 2.0 ~ 2.5 倍。正式试验前应进行预压。预压载荷为最大试验荷载的 5% ~ 10%。预压后卸载至零，测读位移测量仪表的初始读数或重新调整零位。

试验加载应分级进行，采用逐级等量加载，分级荷载宜为最大试验荷载的 1/8 ~ 1/12，其中，第一级荷载可取分级荷载的 2 倍。试验卸载也应分级进行，每级卸载量取加载时分级荷载的 2 倍，逐级等量卸载。加载、卸载时应使荷载传递均匀、连续、无冲击，每级荷载在维持过程中的变化幅度不得超过该级增减量的 ±10%。

试验时，每级荷载施加后按第 5min、15min、30min、45mm 和 60min 测读承压板的沉降量，以后每隔 30min 测读一次。承压板沉降相对稳定标准：试验荷载小于等于特征值对应的荷载时每一小时内的承压板沉降量不超过 0.1mm，试验荷载大于特征值对应的荷载时每一小时内承压板沉降量不超过 0.25mm。当承压板沉降速率达到相对稳定标准时，再施加下一级荷载。卸载时，每级荷载维持 30min，按第 5min、15min 和 30min 测读承压板沉降量，卸载至零并测读一次，2h 后再测读一次。

如果荷载已经达到反力装置提供的最大加载量，而未达到最大试验压力，或者由于出现异常而无法施加荷载，应中止试验，重新选择试验点进行试验。

当出现下列情况之一时，可终止加载：①承压板周围的土明显地侧向挤出；②沉降急剧增大（本级荷载下的沉降量超过前级的 5 倍），荷载 - 沉降曲线出现陡降段；③某级荷载作用下，24h 内沉降速率未能达到相对稳定标准；④累计沉降量与承压板直径或宽度（矩形承压板取短边）之比大于或等于 0.06；⑤加载至最大试验荷载，承压板沉降速率达到相对稳定标准。

10.3.7　复合地基载荷试验

复合地基载荷试验用于测定承压板下应力主要影响范围内复合土层的承载力和变形参数，验证设计方案的合理性。试验过程与天然地基载荷试验过程基本相同，主要包括试验前准备和现场试验等工作。

1. 试验前准备

试验前准备工作包括：加载系统和量测系统传感器的标定和安装、开挖出坑、铺设垫层、放置载荷板等。具体要求如下：

1）承压板应为刚性，圆形单桩可采用等直径圆形载荷板，“8”字形水泥土搅拌桩可采用矩形载荷板；单桩复合地基载荷试验的承压板可用圆形或方形，面积为一根桩承担的处理面积；多桩复合地基载荷试验的承压板可用方形或矩形，其尺寸按实际桩数所承担的处理面积确定。桩截面形心应与承压板中心保持一致，与荷载作用点重合。

2）承压板底高程应与桩顶设计标高相同，试验标高处的试坑长度和宽度，一般应大于承压板尺寸的3倍。基准梁及加荷平台支点（或锚桩）宜设在试坑以外，且与承压板边的净距不应小于2m。

3）承压板下宜铺设中、粗砂或中砂找平层，其厚度为100～150mm，桩身强度高时厚度取大值，且铺设垫层和安装载荷板时坑底不宜积水，并避免地基土的扰动，以免影响试验结果。如采用设计垫层厚度进行试验，对独立基础和条形基础应采用设计基础宽度，对大型基础有困难时应考虑承压板尺寸和垫层厚度对试验结果的影响。

2. 现场检测

通过加荷系统逐级施加荷载，同时定时量测并记录每级荷载下的地基变形，直到荷载达到最大加载量或复合地基达到破坏。

加载等级可分为8～12级。最大加载压力不应小于设计要求承载力特征值的2倍。每加一级荷载前后均应各读记承压板沉降量一次，以后每半个小时读记一次。当一小时内沉降量小于0.1mm时，即可加下一级荷载。卸载级数可为加载级数的一半，等量进行，每卸一级，间隔半小时，读记回弹量，待卸完全部荷载后间隔3h读记总回弹量。

当出现下列现象之一时可终止试验：①沉降急剧增大，土被挤出或承压板周围出现明显的隆起；②承压板的累计量已大于其宽度或直径的6%；③当达不到极限荷载，而最大加载压力已大于设计要求压力值的2倍。

10.4 桩基成孔检测与承载力检测

桩基工程检测技术包括两个方面：即成孔检测和成桩检测。成孔检测主要检测桩孔位置、孔深、孔径、垂直度、沉渣厚度、泥浆指标等。成孔质量的好坏直接影响到混凝土浇注后的成桩质量：桩孔径偏小则使得成桩的侧摩阻力、桩尖端承力减小，整桩的承载能力降低；桩孔扩径将导致成桩上部侧阻力增大，而下部侧阻力不能完全发挥，同时单桩的混凝土浇注量增加，费用提高；桩孔偏斜在一定程度上改变了桩竖向承载受力特性，削弱了桩基承载力的有效发挥，并且孔偏斜还易产生吊放钢筋笼困难、塌孔、钢筋保护层厚度不足等问题；桩底沉渣过厚使桩长减小，对于端承桩则直接影响桩尖的端承能力。因此，在混凝土浇注前进行成孔质量检测对于控制成桩质量显得尤为重要，成孔质量的检测方法见表10-2。

表10-2 成孔质量的检测方法

检测项目	桩位	孔深	桩径	垂直度	泥浆密度	沉渣厚度
检查方法	开挖前量护筒，开挖后量桩中心	不允许欠深，可采用重锤测，或通过测钻杆、套筒长度	可用井径仪或超声波检测，施工时用钢尺量	测套筒或钻杆，或于施工时吊垂球。或用超声波探测	用相对密度计测，清孔后距孔底50cm处取样	采用沉渣仪或重锤测量

成桩检测主要检测桩的承载能力和桩身完整性等。桩基完整性与承载能力的检测是一门新兴的高新技术，它涉及建筑工程、基础工程、岩土力学、材料力学、土动力学、声学、电子技术、计算机技术以及数理统计等多门学科。现有的检测方法概括起来可分为两大类，第一类方法为直接法，它是通过对实际试桩进行动的或静的试验测定的。它有静荷载试验和各

种动测方法（如动力参数法、共振法、锤击贯入法、机械阻抗法、水电效应法、波动方程法等）。目前我国在动测技术方面，不论是仪器设备还是基础理论都有了很大的提高，但仍存在一些需要研究和解决的问题。第二类方法为间接法，它是通过其他手段，分别得出桩底端阻力和桩身的侧阻力后相加求得，无需对桩进行试验（如经验公式法、原位测试等）。

桩的动力检测按其桩身所受到应力水平的高低，又分为高应变和低应变两类。我国的桩基检测技术的发展特点是成桩检测技术优于成孔检测技术，而成桩检测中的动力检测方法的发展更快，而且有多项方法为我国首创，如锤击贯入法、动参数法、水电效应法、共振法等，并且某些动测方法已达到或接近国际先进水平。在工程中，主要进行成桩检测。下面将分别介绍桩的承载力检测和桩的完整性检测。

从测试时加载的方式来说，基桩承载力测试有单桩静载试验和高应变法两种方法。

1）单桩静载试验是在桩顶部逐级施加竖向压力、竖向上拔力或水平推力，观测桩顶部随时间产生的沉降、上拔位移或水平位移，以确定相应的单桩竖向抗压承载力、单桩竖向抗拔承载力和单桩水平承载力的试验方法。根据所施加的荷载方向和测试结果的不同，静载试验分为竖向抗压静载试验、竖向抗拔静载试验和水平静载试验。

2）高应变法是用重锤冲击桩顶，实测桩上部的速度和力时程曲线，通过波动理论分析，对单桩竖向抗压承载力和桩身完整性进行判定的检测方法。高应变法属于动力检测方法，判定单桩竖向抗压承载力是否满足设计要求是其主要检测功能之一。

10.4.1　单桩竖向抗压静载试验

单桩竖向抗压静载试验采用接近于竖向抗压桩的实际工程条件的试验方法来确定单桩竖向抗压承载力，是检测基桩竖向抗压承载力最直接、最可靠的试验方法。该试验的主要目的是确定单桩竖向抗压极限承载力，判定单桩竖向抗压承载力是否满足设计要求，验证高应变法的单桩竖向抗压承载力检测结果。单桩竖向抗压静载试验，可以为工程设计提供参考，为工程验收提供依据，也可以为收集科研资料、编制规范、开拓新型桩基提供支持。

1. 适用范围

单桩竖向抗压静载试验的试验方法分为快速维持荷载法和慢速维持荷载法。工程实践表明，快速维持荷载法试验结果能满足工程要求，而且能缩短试验周期，减少昼夜温差等环境影响引起的沉降测量误差；慢速维持荷载法适用于摩擦桩或桩端持力层为遇水易软化的风化岩层的情况。

2. 仪器设备

试验设备主要由主梁、次梁、锚桩或压重等反力装置，千斤顶、液压泵加载装置，压力表、压力传感器或荷重传感器等荷载测量装置，百分表或位移传感器等位移测量装置组成。

（1）反力装置　静载试验加载反力装置可根据现场条件选择锚桩横梁反力装置、压重平台反力装置、锚桩压重联合反力装置、地锚反力装置、岩锚反力装置、静力压桩机等，如图 10-7 所示。选择加载反力装置应注意，反力装置能提供的反力不得小于最大试验荷载的 1.2 倍，应对加载反力装置的主要构件进行强度和变形验算，在最大试验荷载作用下，加载反力装置的全部构件不应产生过大的变形，应有足够的安全储备；应对锚桩抗拔力（地基土、抗拔钢筋和桩的接头等）进行验算；采用工程桩作锚桩时，锚桩数量不应少于 4 根，并应实时监测锚桩上拔量；压重宜在检测前一次加足，并均匀稳固地放置于平台上；压重平

a)

b)

图 10-7 反力装置
a）压重平台反力装置 b）锚桩横梁反力装置

台支墩施加于地基土上的压应力不宜大于地基土承载力特征值的 1.5 倍。

（2）荷载测量 静载试验均采用千斤顶与液压泵相连的形式，由千斤顶施加荷载。荷载测量可采用以下两种形式，一是通过用放置在千斤顶上的荷重传感器直接测定，二是通过并联于千斤顶油路的压力表或压力传感器测定液压，根据千斤顶率定曲线换算荷载。千斤顶校准一般从其量程的 20% 或 30% 开始，根据 5 ~ 8 个点的检定结果给出率定曲线（或校准方程）。选择千斤顶时，最大试验荷载对应的顶出力宜为千斤顶量程的 30% ~ 80% 。当采用两台及两台以上千斤顶加载时，为了避免受检桩偏心受荷，千斤顶型号、规格应相同且应并联同步工作。试验用液压泵、油管在最大加载时的压力不应超过规定工作压力的 80% 较高时，当试验液压，液压泵应能满足试验要求。

目前检测机构多采用自动化静载试验专用测试仪器，采用荷重传感器测量荷重或采用压力传感器测定液压，实现加卸荷与稳压自动化控制，不仅劳动强度低，而且工作效率高，测试数据可靠。选用仪器设备时应注意，压力传感器的测量误差不应大于 1% ，压力表精度应优于或等于 0.4 级，在试验荷载达到最大试验荷载时，试验用液压泵、油管的工作压力不应超过额定工作压力的 80% 。荷重传感器、千斤顶、压力表或压力传感器的量程不应大于最大试验荷载的 2.5 倍，也不应小于最大试验荷载的 1.2 倍，位移测量仪表的测量误差不大于 0.1% FS，分辨力优于或等于 0.01mm。

（3）沉降测量 沉降测量平面一般应设置在千斤顶底座承压板以下的桩身混凝土上，不得在承压板上或千斤顶上设置沉降观测点，避免沉降观测数据失实。如果千斤顶与受检桩之间的钢板的刚度足够大，为方便操作，沉降测量点可参照平板载荷试验设置。

基准桩应打入地面以下足够的深度，一般不小于 1m。基准梁应稳固地安置在基准桩上，应限制基准梁的横向位移，只允许基准梁因温度变化而引起的轴向自由变形。基准梁的一端应固定在基准桩上，另一端应简支于基准桩上，以减少温度变化引起的基准梁挠曲变形。在满足规范规定的条件下，基准梁不宜过长，和基准桩、固定位移测量仪表的夹具一起，采取有效遮挡措施，以减少温度变化和刮风下雨、振动及其他外界因素的影响，尤其在昼夜温差较大且白天有阳光照射时更应注意。

加卸载过程中，荷载将通过锚桩或压重平台传递给受检桩、基准桩的周围地基土，并使之产生变形。受检桩、基准桩和锚桩（或压重平台支墩）三者间相互距离越小，地基土变形对试桩、基准桩的附加应力和变形影响就越大。在场地土较硬时，堆载引起的支墩及其周边地面沉降和试验加载引起的地面回弹均很小。但在软土场地，大吨位堆载由于支墩影响范围大而应引起足够的重视。为了减少地基土变形对试验结果的影响，要求受检桩、锚桩（或压重平台支墩）和基准桩之间的距离应符合相关规定。

沉降测量宜采用位移传感器或大量程百分表进行桩顶沉降测量，应安装在平面宜在桩顶200mm 以下位置，测点应固定于桩身混凝土上，位移测量仪表应固定于基准梁上；当有桩帽时，位移测量仪表也可直接安装在桩帽上；对于直径或边宽大于 500mm 的桩，应在其两个方向对称安置 4 个位移测量仪表，直径或边宽小于等于 500mm 的桩可对称安置 2 个位移测量仪表。

3. 现场检测

试验过程中，应保证不会因桩头破坏而终止试验，但桩头部位往往承受较高的竖向荷载和偏心荷载，因此，一般应对桩头进行处理。预制方桩和预应力管桩，如果未进行截桩处理、桩头质量正常，单桩设计承载力合理，可不进行处理。为了便于两个千斤顶的安装方便，同时进一步保证桩头不受破损，可针对不同的桩径制作特定的桩帽，套在试验桩桩头上。

试验设备安装完毕之后，应进行一次系统检查。对试验桩进行预载，其目的是，消除整个量测系统和被检桩本身由于安装、桩头处理等人为因素造成的间隙而引起的非桩身沉降；排除千斤顶和管路中的空气；检查管路接头、阀门等是否漏油等。如果一切正常，卸载至零，待百分表显示的读数稳定后，并记录百分表初始读数，即可开始进行正式加载。对工程桩用作锚桩的灌注桩和有接头的混凝土预制桩，静载试验前宜对其桩身完整性进行检测。对工程桩抽样检测时，最大试验荷载不应小于设计要求的单桩竖向抗压承载力特征值的 2.0 倍。

加载应分级进行，分级荷载宜为最大试验荷载的 1/10，采用逐级等量加载。慢速维持荷载法第一级荷载可取分级荷载的 2 倍，快速维持荷载法第一级荷载和第二级荷载可取分级荷载的 2 倍，以后的每级荷载取为分级荷载。卸载也应分级进行，逐级等量卸载，每级卸载量取分级荷载的 2 倍。其中第一级卸载量可视情况取分级荷载的 2 ~ 3 倍。加、卸载时应使荷载传递均匀、连续、无冲击，每级荷载在维持过程中的变化幅度不得超过该级增减量的 ±10%。

慢速维持荷载法的试验步骤应符合下列规定：①每级荷载施加后按第 5min、15min、30min、45min、60min 测读桩顶沉降量，以后每隔 30min 测读一次；②受检桩沉降相对稳定标准：每一小时内的桩顶沉降量不超过 0.1mm，并连续出现两次（由 1.5h 内的沉降观测值计算）；③当桩顶沉降速率达到相对稳定标准时，再施加下一级荷载；④卸载时，每级荷载维持 1h，按第 5min、15min、30min、60min 测读桩顶沉降量；⑤卸载至零后，应测读桩顶残余沉降量，维持时间为 3h，测读时间为第 5min、15min、30min，以后每隔 30min 测读一次。

快速维持荷载法的试验步骤应符合下列规定：①每级荷载施加后按第 5min、15min、30min 测读桩顶沉降量，以后每隔 15min 测读一次；②受检桩沉降相对收敛标准：加载时每级荷载维持时间不应少于一小时，最后15min时间间隔的桩顶沉降增量小于相邻15min时间间隔的桩顶沉降增量；③当桩顶沉降速率达到相对收敛标准时，再施加下一级荷载；④卸载时，每级荷载维持15min，按第5min、15min测读桩顶沉降量；⑤卸载至零后，应测读桩顶残余沉降量，维持时间为2h，测读时间为第5min、15min、30min，以后每隔30min测读一次。

在试验过程中，可能出现一些情况，例如：基准桩或基准梁遭受意外破坏，位移测量仪表接近满量程，预测难以继续进行桩顶沉降测量。位移测量仪表应重新安装，并及时进行补充读数。

也可能出现一些情况导致施加荷载未达到最大试验荷载而被迫终止，例如：由于加载系统漏油等原因，无法施加荷载；已达加载反力装置的最大试验荷载；当工程桩作锚桩时，锚桩上拔量已达到允许值。这种情况下的试验结果不得作为验收依据，应重新进行试验。重新试验时，依据试验结果应具有代表性的原则，来确定是在原受检桩上重新试验还是重新选择受检桩进行试验。

当出现下列情况之一时，可终止加载：①某级荷载作用下，桩顶沉降量大于前一级荷载作用下沉降量的5倍；当桩顶沉降能稳定且总沉降量小于40mm时，宜加载至桩顶总沉降量超过40mm。②某级荷载作用下，桩顶沉降量大于前一级荷载作用下沉降量的2倍，且经24h尚未达到稳定（收敛）标准；③当达不到极限荷载，已达到最大试验荷载，桩顶沉降速率达到相对稳定（收敛）标准；④当荷载-沉降曲线呈缓变形时，可加载至桩顶总沉降量60~80mm；在特殊情况下，可根据具体要求加载至桩顶累计沉降量超过80mm。

10.4.2　单桩竖向抗拔静载试验

单桩竖向抗拔静载荷试验采用接近于竖向抗拔桩实际工作条件的试验方法确定单桩的竖向抗拔极限承载能力，是最直观、可靠的试验方法，可以弥补桩基础上拔承载力理论计算的不足。当埋设有桩身应力、应变测量传感器时，或桩端埋设有位移测量杆时，也可直接测量桩侧抗拔摩阻力分布或桩端上拔量。单桩竖向抗拔静载试验一般按设计要求确定最大加载量，为设计提供依据的试验桩应加载至桩侧土破坏或桩身材料达到设计强度。国内外桩的抗拔试验惯用的方法是慢速维持荷载法。

1. 适用范围

单桩竖向抗拔静载试验适用于确定单桩竖向抗拔极限承载力，判定单桩竖向抗拔承载力是否满足设计要求。

2. 仪器设备

试验设备主要由主梁、次梁（适用时）、反力桩或反力支承墩等反力装置，千斤顶、液压泵加载装置，压力表、压力传感器或荷重传感器等荷载测量装置，百分表或位移传感器等位移测量装置组成。

（1）反力装置　抗拔试验反力装置宜采用反力桩（或工程桩）提供支座反力，也可根据现场情况采用天然地基提供支座反力：反力架系统应具有不小于1.5倍的安全系数。

采用反力桩（或工程桩）提供支座反力时，反力桩顶面应平整并具有一定的强度，为保证反力梁的稳定性，应注意反力桩顶面直径（或边长）不宜小于反力梁的梁宽，否则，应加垫钢板以确保试验设备安装稳定性。

采用天然地基提供反力时，两边支座处的地基强度应相近，且两边支座与地面的接触面积宜相同，施加于地基的压应力不宜超过地基承载力特征值的1.5倍，避免加载过程中两边沉降不均造成试桩偏心受拉，反力梁的支点重心应与支座中心重合。

加载装置采用油压千斤顶，千斤顶的安装有两种方式：一种是千斤顶放在试桩的上方、主梁的上面，因拔桩试验时千斤顶安放在反力架上面，比较适用于一个千斤顶的情况，特别是穿心张拉千斤顶，当采用二台以上千斤顶加载时，应采取一定的安全措施，防止千斤顶倾倒或其他意外事故发生。可根据现场情况而定，尽量利用工程桩为支座反力，图10-8所示为抗拔试验装置的示意图。

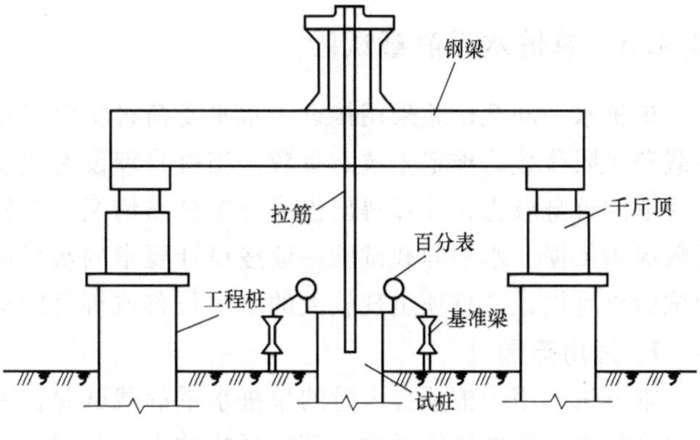

图10-8　抗拔桩试验装置

（2）荷载测量　荷载测量形式和单桩竖向抗压静载试验一样，仪器性能要求也一样，不同的是，基桩的抗拔承载力远低于抗压承载力，在选择千斤顶和压力表时，应注意量程问题，特别是试验荷载较小的试验桩，采用“抬”的形式时，应选择相适应的小吨位千斤顶，避免“大秤称轻物”。对于大直径、高承载力的试桩，可采用两台或四台千斤顶对其加载。当采用两台及两台以上千斤顶加载时，为了避免受检桩偏心受荷，千斤顶型号、规格应相同且应并联同步工作。

（3）上拔测量　上拔测量应采用位移传感器或大量程百分表进行桩顶上拔量测量，安装时，以上拔量测定平面宜与基础底标高一致，测点应固定于桩身混凝土上，条件许可时，也可固定在桩顶面上，位移测量仪表应固定于基准梁上。直径或边宽大于500mm的桩，应在其两个方向对称安置4个位移测量仪表，直径或边宽小于等于500mm的桩可对称安置2个位移测量仪表。应牢固设置基准桩，基准桩和基准梁应具有一定的刚度，梁的一端应固定在基准桩上，另一端应简支于基准桩上。基准桩、基准梁和固定位移测量仪表的夹具应避免太阳照射、振动及其他外界因素的影响。

3. 现场检测

对工程桩抽样检测时，最大试验荷载不应小于设计要求的单桩竖向抗拔承载力特征值的2.0倍。对不允许带裂缝工作的工程桩，按设计要求确定最大试验荷载，最大试验荷载不应小于设计要求的单桩竖向抗拔承载力特征值。

试验前，受检桩桩头应进行处理。受检桩应预留出足够主筋长度。必要时，混凝土灌注桩可用钢筋混凝土制作受检桩抗拔测试承台，管桩可进行插筋填芯处理。试坑底面宜与桩承台底标高一致。受检桩顶露出试坑底面的高度不宜小于600mm。

单桩竖向抗拔静载试验加载、卸载分级及慢速维持荷载法的试验步骤同单桩竖向抗压静载试验的要求，试验过程中应仔细观察桩身混凝土开裂情况。

在试验过程中，如果出现荷载无法施加到最大试验荷载而被迫终止加载，应重新进行试验。当出现下列条件之一时，即可终止加载，认为试验已经完成：

①在某级荷载作用下，桩顶上拔量大于前一级荷载作用下上拔量的5倍，且累计上拔量

大于 15mm；②当达不到极限荷载，已达到最大试验荷载，桩顶上拔量速率达到相对稳定标准；③按钢筋抗拉强度控制，桩顶上拔荷载达到钢筋强度标准值的 0.9 倍；④按桩顶上拔量控制，当累计桩顶上拔量超过 100mm 时。

10.4.3 单桩水平静载试验

单桩水平静载试验采用接近于水平受荷桩实际工作条件的试验方法，确定单桩水平临界荷载和极限荷载，推定土抗力参数。当桩身埋设有应变测量传感器时，可测量相应水平荷载作用下的桩身应力，计算得出桩身弯矩分布情况，为检验桩身强度、推求不同深度弹性地基系数提供依据。水平静载试验一般按设计要求的水平位移允许值控制加载，为设计提供依据的试验桩宜加载至桩顶出现较大的水平位移或桩身结构破坏。

1. 适用范围

本方法适用于桩顶自由时的单桩水平静载试验，用于检测单桩的水平承载力，推定地基土水平抗力系数的比例系数，其他形式的水平静载试验可参照使用。

2. 仪器设备

（1）反力装置与加载　水平推力加载装置宜采用卧式液压千斤顶，加载能力不得小于最大试验荷载的 1.2 倍。采用荷重传感器直接测定荷载大小，或用并联液路的液压表或液压传感器测量液压，根据千斤顶率定曲线换算荷载。水平力作用点宜与实际工程的桩基承台底面标高一致，如果高于承台底标高，试验时在相对承台底面处会产生附加弯矩，会影响测试结果，也不利于将试验成果根据桩顶的约束予以修正。千斤顶与试桩接触处需安置一球形支座，使水平作用力方向始终水平和通过桩身轴线，不随桩的倾斜和扭转而改变，同时可以保证千斤顶对试桩的施力点位置在试验过程中保持不变。试验时，为防止力作用点受局部挤压破坏，千斤顶与试桩的接触处宜适当补强。反力装置应根据现场具体条件选用，最常见的方法是利用相邻桩提供反力，即两根试桩对顶。单桩水平试验装置如图 10-9 所示。也可利用周围现有的结构物作为反力装置或专门设置反力结构，但其承载能力和作用方向上刚度应大于试验桩的 1.2 倍。

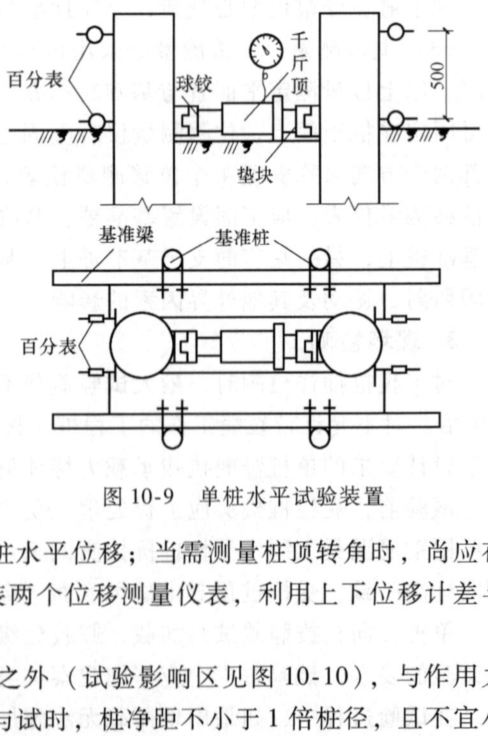

图 10-9　单桩水平试验装置

（2）水平位移测量　桩的水平位移测量宜采用大量程位移计。在水平力作用平面的受检桩两侧应对称安装两个位移计，以测量地面处的桩水平位移；当需测量桩顶转角时，尚应在水平力作用平面以上 50cm 的受检桩两侧对称安装两个位移测量仪表，利用上下位移计差与位移计距离的比值可求得地面以上桩的转角。

固定位移计的基准点宜设置在试验影响范围之外（试验影响区见图 10-10），与作用力方向垂直且与位移方向相反的试桩侧面，基准点与试时，桩净距不小于 1 倍桩径，且不宜小于 2m。在陆地上试桩时，可用入土深度为 1.5m 的钢钎或型钢作为基准点，在港口码头工程设置基准点时，因水深较大，可采用专门设置的桩作为基准点，同组试桩的基准点一般不少于 2 个。搁置在基准点上的基准梁要有一定的刚度，以减少晃动，整个基准装置系统应保持相对独立，应避免太阳照射、振动及其他外界因素的影响。

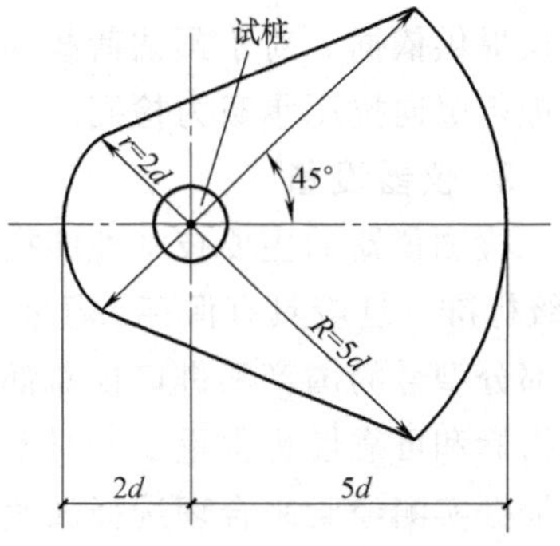

图 10-10 试验影响范围

当对灌注桩或预制桩测量桩身应力或应变时，各测试断面的测量传感器应沿受力方向对称布置在远离中性轴的受拉和受压主筋上，埋设传感器的纵剖面与受力方向之间的夹角不得大于 10°，以保证各测试断面的应力最大值及相应弯矩的量测精度（桩身弯矩并不能直接测到，只能通过桩身应变值进行推算）。对承受水平荷载的桩，桩的破坏是由于桩身弯矩引起的结构破坏；对中长桩，浅层土对限制桩的变形起到重要作用，而弯矩在此范围里变化也最大，为找出最大弯矩及其位置，应加密测试断面。

3. 现场检测

单桩水平静载试验宜根据工程桩实际受力特性，选用单向多循环加载法或与单桩竖向抗压静载试验相同的慢速维持荷载法。单向多循环加载法主要是模拟实际结构的受力形式，但由于结构物承受的实际荷载异常复杂，很难达到预期目的。对于长期承受水平荷载作用的工程桩，加载方式宜采用慢速维持荷载法。对需测量桩身应力或应变的试验桩不宜采取单向多循环加载法，因为它会对桩身内力的测试带来不稳定因素，此时应采用慢速或快速维持荷载法。水平试验桩通常以结构破坏为主，为缩短试验时间，可采用更短时间的快速维持荷载法。

对工程桩抽样检测时，最大试验荷载不应小于设计要求的单桩水平承载力特征值的 2.0 倍。当对抗裂有要求时，可按设计要求的水平位移允许值控制加载。单向多循环加载法的分级荷载应小于预估水平极限承载力或最大试验荷载的 1/10，每级荷载施加后，恒载 4min 后可测读水平位移，然后卸载为零，停 2min 测读残余水平位移。至此完成一个加卸载循环，如此循环 5 次，完成一级荷载的位移观测。试验不得中间停顿。

慢速维持荷载法的加卸载分级、试验方法及稳定标准应按“单桩竖向抗压静载试验”一章的相关规定进行。测量桩身应力或应变时，测试数据的测读宜与水平位移测量同步。

当出现下列情况之一时，可终止加载：①桩身折断。对长桩和中长桩，水平承载力作用下的破坏特征是桩身弯曲破坏，即桩发生折断，此时试验自然终止；②水平位移超过 30 ~ 40mm（软土取 40mm）；③水平位移达到设计要求的水平位移允许值，本条主要针对水平承载力验收检测。

10.4.4 高应变法

高应变法采用重锤锤击桩顶，使桩身产生的动位移接近于静载试验的基桩沉降量，以便使桩侧和桩端岩土阻力大部分乃至充分发挥，即桩周土全部或大部产生塑性变形，直观表现为桩出现贯入度。高应变桩身应变量通常为 0.1 ‰ ~ 1.0‰。高应变检测技术是从打入式预制桩发展起来的，试打桩和打桩监控属于其特有的功能，是静载试验无法做到的，可以作为单桩竖向抗压静载试验的补充。

1. 适用范围

高应变法适用于检测基桩的竖向抗压承载力和桩身完整性，监测预制桩打桩过程中的桩身应力、锤击能量传递比，为选择沉桩设备、确定施工工艺参数和承载力的时间效应及施工桩长提供依据。对于预估荷载-沉降曲线具有缓变型特征的大直径灌注桩，不宜采用高应变法进行竖向抗压承载力检测。

2. 仪器设备

检测仪器的主要技术性能指标不应低于 JG/T 3055—1999《基桩动测仪》中表 1 规定的 2 级标准，且应具有保存、显示实测力与速度信号和信号分析处理的功能。要求比较适中，大部分型号的国产和进口仪器都能满足。由于动测仪器的使用环境恶劣，所以仪器的环境性能指标和可靠性也很重要。对不同类型的桩，各种因素影响使最大冲击加速度变化很大，可以根据实测经验来合理选择加速度计的量程，宜使选择的量程大于预估最大冲击加速度值的一倍以上。如对钢桩，宜选择 20000 ~ 30000m/s^2 量程的加速度计。

锤击设备应具有稳固的导向装置，打桩机械或类似的装置都可作为锤击设备，导杆式柴油锤除外，因为导杆式柴油锤冲击荷载上升时间过于缓慢，容易造成速度响应信号失真。

重锤应材质均匀、形状对称、锤底平整，采用铸铁或铸钢制作。分片组装式锤的单片或强夯锤，下落时平稳性差且不易导向，更易造成严重锤击偏心并影响测试质量，因此要求高径（宽）比不得小于 1.0。为了避免分片锤体在内部相互碰撞和波传播效应造成的锤内部运动状态不均匀，当采取自由落锤安装加速度传感器的方式实测锤击力时，重锤应整体铸造，且高径（宽）比应为 1.0 ~ 1.5。

进行高应变法承载力检测时，锤的重力应大于单桩竖向抗压承载力特征值的 2.0% ~ 3.0%，桩长大于 30m 或混凝土桩的桩径大于 600mm 时取高值。当高应变法仅用于判定大直径混凝土灌注桩桩身完整性，锤的重力应大于单桩竖向抗压承载力特征值的 0.3% 且大于 20kN。桩的贯入度可采用精密水准仪测定。研究结果表明，桩较长或桩径较大时，使侧阻、端阻充分发挥所需位移大。桩是否容易被“打动”不仅与桩周桩端岩土阻力大小有关，而且与桩身截面波阻抗大小有关。重锤与受检桩的阻抗匹配合理，可使重锤的动能最大限度地传递给桩，从而使侧阻、端阻充分发挥。因此，选择锤的重力，既要考虑受检桩的单桩竖向抗压承载力特征值的高低，也要考虑受检桩的直径大小。

当冲击设备锤重较小时，激振系统与桩的匹配能力明显不足，不能使桩土间产生足够的相对位移，所得的单桩竖向抗压承载力可能与桩的实际承载能力相差较大，所以此时的高应变动测信号不应用作判定桩的承载力，但可用于评价大直径长桩的桩身缺陷及桩底与持力层的结合状况，对桩身完整性可做定量分析。当受检桩未埋设声测管、无法进行静载试验、钻芯法难以钻至桩底时，该方法不失为一种有效的检测桩身完整性手段。

3. 现场检测

桩顶面应平整，桩头应有足够的强度，确保在冲击过程中不发生开裂和塑变。对不能承受重锤冲击的桩头应进行加固处理，混凝土桩的桩头处理可参照单桩竖向抗压静载试验，不同的是，当采用高应变法检测时，传感器安装处截面尺寸应与原桩身截面尺寸相同。加固处理后，露出的桩顶高度应满足传感器安装和锤击装置架设的要求，重锤纵轴线应与桩身纵轴线基本重合，锤击装置应竖直架立。桩顶面与重锤之间应设置桩垫，桩垫可采用 10 ~ 30mm 厚的木板或胶合板等材料。

检测时至少应对称安装冲击力和冲击响应（质点运动速度）测量传感器各两个。图 10-11 给出了高应变传感器安装示意图。

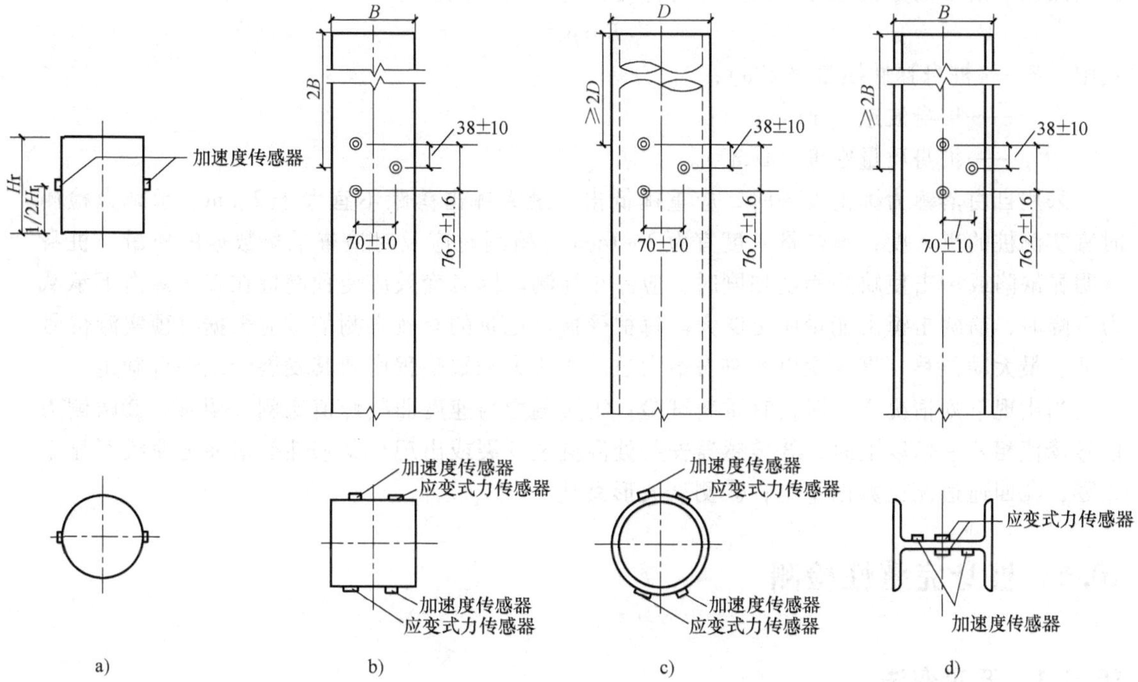

图 10-11　高应变传感器安装示意图

a）落锤　b）混凝土方桩　c）管桩　d）H 型钢桩

在桩顶下的桩侧表面分别对称安装加速度传感器和应变式力传感器，直接测量桩身测点处的响应和应变，并将应变换算成冲击力、将加速度信号积分为速度信号。在自由落锤锤体 $0.5H_r$处（H_r 为锤体高度）对称安装加速度传感器直接测量冲击力。

传感器宜分别对称安装在距桩顶不小于 $2d$ 且不小于 $0.4H_r$ 的桩侧表面处（d 为试桩的直径或边宽）；对于大直径桩，传感器与桩顶之间的距离可适当减小，但不得小于$1d$。安装面处的材质和截面尺寸应与原桩身相同，传感器不得安装在截面突变处附近。

应变传感器与加速度传感器的中心应位于同一水平线上，同侧的应变传感器和加速度传感器间的水平距离不宜大于 80mm。安装完毕后，传感器的中心轴应与桩中心轴保持平行。各传感器的安装面的材质应均匀、密实、平整，并与桩轴线平行，否则应采用磨光机将其磨平。安装螺栓的钻孔应与桩侧表面垂直，安装完毕后的传感器应紧贴桩侧表面，锤击时传感器不得产生滑动。安装应变式传感器时应对其初始应变值进行监视，安装后的传感器初始应变值应能保证锤击时的可测轴向变形余量为：①混凝土桩应大于 ±1000με；②钢桩应大于 ±1500με。

采样时间间隔宜为 50～200μs，信号采样点数不宜少于 1024 点。传感器的灵敏度系数应按计量校准结果设定。自由落锤安装加速度传感器测力时，冲击力等于实测加速度与重锤质量的乘积。测点处的桩横截面尺寸应按实测值确定，桩身波速、质量密度和弹性模量应按实际情况设定。测点以下桩身截面积和桩长可采用设计文件或施工记录提供的数据作为设定值。

桩身波速可根据经验或按同场地同类型已检桩的平均波速初步设定，现场检测完成后根

据实测锤击信号的分析进行修正。桩身弹性模量应按下式计算

$$E=\rho c^2$$

式中　E——桩身弹性模量（kPa）；

c——桩身波速（m/s）；

ρ——桩身质量密度（t/m^3）。

采用自由落锤为锤击设备时，应重锤低击，最大锤击落距不宜大于 2.5m。承载力检测时宜实测桩的贯入度，单击贯入度宜为 2～6mm。检测时应及时检查采集数据的质量，桩身有明显缺陷或冲击使缺陷程度加剧时，应停止检测。因触变效应使预制桩在多次锤击下承载力下降时，前两击锤击能量应足够大。每根受检桩记录的有效实测信号应根据桩顶实测信号特征、最大动位移、贯入度以及桩身最大拉、压应力和缺陷程度及其发展情况综合确定。

当出现下列情况之一时，宜重新试验：①实测力与速度曲线峰值比例失调时；②两侧力信号峰值相差一倍以上时；③传感器安装处混凝土开裂或出现严重塑性变形使力曲线明显未归零；④四通道测试数据不全；⑤测试波形紊乱。

10.5　桩身完整性检测

10.5.1　低应变法

低应变法是采用低能量瞬态激振方式在桩顶激振，实测桩顶部的速度时程曲线，通过一维波动理论分析，对桩身完整性进行判定的检测方法。

1. 适用范围

低应变法适用于检测钢筋混凝土桩的桩身完整性，判定桩身缺陷的程度及位置，水泥粉煤灰碎石桩、素混凝土桩的桩身完整性检测也可参照执行。低应变法普查桩身结构完整性，试验结果用来确定静载试验、钻芯法、高应变动力试桩的桩位，可以使检测数量不多的静载等试验的结果更具有代表性，弥补静载等试验抽样率低带来的不足；或静载试验等出现不合格桩后，用来加大检测面，为确定桩基工程处理方案提供更多的依据。

反射波法的理论基础以一维线弹性杆件模型为依据，因此，受检桩的长细比、瞬态激励脉冲有效高频分量的波长与桩的横向尺寸之比均宜大于 5，设计桩身截面宜基本规则。一维理论要求应力波在桩身中传播时平截面假设成立，所以，对薄壁钢管桩和类似于 H 型钢桩的异型桩，本方法不适用。由于水泥土桩、砂石桩等桩身阻抗与桩周土的阻抗差异小，应力波在这类桩中传播时能量衰减快，同时，反射波法很难分析评价高压灌浆的补强效果。因此，反射波法不适用于水泥土桩、砂石桩等桩的质量检测，高压灌浆等补强加固桩不宜采用本方法检测。

由于桩的尺寸效应、测试系统的幅频相频响应、高频波的弥散、滤波等造成的实测波形畸变，以及桩侧土阻尼、土阻力和桩身阻尼的耦合影响，尽管利用实测曲线拟合法分析能给出定量的结果，但还不能达到精确定量的程度。对于桩身不同类型的缺陷，反射波测试信号中主要反映出桩身阻抗减小的信息，缺陷性质往往较难区分，桩身缺陷程度只能做定性判定。例如，混凝土灌注桩出现的缩颈与局部松散、夹泥、空洞等，只凭测试信号就很难区分。因此，对缺陷类型进行判定，应结合地质、施工情况综合分析，或采取钻芯、声波透射

等其他方法。

由于受桩周土约束、激振能量、桩身材料阻尼和桩身截面阻抗变化等因素的影响，应力波从桩顶传播至桩底再从桩底反射回桩顶为一能量和幅值逐渐衰减过程。若桩过长（或长径比较大）或桩身截面阻抗多变或变幅较大，往往应力波还未反射回桩顶甚至尚未传到桩底，其能量已完全衰减或提前反射，致使仪器测不到桩底反射信号，而无法评定整根桩的完整性。因此，低应变法的有效检测深度应通过现场试验确定，根据工程经验判断低应变法是否适合该工程的工程桩桩身完整性检测。

2. 仪器设备

检测仪器的主要技术性能指标应符合 JG/T 3055—1999《基桩动测仪》的有关规定，具有信号显示、保存实测信号及分析处理功能。信号分析处理软件应具有光滑滤波、旋转、叠加平均和指数放大等功能。波形曲线必须有横、纵坐标刻度值。

信号采集系统应满足，数据采集装置的模 - 数转换器不得低于 12 位，采样时间间隔宜为 20 ~ 100μs，采样点数不应少于 1024 个。

用于动态测量的传感器，其灵敏度系数应在测量信号的主要频率范围内基本保持不变，是确保获得真实信号的必备条件。当压电式加速度传感器的可用上限频率在其安装谐振频率的 1/5 以下时，可保证很高的冲击测量精度，且在此范围内，相位误差完全可以忽略，因此，在条件许可的情况下，传感器应首选性能好的加速度传感器。若采用磁电式速度传感器，应牢固安装，确保安装谐振频率满足要求。

测量桩顶响应的加速度计或磁电式速度传感器，幅频曲线的有效范围应覆盖整个测试信号的主体频宽。加速度传感器灵敏度大于 20mV/g 或 200PC/g，量程应大于 20g，固有频率应大于 30kHz，横向灵敏度应小于 5%。磁电式速度传感器电压灵敏度应大于 200mV/cm/s，固有频率应小于 30Hz，安装谐振频率应大于 1500Hz。

瞬态激振设备应包括能激发宽脉冲和窄脉冲的锤和锤垫，锤体可装有力传感器。

3. 检测技术

对受检桩进行桩身完整性检测前，应对桩头进行处理，桩顶条件和桩头处理好坏直接影响测试信号的质量。桩头的材质、强度、截面尺寸应与桩身基本等同，妨碍正常测试操作的桩顶外露钢筋应割掉。当受检桩的桩侧与基础的混凝土垫层浇注成一体时，应在确保垫层不影响检测结果的情况下方可进行检测。对于预应力管桩，当端板与桩身混凝土之间结合紧密时，可不进行处理，否则，应对桩头进行处理。

应通过现场对比测试，选择适当的锤型、锤重、锤垫材料、传感器安装方式。

传感器安装的好坏直接影响测试信号质量，检测人员应充分认识这一点。传感器应安装在桩顶面，传感器安装点及其附近不得有缺损或裂缝。传感器可用黄油、橡皮泥、石膏等材料作为耦合剂与桩顶面黏接。应根据气温高低等情况选择合适的耦合剂，确保传感器与桩顶面牢固黏接。试验表明，耦合剂

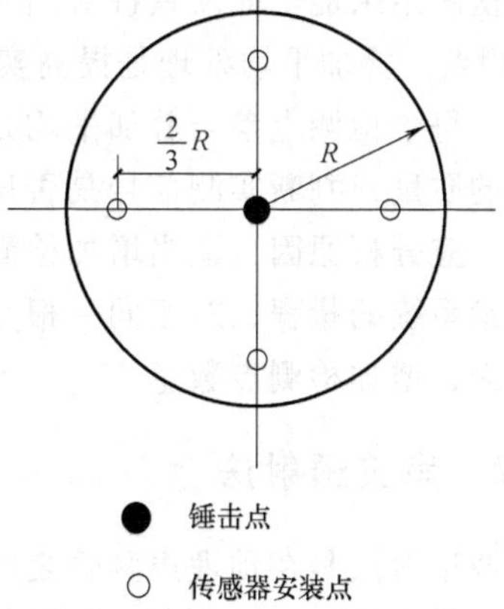

图 10-12 传感器安装示意图

较厚会降低传感器安装谐振频率，传感器安装越牢固则传感器安装谐振频率越高。除黏接外，也可采取冲击钻打眼安装方式，但不应采用手扶方式。安装完毕后的传感器必须与桩顶面保持垂直，且紧贴桩顶表面，在信号采集过程中不得产生滑移或松动。理论与实践表明：对于实心桩，传感器安装点与锤击点的距离不宜小于桩径或矩形桩边宽的四分之一；当锤击点在桩顶中心时，传感器安装点与桩中心的距离宜为桩半径的三分之二。传感器安装示意图如图 10-12 所示。对于空心桩，锤击点和传感器安装点宜在桩壁厚的 1/2 处，传感器安装点、锤击点与桩顶面圆心构成的平面夹角宜为 90°。

锤击点与测量传感器安装点应避开钢筋笼的纵筋影响。锤击方向应沿桩轴线方向。应根据桩身长度、缺陷所在位置的深浅，调整锤击脉冲宽度。当检测长桩的桩底反射信息或深部缺陷时，冲击入射波脉冲应较宽；当检测短桩、桩的浅部缺陷以及预制桩的浅部水平裂缝时，冲击入射波脉冲应较窄。通过改变锤的质量、材质及锤垫，可使冲击入射波脉冲宽度在 0.5～3.5ms 之间变化。冲击入射波脉冲较宽时，低频成分为主，应力波衰减较慢，冲击入射波脉冲较窄时，含高频成分较多，应力波衰减较快。因此，若要获得长桩的桩底反射信息或判断深部缺陷时，冲击入射波脉冲应宽一些。当检测短桩或桩的浅部缺陷时，冲击入射波脉冲应窄一些。

测试参数设定应注意，合理设置采样时间间隔、采样点数、增益、模拟滤波、触发方式等，应根据受检桩桩长和桩身波速设置采样时间间隔和采样点数，采样时间间隔小有利于缺陷位置的准确判断，信号的总采样时间应能记录完整的桩底反射信号，一般不小于 2L/C + 5ms。以桩长 50m 为例，假设纵波波速为 3000m/s，2L/C 等于 33.3ms，若采样点数为 1024，采样时间间隔设置为 50μs，即可满足测试要求。增益应结合激振方式通过现场对比试验确定，应根据冲击入射波能量以及锤击点与传感器安装点距离大小设置。时域信号分析的时间段长度应在 2L/C 时刻后延续不少于 5ms，频域信号分析的频率范围上限不应小于 2000Hz。设定桩长应为桩顶测点至桩底的施工桩长，桩身波速可根据本地区同类型桩的测试值初步设定，采样时间间隔或采样频率应根据桩长、桩身波速和频率分辨率合理选择，传感器的灵敏度系数应按计量校准结果设定。

信号采集和筛选时应注意，每根桩不应少于 2 个检测点。桩径增大时，桩截面各部位的运动不均匀性也会增加，桩浅部的阻抗变化往往表现出明显的方向性。故应增加检测点数量，使检测结果能全面反映桩身结构完整性情况，桩直径大于 1200mm 时，每根桩不应少于 3 个检测点。叠加平均处理是提高实测信号的信噪比的有效手段，应对检测信号应作叠加平均处理，每个检测点参与叠加平均处理的有效信号数量不宜少于 3 个；检测时应随时检查采集信号的质量，判断实测信号是否反映桩身完整性特征，不同检测点及多次实测信号一致性较差时，应分析原因，适当增加检测点数量。信号不应失真和产生零点漂移，信号幅值不应超过测量系统的量程；对于同一根受检桩，不同检测点及多次实测时域信号一致性较差，应分析原因，增加检测点数量。

10.5.2　声波透射法

声波透射法是在预埋声测管之间发射并接收声波，通过实测声波在混凝土介质中传播的声时、频率和波幅衰减等声学参数的相对变化，对桩身和地下连续墙墙体完整性进行判定的检测方法。

1. 适用范围

声波透射法适用于混凝土灌注桩的桩身完整性、地下连续墙的墙身完整性检测，判定桩身或墙身缺陷的位置、范围和程度。当桩径小于 0.6m 时，声测管的声耦合会造成较大的测试误差，因此该方法适用于桩径不小于 0.6m，在灌注成型过程中已经预埋了两根或两根以上声测管的基桩的完整性检测，或基桩经钻芯法检测后（有两个以及两个以上的钻孔）需进一步了解钻芯孔之间的混凝土质量时也可采用本方法检测桩身完整性。由于桩、地下连续墙（下面简称墙）内跨孔测试的测试误差高于上部结构混凝土的检测，且桩身、墙身混凝土硬化环境不同，粗细骨料分布不均匀，因此该方法不宜用于推定桩身、墙身混凝土强度。

2. 仪器设备

选择声波发射与接收换能器时应注意，要求圆柱状径向振动，沿径向无指向性；外径小于声测管内径，有效工作段长度（有效工作面长度是指起到换能作用的部分的实际轴向尺寸，该长度过大将影响缺陷纵向尺寸测试精度）不大于 150mm。谐振频率为 30 ~ 60kHz，换能器的谐振频率越高，对缺陷的分辨率越高，但高频声波在介质中衰减快，有效测距变小。在换能器的选配时，原则上在保证有一定的接收灵敏度的前提下尽可能选择较高频率的换能器。

桩（墙）中的声波检测一般以水作为耦合剂，为了满足一般的工程桩检测要求，换能器应能在 90m 深的水下正常工作，在 1MPa 水压下不渗水，当测距较大时，宜选用带前置放大器的换能器，也可采用低频换能器，提高接收信号的幅度；声波换能器宜配置扶正器。

选择声波检测仪时应注意，应满足具有实时显示和记录接收信号的时程曲线以及频率测量或频谱分析功能。由于混凝土灌注桩（墙）的声波透射法检测没有涉及桩身（墙身）混凝土强度的推定，因此系统的声时测量精度放宽至优于或等于 0.5μs，声波幅值测量相对误差小于 5%，系统频带宽度为 1 ~ 200kHz，系统最大动态范围不小于 100dB。声波发射脉冲为阶跃或矩形脉冲，电压幅值应为 200 ~ 1000V。

3. 检测技术

（1）声测管埋设　声测管内径与换能器外径相差过大时，声耦合误差明显增加，相差过小时，影响换能器在管中的移动，因此，声测管内径宜比换能器外径大 10mm 左右。声测管应下端封闭、上端加盖、管内无异物。声测管连接处应光滑过渡，管口应高出混凝土顶面 100mm 以上，且各声测管管口高度宜一致。浇灌混凝土前应采取适宜方法固定声测管，使之在浇灌混凝土后相互平行，声测管的平行度是影响测试数据可靠性的关键。

混凝土灌注桩中的声测管应沿钢筋笼内侧呈对称形状布置，当 $d \leqslant 800$mm 时（d 为受检桩设计桩径），声测管埋设数量应为 2 根；当 $800\text{mm} < d \leqslant 2000$mm 时，声测管埋设数量应为 3 根；当 $d < 2000$mm 时，声测管埋设数量应为 4 根管。应自正北方向顺时针旋转对声测管依次编号，如图 10-13 所示，检测剖面编组（检测剖面序号记为 j）分别为：2 根管时，AB 剖面（$j = 1$）；3 根管时，AB 剖面（$j = 1$），BC 剖面（$j = 2$），

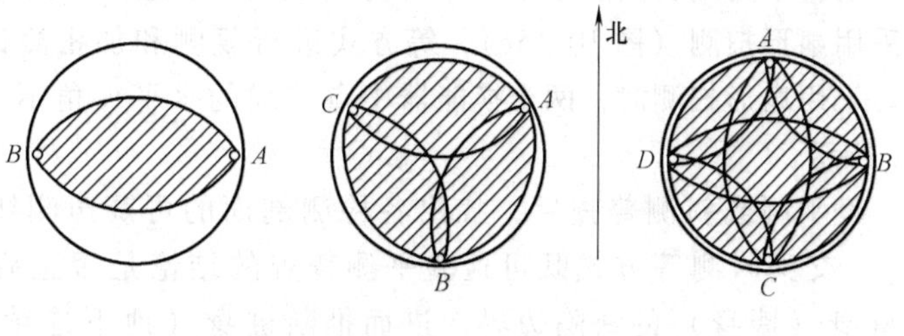

图 10-13　混凝土灌注桩声测管布置示意图

CA 剖面（$j=3$）；4 根管时，*AB* 剖面（$j=1$），*BC* 剖面（$j=2$），*CD* 剖面（$j=3$），*DA* 剖面（$j=4$），*AC* 剖面（$j=5$），*BD* 剖面（$j=6$）。

地下连续墙单个直槽段中的声测管埋设数量不应少于 4 根，声测管间距不宜大于 1.5m。对于转角槽段，声测管埋设数量不少于 3 根。声测管应沿钢筋笼内侧布置，边管宜靠近槽边。应沿基坑的顺时针旋转方向对声测管依次编号，如图 10-14 所示。检测剖面编组（检测剖面序号记为 j）分别为：*AB* 剖面（$j=1$），*BC* 剖面（$j=2$），*CD* 剖面（$j=3$）。

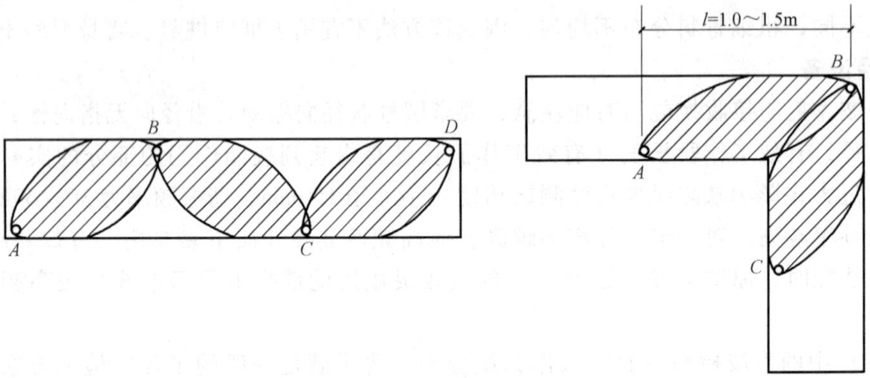

图 10-14　地下连续墙声测管布置示意图

（2）准备工作　采用率定法确定仪器系统延迟时间，计算几何因素声时修正值，在桩顶测量相应声测管外壁间净距离，将各声测管内注满清水，检查声测管畅通情况，换能器应能在全程范围内正常升降。

（3）平测和斜测　将发射与接收声波换能器通过深度标志分别置于两个声测管道中的测点处。平测时，发射与接收声波换能器始终保持相同深度，如图 10-15a 所示；斜测时，发射与接收声波换能器始终保持固定高差，如图 10-15b 所示，且两个换能器中点连线即声测的水平夹角不应大于 30°。检测过程中，应将发射与接收声波换能器同步升降，声测线间距不应大于 200mm，并应及时校核换能器的深度。对于每条声测线，应实时显示和记录接收信号的时程曲线，读取声时、首波幅值，当需要采用信号主频值作为异常点辅助判据时，还应读取信号主频值。混凝土灌注桩完整性检测时，任意两根声测管组合成一个检测剖面，分别对所有检测剖面完成普查检测。地下连续墙墙身完整性检测时，将同一槽段的相邻两根声测管组成一个检测剖面进行检测。在同一受检桩（槽段）各检测剖面的平测或斜测过程中，声测线间距、声波发射电压和仪器设置参数应保持不变。

根据平测或斜测的结果，在桩身（墙身）质量可疑的声测线附近，应采用增加声测线或采用扇形扫测（图 10-15c），等方式进行复测和加密测试，进一步确定缺陷的位置和范围。采用扇形扫测时，两个换能器中点连线的水平夹角不宜大于 40°。扫测示意图如图 10-15c 所示。

经平测或斜测普查后，找出各检测剖面的可疑声测线，再经加密平测（减小测点间距）、交叉斜测等方式既可检验平测普查的结论是否正确，又可以依据加密测试结果分析桩身（墙身）的缺陷边界，进而推断桩身（地下连续墙墙身）缺陷的范围和空间分布特征。

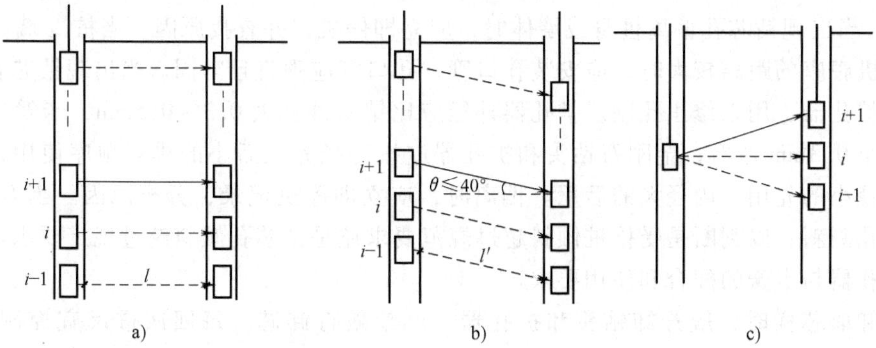

图 10-15　平测、斜测示意图
a）平测　b）斜测　c）扫测

10.5.3　钻芯法

钻芯法是用钻机钻取复合地基竖向增强体、地下连续墙、混凝土灌注桩及其持力层的芯样，判定其完整性、芯样试件强度、底部沉渣厚度及持力层岩土性状的检测方法。

1. 适用范围

钻芯法适用于检测混凝土灌注桩的桩长、桩身混凝土强度、桩身缺陷及其位置、桩底沉渣厚度，判定或鉴别桩底持力层岩土性状、判定桩身完整性类别。也可检测地下连续墙墙深、墙身混凝土强度、墙身缺陷及其位置、墙底沉渣厚度，判定或鉴别墙底岩土性状。复合地基竖向增强体和支护工程中的排桩的桩身完整性、水泥土墙的墙身完整性、天然岩石地基的钻芯法检测可参照执行。

2. 仪器设备

钻取芯样应采用带有产品合格证的钻芯设备。钻机宜采用机械岩芯钻探的液压钻机，并配有相应的钻塔和牢固的底座，机械技术性能良好，不得使用立轴晃动过大的钻机。钻机设备额定最高转速不低于 790 转/min，转速调节范围不少于 4 挡，额定配用压力不低于 1.5MPa。

应采用单动双管钻具，并配备相应的孔口管、扩孔器、卡簧、扶正稳定器及可捞取松软渣样的钻具。桩较长时，应使用扶正稳定器确保钻芯孔的垂直度，钻杆应顺直，直径宜为 50mm。应根据混凝土设计强度等级选用合适粒度、浓度、胎体硬度的金刚石钻头，且外径不宜小于 100mm。钻头胎体不得有肉眼可见的裂纹、缺边、少角、倾斜及喇叭口变形。复合地基竖向增强体、水泥土墙、持力层为土的情况下可用合金钻头。

应选用排水量为 50～160L/min、泵压为 1.0～2.0MPa 的水泵。锯切芯样试件用的锯切机应具有冷却系统和牢固夹紧芯样的装置，配套使用的金刚石圆锯片应有足够刚度。芯样试件端面的补平器和磨平机应满足芯样制作的要求，芯样试件直径不宜小于骨料最大粒径的 3 倍，在任何情况下不得小于骨料最大粒径的 2 倍，否则试件强度的离散性较大。

3. 检测技术

钻机设备安装应稳固、底座水平，钻芯设备应精心安装、认真检查。钻机立轴中心、天轮中心（天车前沿切点）与孔口中心必须在同一铅垂线上。钻进过程中应经常对钻机立轴进行校正，及时纠正立轴偏差，确保钻芯过程不发生倾斜、移位，钻芯孔垂直度偏差应不大于0.5%，当出现钻芯孔偏离桩身或墙体时，应立即停机，并查找原因。当桩（墙）顶混凝土面与钻机底座的距离较大时，应安装孔口管，孔口管应垂直且牢固。当出现钻芯孔与桩体必须安有扩孔器，用以修正孔壁。扩孔器外径应比钻头外径大0.3～0.5mm，卡簧内径应比钻头内径小0.3mm左右；金刚石钻头和扩孔器应按外径先大后小的排列顺序使用，同时考虑钻头内径小的先用，内径大的后用。偏离时，应立即停机记录，分析原因。当有争议时，可进行钻孔测斜，以判断是受检桩倾斜超过规范要求还是钻芯孔倾斜超过规定要求。金刚石钻头、扩孔器与卡簧的配合和使用要求。

提钻卸取芯样时，应拧卸钻头和扩孔器，严禁敲打卸芯。每回次进尺宜控制在1.5m内；钻至桩（墙）底时，为检测桩底沉渣或虚土厚度，应采取适宜的钻芯方法和工艺钻取沉渣并测定沉渣厚度。对复合地基增强体钻芯时，每回次进尺宜控制在1.2m内。应采用适宜的方法对桩（墙）底持力层岩土性状进行鉴别。

钻取的芯样应由上而下按回次顺序放进芯样箱中，芯样侧面上应清晰标明回次数、块号、本回次总块数，并应按要求及时记录钻进情况和钻进异常情况，及时记录孔号、回次数、起至深度、块数、总块数、芯样质量的初步描述及钻进异常情况。条件许可时，可采用钻孔电视辅助判断混凝土质量。

应对芯样混凝土、桩（墙）底沉渣以及桩（墙）端持力层做详细编录。编录内容宜包括混凝土的胶结情况、骨料的分布情况、混凝土芯样表面的光滑程度、气孔大小、蜂窝、夹泥、松散、混凝土与持力层的接触情况、沉渣厚度以及端持力层的岩（土）特征等。在截取芯样前，应对芯样和标有工程名称、桩号或连续墙槽段编号、钻芯孔号、芯样试件采取位置、桩长或墙深、孔深、检测单位名称的标示牌的全貌进行拍照。应先拍彩色照片，后截取芯样试件，取样完毕剩余的芯样宜移交委托单位妥善保存。

当芯样质量、沉渣厚度和持力层满足设计要求时，应采用水泥浆从钻芯孔孔底往上回灌封闭，灌浆压力不小于0.3MPa；否则应封存钻芯孔，留待处理。取样完毕剩余的芯样应移交委托单位妥善保存。

以概率论为基础、用可靠性指标度量桩基的可靠度是比较科学地评价基桩混凝土强度的方法，即在钻芯法受检桩的芯样中截取一批芯样试件进行抗压强度试验，采用统计的方法判断混凝土强度是否满足设计要求。

每组芯样应制作三个芯样抗压试件。为了避免再对芯样试件高径比进行修正，规定有效芯样试件的高度不得小于0.95d且不得大于1.05d时（d为芯样试件平均直径）。岩石、复合地基增强体等其他芯样的加工可参照执行。

混凝土芯样试件制作完毕可立即进行抗压强度试验。岩石芯样试件应在清水中浸泡不少于12h后进行试验。芯样试件抗压强度试验时应合理选择压力机的量程和加荷速率，保证试验精度。芯样试件的破坏荷载应按GB/T 50081—2002《普通混凝土力学性能试验方法》的有关规定确定。混凝土芯样试件抗压强度试验后，若发现芯样试件平均直径小于2倍试件内混凝土粗骨料最大粒径，且强度值异常时，该试件的强度值无效，不参与统计平均。

历年注册土木工程师（岩土）考试真题精选

1. 某建筑工程混凝土灌注桩桩长为25m，桩径为1200mm，采用钻芯法检测桩体质量

时，每根受检桩钻芯孔数和每孔截取的混凝土抗压芯样试件组数符合下列哪个选项的要求？（2008 年注册岩土工程师考试题）

（A）1 孔，3 组

（B）2 孔，2 组

（C）3 孔，2 组

（D）2 孔，3 组

【答案】：D

2. 复合地基竣工验收时，承载力检验常采用复合地基静载荷试验，下列哪一种因素不是确定承载力检验前的休止时间的主要因素？（2012 年注册岩土工程师考试题）

（A）桩身强度　　（B）桩身施工质量

（C）桩周土的强度恢复情况　　（D）桩周土中的孔隙水压力消散情况

【答案】：B

3. 在采用高应变法对预制混凝土方桩进行竖向抗压承载力检测时，加速度传感器和应变式力传感器投影到桩截面上的安装位置下列哪一选项是最优的？（2012 年注册岩土工程师考试题）

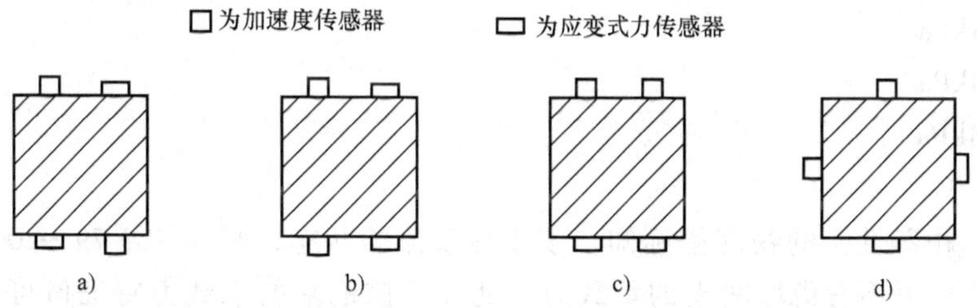

【答案】：A

4. 采用钻芯法检测建筑基桩质量，当芯样试件不能满足平整度及垂直要求时，可采用某些材料在专用补平机上补平。关于补平厚度的要求下列哪些选项是正确的？（2012 年注册岩土工程师考试题）

（A）采用硫磺补平厚度不宜大于 1.5mm

（B）采用硫磺胶泥补平厚度不宜大于 3mm

（C）采用水泥净浆补平厚度不宜大于 5mm

（D）采用水泥砂浆补平厚度不宜大于 10mm

【答案】：A C

5. 下列选项中（　）不适宜采用高应变法检测数量抗压承载力。（2007 年考试题）

（A）大直径扩底灌注桩

（B）直径小于 800mm 的钢筋混凝土灌注桩

（C）静压预制桩

（D）打入式钢管桩

【答案】：A

6. 某工程采用灌注桩基础，灌注桩桩径为 800mm，桩长 30m，设计要求单桩竖向抗压承载力特征值为 3000kN。已知桩间土的地基承载力特征值为 200kPa。按照 JGJ 106—2003《建筑基桩检测技术规范》，采用压重平台反力装置对工程桩进行单桩竖向抗压承载力检测时，若压重平台的支座只能设置在桩间土上，则支座底面积不宜小于以下哪个选项？(2013 年注册岩土工程师考试题)

(A) $20m^2$　　(B) $24m^2$　　(C) $30m^2$　　(D) $36m^2$

【答案】：B

【解析】：根据《建筑基桩检测技术规范》4.2.2 条第一款，反力装置能提供的反力不得小于最大加载量的 1.2 倍。第五款施加于地基的压应力不宜大于地基承载力特征值的 1.5 倍，同时最大加载量不得小于承载力特征值的 2 倍，故最大加载量为 6000kN，故反力装置需要提供的反力最小值为 $6000 \times 1.2kN = 7200kN$，地基承载力特征值可以放大 1.5 倍使用，$1.5 \times 200kPa = 300kPa$，$7200/300m^2 = 24m^2$。

7. 某软黏土地基，天然含水量 $w = 50\%$，液限 $w_L = 45\%$。采用强夯置换法进行地基处理，夯点采用正三角形布置，间距 2.5m，成墩直径为 1.2m。根据检测结果单墩承载力特征值为 $R_k = 800kN$。按 JGJ 79—2002《建筑地基处理技术规范》计算处理后该地基的承载力特征值，其值最接近（　　）。(2007 年注册岩土工程师考试题)

(A) 128kPa

(B) 138kPa

(C) 148kPa

(D) 158kPa

【答案】：C

【解析】　由黏性土的物理指标知，该土处于流塑状态，根据 JGJ 79—2002《建筑地基处理技术规范》可不考虑墩间土的承载力，处理后该地基的承载力特征值可直接由下式计算 $f_{spk} = R_k / A_e$ 故 $f_{spk} = 800/5.41kPa = 147.9kPa$

习　题

1. 试阐述几种地基基础检测方法的适用范围。
2. 简述检测工作的程序。
3. 基桩承载力检测有哪几种方法？各自的优缺点是什么？
4. 低应变检测方法的适用范围是什么？水泥土搅拌桩可以采用此方法吗？
5. 试阐述声波透射法的原理。
6. 简述钻芯法检测技术。

参考文献

[1] 林彤．地基处理［M］．北京：中国地质大学出版社，2007.
[2] 李海光．新型支挡结构设计与工程实例［M］．北京：人民交通出版社，2004.
[3] 周德培，张俊云．植被护坡工程技术［M］．北京：人民交通出版社，2003.
[4] 《地基处理手册》编写委员会．地基处理手册［M］．3版．北京：中国建筑工业出版社，2008.
[5] 韩炜，王晓东．植被护坡设计概述［J］．交通标准化，2007，1：113-116.
[6] 王清标，代国忠，吴晓枫．地基处理［M］．北京：机械工业出版社，2014.
[7] 张振营．地基处理［M］．北京：中国电力出版社，2013.
[8] 武崇福．地基处理［M］．北京：冶金工业出版社，2013.
[9] 叶观宝，高彦斌．地基处理［M］．北京：中国建筑工业出版社，2009.
[10] 龚晓南．地基处理［M］．北京：中国建筑工业出版社，2005.
[11] 陈凡，关立军，等．基桩质量检测技术［M］．北京：中国建筑工业出版社，2013.
[12] 何广讷．振冲碎石桩复合地基［M］．2版．北京：人民交通出版社，2012.
[13] 石中林．地基基础检测［M］．武汉：华中科技大学出版社，2013.
[14] 龚晓南．复合地基［M］．杭州：浙江大学出版社，1992.
[15] 张季超，地基处理［M］，北京：高等教育出版社，2009
[16] 赵维炳．排水固结加固软基技术指南［M］．北京：人民交通出版社，2005.
[17] 清华大学．区域性特殊土的地基处理技术［M］．北京：中国水利水电出版社，2011.
[18] 张明义．基础工程［M］．北京：中国建筑工业出版社，2003.
[19] 娄言．真空排水预压法加固软土技术［M］．北京：人民交通出版社，2002.
[20] 中国建筑科学研究院．JGJ83—2011 软土地区岩土工程勘察规程［S］．北京：中国建筑工业出版社，2011
[21] 中国建筑科学研究院．GB 50007—2011 建筑地基基础设计规范［S］．北京：中国建筑工业出版社，2011
[22] 中国建筑科学研究所．GB 50112—2013 膨胀土地区建筑技术规范［S］．北京：中国建筑工业出版社，2013
[23] 中国建筑科学研究院．JGJ 79—2012 建筑地基处理技术规范［S］．北京：中国建筑工业出版社，2012.
[24] 中国建筑科学研究院．GB/T 50941—2014 建筑地基基础术语标准［S］．北京：中国建筑工业出版社，2014.
[25] 上海星宇建设集团有限公司．JGJ311—2013 建筑深基坑工程施工安全技术规范［S］．北京：中国建筑工业出版社，2014.
[26] 中国建筑科学研究院．JGJ 120—2012 建筑基坑支护技术规程［S］．北京：中国建筑工业出版社，2012.
[27] 中国建筑科学研究院．JGJ 106—2014 建筑基桩检测技术规范［S］．北京：中国建筑工业出版社，2013.
[28] 陕西省建筑科学研究设计院．JGJ 50025—2004 湿陷性黄土地区建筑规范［S］．北京：中国建筑工业出版社，2014.
[29] 常士骠，张苏民．工程地质手册［M］．4版．北京：中国建筑工业出版社，2007.
[30] 高大钊．土力学与基础工程［M］．北京：中国建筑工业出版社，1998.
[31] 刘起霞，张明．特殊土地基处理［M］．北京：北京大学出版社，2014.
[32] 刘起霞．地基处理［M］．北京：北京大学出版社，2013.

[33] 中国石油集团工程设计有限公司华北分公司. SY/T 0317—2012《盐渍土地区建筑规范》[S]. 北京：石油工业出版社，2012.
[34] 中交公路规划设计院有限公司. JTG D63—2007 公路桥涵地基与基础设计规范 [S]. 北京：人民交通出版社，2007.
[35] 黑龙江省寒地建筑科学研究院. JGJ 118—2011 冻土地区建筑地基基础设计规范 [S]. 北京：中国建筑工业出版社，2011.
[36] 中华人民共和国住房和城乡建设部. GB 50011—2010 建筑抗震设计规范 [S]. 北京：中国建筑工业出版社，2010.
[37] 张明. 深圳前湾吹填淤泥固结性状研究 [D]. 北京：中国铁道科学研究院，2010.
[38] 中国建筑科学研究院. JGJ 123—2000 即有建筑地基基础加固技术规范 [S]. 北京：中国建筑工业出版社，2000.
[39] 南京水利科学研究院. GB/T 50123—1999 土工试验方法标准 [S]. 北京：中国计划出版社，1999.
[40] 上海市基础工程公司. GB 50202—2002 建筑地基基础工程施工质量验收规范 [S]. 北京：中国计划出版社，2002.
[41] 建设部综合勘察设计研究院. GB 50021—2001 岩土工程勘察规范 [S]. 北京：中国建筑工业出版社，2001.
[42] 张玉国. 散体材料桩复台地基固结理论研究 [D]. 杭州，浙江大学，2005.
[43] 张玉国，谢康和，应宏伟，胡安峰. 双面半透水边界的散体材料桩复合地基固结分析 [J]. 岩土工程学报，2005.
[44] 张玉国，射康和，庄迎春，等. 未打穿砂井地基固结理论计算分析 [J]. 岩石力学与工程学报，2005.
[45] 江正荣. 建筑地基与基础施工手册 [M]. 北京：中国建筑工业出版社，2008.
[46] 陈昌富. 地基处理 [M]. 武汉：武汉理工大学出版社，2010.
[47] 林宗元. 简明岩土工程勘察设计手册 [M]. 沈阳：辽宁科学技术出版社，1996.
[48] 《工程地质手册》编委会. 工程地质手册 [M]. 4 版. 北京：中国建筑工业出版社，2008.
[49] 叶书麟，韩杰，叶观宝. 地基处理与托换技术 [M]. 北京：中国建筑工业出版社，1994.
[50] 崔可锐. 地基处理 [M]. 北京：化学工业出版社，2009.
[51] 徐志钧，赵锡宏. 地基处理技术与工程实例 [M]. 北京：科学出版社，2008.
[52] 巩天真，邱晨曦. 地基处理 [M]. 北京：科学出版社，2008.
[53] 陈一平，张季超. 地基处理新技术与工程实践 [M]. 北京：科学出版社，2010.
[54] 架建涛. 地基处理 [M]. 北京：机械工业出版社，2008.
[55] 孙文怀. 基础工程设计与地基处理 [M]. 北京：中国建材工业出版社，1999.
[56] 刘起霞. 特点基础工程 [M]. 北京：机械工业出版社，2008.
[57] 赵明华. 土力学与基础工程 [M]. 武汉：武汉工业大学出版社，2000.
[58] 闫明礼，张东刚. CFG 桩复合地基技术及工程实践 [M]. 北京：中国水利水电出版社，2001.
[59] 叶书麟，叶观宝. 地基处理 [M]. 北京：中国建筑工业出版社，2004.
[60] 高大钊. 岩土工程的回顾与前瞻 [M]. 北京：人民交通出版社，2010.
[61] 胡江春. 微晶技术在水泥土中的应用和复合地基应力场数值试验研究 [D]. 长沙中南大学，2002.
[62] 白晓红. 基础工程设计原理 [M]. 北京：科学出版社，2005.
[63] 彭振斌，深基坑开挖与支护工程设计计算与施工 [M]. 武汉：中国地质大学出版社，1997.